普通高等教育规划教材

煤 化 学

朱银惠　　王中慧　　主编
　　梁英华　　　　主审

化学工业出版社

·北京·

本书系统地叙述了煤的特征和生成、岩相组成与应用、一般性质、工艺性质、分类和评价、化学结构、化学方法的研究及综合利用等，并附有实验部分。

本书为高等院校应用型本科化学工程与工艺（煤化工方向）矿物加工工程、资源勘查工程、应用化学等专业的教学用书，也可作为从事能源、煤燃烧、炭素材料、煤基化学品、煤田地质、采煤、选煤、煤质化验和环境保护等有关管理、研究、设计、技术开发和生产技术人员的参考书。

图书在版编目（CIP）数据

煤化学/朱银惠，王中慧主编. —北京：化学工业出版社，2013.2（2021.4 重印）
普通高等教育规划教材
ISBN 978-7-122-16107-9

Ⅰ.①煤… Ⅱ.①朱…②王… Ⅲ.①煤-应用化学-高等学校-教材 Ⅳ.①TQ530

中国版本图书馆 CIP 数据核字（2012）第 304491 号

责任编辑：张双进 窦 臻　　　　　　文字编辑：孙凤英
责任校对：王素芹　　　　　　　　　　装帧设计：王晓宇

出版发行：化学工业出版社（北京市东城区青年湖南街 13 号　邮政编码 100011）
印　　装：涿州市般润文化传播有限公司
787mm×1092mm　1/16　印张 17¾　字数 467 千字　2021 年 4 月北京第 1 版第 6 次印刷

购书咨询：010-64518888　　　　　　售后服务：010-64518899
网　　址：http://www.cip.com.cn
凡购买本书，如有缺损质量问题，本社销售中心负责调换。

定　　价：48.00 元　　　　　　　　　　　　　　　　版权所有　违者必究

前　言

本教材的编写以应用型人才培养目标为依据，以应用、实用、适用为原则，体现应用理论的系统性，注重理论的应用方法，兼顾应用理论和应用实践的比例，为学生创造性地应用提供范例的训练，有助于学生应用能力和素质的培养。填补了应用型本科煤化工专业煤化学教材的空白。全书共分九章，系统阐述了煤的特征和生成、煤的岩相组成与应用、一般性质、工艺性质、分类和评价、化学结构、化学方法的研究及综合利用等，并附有实验部分。

本书由朱银惠、王中慧主编，由朱银惠负责对全书的统稿。具体编写分工如下，第一章、第三章由朱银惠编写；第二章、第七章、第八章由王润平编写；第四章和实验一、实验二、实验三由薛仁生编写；第五章、第九章和实验四、实验五、实验六由王中慧编写；第六章由王家蓉编写。本书由河北联合大学梁英华教授主审，并提出了许多宝贵意见。在编写过程中也得到了谢全安、王胜春博士的大力帮助，在此谨致衷心的感谢。

本教材主要供大学本科院校应用型化学工程与工艺（煤化工方向）专业教学使用，还可供普通高等学校其他相关专业和企业技术人员作为参考用书。

鉴于编者水平和能力所限，书中不妥之处恳请读者指正，以便以后修改并完善。

编　者

2012 年 11 月

目　录

第一章　绪　论

我国是世界上开发利用煤最早的国家。地理名著《山海经》中称煤为"石涅"，并记载了几处"石涅"产地，经考证都是现今煤田的所在地。例如书中所指"女床之山"，在华阴西六百里（1里＝500m，下同），相当于现今渭北煤田麟游、永寿一带；"女儿之山"，在今四川双流和什邡煤田分布区域内。然而，我国发现和开始用煤的时代还远早于此。在汉代的一些史料中，有现今河南六河沟、登封、洛阳等地采煤的记载。当时煤不仅当作柴烧，而且成了煮盐、炼铁的燃料。现河南巩县还能见到当时用煤饼炼铁的遗迹。汉朝以后，称煤为"石墨"或"石炭"。可见我国劳动人民不仅有悠久的用煤历史，而且积累了丰富的找煤经验和煤田地质知识。在现代地质学诞生之前，就已经创造出在当时具有一定水平的煤田地质科学技术。

欧洲人用煤的历史比我国晚得多。在元朝来我国工作的意大利人马可·波罗，回国后所写的一部《游记》中描写到：中国有一种黑石头，像木柴一样能够燃烧，火力比木柴强，从晚上燃到第二天早上还不熄灭。价钱比木柴便宜，于是欧洲人把煤当作奇闻来传颂。欧洲人到18世纪才开始炼焦，比中国晚了500多年。

一、我国的能源概况及煤炭资源

1. 能源

能提供能量的物质即称之为能源。它在一定条件下可以转换为人们所需的某种形式的能量。比如薪柴和煤炭，把它们加热到一定温度，就能和空气中的氧气化合并放出大量的热能。我们可以用热来取暖或做饭；也可以用热来产生蒸汽，用蒸汽推动汽轮机，使热能变成机械能；也可以用汽轮机带动发电机，使机械能变成电能；如果把电送到工厂、企业、机关、农牧林区和住户，它又可以转换成机械能、光能或热能。

人类社会的历史在发展中经历了三个能源阶段，即柴草时期、煤炭时期和石油时期。从以柴草为主的能源时期一直到18世纪以前的数千年中，生产力的发展很低下。到了18世纪，煤的开采，蒸汽机的应用，开辟了资本主义的第一次产业革命。19世纪70年代电能的利用，实现了资本主义的工业化，人类才有了现代的物质文明。到了20世纪50年代，以石油为主的能源来临了，不少国家依靠石油实现了现代化。原子能及新能源的利用则使人类进入了高科技时代。

能源的种类很多，包括太阳能、风能、地热能、水能、煤炭、石油、电力、核能、柴薪、沼气、天然气、人工合成煤气等。人们通常把煤炭、石油、电力、柴薪等称之为常规能源；把太阳能、风能、地热能、水能、核能、沼气、天然气、人工合成煤气等称之为非常规能源，也称为新能源。

按能源的形态特征或转换与应用的层次也可以对能源进行分类。如世界能源委员会推荐的能源类型为：固体燃料、液体燃料、气体燃料、水能、电能、太阳能、生物能、风能、核能、海洋能和地热能等。其中，前三个类型统称化石燃料或化石能源。根据能源产生的方式以及是否可再利用可分为一次能源和二次能源、可再生能源和不可再生能源；根据能源消耗后是否造成环境污染可分为污染型能源和清洁型能源等。

能源和材料、信息构成了近代社会得以繁荣和发展的三大支柱。能源是人类文明进步的先决条件，它的开发和利用是衡量一种社会形态、一个时代、一个国家经济发展、科技水平与民众生活质量的重要标志。人们对能源在人类社会发生与发展史上的重要地位与作用的认识，经历了一个相当长的历史过程。20世纪70年代初与80年代初先后爆发两次世界性石油危机以及90年代的海湾战争以来，大大增强了人们对能源问题重要性的认识，显示了能源在国际政治、经济、军事格局中的战略地位。

2. 世界能源概况

世界能源储量最多是太阳能，在再生能源中占99.44%，而水能、风能、地热能、生物能等不到1%。在非再生能源中，利用海水中的氘资源产生的人造太阳能（聚变核能）几乎占100%，煤炭、石油、天然气、裂变核燃料加起来也不足千万分之一。所以，人类使用的能源归根到底要依靠太阳能，太阳能是人类永恒发展的能源保证。

世界能源储量分布是不平衡的。石油储量最多的地区是中东，占56.8%；天然气和煤炭储量最多的是欧洲，分别占54.6%和45%；亚洲、大洋洲除煤炭稍多（占18%）以外，石油、天然气都只有5%多一点。英国石油（BP）公司2010年世界能源年度统计报告显示，至2009年底的探明石油储藏量为13331亿桶（1桶＝158.987dm^3，下同），包括加拿大正在积极开发的油砂和委内瑞拉上调的储量。全球储藏量足以可满足按2009年生产量开采45.7年。按照同样的基准，天然气储量足够可开采62.8年，煤炭为119年。

3. 能源消费趋势

国际能源局（IEA）发布了2010年《世界能源展望》，以中国和印度为首的新兴经济体将在未来25年里驱动全球能源需求。中国的能源需求量在2008年到2035年间会上升75%，到2035年，中国占世界能源需求的比例将从目前的17%上升至22%。

英国石油（BP）公司2011年发布能源趋势报告"2030年能源预测"，预测指出，在今后20年内世界能源增长将以新兴经济体为主，能效改进将会加快，可再生能源将占能源增长的18%。在今后20年内一次能源使用增长将近40%。能源来源增加的多样化及非化石燃料（核能、水力发电和可再生能源）的综合，预计将会第一次成为增长的最大来源。在2010～2030年间可再生能源（太阳能、风能、地热和生物燃料）对能源增长的贡献将从5%增大到18%。

预计天然气将是增长最快的化石燃料，煤炭和石油占市场份额将会下降，这是因为所有化石燃料都呈现较低的增长率。化石燃料对一次能源增长的贡献预计从83%下降至64%。

4. 我国能源概况

我国国土资源丰富，蕴藏的能源品种齐全，储量也比较丰富。从结构上看，煤炭比较丰富，而油气资源总量偏少，与能源需求结构和环境保护需求不相协调，且地区分布也不够均衡。能源资源大部分分布在人口偏少和经济欠发达地区，如煤炭资源偏西偏北，水能资源偏西偏南，两者大都分布在中西部地区。中国统计年鉴，2010年中国能源探明储量，煤炭2793亿吨，石油31.74亿吨，天然气3.78万亿立方米。

中国能源消耗情况《世界能源统计年鉴》显示，2010年，中国超过美国成为世界上最大的能源消费国，中国的能源消费量占全球的20.3%，超过了美国19%的占比。中国的人口是美国的4倍，消费量大或许是情有可原。但从经济规模方面去比较，中国的经济规模只是美国的1/3。

5. 我国的煤炭资源

我国的煤炭资源相对丰富，其储量约占全国矿产资源储量的90%，化石能源的95%，具有巨大的资源潜力。

（1）煤质　从资源种类的角度看，我国优质煤种资源较少，高变质的贫煤和无烟煤仅占查明资源储量的17%。我国煤炭资源包括了从褐煤到无烟煤各种不同煤化阶段的煤种，但其数量分布极不均衡。褐煤资源主要分布在内蒙古东部和云南，由于其发热量低，水分含量高，不适于远距离长途运输，在一定程度上制约了这些地区的煤炭资源开发。炼焦煤数量较少，且大多为气煤，肥煤、焦煤、瘦煤仅占15％。高硫煤查明资源储量约1400亿吨，占全部查明资源储量的14％，主要分布在四川、重庆、贵州、山西等省（市）。其中烟煤75％，无烟煤12％，褐煤13％；适于炼焦、造气的原料煤占25％，动力煤占75％。我国煤炭保有储量平均硫分为1.10％，硫分小于1％的煤占63.5％，硫分大于2％的煤占24％；灰分普遍较高，一般在15％～25％。我国原煤入洗比例不足40％，而美国、澳大利亚的原煤几乎全部入洗。

(2) 我国煤炭分布特点　2010年全国煤炭基础储量为2794亿吨，集中分布在内蒙古（30.2％）、山西（27.6％）、新疆（5.3％）等省（区）。分布特点如下。

① 分布广泛（除上海、香港外，各行政区都有）。

② 北多南少、西多东少。90％以上的煤炭资源量分布在秦岭-大别山以北，大兴安岭-雪峰山以西的地区。

③ 相对集中。2010年煤炭基础储量中，山西占30.2％，内蒙古占27.6％，新疆占5.3％，陕西占4.3％，贵州占4.2％，河南占4.1％，安徽占2.9％。

④ 各地区煤炭品种和质量变化较大，分布不理想。如炼焦煤种一半左右在山西。

二、我国煤炭的综合利用情况

煤不只是燃料，它还是多种工业的原料。根据德国的资料，煤中组分多达475种。用煤作原料制成的产品，其经济效益可大幅度提高。以用煤炼焦为例，除主要产品冶金焦炭外，还可获取煤焦油和焦炉煤气。煤焦油可以用来生产化肥、农药、合成纤维、合成橡胶、塑料、油漆、染料、药品、炸药等产品；焦炭除主要用于冶金外，还可用来制造氮肥。焦炉煤气可用于平炉炼钢和焦炉本身的燃料、城市煤气、发电、制取双氧水（H_2O_2），也可作为化肥、合成纤维的原料等。煤的气化、液化在煤的综合利用中更是重要内容。

一般，煤炭作为一次性能源直接燃烧利用。据统计，目前世界总发电量的47％来自以煤作为燃料的发电厂。近年来，各国大力开发煤转化的技术，如采用将煤转化为二次洁净能源的煤气化和煤液化工艺，可得到流体燃料（煤气和人造液体燃料）。流体燃料在运输和使用上都非常方便，并可大大减少污染。目前正在开发的气化和液化工艺不下数十种，其中一部分已实现工业化。与此同时，细煤粉与水相混制成水煤浆和细煤粉与石油重油相混制成油煤浆作为能源利用的工作取得了很大的进展，有的已应用于工业。

由煤制取化工产品的方法有：焦化、加氢、液化、气化、氧化制腐殖酸类物质以及煤制电石以生产乙炔。其中，将煤气化制成合成气（$CO+H_2$），再通过各种合成方法制造多种化工原料（"一碳化学"路线）以及将煤液化制造苯属烃的工艺日益引起人们的重视。

煤炭综合利用包括将煤炭本身作为一次能源，用煤炭制造二次能源、化工原料等几方面。煤炭综合利用系统图如图1-1所示。

煤炭的综合利用的方式如下。

1. 几个煤炭利用部门的联合

① 采煤-电力-建材-化工；

② 采煤-电力-城市煤气-化工；

③ 钢铁-炼焦-化工-煤气-建材；

④ 炼焦-煤气-化工（三联供）。

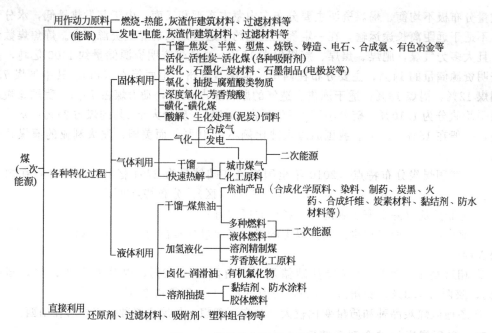

图 1-1　煤炭综合利用系统图

2. 几个单元过程的联合

① 焦化（或高温快速热解)-气化-液化；

② 热解（或溶剂精制)-气化-发电；

③ 气化-合成；

④ 液化（溶剂精制或超临界萃取）-燃烧-气化；

⑤ 液化（超临界萃取）-加氢气化。

此外，还可以有多种方式的联合，通过联合可以大大提高煤的利用效率，推动煤炭应用科学技术的迅速发展。

我国煤炭综合利用情况与发达国家相比，具有起步晚、规模小、发展速度快等特点。目前，我国在煤的综合利用方面虽然做了大量的工作，取得了很大的成绩，但与世界先进水平相比，差距是很大的，且煤炭的终端消费结构也很不合理。我国的煤炭利用以燃烧为主，在加工利用方面比较薄弱，原煤入洗率低，只有 1/4 左右，大部分原煤在使用前不经洗选。因而商品煤质量较差，平均灰分为 20.5％，平均硫分为 0.8％。型煤技术虽已有较长发展历史，但目前，技术与设备的改进与提高效果不尽如人意，技术推广速度缓慢，型煤产量仍较低。动力配煤与水煤浆技术的发展可以说还均处于初级发展阶段。高效固硫剂、助燃剂等尚处于开发和试用阶段。因此，作为世界上第一产煤和用煤大国，我国的煤炭洁净加工与高效利用虽然前途光明，然而却任重道远。

三、煤利用存在的环境问题

煤是不洁净能源，在给人类带来光明和温暖的同时，也给人类赖以生存的环境造成了破坏。

煤所造成的污染贯穿于开采、运输、储存、利用和转化等全过程。就开采而言，仅统配煤矿每年矿井酸性涌水约 14 亿立方米；采煤排放的 CH_4 约占人类活动排放甲烷量的 10％；我国堆积的煤矸石已超过 15 亿吨，占地 86.71 平方公里，矸石堆容易自燃，而且会排放出大量的污染气体和液体；每年约有 6 亿吨煤靠铁路长途运输，使用敞篷车造成约有 300 万吨煤尘排放在铁路沿线，造成污染。储存煤不仅占去大面积土地，而且储存时间长的煤在氧化、风化作用下，炼焦煤会失去黏结性，煤堆会自燃，造成环境污染。

煤在燃烧过程中造成的污染物有烟尘、烟气和炉渣等。烟尘含有由煤中矿物质、伴生元素转化而来的飞灰和未燃烧的炭粒，据统计，我国每年排放到大气中的烟尘量在 1300～1400 多万吨。每燃烧 1t 煤会排放出 6～11kg 烟尘。烟气含有 SO_2、CO_2、CO、NO_x、蒸汽以及多环芳烃等烃类化合物和其他有机化合物。其中 CO_2 在大气中含量增多会造成"温室效应"，使气候变暖；CO 是窒息性气体，量大时能在很短时间内使人的大脑缺氧而死亡；SO_2 对人体健康和植物的生长都有危害，它刺激黏膜、引起呼吸道疾病并能使植物枯死；排放到大气中的 SO_2、SO_3 和 NO_2 与水蒸气化合生成硫酸和硝酸，这两种酸与水分子结合生成硫酸雾，硫酸雾与烟尘接触形成硫酸尘，与降水接触成为酸雨。酸雨使土壤酸化，使建筑物受到腐蚀，并妨碍植物生长。我国中高硫煤和高硫煤占煤总储量的 1/3。炉渣内含有多种有害物质。全国每年排出的炉渣高达 2 亿多吨，不仅占去大面积土地，而且在堆放过程中流出含有多种重金属离子的酸性废水污染环境。

我国煤的利用以燃烧为主，约 90.4% 的煤用于发电、工业锅炉、炉窑、民用炉灶和铁路。由于燃烧技术落后，供煤不合理而造成煤的利用率很低，这样既浪费能源，又污染环境。据估计全国排放到大气中 80% 的烟尘和 90% 的 SO_2 来自燃煤。

炼焦过程由于炉体结构不严密，排烟除尘装置不完善，排散出大量烟气、粉尘、CO、烃类、H_2S、NH_3、SO_x 和 NO_x 等。同时排放出的焦油中含有致癌作用的多环芳烃（如 3，4-苯并芘、二苯并蒽等），严重污染大气和工业用水。

煤的气化和液化工艺的优点是可生产比较洁净的气体燃料和液体燃料，消除燃煤所造成的污染，但气化和液化过程本身仍然有污染问题。气化所得煤气中含有 H_2S、CO、COS、NH_3 和 HCN 等污染物；气化洗涤水中含有酚类、焦油、悬浮固体、氰化物和硫化物等污染物。煤的液化产生浮渣、含油废水及 H_2S、CO、NH_3 和多种有害的多环芳烃气体。

另外，煤中砷燃烧时形成剧毒物质 As_2O_3 进入大气，在人体内累积诱发癌症，因此食品工业用煤的砷含量必须控制在 $8\mu g/m^3$ 以下。大气中 As_2O_3 含量国内外规定应小于 $3\mu g/m^3$，水中应小于 $50\mu g/m^3$。但某些燃煤电厂附近大气中 As_2O_3 含量高达 $100\mu g/m^3$，滇东、黔西一些地方的晚二叠世龙潭组煤经受后期热液影响，砷的含量极高。

经济的发展应与环境资源相互协调发展，不能以牺牲环境为代价来发展经济，因此如何有效地治理因用煤造成的环境污染就成为紧迫的研究任务，务使煤炭资源的开发利用与环境效益结合起来。我国煤炭利用技术的选择标准应该是：减少环境污染——清洁，提高煤炭使用效率和减少无效投入（如高灰分煤的运输）——高效。为此，需尽早开发多种煤炭利用的新技术，以便使我国的煤炭利用技术在 21 世纪逐步完成向新技术的转变。

四、煤化学的发展

为了满足不同工业对煤质的要求，使各种煤得到充分合理的利用，人们对煤的组成、性质进行了深入细致的研究，促使了煤化学科学的诞生和发展。

煤化学学科诞生于 19 世纪。起初，人们对于煤炭的应用只限于用作燃料，煤化学的研究也主要是在煤的工业分析、元素分析和发热量等简单数据的测定方面。随着煤炭应用日趋广泛，煤化学的研究越来越深入和全面。在科学技术日新月异、飞速发展的当今时代，煤化学的研究已经深入到煤的化学组成、岩石组成、结构及工艺过程机理等一些本质问题及煤炭深加工的新方法和新用途等方面。整个煤化学的发展可以分为以下四个阶段。

1. 萌芽阶段（1780～1830 年）

在这一时期，人们争论的主要问题是煤的起源。

在 19 世纪前，人们还不能正确解释煤的形成过程，而只能作种种设想。其主要论点有：

① 煤是由岩石转化而来的；

② 煤是和地球一起形成的，有地球就有煤的出现和存在；

③ 煤是由植物转变而成的。

人们通过长期的生产实践，从不同的角度证明：煤是由植物转变而成的，并且主要是由陆生植物生成的。例如，常常可以看到煤层顶板有植物叶部化石，有时还能看到由直立树干变成的煤，并保留了原来断裂树干的形状；人们应用显微镜来研究成煤的原始物质，将年轻煤制成薄片，放在显微镜下观察，可以清楚看到植物原有构造，如细胞结构、年轮、孢子、角质层和木栓层等；从元素分析得知，煤和植物的主要元素组成相同。于是在 1830 年左右，人们普遍认同了该结论。这时，产生了煤化学和煤岩学两个煤炭科学研究的支柱。因此可以认为，1831 年是科学煤炭研究的诞辰。

2. 启蒙阶段（1831～1912 年）

这个阶段，英国和法国差不多同时开展了用显微镜对煤进行的最早的系统研究。1837 年，在法国展开了对煤的系统化学研究，提出了以元素组成为基础的煤的分类。这些研究为后来的煤岩学和煤化学的发展打下了良好的基础。

3. 经典阶段（1913～1962 年）

在这一时期，煤几乎是唯一的热源和能源，煤炭广泛应用于机车、航行、炼焦、气化、液化、低温干馏和发电等领域。人们对煤的研究不在停留在外部特征、个别性质的研究上，而是逐步深入到组成、岩相、结构及工艺过程机理等一些本质问题的研究，并且以煤的生成过程来探索引起煤性质和组成多样性的原因，力求把外部性质和现象与内在的组成、岩相及结构紧密联系起来。使煤岩学和煤化学这两门学科逐渐发展并成熟起来。

（1）在煤岩学方面　美国主要发展了薄片（透射光）技术，德国和法国主要发展了光片（反射光）技术。两种技术都精益求精，日臻完善。后来，德国又开发了薄光片技术，使得两种技术可在同一试样上进行比较。到 1940 年左右，纯定性的煤炭岩石学逐渐向更为定量的煤炭岩相学转化，发展了测定镜质组反射率的显微光度计法，完善了煤岩定量方法，使煤岩学研究达到了相当高的水平。

（2）在煤化学方面　德国费舍尔首先开发了 F-T 合成法，同时德国伯吉乌斯开发了煤的直接加氢液化法。这两种具有重大意义的煤的转化方法对煤化学的研究起到了巨大的推动作用。

因此，在这个时期，世界各国涌现出许多著名的煤化学家和煤岩学家；出版了大量的重要出版物，对取得的成果进行了科学的总结；也建立了一大批高水平的煤炭研究机构。他们的研究工作涉及煤化学和煤岩学的各个领域。特别是在煤的性质随煤化程度的统计变化方面进行了大量的经验关联工作。通过这种关联可以从煤的工业分析和元素分析数据来预测煤的多种性质。到 1950～1960 年，人们对煤的化学和物理结构有了比较全面的了解，可以用一些如 H/C 和 O/C 原子比、芳碳率和芳氢率等参数来描述煤的结构。并且查明各主要微成分组的各种参数随煤化程度的变化关系。

4. 煤炭研究的衰落和复兴（1963～1990 年）

20 世纪 60 年代中期，中东等地区大量的廉价石油和天然气动摇了煤炭经济。使煤化学的研究几乎停滞不前。到 70 年代以后，由于石油、天然气价格猛涨及国外某些国家和地区的石油资源日趋枯竭，世界各个国家对煤化学和煤化工的研究重新重视起来。许多国家组织起大量人力、财力来进行有计划的系统研究，并采用了最现代化的科学研究仪器和方法来研究煤。例如，煤质检测中使用的数控仪器准确、快速、方便，大大提高了工作效率，加快了信息反馈速度；基础理论研究中使用的色谱仪、红外光谱仪、X射线衍射仪、核磁共振仪、电子显微镜、电子计算机等仪器，这些技术的相互配合在每个重要的实验室都发挥了重大作用；同时建立了完善的煤化工实验装置和中间试验厂。因此，无论是在煤化学基础理论研究方面，还是在煤的焦化、气化、液化等新技术、新工艺、新产品等的研制方面都获得了重大的突破。这些都将使我们对煤这样复杂的固体的认识更加深刻，更加切合实际，这些新知识还将指导我们对煤进行更有效、更合理的利用。

五、煤化学的内容、特点及研究方法

煤化学是一门独立的学科，但它与许多现代学科如化学、煤田地质学、煤岩学、化学工程学、系统工程学、企业管理学等相互渗透，关系密切。煤化学研究的内容主要包括：

① 煤的生成、组成、结构、分析、性质和分类等方面；

② 煤的各种转化过程及其机理方面；

③ 煤的各种加工产物的组成和性质、煤及其加工产品的合理利用。

通过煤化学的理论研究，可以深入了解煤的特性，解决煤炭利用中的各种问题，开发新的加工技术和开拓新的利用途径，使煤炭资源得到更合理和更有效的利用。

煤是一种特殊的沉积岩，是由许多有机化合物和无机化合物组成的混合物。由于成煤原始物质的复杂性和成煤过程中客观条件的多样性，必然导致煤的组成、结构、性质的复杂性和多样性。在组成、结构、性质等方面，不仅不同的煤之间存在着差异，即使来自同一矿区、同一煤层的煤样，仍会因煤岩组成的不同而有明显的差别。在实际研究工作中，只能得出具体的某一组分的化学结构式，而不可能找出一个能代表所有煤或某一煤种的化学结构式。因此，对煤化学的研究必须同时参照煤岩学的原理和方法，才能更全面、更完整地认识煤的组成、结构和性质。

煤化学是煤炭洗选、煤化工等专业的基础课程。煤化学的学习是在高职高专化学知识的基础上，掌握煤化学的基本知识和基本技能；能够从化学角度理解煤的组成、性质及煤质变化规律和影响因素；培养自己分析问题、解决问题的能力和辩证唯物主义观点，并为学好专业课奠定基础。

煤化学是一门实践性很强的学科，处于迅速发展之中，在许多方面仅有定性的描述而无定量的测定，许多理论问题需要进行进一步研究探索，许多新的应用领域尚待开拓。随着科学技术的发展，煤炭资源综合开发利用的途径必将会日趋广泛，人们对煤的研究和认识也会更加深入和全面。我们应认真学习和总结前人的经验进行学习和研究。要刻苦钻研，勇于创新，使煤化学这一发展中的学科迅速发展和完善起来。

第二章 煤的特征和生成

煤是由一定地质年代的远古植物残骸没入水中经过生物化学作用，然后被地层覆盖并经过物理化学作用而形成的有机生物岩，是多种高分子化合物和矿物质组成的混合物。它是极其重要的能源和工业原料。煤生成过程中成煤植物来源与成煤条件的差异造成了煤种类的多样性与煤基本性质的复杂性，并直接影响到煤的开采、洗选和综合利用。

第一节 煤的种类和特征

一、煤的种类

根据成煤植物和生成条件的不同，煤可分为腐泥煤和腐殖煤两大类。

1. 腐泥煤

是指由低等植物和浮游生物经腐泥化作用和煤化作用形成的煤。根据植物遗体分解的程度，可分为藻煤和胶泥煤。藻煤中藻类遗体大多未完全分解，镜下可见保存完好、轮廓清晰的藻类。胶泥煤中藻类遗体多分解完全，已看不到完整的藻类残骸。腐泥煤中矿物质含量较高，光泽暗淡，常呈褐色，均匀致密，贝壳状断口，硬度和韧性较大，易燃，燃烧时有沥青味。腐泥煤常呈薄层或透镜状夹在腐殖煤中，有时也形成单独的可采煤层。

2. 腐殖煤

是指由高等植物的遗体经过泥炭化作用和煤化作用形成的煤。腐殖煤是因为植物的部分木质纤维组织在成煤过程中变成腐殖酸这一中间产物而得名。腐殖煤是在自然界中分布最广、蕴藏量最大、用途最广的煤。绝大多数腐殖煤都是由植物中的木质素和纤维素等主要组分形成的，亦有少量腐殖煤是由高等植物经微生物分解后残留的脂类化合物形成的，称为残殖煤。单独成矿的残殖煤很少，多以薄层或透镜状夹在腐殖煤中。

由于储量、用途和习惯上的原因，除非特别指明，人们通常讲的煤，就是指主要由木质素、纤维素等形成的腐殖煤。

腐殖煤与腐泥煤具有不同的外表特征和性质，其主要特征区别见表 2-1。

表 2-1 腐殖煤与腐泥煤的主要特征

特 征	腐泥煤	腐殖煤
颜色	多数为褐色	褐色和黑色,多数为黑色
光泽	暗	光亮者居多
用火柴点燃	燃烧,有沥青气味	不燃烧
氢含量/%	一般大于 6	一般小于 6
低温干馏焦油产率/%	一般大于 25	一般小于 20

二、腐殖煤的外表特征

腐殖煤是近代煤炭综合利用的主要物质基础，也是煤化学的重点研究对象。根据煤化程度的不同，腐殖煤又可分为泥炭、褐煤、烟煤以及无烟煤四个大类。每一种类型的腐殖煤具有不同的特征和性质，因此它们的利用途径也有很大的差异。

1. 泥炭

泥炭又称草炭和泥煤，它是沼泽地区植物残体在高温和地表通气不良的情况下，在厌氧微生物的作用下不能完全分解，经过长期不断堆积形成的。泥炭外观呈不均匀的棕褐色或黑褐色。它含有大量未分解的植物组织，如根、茎、叶等残留物，因此泥炭中的木质素和碳水化合物的含量较高。泥炭含水量很高，可高达 85%～95%。开采出的泥炭经自然干燥后，水分可降至 25%～35%。干泥炭为棕黑色或黑褐色土状碎块。

我国泥炭储量约 270 亿吨，80%属裸露型，20%属埋藏型。主要分布于大小兴安岭、三江平原、长白山、青藏高原东部以及燕山、太行山等山前洼地和长江冲积平原等地。

泥炭有广泛的用途。泥炭的硫含量平均为 0.3%（质量分数），属于低硫燃料，经气化可制成气体燃料或工业原料气，经液化可制成液体洁净燃料；泥炭焦化所得泥炭焦是制造优质活性炭的原料；泥炭通过不同溶剂萃取，可得到苯沥青、碳水化合物等重要的化工原料。泥炭能去除废水中的金属离子，是一种有效的吸附及过滤介质。泥炭还可以作为土壤改良剂和饲料添加剂，以及食用菌培养基。泥炭的开发和利用已引起国内外的广泛重视，近年来发展十分迅速。

2. 褐煤

褐煤是泥炭沉积后经脱水、压实转变为有机生物岩的初期产物。褐煤大多数无光泽，外观呈褐色或黑褐色，真密度 1.10～1.40g/cm³。褐煤含水量较高，达 30%～60%，自然干燥后水分降至 10%～30%。褐煤易风化变质，含原生腐殖酸，含氧高，化学反应性强，热稳定性差。在外观上，褐煤与泥炭的最大区别在于褐煤不含未分解的植物组织残骸，且呈层分布状态。

根据外表特征，可将褐煤分为土状褐煤、暗褐煤、亮褐煤和木褐煤四种。

(1) 土状褐煤 它是泥炭变为褐煤的最初产物，其断面与一般黏土相似，结构较疏松，易碎成粉末，沾污手指。

(2) 暗褐煤 它是典型的褐煤，表面呈暗褐色，有一定的硬度，如将其破碎则碎成块状而不形成粉末。

(3) 亮褐煤 从外表看它与低煤化度烟煤无明显区别，因而有些国家称其为次烟煤。但亮褐煤仍含有腐殖酸，外观呈深褐色或黑色，有的带有丝绢状光泽，有的则如烟煤一样含有暗亮相间的条带。

(4) 木褐煤 亦称柴煤。有很明显的木质结构，用显微镜观察可清楚地看到完整的植物细胞组织。它除含有腐殖酸、腐殖质和沥青质外，还含有木质素和纤维素等。显然，木褐煤是由尚未受到充分腐败作用的泥炭形成的一种特殊形态的褐煤。

我国褐煤资源丰富，已探明储量达 1303 亿吨，主要分布在东北、西北、西南、华北等地，集中在内蒙古、云南和黑龙江等省，其中内蒙古的褐煤储量最大，占全国褐煤储量的 77%。

褐煤适宜成型作气化原料；其低温干馏煤气可用作燃料气或制氢的原料气，低温干馏的煤焦油经加氢处理可制取液体燃料和化工原料；褐煤是一种优质的热解原料，热解后产生的热解煤气是一种热值较高的优质燃料，可作为生活燃料用气和化工合成气，热解后生成的半焦孔隙发达，可以作为吸附材料生产活性炭，具有低灰、低硫、固定碳高的特点；将褐煤制成（蒽）油煤浆后催化加氢，褐煤有机质的 80%可以转化成气态和液态产品，油收率约占 35%；褐煤经溶剂抽提所得褐煤蜡，具有熔点高、化学稳定性好、防水性强、导电性强、耐酸、强度高和表面光亮等特性，可用作表面活性剂、表面光亮剂、疏水剂、色素溶剂和吸油介质等；褐煤加硝酸进行轻度氧化分解就可得到收率较高的硝基腐殖酸，可用作土壤改良剂、污水处理剂和有机肥料。此外，褐煤的微生物转化与利用由于具有能耗转化条件温和、转化效率高、污染小等优点而越来越受到关注。但褐煤易风化破碎，故一般不宜长途运输，同时由于水分较高、热值低导致燃烧效率不高。因此，合理有效地开发利用褐煤资源是一个迫切需要解决的问题，应予以高度重视。

3. 烟煤

烟煤的煤化度低于无烟煤而高于褐煤，因燃烧时烟多而得名。与泥炭和褐煤相比，烟煤中不含有游离腐殖酸，其腐殖酸已缩合为更复杂的中性腐殖质。一般烟煤具有不同程度的光泽，绝大多数呈明暗交替条带状。外观呈黑色，硬度较大，真密度较高（1.20~1.45g/cm³）。

烟煤是自然界最重要、分布最广、储量最大、品种最多的煤种。根据煤化度的不同，我国将其划分为长焰煤、不黏煤、弱黏煤、1/2中黏煤、气煤、气肥煤、1/3焦煤、肥煤、焦煤、瘦煤、贫瘦煤和贫煤等。

烟煤是炼焦、炼油、气化、低温干馏及化学工业等的原料，也可直接用作燃料。在烟煤中，气煤、气肥煤、1/3焦煤、肥煤、焦煤和瘦煤都具有不同程度的黏结性。传统观念认为这些煤是炼焦的主要原料煤，故称之为炼焦煤。随着煤准备与炼焦工艺的发展，扩大了炼焦用煤的资源。新的炼焦技术已能使用所有的烟煤，甚至无烟煤作为原料成分，不再仅仅局限于这些传统炼焦煤。此外，烟煤还可用于燃料电池、催化剂或载体、土壤改良剂、过滤剂、建筑材料、吸附剂处理废水等。

4. 无烟煤

无烟煤俗称白煤或红煤，是煤化度最高的一种腐殖煤，因燃烧时无烟而得名。无烟煤外观呈灰黑色，带有金属光泽，无明显条带。在各种煤中，它的含碳量最高（90%以上），挥发分低（小于10%），真密度大（1.35~1.90g/cm³），硬度最高，化学反应性弱，燃点高达360~410℃以上，无黏结性。

我国无烟煤预测储量为4740亿吨，占全国煤炭总资源量的10%。主要分布于山西省、河南和贵州等地。

无烟煤主要用作民用、发电燃料；制造合成氨的原料；制造电极、电极糊和活性炭等炭素材料的原料；煤气发生炉造气的原料；低灰低硫、可磨性好的无烟煤还适用于作新法炼焦的原料、高炉喷吹和烧结铁矿的原料，以及生产脱氧剂、增碳剂等。

上述四种腐殖煤的主要特征与区分标志如表2-2所示。

表 2-2　四类腐殖煤的主要特征与区分标志

特征与标志	泥炭	褐煤	烟煤	无烟煤
颜色	棕褐色	褐色、黑褐色	黑色	灰黑色
光泽	无	大多数无光泽	有一定光泽	金属光泽
外观	有原始植物残体，土状	无原始植物残体，无明显条带	呈条带状	无明显条带
在沸腾的 KOH 中	棕红-棕黑	褐色	无色	无色
在稀的 HNO₃ 中	棕红	红色	无色	无色
自然水分	多	较多	较少	少
密度/(g/cm³)	—	1.10~1.40	1.20~1.45	1.35~1.90
硬度	很低	低	较高	高
燃烧现象	有烟	有烟	多烟	无烟

第二节　煤 的 生 成

煤的生成是一个漫长的历史过程，它决定了一种煤所处的煤阶或煤化程度、煤岩类型和根据工艺性质划分的等级，这三个问题可以认为是认识煤的三要素。

一、成煤的原始物质

1. 植物的演化

在煤层中常发现大量保存完好的古代植物化石和炭化的树干；在煤层底板的黏土类岩石中发现了植物根部的化石；在显微镜下观察由煤磨成的薄片更可直接看到原始植物的残体，如孢子、花粉、树脂、角质层和木栓质等。这些事实足以证明，煤是由植物，而且主要是由高等植物生成的。

在生物史上，植物经历由低级向高级逐步发展演化的漫长过程，并且经过多次飞跃。按种类划分，其发展依次可分为菌藻植物时代、裸蕨植物时代、蕨类植物时代、裸子植物时代和被子植物时代。其中菌藻植物属于低等植物，其他植物属于高等植物。

低等植物主要是由单细胞或多细胞构成的丝状或叶片状植物，没有根、茎、叶的划分，如细菌和藻类植物。它们大多数生活在水中，是地球最早出现的生物，从原生代一直发展到现在，其种类达两万种以上。由于菌藻类植物数量少以及其他原因，所以只生成少量的腐泥煤和石煤。高等植物包括苔藓、蕨类、裸子和被子植物，有明显的根、茎、叶等器官。除了苔藓外，它们大多数形体高大，具有粗壮的茎和根，是主要的成煤物质。

2. 地质年代与主要成煤植物

植物演化的时间进程可以用地质年代来描述。地质年代是地层形成的年代。地质年代通常划分为代、纪、世、期、时；地层系统通常也划分为界、系、统、组、段。地质年代与地层系统之间存在着一一对应的关系。

国际通用的地层系统与地质年代的关系如表 2-3 所示，该表参照 1989 年国际地质联合会（ICS）的地球地层表，列出了相应的成煤植物及主要煤种开始生成的地质年代。

表 2-3　地层系统、地质年代、成煤植物与主要煤种

代（界）	纪（系）		距今年代/百万年	中国主要成煤期▲	生物演化		煤种
					植物	动物	
新生代（界）	第四纪（系）		1.6		被子植物	出现古人类	泥炭
	晚第三纪（系）		23	▲		哺乳动物	褐煤为主，少量烟煤
	早第三纪（系）		65	▲			
中生代（界）	白垩纪（系）		135		裸子植物	爬行动物	褐煤、烟煤，少量无烟煤
	侏罗纪（系）		205	▲			
	三叠纪（系）		250				
古生代（界）	晚古生代	二叠纪（系）	290	▲	蕨类植物	两栖动物	烟煤、无烟煤
		石炭纪（系）	355				
		泥盆纪（系）	410		裸蕨植物		
	早古生代	志留纪（系）	438		菌类植物	鱼类	石煤
		奥陶纪（系）	510			无脊椎动物	
		寒武纪（系）	570				

代（界）		纪（系）	距今年代/百万年	中国主要成煤期▲	生物演化		煤种
					植物	动物	
元古代（界）	新元古代	震旦（系）	1000				
	中元古代		1600				
	古元古代		2500				
太古代（界）			4000				

3. 成煤植物的有机族组成和成煤性质

高等植物和低等植物的基本组成单元都是细胞。植物细胞是由细胞壁和细胞质构成的。细胞壁的主要成分是纤维素、半纤维素和木质素，细胞质的主要成分是蛋白质和糖类。高等植物的外表面被角质层和木栓层的表皮所包裹。表皮外层为角质层，里面为木栓层。由表皮向内，依次为形成层、木质部和髓心。从化学的观点看，植物的有机组成可以分为四类，即糖类及其衍生物、木质素、蛋白质和脂类化合物。

（1）糖类及其衍生物 包括纤维素、半纤维素和果胶质等。

纤维素是组成植物细胞壁的主要成分，是构成植物支持组织的基础。在高等植物的木质部分，纤维素约占50%。纤维素是一种高分子的碳水化合物，属于多糖，其链式结构可用通式（$C_6H_{10}O_5$）$_n$ 表示，纤维素的分子结构如图2-1所示。纤维素在生长着的植物体内很稳定，但植物死亡后，需氧细菌通过纤维度水解酶的催化作用可将纤维素水解为单糖，单糖可进一步氧化分解为 CO_2 和 H_2O，即：

$$(C_6H_{10}O_5)_n + nH_2O \longrightarrow nC_6H_{12}O_6$$
$$C_6H_{12}O_6 + 6O_2 \longrightarrow 6CO_2 + 6H_2O$$

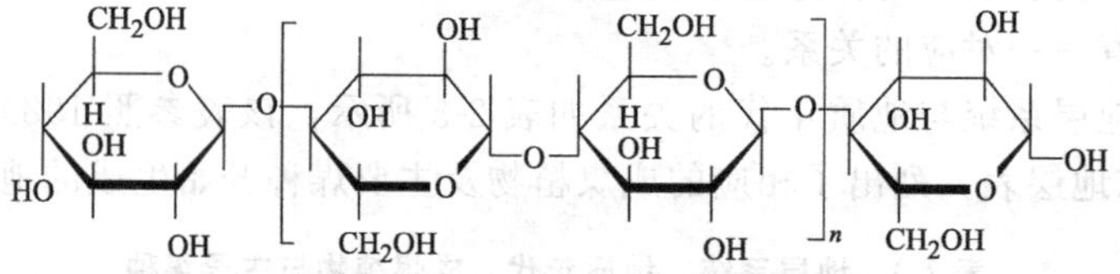

图 2-1 纤维素的分子结构式

当成煤环境逐渐转变为缺氧时，厌氧细菌使纤维素发酵生成 CH_4、CO_2、C_3H_7COOH 等中间产物，参与煤化作用。无论是水解产物还是发酵产物，它们都可能与植物的其他分解产物作用形成更复杂的物质参与成煤。

半纤维素［（$C_5H_8O_4$）$_n$］也是植物细胞壁的组成部分，它在高等植物的木质部中占17%～41%。半纤维素也属于多糖，与纤维素相比，半纤维素更易水解和发酵，它们也能够在微生物作用下水解成单糖：

$$(C_5H_8O_4)_n + nH_2O \longrightarrow nC_5H_{10}O_5$$

果胶质主要由半乳糖醛酸与半乳糖酸甲酯缩合而成，属糖的衍生物，呈果冻状存在于植物的果实和木质部中（果胶质的结构式，如图2-2所示）。果胶质不太稳定，在泥炭形成阶段的开始阶段，即可因生物化学作用水解成一系列的单糖和糠醛酸。此外，植物残体中还有糖苷类物质，由糖类通过其还原基团与其他含羟基物质，如醇类、酚类缩合而成。

（2）木质素 木质素是成煤物质中最主要的有机组分，主要分布在高等植物的细胞壁中，包围着纤维素并填满其间隙，以增加茎部的坚固性。木质素的组成与植物种类相关，但已知它具有一个芳香核，带有侧链并含有—OCH_3、—OH、—O—等多种官能团。目前已知三种类型的木质素单体（表 2-4）。但木质素的单体以不同的链接方式连接成三维空间的大分子，因而比纤维素稳定，不易水解，但在富氧的沼泽环境中，经微生物作用可被氧化成芳香酸和脂肪酸而参与成煤。研究表明，木质素是成煤的主要植物成分。

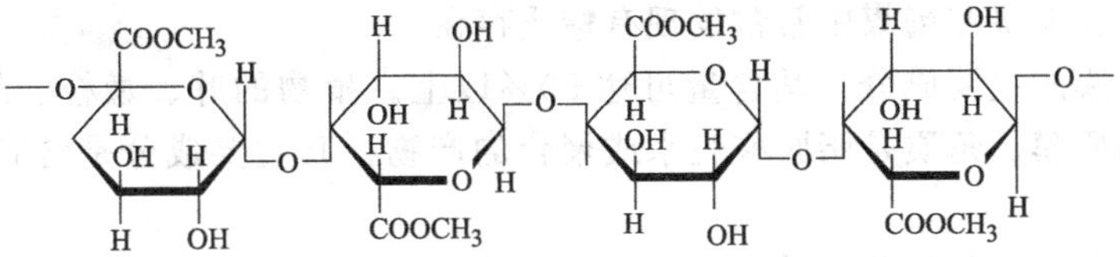

图 2-2　果胶质的分子结构式

表 2-4　木质素的三种不同类型的单体

植物	针叶树	阔叶树	乔木
单体	松柏醇	芥子醇	γ-香豆醇
结构式	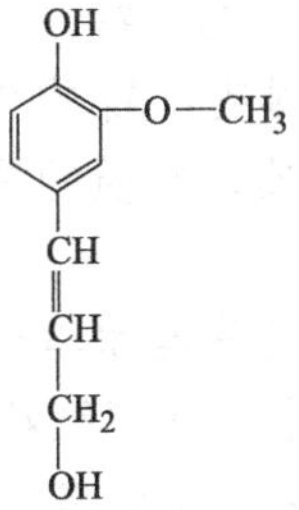	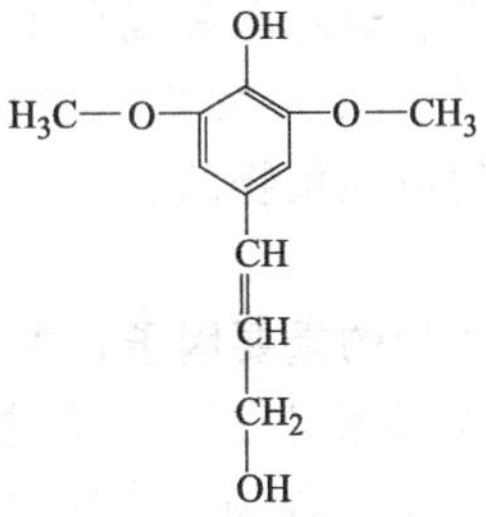	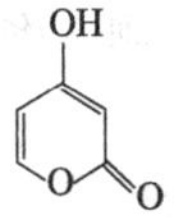

（3）蛋白质　蛋白质是构成植物细胞原生质的主要成分，也是有机生命起源最重要的物质基础。蛋白质是一种无色透明半流动状态的胶体，是由许多不同的氨基酸分子按照一定的排列规律缩合而成的具多级复杂结构的高分子化合物（如图 2-3 所示）。一个氨基酸分子中的—COOH 和另一个氨基酸分子中的—NH_2 生成酰胺键，分子中的—CO—NH—称为肽键。在低等植物中，蛋白质含量较高，而在木本植物中，蛋白质含量不高。植物死亡后，如果处在氧化条件下，蛋白质经微生物作用可全部分解成气态产物（NH_3、CO_2、H_2O、H_2S 等）。在泥炭沼泽中，它可分解生成氨基酸、卟啉等含氮化合物，参与成煤。

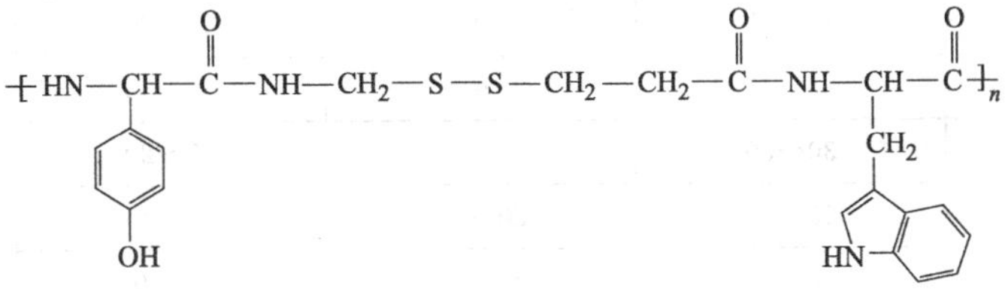

图 2-3　蛋白质片段化学结构示例

（4）脂类化合物　脂类化合物通常指不溶于水，而溶于苯、醚和氯仿等有机溶剂的一类有机化合物，包括脂肪、树脂、蜡质、角质、木栓质和孢粉质等。

脂肪属于长链脂肪酸的甘油酯。低等植物含脂肪较多，如藻类含脂肪可达 20%。高等植物一般仅含有 1%～2%，且多集中在植物的孢子或种子中。脂肪受生物化学作用可被水解，生成脂肪酸和甘油，脂肪酸可以参与成煤作用。在天然作用下，脂肪酸具有一定的稳定性，因此从泥炭或褐煤的抽提沥青中能发现脂肪酸。

树脂是植物生长过程中的分泌物，高等植物中的针状物含树脂最多。树脂是混合物，其成分主要是二萜类衍生物。树脂的化学性质十分稳定，不受微生物破坏，也溶于有机酸，因此能较好地保存在煤中。

蜡质的化学性质类似于脂肪，但比脂肪更稳定，通常以薄层覆盖于植物的叶、茎和果实表面以防止水分的过度蒸发和微生物的侵入。蜡质的主要成分是长链脂肪酸和含有 24～36（或更多）个碳原子的高级一元醇形成的酯类（如硬脂肪酸甘油酯），其化学性质稳定，遇强酸也不易分解。在泥炭和褐煤中常常发现有蜡质存在。

角质是角质膜的主要成分，其含量可达 50％以上。植物的叶、嫩枝、幼芽和果实的表皮常常覆盖着角质膜。角质是脂肪酸脱水或聚合的产物，其主要成分是含有 16～18 个碳原子的角质酸。

木栓质的主要成分是脂肪醇酸、二羧酸以及碳原子大于 20 的长链羧酸和醇类。

孢粉质是构成植物繁殖器官孢子、花粉外壁的主要有机成分。在孢子中孢粉质的含量达20％，孢粉质具有脂肪-芳香族网状结构，它的化学性质非常稳定，能耐较高的温度和酸、碱，也不溶于有机溶剂，常完好地保存在煤中。

除上述 4 种有机化合物外，植物中含有少量鞣质、色素等成分。鞣质是由不同组成的芳香族化合物，如单宁酸、五倍子酸、鞣花酸等混合而成，并具有酚类的特性。鞣质浸透了老年木质部细胞壁、种子外壳，许多树皮中鞣质高度富集，如红树皮中鞣质为 21％～58％，铁杉、栎、柳、桦等现代和第三纪成煤植物的重要种属都含有鞣质。鞣质的抗腐性很强，不易分解。

色素是植物体内储存和传递能量的重要因子，主要有脂溶性色素与水溶性色素两类。脂溶性色素主要为叶绿素、叶黄素与胡萝卜素，三者常共存。此外还有藏红花素、辣椒红素等。叶绿素分子包含一个中央镁原子，外围一个卟啉环；一个很长的碳-氢侧链（称为叶绿醇链）连接于卟啉环上。除叶绿素外，其他脂溶性色素多为四萜衍生物。水溶性色素主要为花色苷类，又称花青素，普遍存在于花中。色素一般都具有抗氧化性或抑菌作用。

不论是高等植物还是低等植物，包括微生物，都是成煤的原始物质。然而，在不同的地质时期生物群的面貌存在很大差异。不同种类的植物，其有机组分的百分含量相差悬殊，而同类植物的不同部分有机组分的百分含量也各不相同，见表 2-5。

表 2-5　不同植物的有机组分含量（质量分数）　　　　单位：%

植物		糖类及其衍生物	木质素	蛋白质	脂类化合物
细菌		12～28	0	50～80	5～20
绿藻		30～40	0	40～50	10～20
苔藓		30～50	10	15～20	8～10
蕨类		50～60	20～30	10～15	3～5
草本植物		50～70	20～30	5～10	5～10
松柏及阔叶树		60～70	20～30	1～7	1～3
木本植物的不同部分	木质部	60～75	20～30	1	2～3
	叶	65	20	8	5～8
	木栓质	60	10	2	25～30
	孢粉质	5	0		90
	原生质	20	0	70	10

由于成煤植物及植物的不同部分在有机族组成上的差异，以及不同有机族组分在性质上的差异，使得成煤植物在分解、保存和转化上存在相当大的差别。各种有机族组成的结构与化学性质，决定了它们抵抗微生物分解的能力。例如，各类有机族组分由易到难分解的次序

如下。

① 原生质；

② 叶绿素；

③ 脂肪；

④ 淀粉、纤维素、半纤维素；

⑤ 木质素；

⑥ 木栓素；

⑦ 角质；

⑧ 孢子与花粉；

⑨ 蜡质；

⑩ 鞣质；

⑪ 树脂。

因此，成煤植物的不同有机组成对煤的种类、显微组成、化学性质及用途产生了重大影响。例如，如果成煤植物残骸以植物的茎、根等木质纤维组织为主，煤的氢含量就较低；如果成煤植物残骸中角质、木栓质、树脂、孢粉等脂类化合物较多，煤的氢含量就较高。

除了上述植物的有机化合物组成外，植物有机质的元素组成也有较大的差异。构成植物有机质的元素种类虽少，但含量大，主要有碳、氢、氧、氮四种元素，如表 2-6 所示。成煤植物的元素组成的差异不仅直接影响植物体的生存和演化，而且也影响植物的遗传转化、成煤的特征和煤的加工利用，以及加工利用中带来的环境污染。

表 2-6 不同植物及其有机族组成的元素 单位：%

植物或植物成分	$w(C)$	$w(H)$	$w(O)$	$w(N)$
浮游生物	45.0	7.0	45.0	3.0
细菌	48.0	7.5	32.5	12.0
陆生植物	54.0	6.0	37.0	2.75
纤维素	44.4	6.2	49.4	—
木质素	62.0	6.1	31.9	—
蛋白质	53.0	7.0	23.0	16.0
脂肪	77.5	12.0	10.5	—
蜡质	81.0	13.5	5.5	—
角质	61.5	9.1	9.4	—
树脂	80.0	10.5	9.0	—
孢粉质	59.3	8.2	32.5	—
鞣质	51.3	4.3	44.4	—

此外，成煤植物残骸的堆积环境、微生物的种类及其活跃程度以及某些偶然因素，对成煤植物残骸的分解、保存与转化也有很大影响。

二、成煤的主要时期和主要煤田

1. 聚煤作用的主要影响因素

煤是由堆积在沼泽中的植物遗体转变而成的，然而植物遗体不是在任何情况下都能顺利地堆积并能转变为泥炭的，而是需要一定的条件。聚煤盆地的形成和聚煤作用的发生，是古植物、古气候、古地理和古构造等地质因素综合作用的结果。

植物遗体的大量堆积是聚煤作用发生的物质基础。早古生代煤主要是内滨海-浅海藻菌类为主的低等生物所形成的，是一种高变质的腐泥煤。随着植物的进化，从晚志留世-早泥盆世植物开始"登陆"，出现了陆生的高等植物（裸蕨），裸蕨只能生活在水盆地的边缘，数量较少且个体矮小，未能形成大规模的煤层。到了石炭、二叠纪，陆生植物飞速发展，不仅数量多，而且发育成高大的木本植物，为成煤提供了丰富的物质基础，形成大量具有工业价值的煤层。

古气候是植物繁衍、植物残体泥炭化相保存的前提条件。聚煤作用主要发生于温暖潮湿气候带，而湿度是主导的因素。纬度和大气环流形成全球性的气候分带，使聚煤带沿着一定的纬度分布，如横跨欧洲、北美的石炭纪聚煤带。海陆分布、地貌等可形成区域性气候区，叠加在全球性气候带的背景上，形成不同规模的聚煤区。如环太平洋分布的第三纪煤盆地，明显地受到海洋潮湿气流的控制。聚煤盆地形成在潮湿气候带覆盖的地区，随着潮湿气候带的迁移，聚煤带和聚煤盆地也相应地发生迁移。如我国中生代聚煤盆地自西南向华北、东北的逐步迁移，就是以干旱带和潮湿带的同步迁移为背景的。

适宜的沉积地理环境为沼泽发育、植物繁殖和泥炭聚积提供了天然场所。聚煤作用主要发生于滨海三角洲平原、冲积扇和河流沉积体系，以及大小不等的内陆和山间湖泊、溶蚀洼地等。从总体上看，泥炭沼泽往往分布于剥蚀区至沉积区的过渡地带。聚煤古地理环境是一个非常敏感的动态环境，只有在各种地质因素的有利配合下，才能发生广泛的聚煤作用。

古构造是作用于聚煤盆地等因素中的主导因素。地壳的缓慢沉降是泥炭层堆积和保存的先决条件，含煤岩系内煤层和以浅水环境为主的碎屑沉积物组成，是地壳边沉降、边堆积的结果。地壳的沉降范围、幅度、时期和速度，决定了聚煤盆地的范围、岩系厚度沉积补偿及沉积相的组成和分布。地史时期的聚煤作用常常出现于一场剧烈的地壳运动之后，聚煤盆地也往往分布于稳定陆块的前缘活动带，或隆起造山带的前缘凹陷带，形成巨厚的含煤岩系。聚煤盆地的形成与地壳的活动性有关，是地壳运动过程的产物。

在一定地区或一定条件下，古气候、古植物、古地理及古构造等因素都可能成为聚煤作用的决定性因素。一般来说，古气候、古植物条件提供了聚煤作用的物质基础，常作为聚煤盆地形成的区域背景来考虑；而古地理和古构造则是具体聚煤盆地形成、演化的主要控制因素。

2. 我国主要聚煤期及含煤地层

由于地史上大的地壳运动，常常使地形、气候以及其他条件发生变化。加之当时受地表海陆分布、隆起与沉降状况、沉积作用等因素的影响，故使各时期的聚煤作用的强弱有很大差异。我国从早古生代腐泥煤类的石煤至第四纪泥炭，共7个主要的聚煤期，分别为：华北石炭-二叠纪，华南二叠纪，晚三叠纪，西北早、中侏罗世，东北晚侏罗-早白垩世，以及东北、西南及沿海第三纪。

（1）古生代主要聚煤期　石炭纪是地球上最重要的聚煤期之一。早石炭世晚期以鳞木、古芦木和种子蕨类为主的植物群形成大面积的沼泽森林。晚石炭世地球上出现了明显的植物地理分区，我国主要属于华夏植物地理区，称大羽羊齿植物群，由石松纲、楔叶纲、真蕨纲和裸子纲等组成茂密的沼泽森林。华北地区及西北东部聚煤作用强盛，形成极为重要的含煤地层。华北石炭纪含煤地层包括中石炭世本溪组和晚石炭世太原组。华北聚煤盆地绝大部分属于晚石炭世太原组。

二叠纪的植物群落与晚石炭世相似，但银杏、苏铁、本内苏铁、松柏类等相继出现，由于其适应能力强，植被扩展到丘陵地带和内陆干燥地区。早二叠世我国仍以华夏植物群作用强盛，适应热带、亚热带雨林气候的真蕨纲、种子蕨纲特别繁茂。华北广大地区早期聚煤作用强盛，以山西组含煤地层为代表；晚期聚煤作用仅限于华北地区南部。华南地区的聚煤作用东南沿海发生早，西南地区发生晚，显示由东南向西北推移扩展的趋势。晚二叠世是华夏植物群的鼎盛时期，尤以种子蕨最为繁盛，形成华南地区最重要的含煤地层；其晚期随着广泛的海侵，聚煤作用迁移到滇东、黔西一带。

（2）中生代主要聚煤期 中生代植物界发生了新的演替，石松纲、楔叶纲、种子蕨纲和科达纲逐渐衰退或绝灭，取而代之的是裸子植物门的苏铁、本内苏铁、银杏和松柏纲，并成为主要造煤植物。晚三叠世我国南方属于叉羽羊齿植物区系，四川、云南、江西和湖南一带形成重要的含煤地层，分别以须家河组和安源组为代表；北方则属于丁菲羊齿植物区系，以陕西延长组为代表，仅含有薄煤层。我国北方早、中侏罗世植物群的成分以银杏、松柏、真蕨植物为主，尤以大量银杏发育为特征。聚煤作用由西北向华北地区扩展，以新疆水西沟群和山西大同群为代表，在新疆、陕北等地常形成巨厚煤层，是我国最强盛的聚煤期。

晚侏罗-早白垩世植物群以松柏、银杏、苏铁植物为主，随着潮湿气候带的北移，晚侏罗-早白垩世聚煤盆地集中分布于东北和内蒙古东部地区，形成巨厚煤层。

（3）新生代聚煤期 我国新生代早、晚第三纪均有重要含煤地层形成。早第三纪含煤地层主要发育于北方，造煤植物主要为被子植物。早第三纪华南大部分为红层沉积，仅沿海和云南西部一带有煤盆地零星分布，如广西百色、广东茂名等煤盆地。

晚第三纪中新世含煤地层主要分布于云南及台湾省，含有巨厚煤层。上新世聚煤作用集中于西南地区，以滇东北的昭通组为典型，亦有巨厚煤层发育。晚第三纪的聚煤作用可延续至第四纪，云南昆明盆地含有褐煤沉积岩主要为更新世堆积。

三、腐殖煤的生成过程

腐殖煤的生成过程通常称为成煤过程。它是高等植物在泥炭沼泽中持续地生长和死亡，其残骸不断堆积，经过长期而复杂的生物化学、地球化学、物理化学作用和地质化学作用，逐渐演化成泥炭、褐煤、烟煤和无烟煤的过程。整个成煤作用过程可分为两个阶段，即泥炭化过程和煤化作用。煤化作用又分为成岩作用和变质作用两个连续的过程。泥炭向褐煤的转化称为成岩过程，褐煤向烟煤、无烟煤的转化称为变质作用过程。

1. 泥炭化阶段

泥炭化阶段是指高等植物残骸在泥炭沼泽中，经过生物化学和地球化学作用演变成泥炭的过程。在这个过程中，植物所有的有机组分和泥炭沼泽中的微生物都参与了成煤作用。

在泥炭化阶段，植物遗体的变化是十分复杂的。根据生物的类型和作用，其生物化学作用大致可分为两个阶段。

第一阶段：植物遗体暴露在空气中或沼泽浅部、富氧的条件下，由于需氧细菌和真菌等微生物对植物进行氧化分解和水解作用，植物遗体中的一部分被彻底破坏，生成气体和水；另一部分分解为简单的有机化合物，它们在一定条件下可合成为腐殖酸；而未分解的稳定部分则保留下来。

第二阶段：在沼泽水的覆盖下，需氧细菌、真菌的数量随着沼泽深度的增加而减少，厌氧细菌逐渐活跃。厌氧细菌与需氧细菌完全不同，它们的生命活动不需依靠空气中的氧，而能利用植物有机质中的氧，故发生了还原反应，结果留下了富氢的残留物。第一阶段保留下来的分解产物，经过厌氧细菌的作用，一部分成为微生物的养料，一部分合成为腐殖酸和沥青质等较稳定的新物质。

第二阶段对于泥炭化是至关重要的。这是因为，如果植物遗体一直处在有氧或供氧充足的环境中，将被强烈地氧化分解，植物遗体将全部遭到破坏，变为气态或液态产物而逸去，就不可能形成泥炭，如表 2-7 所示。

通常，在沼泽环境下，植物遗体的氧化分级往往是不充分的，经过第一阶段的不完全氧化分解之后，一般都会进入第二阶段，其原因如下。

表 2-7　植物遗体的分解过程

原始植物	过程名称	氧的供应状况	水的状况	过程实质	产物
陆生及沼泽植物(高等植物)	全败	充足	有一定水分	完全氧化	仅留下矿物质
	半败	少量	有一定水分	腐殖化	腐殖土
	泥炭化	开始少量，后来无氧	开始有一定水分，后来浸没在水中	开始腐殖化，后来还原作用	泥炭
水中有机物(低等植物)	腐泥化	无氧气	在死水中	还原作用	腐泥

① 泥炭沼泽覆水程度的增强和植物遗体堆积厚度的增加，使正在分解的植物遗体逐渐与大气隔绝。

② 植物遗体转变过程中分解出气体、液体和微生物新陈代谢的产物促使沼泽中介质的酸度增加，抑制了需氧细菌、真菌的生存和活动。如分解产物中的硫化氢和有机酸的积累就能产生这种作用。

③ 有的植物本身就具有防腐和杀菌的成分，如高位沼泽泥炭藓能分泌酚类，某些阔叶树有鞣质保护纤维素，某些针叶树含酚，并有树脂保护纤维素，都使植物不致遭到完全分解。

研究表明，由植物转变成泥炭后，其化学组成发生了明显的变化。植物中所含的蛋白质全部消失了，并且纤维素、木质素的含量也大量减少，产生了在植物中没有的大量腐植酸。元素组成上，泥炭的碳含量比植物高，氢、氮的含量也有所增高，而氧、硫的含量降低较多，见表 2-8。

表 2-8　植物与泥炭化学组成的比较

植物与泥炭	元素组成/%				有机组成/%				
	C	H	N	O+S	纤维素、半纤维素	木质素	蛋白质	沥青 A	腐殖酸
莎草	47.20	5.61	1.61	39.37	50.00	20~30	5~10	5~10	0
木本植物	50.15	6.20	1.05	42.10	50.60	20.3	1~7	1~3	0
桦川草本泥炭	55.87	6.35	2.90	34.97	19.69	0.75	0	3.5	43.58
合浦木本泥炭	65.46	6.53	1.20	26.75	0.89	0.39	0	0	42.88

泥炭的有机组成主要包括以下几个部分。

① 腐殖酸。它是泥炭中最主要的成分。腐殖酸是高分子羟基芳香羧酸所组成的复杂混合物，具有酸性，溶于碱性溶液而呈黑褐色，是一种无定形的高分子胶体，能吸水而膨胀。

② 沥青质。它是由合成作用形成的，也可以由树脂、蜡质、孢粉质等转化而来。沥青质溶于一般的有机溶剂。

③ 未分解或未完全分解的纤维素、半纤维素、果胶质和木质素。

④ 变化不多的稳定组分，如角膜、树脂和孢粉等。

泥炭中含有大量未分解的植物组织，如根、茎、叶等残留物，有时肉眼就可以看见。因此泥炭中碳水化合物的含量很高，这是泥炭的主要特征。泥炭除含有碳水化合物外，还含有腐殖酸。泥炭具有胶体的特征，能将水吸入其微孔结构而本身并不膨胀。

2. 煤化阶段

当泥炭为其他沉积物覆盖时，泥炭化阶段结束，生物化学作用逐渐减弱直至停止。在温度和压力为主的物理化学作用下，泥炭经历了由褐煤向烟煤、无烟煤转变的过程称为煤化阶段。煤化阶段包括先后进行的成岩作用和变质作用。成煤过程的相互关系，如图 2-4 所示。

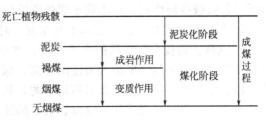

图 2-4 成煤过程示意图

（1）成岩作用 无定形的泥炭在沼泽中层层堆积，随着地壳的不断下降运动，泥炭将被泥沙等沉积物覆盖，微生物的作用逐渐减弱直至消失。在上覆沉积物的巨大压力作用下，泥炭发生了压紧、失水、胶体老化、硬结等一系列物理和物理化学变化，逐渐变成了较为致密的岩石状的褐煤。泥炭发生的这一变化过程称为成岩作用。在成岩过程中，除了发生压实和失水等物理变化外，也在一定程度上进行了分解和缩聚反应。泥炭中残留的植物成分，如少量纤维素、半纤维素和木质素等逐渐消失，腐殖酸含量先增加，后减少。从元素组成看，氢、氧减少，碳增加，如表 2-9 所示。

表 2-9 成煤过程的化学组成变化

物料		$w(C)/\%$	$w(O)/\%$	腐殖酸/%	挥发分/%	水分/%
植物	草本植物	48	39			
	木本植物	50	42			
泥炭	草本泥炭	56	34	43	70	>40
	木本泥炭	66	26	53	70	>40
褐煤	低煤化度褐煤	67	25	68	58	10～30
	典型褐煤	71	23	22	50	
	高煤化度褐煤	73	17	3	45	
烟煤	长焰煤	77	13	0	43	10
	气煤	82	10	0	41	3
	肥煤	85	5	0	33	1.5
	焦煤	88	4	0	25	0.9
	瘦煤	90	3.8	0	16	0.9
	贫煤	91	2.8	0	15	1.3
无烟煤		93	2.7	0	<10	2.3

从泥炭阶段经褐煤阶段到烟煤阶段，发生着体积缩小的变化过程。一般常认为，从泥炭至软褐煤再到烟煤的压缩比例为 6∶3∶1。也就是说，1m 泥炭将生成不到 20cm 的烟煤。

当地层继续下沉和顶板加厚时，地热明显升高，顶板压力继续加大，使得煤质的变化转入变质作用阶段。

（2）变质作用 当褐煤继续沉降到地壳深处时，褐煤受到深部不断增高的地温和地压的作用，分子结构和组成产生了较大的变化。煤中有机质分子发生重新排列，聚合程度增高；同时元素组成的含量也在改变，其中碳含量进一步增加，氧和氢的含量逐渐减少；挥发分和水分的含量减少，腐殖酸也迅速减少并很快消失；煤的光泽增强，密度进一步增大，褐煤逐渐演变成烟煤，最终变成了无烟煤。这个变化过程称为煤的变质作用。

褐煤变成烟煤、无烟煤后，化学组成也发生了明显变化。

在这一转变过程中，煤层所受到的压力一般可达几十到几百兆帕，温度一般在 200℃ 以下。如受到火山岩浆等更高温度作用，则烟煤可能变成天然焦，无烟煤则可能变成石墨。后者是一种高级变质作用，已不属于煤的变质阶段。

① 促成煤变质作用的主要因素是温度、时间和压力。

a. 温度。温度是煤变质的主要因素，煤变质主要以正常地温为热源，巨大的地热使地温自地表常温以下随深度加大而逐渐升高。深度每增加 100m 地温（热）梯度平均为 3℃ 左右，由于成煤的古代地温分布是不均一的，其变化范围可有 0.5~25℃/100m，但有相同的变化趋势。同时，煤变质还可以岩浆、热液或热水、深大断裂上导的高温以及莫霍面抬高构成地热场异常为热源。

由于地温分布的这种规律性，在穿过含煤岩系的深孔中发现煤的变质程度向深部依层递增。温度因素的重要性也已被一系列的人工煤化实验所证明。人工煤化实验发现，泥炭在 100MPa 的压力下加热到 200℃ 时，试样在相当长的时间内并无变化，而当温度超过 200℃ 时，试样转变为褐煤；当压力升高到 180MPa，温度低于 320℃ 时，褐煤一直无明显变化；而当温度升至 320℃ 后，它就转变为接近于长焰煤的产物，但仍能使 KOH 溶液变色；当溶液升温到 345℃ 后，得到了具有典型烟煤性质的产物；继续升温至 500℃，产物具有无烟煤性质。由此可见，温度不仅是煤变质的主要因素，而且似乎存在一个煤变质的临界温度。

大量资料表明，转变为不同煤化阶段所需的温度大致为：褐煤 40~50℃，长焰煤小于 100℃，典型烟煤一般小于 200℃，无烟煤一般不超过 350℃。显然，天然煤化作用所需的温度比人工煤化实验推测温度要低得多。

b. 时间。时间也是煤变质的一个重要因素。这里所说的时间是指某种温度和压力等条件作用于煤的过程的长短。温度和压力对煤变质的影响随着它的持续时间而变化。时间因素的重要影响表现在以下两个方面。

第一，受热温度相同时，变质程度取决于受热时间的长短。受热时间短的煤变质程度低，受热时间长的煤变质程度较高。例如美国第三纪地层中的煤包裹体与德国石炭纪的煤层，沉降深度分别为 5440m 和 5100m，地质历史分析表明至今没有变动。受热温度前者约为 141℃，后者约为 147℃。可见温度与压力条件是近似的，但因时间差别很大，前者为 1300 万~1900 万年，后者为 2 亿 7 千万年，造成煤的变质程度出现明显差异。前者 $V_{daf}=35\%~40\%$，变质程度较低，属于气煤；后者 $V_{daf}=14\%~16\%$，变质程度较高，大致属于焦煤或瘦煤。

第二，煤受短时间较高温度的作用或受长时间较低温度（超过变质临界温度）作用，可以达到相同的变质程度。通常认为，煤化程度是煤受热温度和持续时间的函数。一些煤田的地质观测结果表明，如果受热持续时间为 500 万年，大约在 340℃ 的温度下可以形成无烟煤；而当持续受热时间为 2 千万年至 1 亿年时，只要 150~200℃ 的温度就能形成高变质的烟煤和无烟煤。

c. 压力。压力不仅可以使成煤物质在物理形态上发生变化，使煤压实、孔隙率降低、水分减少，而且还可以使煤的岩相组分沿垂直压力的方向作定向排列。静压力还促使煤的芳香族稠环平行层面作有规则的排列。动压力使煤层产生破裂、滑动。强烈的动压力甚至可以使低变质程度煤的芳香族稠环层面的堆砌高度增大。

尽管一定的压力有促进煤物理结构变化的作用，但只有化学变化才对煤的化学结构有决定性的影响。此外，人工煤化实验表明，当静压力过大时，由于化学平衡移动的原因，压力反而会抑制煤结构单元中侧链或基团的分解析出，从而阻碍煤的变质。因此，人们一般认为压力是煤变质的次要因素。

② 变质作用的类型。根据变质条件和变质特征的不同，煤的变质作用可以分为深成变质作用、岩浆变质作用和动力变质作用三种类型。

a. 深成变质作用。深成变质作用是指煤在地下较深处，受到地热和上覆岩层静压力的影响而引起的变质作用。这种变质作用与大规模的地壳升降活动直接相关，具有广泛的区域性，因此过去常称为区域变质。深成变质是主要的煤变质作用，具有普遍意义。

深成变质主要具有以下两个特点。

第一，煤的变质程度具有垂直分布规律。即在同一煤田大致相同的构造条件下，随着埋藏深度的增加，煤的挥发分逐渐减少，变质程度逐渐增高。大致上深度每增加 100m，煤的挥发分 V_{daf} 减少 2.3％左右。这个规律称为希尔特（Hilt，1873 年）定律。但不同煤田由于地热梯度不同，挥发分梯度也略有差异。

除构造异常与岩浆侵入煤系的情况外，由于煤岩组成、还原程度等差异可能会出现不符合希尔特定律的情况。因此，应综合采用挥发分、碳含量和镜质组反射率等多项煤变质指标，评价煤的变质程度。这样可以更准确地反映煤的变质程度的垂直分布规律。

第二，煤的变质程度具有水平分带规律。由于地质构造因素的影响，在同一煤田中，同一煤层或煤层组原始沉积时沉降幅度可能不同，成煤后下降的深度也可能不一样。按照希尔特定律，这一煤层或煤层组在不同深度上变质程度也就不同，反映到平面上即为变质程度的水平分带规律。例如我国华北某煤田，煤的变质程度在平面上成环状分布，形态类似原始沉积盆地的等高线轮廓。在煤田盆地的边缘，含煤岩层厚度小，煤的变质程度较低，越往盆地中央，含煤岩系厚度越大（后期上覆沉积物厚度增大），煤的变质程度越高。希尔特定律对于煤矿的勘探、开采和预测矿区煤质变化均具有重要的意义。

b. 岩浆变质作用。岩浆变质作用是指煤层受到岩浆带来的高温、挥发性气体和压力的影响使煤发生异常变质的作用。岩浆变质作用的影响范围和强度与岩浆是否直接侵入煤层、岩浆活动的强弱、规律的大小以及持续时间的长短有关，可分为两种类型。一是主要由浅层侵入岩的岩浆直接侵入、穿过或接近煤体而使煤变质程度增高的接触变质作用；二是煤层下部巨大的深成岩侵入岩浆引起煤变质程度增高的区域热（力）变质作用。

发生接触变质时，在岩浆侵入体与煤层接触带附近，煤层的受热温度高，持续时间短，受热均匀性差。发生的过程有些类似于快速加热炼焦，因此与岩浆侵入体接触的煤常常转变为天然焦。如我国山东淄博和阜新煤田就有这样的天然焦。接触变质产生的煤变质带一般不规则，通常为局部现象。

区域热（力）变质又称远成岩浆变质、均匀热力变质或热力变质。产生区域热（力）变质的原因是含煤岩系下部有隐伏的深成岩浆侵入体，它们靠近了含煤岩体系但并未与煤层直接接触。由于岩浆热的影响，岩浆侵入体上部的煤层变质程度异常增高，它叠加在深成变质作用之上，强烈地改造并掩盖了深成变质的特点。区域热（力）变质的影响范围决定于岩浆侵入体的大小，影响程度取决于岩浆侵入体距煤层的远近。区域热（力）变质的煤质分布较有规律，煤的挥发分、镜质组反射率等值线与地热梯度等值线相吻合。通常是产生高变质无烟煤，亦可能产生天然焦。由于总的地热梯度比较高，因此变质梯度也比较大，变质带在立剖面上的厚度和平面上的宽度都比较小。

c. 动力变质作用。动力变质作用是指由于地壳构造变化所产生的动压力和热量使煤发生的变质作用。引起动力变质的地壳构造变化主要是含煤岩系形成之后地壳的褶皱与断裂。煤田地质研究表明，地壳构造活动引起煤异常变质的范围一般不大，因此动力变质也是局部现象。

动力变质煤的主要特点是密度增大，挥发分和发热量降低，煤层层理受到破坏等。

复习思考题

1. 植物有机组成主要包括哪几类？它们在成煤过程中怎样变化并参与成煤？
2. 为什么木质素对成煤作用的贡献最大？
3. 什么是腐泥煤、什么是腐殖煤？
4. 成煤必须具备的条件有哪些？
5. 从植物到泥炭，发生了哪些重大变化？其本质是什么？
6. 由高等植物形成煤，要经历哪些过程和变化？
7. 简述泥炭、褐煤、烟煤及无烟煤在组成和煤质上的差异。
8. 泥炭化作用、成岩作用和变质作用的本质是什么？
9. 影响煤变质的因素有哪些？它们对煤的变质作用有哪些影响？
10. 从煤的生成过程分析煤的性质千差万别的原因。

第三章 煤的岩相组成与应用

煤是一种有机生物岩，煤岩学是从岩石学的角度研究煤的物质组成、物理性质和结构、构造并确定其成因及合理应用的边缘学科。它以显微镜为主要工具，兼用肉眼和其他技术手段，研究自然状态下煤的岩相组成、成因、结构、性质、煤化度及其加工利用特性。

煤岩学一词最先见于 R. 波托涅的《普通煤岩学概论》一书。20 世纪初期广泛开展煤的显微镜下的观察、研究，使煤岩学逐渐发展形成一门独立的学科。1919 年，M. C. 斯托普丝在《条带状烟煤中的四种可见组分》一文中，首次提出烟煤中镜煤、亮煤、暗煤和丝炭 4 种煤岩组分。1925 年以前，以透射光下煤的薄片研究为主，是煤岩组分成因研究的主要手段。

1927 年，E. 斯塔赫在《煤光片》一文中引进了在反射光下研究煤光片的方法，并发表了第一张油浸镜头下煤光片的显微照片。1928 年，斯塔赫和 F. L. 昆勒万制成了煤砖光片在反光下进行研究。

1935 年，斯托普丝提出"显微组分"一词，代表显微镜下能够辨认的煤的有机组分，犹如岩石中的矿物。这一术语的应用，标志着在改进煤岩学研究基础方面前进了一步。

1953 年国际煤岩学委员会（ICCP）的成立是煤岩学发展史上的一个里程碑。1957 年和 1963 年，ICCP 分别出版了《国际煤岩学手册》第 1 版和第 2 版，使煤岩术语和研究方法趋向标准化。荧光性的研究，保证了低煤化度煤的煤级准确测定。反射率测定方法和装置的逐渐完善，对煤岩学的发展起了重大作用，尤其是光电倍增管及各种型号的反射率自动测定装置的研制成功，加上电子计算机的应用，使 20 世纪 70 年代以来煤岩学得到更加迅速的发展和广泛的应用。

第一节 宏观煤岩组成

煤作为一种岩石，肉眼观察可区分出各种宏观煤岩组分和宏观煤岩类型。

一、宏观煤岩成分

宏观煤岩成分是根据颜色、光泽、断口、裂隙、硬度等性质的不同，肉眼可以区分的煤的基本组成单元。英国煤岩学家斯托普斯（1919 年）在条带状烟煤中区分出四种可见成分，即镜煤、亮煤、暗煤和丝炭，称为宏观煤岩成分，其中，镜煤、丝炭为简单煤岩成分，亮煤和暗煤为复杂煤岩成分，最小分层厚度一般为 3～5mm。复杂煤岩组分中可以包含厚度小于 3～5mm 的简单煤岩组分的薄条带或透镜体。在光泽强度上丝炭和暗煤是暗淡的，镜煤和亮煤则是光亮的。

1. 镜煤

煤中颜色最黑、光泽最亮的宏观煤岩成分。质地均匀，性脆，以具贝壳状断口和垂直于条带的内生裂隙为特征。在煤层中镜煤呈透镜状或条带状，厚度一般不超过 20mm，有时呈线理状夹杂在亮煤或暗煤中，但有明显的分界线。镜煤的内生裂隙发育，裂隙面呈眼球状，有时裂隙面上有方解石或黄铁矿薄膜。在成煤过程中，镜煤是由成煤植物的木质纤维组织经过凝胶化作用形成的均质镜质体或结构镜质体。随煤化度加深，镜煤的颜色由深变浅，光泽变强，内生裂隙增多。在中等变质阶段，镜煤具有强黏结性和膨胀性。

2. 亮煤

光泽次于镜煤、具有微细层理、最常见的宏观煤岩成分。不少煤层以亮煤为主组成较厚的分层，甚至整个煤层全由亮煤组成。亮煤呈黑色，其光泽、脆性、密度、结构均匀性和内生裂隙发育程度等均逊于镜煤。断口有时呈贝壳状，表面隐约可见微细纹理。在显微镜下观察，亮煤是一种复杂、非均一、以镜质组组分为主，并含有不同数量的惰质组组分和壳质组组分的宏观煤岩成分。在中等变质阶段，亮煤具有较强黏结性和膨胀性。

3. 暗煤

光泽暗淡、坚硬、表面粗糙的宏观煤岩成分。暗煤呈灰黑色、内生裂隙不发育、密度大、坚硬且具有韧性。它的层理不清晰，呈粒状结构，断口粗糙。常以较厚的分层出现，甚至单独成层。在显微镜下可以观察到暗煤是一种复杂、非均一、镜质组组分较少、矿物质含量较高的宏观煤岩成分。暗煤由于组成不同，其性质差异很大。如富含惰质组的暗煤，略带丝绢光泽，挥发分低，黏结性弱；富含树皮的暗煤，略带油脂光泽，挥发分和氢含量较高，黏结性较好；含大量黏土矿物的暗煤密度大，灰分高。

4. 丝炭

有丝绢光泽、纤维状结构、性脆的、单一的宏观煤岩成分。在成煤过程中，丝炭是由成煤植物的木质纤维组织经丝炭化作用而形成的。在煤层中丝炭呈扁平透镜体或不连续小夹层，沿煤的层面分布，厚度约为几毫米。丝炭外观像木炭，灰黑色，质地疏松多孔，性脆、易碎，故在煤粉中含量较多。有些丝炭的孔腔被矿物质填充，成为矿化丝炭。矿化丝炭质地坚硬、致密、密度大。在显微镜下观察，具有明显植物细胞结构的丝炭化组织——丝质体和半丝质体，有时还能看到年轮结构。丝炭含氢量低，含碳量高，没有黏结性。由于丝炭孔隙率高，易于吸氧而发生氧化和自燃。

二、宏观煤岩类型

宏观煤岩成分在煤层中的自然共生组合称为宏观煤岩类型。在宏观煤岩成分中，镜煤和丝炭一般仅以细小的透镜体或不连续的薄层出现，难以形成独立的分层；亮煤和暗煤虽然分层较厚，但常常又有互相过渡的现象，分界线不太明显。所以，在了解煤层的岩相组成和性质时，如以上述四种宏观煤岩成分为单位，则不便进行定量分析，也不易了解煤层的全貌。因此，常采用宏观煤岩类型代替宏观煤岩成分作为肉眼观察研究煤层的单位，共划分为光亮煤、半亮煤、半暗煤和暗淡煤四种基本类型。由于宏观类型是根据相对光泽划分的，而组分的光泽强度又是随煤化程度的增高而增强，因此，只有煤化程度相同的煤才能相互比较，划分宏观类型，并应先以相同煤化程度的镜煤为标准进行划分。煤的宏观类型通常以 5cm 为最小分层厚度。各种宏观煤岩类型特点如下。

1. 光亮煤

煤层中总体相对光泽最强的类型，它含有大于 80% 的镜煤和亮煤，只含有少量的暗煤和丝炭。光亮煤成分较均一，通常条带状结构不明显，具有贝壳状断口。内生裂隙发育，较脆，易破碎。中变质阶段光亮煤的黏结性强，是最好的炼焦用煤。

2. 半亮煤

煤层中总体相对光泽较强的类型，其中镜煤和亮煤的含量大于 50%～80%，其余为暗煤，也可能夹有丝炭。半亮煤的条带状结构明显，内生裂隙较发育，常具有棱角状或阶梯状断口。半亮煤是最常见的宏观煤岩类型。中变质程度的半亮煤黏结性较好。

3. 半暗煤

煤层中总体相对光泽较弱的类型，其中镜煤和亮煤含量仅为 20%～50%，其余的为暗煤，也夹有丝炭。有时镜煤和亮煤含量虽大于 50%，但因矿物质含量高而使煤相对光泽减弱，也成为半暗煤。半暗煤的内生裂隙不发育，断口参差不齐；硬度、韧度和密度较大。

4. 暗淡煤

煤层中总体相对光泽最弱的类型，其中镜煤和亮煤含量在 20％以下，其余的多为暗煤，有时夹有少量其他煤岩组分，也有个别煤田存在以丝炭为主的暗淡煤。暗淡煤通常呈块状构造，层理不明显，煤质坚硬，韧性大，密度大，内生裂隙不发育。与其他宏观煤岩类型相比，暗淡煤的矿物质含量往往最高。

在煤层中，各种宏观煤岩类型的分层，往往多次交替出现。逐层进行观察、描述和记录，并分层取样，是研究煤层的基础工作。

第二节　煤的显微组分

煤的显微组分（maceral），是指煤在显微镜下能够区分和辨识的基本组成成分。按其成分和性质又可分为有机显微组分和无机显微组分。有机显微组分是指煤中由植物有机质转变而成的组分；无机显微组分是指煤中矿物质。煤的有机显微组分这一术语是英国斯托普斯于 1935 年首先提出的。

一、煤的有机显微组分

腐殖煤的有机显微组分可分为三类，即镜质组（凝胶化组分）、惰质组（丝炭化组分）和壳质组（稳定组）。各类显微组分按其镜下特征，可以进一步分为若干组分或亚组分。

1. 镜质组

镜质组是煤中最主要的显微组分，我国多数煤田的镜质组含量为 60％～80％。镜质组是由成煤植物的木质纤维组织，在泥炭化阶段经腐殖化作用和凝胶化作用而形成的显微组分组。在低煤化烟煤中，镜质组的透光色为橙色-橙红色，油浸反射光下呈深灰色，无突起。随煤化程度增加，反射力增大，反射色变浅，可由深灰色变为白色；透光色变深，可由橙红色变为棕色，直至不透明；正交偏光下光学各向异性明显增强。

在油浸反射光下，镜质组中颜色稍浅、反射力稍强，略显突起的显微组分，在早期分类中曾命名为半镜质组，我国烟煤显微组分分类 GB/T 15588—2001 中归并为镜质组。镜质组有时具弱荧光性。

根据细胞结构保存程度及形态、大小等特征，镜质组分为 3 个显微组分和若干个显微亚组分。

（1）结构镜质体　显微镜下显示植物细胞结构的镜质组显微组分（指细胞壁部分）。根据细胞结构保存的完好程度，又分为两个亚组分。

① 结构镜质体 1。细胞结构保存完好的结构镜质体。细胞壁未膨胀或微膨胀，细胞腔清晰可见，细胞排列规则。细胞腔中空，或为矿物和其他显微组分充填。

② 结构镜质体 2。细胞壁强烈膨胀，细胞腔完全变形或几乎消失，但可见细胞结构残迹。细胞腔闭合后常呈线条状结构。由树叶形成的结构镜质体 2，常具角质体镶边，有时显示团块状结构。

（2）无结构镜质体　显微镜下不显示植物细胞结构的镜质组分。根据形态特征，无结构镜质体又分为 4 个亚组分。

① 均质镜质体。在垂直层理切面中呈宽窄不等的条带状或透镜状，均一、纯净，常见垂直层理方向的裂纹。低煤级烟煤中有时可见不清晰隐结构，经氧化腐蚀，可见清晰的细胞结构。该组分为镜质组反射率测定的标准组分之一。

② 基质镜质体。没有固定形态，胶结其他显微组分或共生矿物均匀基质镜质体显示均

一结构，颜色均匀；不均匀基质镜质体为大小不一、形态各异、颜色略有深浅变化的团块状或斑点状集合体。与均质镜质体相比，反射率略低，透光色略浅。该组分亦为反射率测定标准组分之一。

③ 团块镜质体。多呈圆形、椭圆形、纺锤形或略带棱角状、轮廓清晰的均质块体。常充填细胞腔，其大小与细胞腔一致；也可单独出现，最大者可达 $300\mu m$。油浸反射光下呈深灰色或浅灰色，透射光下为红色-红褐色。

④ 胶质镜质体。均一纯净，无确定形态，常充填在细胞腔、裂隙及真菌体和孢粉体的空腔中。镜下其他光性特征与均质镜质体相似。

（3）碎屑镜质体　粒径小于 $10\mu m$ 的镜质组碎屑，多呈粒状或不规则状，偶见棱角状。常被基质镜质体胶结，并且不易与基质镜质体区分。

2. 惰质组

惰质组是煤中常见的一种显微组分，但在煤中的含量比镜质组少，我国多数煤田的惰质组含量为 $10\%\sim20\%$。惰质组是主要由成煤植物的木质纤维组织受丝炭化作用转化形成的显微组分组。少数惰质组分来源于真菌遗体，或是在热演化过程中次生的显微组分。油浸反射光下呈灰白色-亮白色或亮黄白色，反射力强，中高突起。透射光下呈棕黑色-黑色，微透明或不透明。一般不发荧光。惰质组在煤化作用过程中的光性变化不及镜质组明显。根据细胞结构和形态特征等惰质组分为以下若干组分。

（1）丝质体　油浸反光下为亮白色或亮黄白色，中-高突起，具细胞结构，呈条带状、透镜状或不规则状。常见细胞结构保存完好，甚至可见清晰的年轮及分节的管胞。细胞腔一般中空或被矿物、有机质充填。根据成因和反射色不同分为 2 个亚组分。

① 火焚丝质体。植物或泥炭在泥炭沼泽发生火灾时，受高温炭化热解作用转变形成的丝质体。火焚丝质体的细胞结构清晰，细胞壁薄，反射率和突起很高，油浸反射光下为亮黄白色。

② 氧化丝质体。与火焚丝质体相比，细胞结构保存较差，反射率和突起稍低，油浸反射光下为亮白色或白色。

（2）半丝质体　油浸反射光下为灰白色，中突起，呈条带状、透镜状或不规则状。具细胞结构，呈现较清晰的、排列规则的木质细胞结构，有的细胞壁膨胀或仅显示细胞腔的残迹。

（3）真菌体　来源于真菌菌孢、菌丝、菌核和密丝组织。油浸反射光下呈现灰白色、亮白色或亮黄白色，中高突起，显示真菌的形态和结构特征。来源于真菌菌孢的真菌体，外形呈椭圆形、纺锤形，内部显示单细胞、双细胞或多细胞结构。形成于真菌菌核的真菌体，外形呈近圆形，内部显示蜂窝状或网状的多细胞结构。

（4）分泌体　由树脂、单宁等分泌物经丝炭化作用形成，因而常被称为氧化树脂体，但它也可能起源于腐殖凝胶。油浸反射光下为灰白色、白色至亮黄白色，中高突起。形态多呈圆形、椭圆形或不规则形状，大小不一，轮廓清晰。一般致密、均匀。根据结构不同可分为无气孔、有气孔和具裂隙的三种。无气孔的多为较小的浑圆状，表面光滑，轮廓清晰。有气孔的往往具有大小相近的圆形小孔。第三种则呈现出方向大约一致或不一致的氧化裂纹。

（5）粗粒体　油浸反射光下为灰白色、白色、淡黄白色，中高突起，基本上不呈现细胞结构。有的完全均一，有的隐约可见残余的细胞结构。通常为不规则的浑圆状单体或不定形基质。一般大于 $30\mu m$。

（6）微粒体　油浸反射光下呈白灰色-灰白色至黄白色的细小圆形或似圆形的颗粒，粒

径一般在 $1\mu m$ 以下。常聚集成小条带、小透镜体或细分散在无结构镜质体中。也常充填于结构镜质体的胞腔内或呈不定形基质状出现。反射力明显高于镜质组，微突起或无突起。主要为煤化作用过程中的次生显微组分。

（7）碎屑惰质体　为惰质组的碎屑成分，粒径小于 $30\mu m$，形态极不规则。

3. 壳质组

壳质组主要来源于高等植物的繁殖器官、保护组织、分泌物和菌藻类，以及与这些物质相关的降解物。

从低煤级烟煤到中煤级烟煤，壳质组在透射光下呈柠檬黄色-黄色-橘黄色-红色，大多轮廓清楚。外形特征明显；在油浸反射光下呈灰黑色到深灰色，反射率比煤中其他显微组分都低，突起由中高突起降到微突起。随煤化程度增高，壳质组反射率等光学特征比共生的镜质组变化快。当镜质组反射率达 1.4% 左右时，壳质组的颜色和突起与镜质组趋于一致；当镜质组反射率大于 2.1% 以后，壳质组的反射率变得比镜质组还要高，常具强烈的光学各向异性。

壳质组具有明显的荧光性。从低煤级烟煤到中煤级烟煤，壳质组在蓝光激发下发绿黄色-亮黄色-橙黄色-褐色荧光，随煤化程度增高，荧光强度减弱，直至消失。

壳质组在煤中按其组分来源及形态特征可分为下列组分。

（1）孢粉体　孢粉体由成煤植物的繁殖器官大孢子、小孢子和花粉形成，分为两个显微亚组分。由大孢子形成的孢粉体称为大孢子体。由于小孢子和花粉在煤垂直层理切片中非常相似，很难区分，故将小孢子和花粉形成的孢粉体统称为小孢子体。

① 大孢子体。大孢子体长轴一般大于 $100\mu m$，最大可达 $5000\sim10000\mu m$。在垂直层理的煤片中，常呈封闭的扁环状。常有大的褶曲，转折处呈钝圆形。大孢子体的内缘平滑，外缘一般平整光滑，有时可见瘤状、刺状等纹饰。

② 小孢子体。小孢子体长轴小于 $100\mu m$。在垂直层理的煤片中，多呈扁环状、蠕虫状、细短的线条状或似三角形状。外缘一般平整光滑，有时可见刺状纹饰。常呈分散状单个个体出现，有时可见小孢子体堆或囊堆。

（2）角质体　角质体来源于植物的叶和嫩枝、果实表皮的角质层。显微镜下角质体呈厚度不等的细长条带。外缘平滑，而内缘大多呈锯齿状，叶的角质体保存完好时，为上下两片锯齿相对，且末端褶曲处呈尖角状。一般顺层理分布，有时密集呈薄层状。角质体可以以镶边的形式与镜质组伴生。根据厚度，可将角质体分为厚壁角质体和薄壁角质体两种。

（3）树脂体　树脂体来源于植物的树脂以及树胶、脂肪和蜡质分泌物。树脂体主要呈细胞充填物出现，有时也呈分散状或层状出现。在垂直层理的煤片中，树脂体常呈圆形、卵形、纺锤形等，或呈小杆状。

在透射光下，树脂体多呈淡黄白色、柠檬黄色，也呈橙红色。油浸反射光颜色深于孢粉体和角质体，多为深灰色，有时可见带红色色调的内反射现象。一般不显示突起。

（4）木栓质体　木栓质体来源于植物的木栓组织的栓质化细胞壁。细胞腔有时中空，有时为团块状镜质体充填。常显示叠瓦状构造。栓质化细胞壁在油浸反射光下呈均一的深灰色，低突起到微突起，在低煤级烟煤中可发较弱的荧光。

（5）树皮体　树皮体可能来源于植物茎和根的皮层组织，细胞壁和细胞腔的充填物皆栓质化。在油浸反射光下呈灰黑色至深灰色，低突起或微突起。树皮体有多种保存形态，常为多层状，有时为多层环状或单层状等。在纵切面上，由扁平长方形细胞叠瓦状排列而成，呈轮廓清晰的块体。水平切面上呈不规则的多边形。透射光下呈柠檬黄、金黄、橙红及红色。具有明显的亮绿黄色、亮黄色至黄褐色荧光，各层细胞的荧光强度不同，荧光色差异较大。

（6）沥青质体　沥青质体是藻类、浮游生物、细菌等强烈降解的产物。油浸反射光下呈棕黑色或灰黑色。没有一定的形态和结构，分布在其他显微组分之间，也见有充填于细小裂隙中或呈微细条带状出现。微突起或无突起，反射率较低，荧光性弱，呈暗褐色。

（7）渗出沥青体　渗出沥青体是各种壳质组分及富氢的镜质体，在煤化作用的沥青化阶段渗出的次生物质，呈楔形或沿一定方向延伸，充填于裂隙或孔隙中，并常与母体相连，其光性特征与母体基本一致或略有差别。透射光下呈金黄色或橙黄色；蓝光激发下荧光色变化较大，多为亮黄色或暗黄色，多与母体的荧光色相似。

（8）荧光体　荧光体是由植物分泌的油脂等转化而成的具强荧光的壳质组分。在蓝光激发下发很强的亮黄色或亮绿色荧光。荧光体常呈单体或成群的粒状、油滴状及小透镜状，主要分布于叶肉组织间隙或细胞腔内。油浸反射光下为灰黑色或黑灰色，微突起，透射光下为柠檬黄色或黄色。

（9）藻类体　藻类体是由低等植物藻类形成的显微组分，它是腐泥煤的主要组分。根据结构和形态特征分为两个亚组分。

① 结构藻类体。结构藻类体在普通反射光下为灰色，结构和形态清晰，低中突起。油浸反射光下呈灰黑色或黑色，反射率很低。透射光下色调不均一，多呈柠檬黄色、橙黄色。蓝光激发下发强荧光，结构更加清晰，随煤化程度增高，荧光色由柠檬黄色变化为橙黄色至红褐色。

煤中常见的是由皮拉藻形成的结构藻类体，呈不规则的椭圆形和纺锤形等形状。在垂直层理切片中，表面呈斑点状、海绵状、边缘呈放射状、似菊花状的群体细胞结构特征。由轮奇藻形成的结构藻类体较少见，水平切面为中空的环带，边缘呈齿状，在垂直切面上中空部分压实后呈线性。

② 层状藻类体。层状藻类体细胞结构和形态保存不好，在垂直层理的切面中呈纹层状、短线条状。油浸反射光下呈黑色至暗灰色，反射率很低。蓝光激发下荧光色为黄色、橘黄色至褐色。

（10）碎屑壳质体　碎屑壳质体是粒径小于 $3\mu m$ 的碎屑状壳质体，常成群出现，在油浸反射光下呈深灰色，反射率低，在蓝光激发下发亮黄色荧光。

二、煤的无机显微组分

无机显微组分系指煤中的矿物质。来源包括：成煤过程中混入的矿物质，成煤植物体内的无机成分（矿物质），前者是煤中矿物质的主要来源。反射光下能辨认的煤中常见矿物主要有黏土类、硫化物类、碳酸盐类、氧化硅类及其他矿物类等五类，见表 3-1。

表 3-1　煤中常见矿物种类

种类	代号	常见矿物	种类	代号	常见矿物
黏土类	CM	黏土矿物	氧化硅类	SiM	石英
硫化物类	SM	黄铁矿、白铁矿	其他矿物类	OM	金红石、长石、石膏
碳酸盐类	CaM	方解石、菱铁矿			

1. 黏土类矿物

黏土类矿物包括高岭土、水云母等，是煤中最主要的矿物，一般可占煤中矿物总量的 70% 左右。普通反射光下为暗灰色、土灰色，轮廓清晰，表面不光滑，呈颗粒状及团块状结构。中突起或微突起。油浸反射光下为灰黑色、黑色，低突起或微突起，表面不光滑，常呈微粒状、团块状、透镜状、薄层状和浸染状等不规则形态出现，常见其充填于结构镜质体、结构半丝质体及结构丝质体细胞腔中或分散在无结构的镜质体中。

2. 硫化物类矿物

煤中常见的硫化物类矿物，主要是黄铁矿，其次是白铁矿等。黄铁矿在普通反射光下为黄白色，油浸反射光下为亮黄白色，突起很高，表面平整，有时不易磨光呈蜂窝状。常呈结核状、浸染状或毒粒状集合体产出，或充填于裂隙和细胞腔中。黄铁矿为均质，在正交偏光下全消光，而白铁矿具有强非均质性，偏光色为黄-绿-紫色，双反射显著。常呈放射状、同心圆状集合体。

3. 碳酸盐类矿物

煤中常见的碳酸盐类矿物主要有方解石和菱铁矿。方解石在普通反射光下为灰色，低突起，油浸反射光下为灰棕色，表面平整光滑，强非均质性，偏光色为浅灰-暗灰色，内反射显乳白色-棕色，双反射显著。多呈脉状充填裂隙或胞腔中，常见双晶纹及菱形解理纹。菱铁矿的突起比方解石高，常呈结核状、球粒状集合体产出，有时呈脉状。其他特征与方解石相似。

4. 氧化硅类矿物

氧化硅类矿物包括石英、玉髓、蛋白石等矿物，煤中氧化硅类矿物以石英为主。普通反射光下为深灰色，有时呈浅紫灰色，油浸反射光下为黑色。一般表面平整，由于磨损硬度大，突起很高，周围常有暗色环。呈棱角状、半棱角状碎屑为主。自生石英呈自形晶或半自形晶，也有充填细胞腔的，热液石英多呈脉状充填在显微组分的裂隙中。

5. 其他矿物

煤中其他矿物有金红石、长石、石膏等。反射光下煤中常见矿物的鉴定标志如表3-2所示。

表 3-2　反射光下煤中常见矿物的鉴定标志

矿物	普通反射光下			油浸反射光颜色	其他标志	主要状态
	颜色	突起	表面特性			
黏土类	暗灰色	不显突起	微粒状	黑色		微粒，透镜体，团体，薄层或充填于细胞腔
石英	深灰色	突起很高	平整	黑色		以棱角状为主，自生石英外形不规则，个别呈自晶形
黄铁矿	浅黄白色	突起很高	平整，有时为蜂窝状	亮黄白色		球粒，或呈晶形，有时充填胞腔
方解石	乳灰色	微突起	光滑、平整	灰棕色	非均质性明显，常见解理	呈脉状充填裂隙中
菱矿石	深灰色	突起	平整	灰棕色	非均质性明显	圆形

三、煤岩显微组分的分类与命名

煤岩显微组分的分类，归纳起来，方案可分为两种类型，一类侧重于成因研究，组分划分得较细，常用透光显微镜观察；另一类侧重于工艺性质及其应用的研究，组分划分得较为简明，常用反光显微镜观察。通常煤田地质部门倾向前一类方案，而煤炭使用部门则倾向后一类方案。考虑到研究和应用两个方面，介绍两种分类方案。

1. 国际硬煤显微组分的分类与命名

由国际煤岩学委员会（ICCP）提出、被国际标准化组织（ISO）采用的分类方案。国际硬煤显微组分分类（表3-3）侧重于工艺性质的研究，分类简明，适用于烟煤和无烟煤。

表 3-3　国际硬煤显微组分分类

显微组分组 (maceral group)	显微组分 (maceral)	显微亚组分 (submaceral)	显微组分种 (maceral variety)
镜质组 (vitrinite)	结构镜质体 (telinite)	结构镜质体1 (telinite1) 结构镜质体2 (telinite2)	科达树结构镜质体 (cordaitelinite) 真菌结构镜质体 (fungotelinite) 木质结构镜质体 (xylotelinite) 鳞木结构镜质体 (lepidophytotelinite) 封印木结构镜质体 (sigillariotelinite)
	无结构镜质体 (collinite)	均质镜质体 (telocollinite) 基质镜质体 (desmocollinite) 团块镜质体 (corpocollinite) 胶质镜质体 (gelocollinite)	
	碎屑镜质体 (vitrodetrinite)		
惰质组 (inertinite)	丝质体 (fusinite)	火焚丝质体 (pyrofusinite) 氧化丝质体 (degradofusinite)	
	半丝质体 (sernifusinite)		
	菌类体 (selerotinite)	真菌菌类体 (fungosclerotinite)	密丝组织体 (mississippiorganism) 团块组织体 (corposcletotonite) 假团块组织体 (pseudoeorposclerotinite)
	粗粒体 (macrmite)		
	微粒体 (micrinite)		
	碎屑惰质体 (inertodetrinite)		
壳质组 (exinite)	孢子体 (sporinite)		薄壁孢子体 (tenuisporinite) 厚壁孢子体 (crassisporinite) 小孢子体 (microsporinite) 大孢子体 (macrosporinite)
	角质体 (cutinite)		
	树脂体 (resinite)		

续表

显微组分组 (maceral group)	显微组分 (maceral)	显微亚组分 (submaceral)	显微组分种 (maceral variety)
壳质组 (exinite)	木栓质体 (suberinite)		
	沥青质体 (bituminite)		
	渗出沥青体 (exsudatinite)		
	荧光体 (fluorinite)		
	藻类体 (alginite)	结构藻类体 (telalginite)	皮拉藻类体 (pila-alginite) 轮奇藻类体 (reinschia-alginite)
		层状藻类体 (lamalginite)	
	碎屑壳质体 (liptodetrinite)		

　　国际硬煤显微组分将所有的显微组分分为镜质组分、惰质组分和壳质组分。每个组分都包括成因、物理性质和化学工艺性质相近的一系列显微组分，但三个显微组分之间在物理结构和化学工艺性质上有明显区别。

　　国际分类中根据各种成因标志，在显微组分中进一步细分出亚组分。如无结构镜质体分为四个亚组分，其中最常见的隐结构镜质体常呈条带状出现，通常根据其反射率确定煤化程度，浸蚀后常显出原有的细胞结构；胶质镜质体常充填胞腔或充填在碎屑镜质体之间；基质镜质体是胶结其他组分的基质；团块镜质体呈团块状。丝质体按成因分为火焚丝质体和氧化丝质体两个亚组分。在显微组分中还可以根据植物归属的门类或所属器官，定名为组分的种。如结构镜质体中可细分出科达树结构镜质体、真菌结构镜质体、木质结构镜质体、鳞木结构镜质体和封印木结构镜质体等五种。孢子体可分为薄壁孢子体、厚壁孢子体、小孢子体和大孢子体等四种。

　　2. 中国烟煤显微组分分类

　　中国煤岩显微组分分类方案是以国际煤岩显微组分分类方案为基础，结合中国煤炭资源特征和煤岩工作实践而制定的。中国烟煤的显微组分分类方案自从 1988 年制定以来，经历了两次较大的修订，主要是围绕是否将半镜质组单独划出而展开，由于国际标准中没有划分出过渡组分，致使我国煤岩资料和学术论文在国际交流中出现困难，在显微煤岩类型及煤分类上应用时也有诸多不便。因此现行分类方案（GB/T 15588—2001）放弃了划分出半镜质组的方案，采用镜质组、惰质组和壳质组的三组分划分方案，见表 3-4。

　　在日常的煤岩组分鉴定中，由于大多数煤中壳质体含量很低，壳质组并不细分，壳质组分都归为壳质组。在镜质体最大反射率的测定中，由于大多数煤中半镜质组含量很少，因此现行煤岩显微组分分类方案不影响实际应用。

　　无烟煤的显微组分的形态和结构特征与烟煤基本相似，因此沿用烟煤的显微组分分类方案。但是，无烟煤由于煤化程度高，镜质组和壳质组的反射率向惰质组靠拢，鉴别分组不能依靠组分颜色的深浅，往往在偏光显微镜下，通过其各向异性强弱，及其形态、结构特征粗略区分。三者之间的工艺性质差别相比烟煤也减小。

表 3-4　中国烟煤显微组分分类方案

显微组分组 (maceral group)	代号 (symbol)	显微组分 (maceral)	代号 (symbol)	显微亚组分 (submaceral)	代号 (symbol)
镜质组 (vitrinite)	V	结构镜质体(telinite)	T	结构镜质体1(telinite1) 结构镜质体2(telinite2)	T1 T2
		无结构镜质体 (collinite)	C	均质镜质体 (telocollinite) 基质镜质体 (desmocollinite) 团块镜质体 (corpocollinite) 胶质镜质体 (gelocollinite)	C1 C2 C3 C4
		碎屑镜质体	Vd	—	—
惰质组 (inertinite)	I	丝质体(fusinite)	F	火焚丝质体 (pyrofusinite) 氧化丝质体 (degradofusinite)	F1 F2
		半丝质体 (sernifusinite)	SF	—	—
		真菌体 (funginite)	Fu	—	—
		分泌体 (secretinite)	Se	—	—
		粗粒体 (macrmite)	Ma	—	—
		微粒体 (micrinite)	Mi	—	—
		碎屑惰质体	Id	—	—
壳质组 (exinite)	E	孢粉体 (sporinite)	Sp	大孢子体(macrosporinite) 小孢子体(microsporinite)	Sp1 Sp2
		角质体(cutinite)	Cu		
		树脂体(resinite)	Re		
		木栓质体 (suberinite)	Sub		
		树皮体 (barkinite)	Ba		
		沥青质体 (bituminite)	Bt		
		渗出沥青体 (exsudatinite)	Ex		
		荧光体 (fluorinite)	Fl		
		藻类体(alginite)	Alg	结构藻类体(telalginite) 层状藻类体(lamalginite)	Alg1 Alg2
		碎屑壳质体 (liptodetrinite)	Ed		

第三节　煤岩学的研究方法

　　煤岩学的研究方法是在不破坏煤的原生结构和表面性质的情况下，采用以物理方法为主直接对煤的各方面性质进行研究。具体的研究有宏观研究与显微研究两类方法，宏观研究是用肉眼或放大镜观察煤，获知煤的宏观物理性质、结构、构造、宏观煤岩组分、宏观煤岩类型，通过确定煤的宏观煤岩成分与宏观煤岩类型，初步估计煤化度、煤的性质与用途。宏观研究多用于煤田地质研究、煤矿野外研究，简易但粗略。显微研究是在显微镜下依据煤的形态特征和光学性质研究显微煤岩组分、显微煤岩类型、显微物理性质等，测定煤岩显微组分的反射率和显微组分的组成，用于表征煤的煤化度，评价煤的可选性、黏结性等工艺性质。

一、煤岩显微组分的分离和富集

　　为了研究工作或某些特殊需要，希望得到纯度尽可能高的显微组分，为此需要进行显微组分的分离和富集工作。

1. 分离方法

　　对煤岩显微组分的分离，国内外已做了大量工作。一般是先手选、粉碎解理，再筛选，最后用密度法精选，即可分离出纯度较高的煤岩显微组分。

　　煤岩显微组分只有充分地解理，将共生在煤颗粒中的不同显微组分分散开来，才能有效分离。机械研磨是解理的主要方法，由于煤中显微组分尺度很小，为了得到尽可能纯净的显微组分，必须将煤粉碎到极其微细的级别（$10\mu m$），但也不能太细，因为 $2\mu m$ 以下已难以根据反射率的不同来鉴别显微组分，而且在次微米（不大于 $0.5\mu m$）范围内的煤粒子会和分离介质强烈作用。流体能量粉磨机对加工这一粒径范围的颗粒非常有效。

　　20 世纪 80 年代初，美国格雷（R. Gray）等用等密度梯度离心技术 DGC（Isopycnic Density Gradient Centrifugation）研究了美国宾夕法尼亚数种煤。得到的结论是，对于分离煤岩显微组分，DGC 技术比手选和浮选更有效、更先进。

2. 分离步骤

　　按煤的不同性质采用不同的分离步骤，主要包括初步分离（手选、筛选、氯化锌密度液分离）和精细分离（有机密度液自然沉降和离心分离）两个步骤。

　　（1）初步分离　初步分离的主要目的在于使显微组分得到初步富集。

　　① 手选。它主要根据煤岩成分的光泽以及其他物理特征的差别加以挑选。如壳质组多集中于暗淡煤中，致密而硬，密度较小。用肉眼鉴别手选，即可达到初步富集某一显微组分的目的。

　　② 筛选。对于煤岩组成不均一的煤，可利用煤岩组分抗破碎性的不同，将煤样进行筛分。一般软丝炭最脆，集中在最小的粒级；镜煤抗破碎性弱，富集在较小的筛级中；暗煤的韧性较大，抗破碎性强，集中在粗粒级。也可取所需的筛级，再用氯化锌溶液进行初步分离，即可使某显微组分有较高的富集程度。

　　初步分离后，煤样尚需进一步细粉碎，然后在有机密度液中作精细分离。

　　（2）精细分离　精细分离是指煤样经过粉碎解理后，在有机密度液中自然沉降或离心分离。经此步骤后，一般即可获得所要求纯度的显微组分样品。

　　所用的有机密度液通常应具有黏度小、润湿能力强、分层快、易挥发、干燥后无残留物、对煤质的抽提作用小等特点。一般多采用苯和四氯化碳配成所需的密度液进行分离。分离流程如图 3-1 所示。

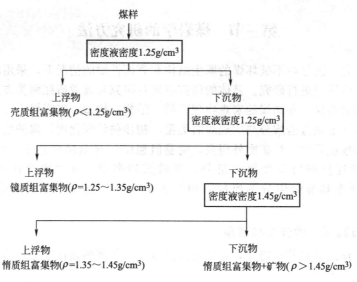

图 3-1　煤岩显微组分密度分离流程

二、煤岩分析样品制备方法

1. 煤岩分析样品种类

微观研究采用的煤岩分析样品有粉煤光片、块煤光片、煤岩薄片和光薄片等。粉煤光片、块煤光片通常用于显微镜反射光观测，煤岩薄片和光薄片则通常用于显微镜透射光观测。

薄片观测是煤岩学广泛采用的方法。它能通过不同颜色和清晰的结构反映煤岩特征，适用于低、中煤级煤。由于薄片制作技术性高和耗时较长，薄片厚度影响鉴定质量，而且这种方法至今还不能将高煤级烟煤及无烟煤磨制成符合要求的透明薄片。粉煤制成薄片更加困难，因而应用范围受到一定限制。

光片是将块煤或成型的粉煤磨制成一定大小且抛光表面的块样，它制作工艺技术简便并可补充薄片的不足，对高煤级烟煤及无烟煤仍可使用，光片应用广泛。在显微镜反射光下观察煤光片，根据煤的反射色、突起、形态和原生细胞结构等特点，可进行煤中显微组分的观察、定量统计、对比以及测定镜质组反射率及其各向异性的测定。对于煤的现代微区分析、显微硬度的测定、侵蚀、染色方法，以及研究煤层形成和煤层对比等也大多采用块煤光片。因此，利用光片观测已成为当前煤岩研究使用最广泛的方法之一。

光薄片可分别在透射光和反射光、荧光下观察同一视域，对比识别不同光性的煤岩显微组分十分方便，也可用于探针分析、扫描电镜等的研究。反射率和显微硬度的测定、差异蚀刻，以及与化学试剂的反应都同样可在光薄片上进行，是一种值得推广的"多用片"。

2. 煤岩分析片样制备

煤岩分析片样制备按照《煤岩分析样品制备方法》（GB/T 16773—2008）进行，其工艺流程如图 3-2 所示。

（1）粉煤光片　将具有代表性的缩分样破碎到规定的 1mm 以下的粒度，并使小于 0.1mm 的煤样质量不超过 10%（小于 0.1mm 的颗粒保留在煤样中），干燥后按一定的配比与黏结剂混合固结成型块，然后研磨与抛光。型块的研磨和抛光与块煤光片完全相同，只是抛光时间不宜过长，以组分清晰为准，否则会使热成型的虫胶等黏结剂熔化、形态发生变异。

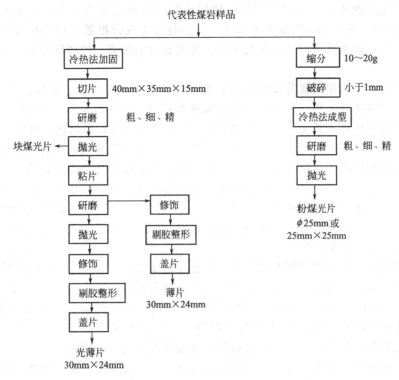

图 3-2　煤岩分析片样制备工艺流程图

粉煤光片固结成型，有热成型法和冷成型法两种方法。热成型法是按煤样、虫胶（粉碎至 1mm 以下）的体积比 2∶1 取样，混合均匀拨入底部粘有纸的内径为 25mm 模具内，将模具加热（不超过 100℃），不断搅拌直到虫胶全部熔化，迅速将模具放镶嵌机内加压约 3.5MPa，停留约 30s 完成成型。冷成型（冷胶）法是称取 10g 煤样和约 7g 不饱和聚酯树脂倒入 25mm×25mm 模具内，边倒边搅拌，使煤、胶混合均匀，搅拌至胶变稠到可以阻止煤粒下沉时，停止搅拌，静置约 2h，为利于排出气泡，可用钢针垂直地扎动未固结煤砖，待气泡排出后放入不高于 60℃ 的恒温箱内固结成煤砖。煤砖光片要求鉴定面积不小于 600mm²，且工作面上煤粒应占总面积的 2/3 以上。

粉煤光片成型后，需要进行研磨和抛光。研磨分细磨和精磨，抛光亦分细抛光和精抛光。细磨是顺次用 320 号金刚砂和 W20 白刚玉粉在磨片机上掺水研磨。研磨至煤砖表面平整、颗粒显露为止。精磨是在毛玻璃上，顺次用 W10、W5、W3.5 或 W1 的白刚玉粉与少许水的混合浆逐级研磨。每级研磨后的煤砖均需冲洗干净后方可进入下一道工序。细磨与精磨之间还需要加一道用超声波清洗煤砖。精磨后的煤砖在斜光下检查，要求煤砖光面无擦痕、有光泽感、无明暗之分，煤颗粒界线清晰。细抛光在牢固粘有抛光布的抛光盘上进行，抛光料为三氧化二铝粉浆。精抛光采用更细的抛光盘布。用酸性硅溶胶作抛光料。完成后的抛光面需用×20～×50 的干物镜检查，抛光面应表面平整。无明显凸起、凹痕；煤颗粒表面显微组分界线清晰，无明显划道；表面清洁，无污点和磨料。

（2）块煤光片　将块煤加固、切片、研磨、抛光，制成合格的光片。块煤加固可采用冷胶灌注法或煮胶法。冷胶灌注法是将块煤放在模具内，将配制好的不饱和聚酯树脂倒入模具内或煤块研磨面上，使其渗入裂缝直至黏结剂凝固。煮胶法使用的黏结剂为松香与石蜡的混合物，其混合比一般为（10∶1）～（10∶2），以胶能充分渗入到煤样的裂缝中为准。用线绳或金属线沿垂直层理的方向捆牢煤样，浸没在胶锅中，在小于 130℃ 的温度下加热至黏结剂中煤样不再产生气泡为止。块煤加固后，用切片机沿垂直层理的方向，一般将煤样切成长40mm、宽35mm、厚15mm的长方形煤块。研磨时首先进行粗磨，用180号或200号金刚砂研磨煤砖各面，使其成为平整的粗糙平面。随后进行的细磨、精磨和抛光，要求与粉煤光片相同。

（3）煤岩薄片　对中低煤化度的块煤，通过加固、切片、研磨、粘片、再研磨、修饰、盖片，制成合格的薄片。块煤加固方法与块煤光片相同。块煤加固后，用切片机沿垂直层理的方向，一般将煤样切成长45mm、宽25mm、厚15mm的长方形煤块。煤块上欲粘片的第一个面粗磨方法与块煤光片相同，细磨和精磨的方法与粉煤光片相同。若效果还差，可按粉煤光片的方法进行细抛光。粘片有冷粘和热粘两种方法。冷粘是将501胶或502胶均匀地滴在煤块第一个黏合面上，使之与载玻璃片的毛面黏合，来回轻推煤块以驱走气泡并使胶均匀分布在整个黏合面上。热粘是加热载玻璃片及其上面的光学树脂胶，待其充分熔化并均匀分布在载玻璃上后，将煤块的第一个面与载玻璃黏合，来回轻推煤块以驱走气泡。在常温下冷却凝固。然后对第二个面，按照块煤光片的方法进行粗磨至煤样厚度约0.5mm，再按照粉煤光片的方法对第二个面进行细磨和精磨。细磨至厚度0.15~0.20mm，精磨后煤片全部基本透明，大致均匀、无划道、显微组分界线清晰、四角平整。薄片修饰是用软木棒或玻璃棒沾上W5、W3.5或W1白刚玉粉浆将薄片较厚的不均匀部位研磨薄，直至达到厚度均匀、透明良好。用小刀将载玻璃片上多余的胶剔除，并整形为尺寸不小于30mm×24mm的薄片。用煮好的光学树脂胶给煤片粘上盖玻片，常温冷凝即成煤岩薄片。

（4）煤岩光薄片　对中低煤化度的块煤，通过加固、切片、研磨、抛光、粘片、第二个面的研磨和抛光等工序制成合格的光薄片。块煤的加固、切片、研磨、粘片、第二个面的研磨、修饰、剔胶、整形与煤岩薄片相同。不同之处是光薄片精磨后的两个面均需抛光。第二个面的抛光采用专用光薄片夹具进行。

三、煤岩显微组分的反射率

矿物对垂直入射光于磨光面上光线的反射能力，称为矿物的反射能力。它在显微镜下的直观表现是矿物磨光面的明亮程度。同一强度的入射光照射到矿物光片后，不同的矿物对入射光的反射能力是不同的。若用矿物反射光强度（I_r）与入射光强度（I_i）的百分比表示，则称为矿物的反射率（R）。可用下式表示：

$$R = \frac{I_r}{I_i} \times 100\% \tag{3-1}$$

反射率既可在干物镜下测定（R^a），也可以在油浸物镜下测定（R^o）。从长焰煤到无烟煤，R^o增加十几倍，而R^a只增加2~3倍。另外，在与煤层层面成任意交角的切面上，最大反射率不变，而最小反射率则随交角不同而变化。所以在偏光下测定反射率时，在垂直层理的平面上，光学各向异性最明显。当入射光的偏振方向平行于层理时，可测得最大反射率。实际测定时缓慢转动装有光片的载物台360°，记录下反射率的最大值，称为最大反射率，以R_{max}表示；当同一块光片最大反射率的测定点数达到测定准确度所要求的点数，对这些点所有测值进行统计平均所得的结果，称为平均最大反射率，记为$\overline{R}^0_{max}$。当入射偏光垂直于层理时，可测得最小反射率，以R_{min}表示。当入射光与层面的夹角为0°<α<90°时，测得的为中间反射率，以R_m表示。在非偏光下测定反射率时，不转动显微镜物台，在煤的任意切面上测得的反射率值，称为随机反射率，以R_{ran}表示。当同一块光片随机反射率的测定点数达到测定准确度所要求的点数，对这些点所有测值进行统计平均所得的结果，称为平均随机反射率，记为$\overline{R}^0_{ran}$。

平均随机反射率与最大反射率和最小反射率的关系为：

$$\overline{R}_{\mathrm{ran}}^{0}=\frac{2R_{\max}^{0}+R_{\min}^{0}}{3}$$

(3-2)

平均随机反射率与平均最大反射率的统计关系如下。

当 $\overline{R}_{\max}^{0}<2.5\%$ 时：

$$\overline{R}_{\max}^{0}=1.0645\ \overline{R}_{\mathrm{ran}}^{0}$$

(3-3)

当 $\overline{R}_{\max}^{0}$ 为 2.5%～6.5% 时：

$$\overline{R}_{\max}^{0}=1.2858\ \overline{R}_{\mathrm{ran}}^{0}-0.3963$$

(3-4)

最大反射率和最小反射率之差称为双反射率，它反映了煤的各向异性程度，也随煤化度增高而增大。一般将在油浸物镜下测定的最大反射率 $\overline{R}_{\max}^{0}$ 作为分析指标。

煤的反射率以单煤层煤样块煤光片或混配煤样粉煤光片为试样，以代表性显微煤岩组分镜质组为对象，采用煤的镜质体反射率显微镜测定方法（参见 GB/T 6948—2008）。本标准规定了在显微镜油浸物镜下测定煤的抛光面上镜质体最大反射率和随机反射率的方法。适用于烟煤和无烟煤的单煤层煤或混配煤的反射率测定。

1. 原理

在显微镜油浸物镜下，对镜质体抛光面上的限定面积内垂直入射光的反射光（$\lambda=546nm$）用光电转换器测定其强度，与已知反射率的标准物质在相同条件下的反射光强度进行对比。

由于单煤层煤中各镜质体颗粒之间光学性质有微小差异，在混配煤中差异更大，故须从不同颗粒上取得足够数量的测值，以保证结果的代表性。

2. 材料与仪器

（1）油浸液　应采用不易干、无腐蚀性、不含有毒物质的油浸液，其在 23℃ 时折射率 N_{e}（$\lambda=546nm$ 的光中）为 1.5180 ± 0.0004，温度系数小于 $0.0005\mathrm{K}^{-1}$。

（2）校准用标准物质　应选用与煤的反射率相近的一系列反射率标准物质。宜使用原国家质量技术监督局批准的计量器具——显微镜光度计用反射率标准物质，见表 3-5。也可选用与煤的反射率相近的其他有证标准物质。

表 3-5　显微镜光度计用反射率标准物质

标准物质级别	标准物质编号	名称	折射率 N_{e}（$\lambda=546nm$）	反射率（标准值） （$N_{\mathrm{e}}=1.5180$）/%
一级	GBW13401	钆镓石榴石	1.9764	1.72
	GBW13402	钇铝石榴石	1.8371	0.90
	GBW13403	蓝宝石	1.7708	0.59
	GBW13404	K₉玻璃	1.5171	0.00
二级	GBW(E)130013	金刚石	2.42	5.28
	GBW(E)130012	碳化硅	2.60	7.45

使用时应保持反射率标准物质的表面光洁。抛光面与显微镜光轴的垂直性。

用表 3-5 中的系列标准物质相互检查反射率值有无变化，若其变化极差超过标准值的 2%，应查明原因，必要时应更换新的反射率标准物质。

宜选用表中 GBW13404，或在不透明的树脂块上钻一 5mm 深的小孔，孔中充满油浸液，作为零标准物质。

显微镜光度计应符合 MT/T 1053—2008 中第 3 章的技术要求。

3. 样品制备

按 GB/T 16773 中所述方法制备粉煤光片和块煤光片。样品抛光后，应在干燥器中干燥 10h 后；或在 30~40℃的烘箱中干燥 4h 后方可进行反射率测定。待测样品应存放于干燥器中。对已长期暴露在空气或油浸中的抛光面，再次检验之前应按 GB/T 16773—2008 第 6 章重新抛光。

4. 测定步骤

(1) 校准仪器　按国标规定调节和校准仪器，并检验仪器的可靠性并标定仪器。

(2) 镜质体反射率测定

① 测定对象。对烟煤和无烟煤，测定对象应为均质镜质体或基质镜质体；对褐煤，测定对象应为均质凝胶体或充分分解腐木质体。

对镜质体最大反射率小于 1.40% 或随机反射率小于 1.30% 的煤，宜在测定结果中对所测显微亚组分进行标注。

② 在油浸物镜下测定镜质体最大反射率。确保显微镜上装有起偏器。在仪器校准之后，将样品整平，放入推动尺之中，滴上油浸液并准焦。从测定范围的一角开始测定，用推动尺微微移动样品，直至十字丝中心对准一个合适的镜质体测区。应确保测区内不包含裂隙、抛光缺陷、矿物包体和其他显微组分碎屑，而且应远离显微组分的边界和不受突起影响；测区外缘 10μm 以内无黄铁矿、惰质体等高反射率物质。

将光线投到光电转换器上，同时缓慢转动载物台 360°，记录旋转过程中出现的最高反射率读数。

根据样品中镜质体的含量设定合理的点距和行距，以保证所有测点均匀布满全片。以固定步长推动样品，当十字丝中心落到一个不适于测量的镜质体上时，可用推动尺微微推动样品，以便在同一煤粒中寻找一个符合本条第二段要求的测区（测区内不包含裂隙、抛光缺陷、矿物包体和其他显微组分碎屑，而且应远离显微组分的边界和不受突起影响；测区外缘 10μm 以内无黄铁矿、惰质体等高反射率物质），测定之后，推回原先的位置，按设定的步长继续前进。到测线终点时，把样品按设定行距移向下一测线的起点。继续进行测定。

测定过程中发现测值异常时，应用与样品反射率最高值接近的反射率标准物质重新检查仪器，如果其测值与标准值之差大于标准值的 2%，应放弃样品的最后一组读数。再用标准物质标定仪器，合格后，重新测定。

每个单煤层煤样品的测点数目，因其煤化程度及所要求的准确度不同而有所差别，按表 3-6 的规定执行。

表 3-6　单煤层煤样品中镜质体最大反射率测点数

最大反射率 R_{max}/%	不同准确度下的最少测点数			
	$\alpha^{①}=0.02$	$\alpha=0.03$	$\alpha=0.05$	$\alpha=0.10$
≤0.45	30	—	—	—
0.45~1.10	50	—	—	—
1.10~2.00	—	50	—	—
2.00~2.70	—	100	—	—
2.70~4.00	—	—	100	—
>4.00	—	—	—	100

① α 为准确度，即与真值之间的准确程度。

③ 在油浸物镜下测定镜质体随机反射率。移开显微镜上的起偏器，以自然光入射，不

旋转载物台。其余测定步骤按②，但单煤层煤样品中测点数应按表 3-7 的规定执行。

表 3-7　单煤层煤样品中镜质体随机反射率测点数

随机反射率 R_{ran}/%	不同准确度下的最少测点数				
	$\alpha^{①}=0.02$	$\alpha=0.03$	$\alpha=0.04$	$\alpha=0.06$	$\alpha=0.10$
≤0.45	30	—	—	—	—
0.45～1.00	60	—	—	—	—
1.00～1.90	—	100	—	—	—
1.90～2.40	—	—	200	—	—
2.40～3.50	—	—	—	250	—
3.50	—	—	—	—	300

① α 为准确度，即与真值之间的准确程度。

④ 混配煤的镜质体反射率测定。宜采用 0.4mm×0.4mm 或 0.5mm×0.5mm 的点行距。用直径 25mm 或边长 25mm 的粉煤光片，宜测定其镜质体随机反射率，也可测定镜质体最大反射率。

测点数应达到 250 点以上。若 98% 的测值变化范围大于 0.40%，则应按上述点行距测定第二个粉煤光片，测点数应达到 500 点以上；否则可不测第二个粉煤光片。

5. 结果表述

测定结果宜以单个测值计算反射率平均值和标准差的方法进行计算。也可用 0.05% 的反射率间隔（半阶）或 0.10% 的反射率间隔（阶）的点数计算反射率的平均值和标准差。

按单个测值计算反射率平均值和标准差的公式见下式：

$$\overline{R} = \frac{\sum_{i=1}^{n} R_i}{n}$$

$$S = \sqrt{\frac{n\sum_{i=1}^{n} R_i^2 - \left(\sum_{i=1}^{n} R_i\right)^2}{n(n-1)}}$$

式中　$\overline{R}$——平均最大反射率或平均随机反射率，%；

　　　R_i——第 i 个反射率测值；

　　　n——测点数目；

　　　S——标准差。

按阶或半阶计算反射率平均值和标准差的方法如下。

按 0.10% 的反射率间隔（阶），或按 0.05% 的反射率间隔（半阶）为单位，分别统计各阶（或半阶）的测点数及其占总数的百分数，做出反射率直方图，计算出反射率的平均值和标准差，计算公式见下式。

$$\overline{R} = \frac{\sum_{j=1}^{n} R_j X_j}{n}$$

$$S = \sqrt{\frac{\sum_{j=1}^{n} - (R_j^2 X_j) - n\overline{R}^2}{n(n-1)}}$$

式中　R_j——第 j 阶（或半阶）的中间值；

　　　X_j——第 j 阶（或半阶）的测点数。

注意，阶的表示法：$[0.50，0.60)、[0.60，0.70)、[0.70，0.80)、[0.80，0.90)、\cdots$

阶的中间值：$0.55，0.65，0.75，0.85、\cdots$

半阶的表示法：$[0.50，0.55)、[0.55，0.60)、[0.60，0.65)、[0.65，0.70)、\cdots$

半阶的中间值：$0.525、0.575、0.625、0.675、\cdots$

第四节　煤岩学的应用

一、煤岩学在煤田地质方面的应用

煤岩学在煤田地质方面的应用早已被人们所重视，现已广泛应用于研究煤的成因，确定煤的煤化度以及油气勘探等方面。

1. 研究煤的成因

通过煤岩学的研究，特别是在显微镜下对煤薄片的研究，可以确定成煤物质来自于高等植物或低等植物。根据煤中保存的植物遗体（如叶表皮组织、木质部、孢子、花粉）以及煤层的钙质、白云质、硅质"煤核"中保存的植物遗体的解剖结构，可以确定成煤植物的种属。

根据反映煤层形成条件的成因标志，如成煤原始物质的有机和无机显微组成、结构、煤岩类型和煤层围岩的沉积相研究，可以确定煤层形成时的古地理环境、古气候条件和古构造条件等，并可编制煤层形成曲线。

研究煤的成因，确定其煤相，有助于掌握煤层厚度和结构的变化规律，阐明其原因；有助于进行煤层对比。再配合工艺试验，可指导煤的合理利用。

2. 确定煤的煤化度

由于煤中镜质组反射率随煤化度增高而呈现规律性的变化，因此可用它来判断煤的煤化度。研究表明，镜质组反射率用于判断中、高煤化度的烟煤效果最佳；用于判断无烟煤效果良好；用于判断不黏煤和褐煤效果差。研究结果还表明，煤中镜质组反射率与通常作为煤的分类指标的挥发分有很好的相关性。

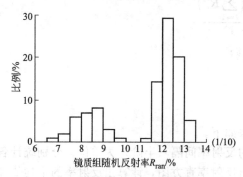

图 3-3　某洗煤厂进厂煤镜质组随机反射率分布直方图

由于镜质组反射率能够准确地反映煤的变换程度，而且不具有加和性，国内焦化厂已经广泛用作分析混煤程度的有效方法。例如，某焦化厂收到一种洗精煤，其名义煤种为焦煤，化验测其 V_{daf} 为 26.11%，G 为 85.0，Y 为 17.0，也应为 25 号焦煤。但是其镜质组随机反射率分布直方图（见图 3-3）表明该煤实际上是一种具有 1 个凹口的复杂混煤，是由两种变质程度不同的煤混合而成。其中，R_{ran} 为 0.83% 的 1/3 焦煤，混合比例约 30%；R_{ran} 为 1.32% 的焦煤，混合比例约 70%。这一结果与洗精煤所处矿区的煤质条件，在炼焦配煤中实际所起作用相吻合。

3. 勘探石油和天然气

许多学者对沉积岩中分散有机质的反射率进行了系统研究，发现油气形成阶段与镜质组的反射率之间存在良好的对应关系。通过测定分散有机质的反射率来预测油藏和气藏既快，又相当精确。各国采用此方法寻找油气，均取得一定效果。如德国发现，当镜质组反射率为0.3%～1.0%时，可以出现具有工业开采价值的石油。最经济的油田反射率小于0.7%，而反射率达到1.0%～2.0%时，只能出现具有工业开采价值的天然气。我国在镜质组反射率为0.3%～0.7%时，常发现有石油；反射率为0.7%～1.0%时，不常有石油；反射率为1.0%～1.3%时，很少有石油；反射率在1.3%～2.0%时，为石油消失区，而常发现有天然气；反射率在2.0%以上时，天然气也消失了。

二、煤岩学在选煤中的应用

现行评定煤的可选性方法，由于没有考虑到煤的成因因素，如煤岩组成、矿化特征等，使这些方法只能评定已开采煤的可选性，而不能预测煤的可选性。此外，煤岩组成和煤中矿物质的性质及数量对选择选煤方法和效果有显著的影响。至于对加工一些特殊要求的产品，如加氢用煤、特低灰分煤等，则选煤效果和原煤的关系就更加密切了。若选用了不适当的煤，即使采用最好的洗选方法，也难以达到预期效果。当然，选煤必须考虑经济效果。因此，需要研究并建立从煤岩学观点来评定和预测煤的可选性。

影响煤可选性的主要因素是煤中次生矿物质的分布状态与赋存形态，包括矿物质的数量、成分、颗粒大小及其分散情况等。矿物质颗粒愈大或分布聚集呈层状、透镜体状，成为较大的结核状，则经破碎后，矿物质与煤中有机质就易于分离，煤的可选性就好。反之，如果煤中次生矿物质呈细粒状、星散状，而且均匀分布于煤的有机质中，或填充于有机质的细胞腔中，则即使将煤破碎到很细的粒度，矿物质与煤也难以分离，煤的可选性就差。因此，煤的可选性优劣，实质上并不在于矿物质总含量的多少，而在于分布状态，以后者的状态分散分布于煤粒中的矿物质，用一般的洗选方法都难以选出，这部分矿物是影响煤可选性的关键，故可称为有效矿物。

用煤岩学评价煤的可选性有几种方法，但基本原理相同，都是用显微镜对煤粉光片中煤岩组分和各种矿物质进行定量统计。然后对所得数据进行处理，获得可选性曲线和矿物质分布状态，对煤的可选性做出评价。这为选择合理的破碎粒度、选煤工艺和流程，为提高精煤收率，降低灰分、硫分提供重要信息。

特别要指出的是，当煤样量相当少时，如勘探所得的煤芯煤样；当要求对选煤做详细研究时；当要求对脱硫的难易程度做出判断时，用煤岩学方法能起到任何方法所不能替代的良好效果。

三、煤岩学在煤质评价和煤分类中的应用

1. 煤质评价

煤岩学中各种常用方法可用来鉴定煤质，与化学分析结合起来能较全面而精确地评定煤质。焦化厂对各供煤基地的煤质作煤岩-化学综合研究，对煤的合理利用是十分有利的。因此，煤岩分析同化学分析一样，已成为评定煤质的重要分析手段。岩相组成已成为煤质评价的基本数据之一，对炼焦和其他热加工以及煤加氢液化尤为重要。

（1）煤的煤化度 反映煤的煤化度的指标很多。常用的指标有煤的挥发分（V_{daf}）、碳含量 $[w(C)_{daf}]$、发热量（$Q_{gr,v,daf}$）、镜质组最大平均反射率（$\overline{R}_{max}^0$）、显微硬度等。前三个指标属化学分析指标，后两个指标属煤岩分析指标。挥发分、碳含量及发热量等指标广泛应用，但它们同时受煤化度和岩相组成两个因素影响，所以仅用这些指标反映煤的煤化度有一定局限性。镜质组反射率是较为理想的指标，它排除岩相组成差异带来的影响，采用它可以较准确地判定煤的煤化度。

　　煤的反射率随煤化度的变化规律反映了煤分子结构的变化。随煤化度增高煤分子的缩聚程度增大，平面碳网的排列也趋于规律化，在光学特征上则表现为反射率增高。但是不同显微组分的反射率是不同的，虽然均随煤化度增高而增大，但其变化幅度不同。为了判定煤的煤化度，只能选取一种有代表性的组分。惰质组是煤中反射率较高的组分，但在整个煤化过程中进入褐煤阶段后变化幅度不大；壳质组是反射率较低的组分，在低、中变质阶段变化幅度较大，但到中高变质阶段已难于辨认（在高变质煤中已很少见）。因此，这两类组分不适于作为煤化度的判定指标；镜质组反射率介于两者之间，在煤化过程的变质阶段变化幅度较大，且规律性明显。此外，镜质组是煤中最主要的成分，显微镜下镜相均匀，便于测定。因此，常选用镜质组反射率作为判定煤的变质程度指标。在实际测定时，均选其最大反射率。又因煤中镜质组最大反射率不是单一数值，如图 3-4 所示，为此采用镜质组最大反射率平均值 $\bar{R}^0_{\max}$ 作为判定煤的变质程度指标。

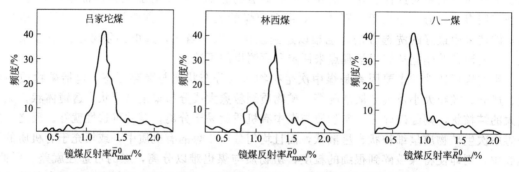

图 3-4　开滦吕家坨、林西煤和枣庄八一煤的镜煤反射率分布图

　　(2) 煤岩组成　煤的岩相组成是影响煤性质的主要原因之一。例如鹤岗煤田的研究表明，如表 3-8 所示，兴山矿上、下部煤层的煤性质间表现出一定的差异，处于下部煤层煤的挥发分比上部高。按一般概念，从变质程度考虑应该是上部煤层的 V_{daf} 大于下部的。但对其镜煤的分析结果，说明上下部煤层在变质程度上无显著差别。而对煤层的岩相组成分析却发现，下部煤层镜煤含量比上部高，而暗煤、丝炭、半丝炭较上部少。分析表明，岩相组成的不同是造成上下部煤层在化学和工艺性质差别的主要原因。由于煤岩组成中含有较多某种显微组分而使平均煤样的煤质显得特别，这种情况有时也会出现。例如，抚顺煤田由于树脂体含量较高，使煤的挥发分和氢含量较高，黏结性较好；又如芦岭煤中镜质组的黏结性高于官桥煤的镜质组，而平均煤样的黏结性却是官桥煤超过芦岭煤，这也是由于芦岭煤中惰质组含量高而降低其黏结性之故。如果不做煤岩学鉴定，而单是采用化学分析，显然是无法得出上述正确结论的。

表 3-8　鹤岗煤田平均煤层煤样分析结果

矿、坑、区	原煤平均煤层样的岩相定量分析/%							原煤工业分析/%		
	镜煤	亮煤	暗煤	半丝炭	丝炭	煤页岩	矿物质	M_{ad}	A_{d}	V_{daf}
兴山,二坑,一层	54.7	14.5	8.3	8.2	7.4	5.2	1.7	2.46	17.00	36.66
兴山,二坑,二层	55.0	18.8	4.2	5.7	4.4	7.1	4.8	2.09	19.81	36.14
兴山,五坑,三层	55.5	24.7	3.2	5.3	3.5	4.7	3.1	1.91	18.58	35.22
兴山,三坑,四层	54.3	23.0	4.7	3.5	3.2	6.7	2.8	2.15	23.05	37.13
兴山,三坑,五层	70.0	15.8	0.4	0.3	1.8	9.8	1.4	1.96	18.09	39.85
兴山,四坑,六层	62.1	18.0	2.0	0.7	1.5	12.0	3.7	1.45	25.71	40.10

2. 煤分类

在现有的煤炭工业分类中，分类的主要参数是煤化度（挥发分、碳含量及发热量等），辅助参数是煤的工艺性能（自由膨胀序数、罗加指教、奥阿膨胀度、葛金焦型、胶质层厚度、黏结指数等）。采用这两个参数为分类指标的煤分类，往往满足不了应用的要求，因为在现行的煤分类中，不论是国际煤分类，还是中国煤分类都存在一些主要问题如下。

① 大多数没有考虑煤岩组成。

② 分类指标不够理想。国内外反映煤化度的指标一般采用无水无灰基挥发分。但是同一煤中的镜质组、惰质组和壳质组其挥发分不相同，对于中低煤化度煤，它们的差别尤其悬殊。当煤中壳质组含量高时，其表观煤化度将会比实际低；惰质组含量高时，其表观煤化度将比实际高。可见选用挥发分作为分类指标，不能对煤尤其是岩相组成复杂的煤进行准确分类。

③ 对于不同煤田相同牌号煤，往往不能直接互换。实践证明，这两个分类指标不能确切地反映煤的工艺性质。因为不同煤岩成分，其工艺性质有很大差别。对炼焦工作者来说，这种互换性是很重要的，最好在煤分类中就能确定它们的互换性。但现行分类，相同牌号的煤不经炼焦试验就不能确定它们是否有互换性，这给实际应用带来了困难和麻烦。

所以，不断有人提出新的分类指标和新的分类方法。目前的主要趋势是以煤的成因因素为基础，即所谓的工业-成因分类。主张这种分类方法的基本观点是煤的性质主要决定于成煤前期的生物化学作用和后期的物理化学、化学作用。前者的条件，对相同成煤原始物料来说，决定其煤岩组成；后者的条件，决定其煤化度。如果能获得准确反映这两个性质的指标，煤的性质应该基本上能确定下来。目前工业-成因分类中所采用的这两个指标是惰性组（或活性组分）总和以及镜质组反射率。

20 世纪 70 年代以来，一些国家和国际组织致力于研究以镜质组反射率和煤岩成分等煤岩指标为主，结合其他工艺指标进行煤分类。从 1970 年开始，澳大利亚、美国、加拿大、印度等国学者都分别提出了以煤岩学参数为分类指标的煤炭分类方案。1982 年前苏联煤的成因-工业统一分类国家标准中，就以煤的镜质组反射率和煤的岩相组分作为分类指标。1988 年，欧洲经济委员会向联合国提出"国际中煤化度煤和高煤化度煤编码系统"中，就包括了镜质组随机反射率、镜质组反射率分布特征图和显微组分等参数。1997 年颁布的"中国煤炭编码系统"和 1998 年颁布的"中国煤层煤分类"采用了镜质组随机反射率作为煤阶参数，后者还以无矿物质基镜质组含量表征了煤岩显微组分的组成。

四、煤岩学在炼焦配煤与预测焦炭质量方面的应用

1. 国内外利用煤岩学配煤的研究情况

用煤岩学观点和方法来预测焦炭质量指导配煤，是近二十年来应用煤岩学发展的一件大事，也是近十年来焦化工业中一项重大科研成果。随着煤质基础工作的深入和配煤技术的发展，科学配煤离不开煤岩学已得到公认，目前各国发展的配煤技术，几乎都是用煤岩学的方法得到比较充分的论证，取得了良好效果。

(1) 阿莫索夫和施皮罗法　此法是美国施皮罗在前苏联阿莫索夫煤岩配煤方法的基础上做了一定改进，又被日本木村英雄进一步加以发展，于 1974 年在新日铁应用的方法，用来预测焦炭质量，指导配煤。它以煤岩组成和活性成分反射率为基础资料，把煤岩显微组分分成活性成分和惰性成分两大类：

活性成分＝镜质组＋稳定组＋1/3 半镜质组

惰性成分＝丝质组＋2/3 半镜质组＋矿物

强度指数和组成平衡指数是两个配煤指标，根据实验测定并计算出活性成分平均质量和活性成分与惰性成分的最佳比，在预测焦炭强度图上找到符合这两个指标数值的点，就可推测出煤的焦炭强度。

(2) 美国伯利恒钢铁公司的方法 美国汤姆逊在伯利恒钢铁公司提出的方法与上法的原理相同，方法有差别。它以惰性成分为横坐标，焦炭稳定性为纵坐标，根据试验结果画出 0.8%～1.8% 的 13 条等反射率曲线，以此来预测焦炭质量，指导配煤。此法的结论是：镜质组反射率为 0.8%～1.3% 时，焦炭稳定性随反射率增高而增高；镜质组反射率超过 1.4% 时，焦炭稳定性随镜质组反射率增高而降低。

(3) 日本钢管公司宫津法 日本钢管技术研究所宫津隆等 1980 年应用煤岩配煤原理，引用最大流动度 MF 作为配煤的一个指标，以镜质组平均最大反射率 R_{max} 为煤化程度指标，来综合反映煤的结焦性质，设计了 MOF 图，用以指导配煤。其炼焦配煤的最适合范围：MF 为 200～1000ddpm［测定流动度时，旋转速度用刻度盘 (dial dirision per minute，简称 ddpm) 来表示，每一圈分为 100 等份，其中，1 等份为 1 个分度，搅拌桨的转速为 1r/min 时，流动度即为 100ddpm］，R_{max} 为 1.2%～1.3% 之间。此外，在 MOF 图上，将煤分为 4 类，以此来调节配煤，使其达到所要求的指标。

(4) 周师庸的煤岩配煤方法 周师庸教授于 20 世纪 80 年代初在对新疆钢铁公司的配煤预测焦炭强度的研究中，采用镜质组反射率作为煤化度指标，以惰性组分含量作为煤岩组成指标，通过试验选择罗加指数或容惰能力作为煤的还原程度指标。基于此原理模型，新疆钢铁公司和酒泉钢铁公司经过系统的试验，建立了预测方程，其相关系数 M_{40} 可达 0.86，M_{10} 可达 0.94。

1985 年周师庸又在研究首钢焦化厂配煤中加入非炼焦用煤的山西大同煤时提出来配煤计算方法。此法中引入两个配煤指标：一个为配煤中惰性组分的总量 I；另一个为配煤中活性组分的平均结焦指数 MB，以惰性组分的总量为横坐标，MB 为纵坐标，用 200kg 试验焦炉得到的焦炭做米库姆转鼓试验后，再做出等耐磨强度曲线，以此预测焦炭强度。

(5) 煤科院西安分院的方法 1989 年起，煤科院西安分院的肖文钊、叶道敏等通过对煤的显微组分加热性状直接观察研究，对不同成煤时期煤焦的不同特征进行了对比分析，用数理统计方法优选出三个影响焦炭强度的基本参数：标准活性组分 $V_{t,st}$、随机反射率平均值 R_{ran} 及其标准差 S，建立了预测焦炭强度的数学模型。所建立的回归方程的预测值和 70 炉 200kg 焦炉试验的实测值之间的相关系数达 0.98，经半工业及工业生产证明，预测误差在规定的试验误差之内。

(6) 张学礼配煤技术 张学礼配煤技术是在煤岩配煤原理基础上，对煤的各种成分、性质等进行深入研究，提出了炼焦煤中的活性组分和惰性组分在加热过程中具有温差、度差、时差、动差等四差性，根据这四差性进行配煤，使活性组分和惰性组分达到最佳结合，从而生产出优质焦炭。

2. 应用实例

(1) 煤种鉴别 现行煤炭分类标准 GB 5751—2009 是按煤的煤化程度及工艺性能进行分类的，对焦化厂煤种的判定，一般是采用 V_{daf}、G、Y、b 参数为标准，见表 3-9。在生产中为了能准确及时地了解来煤质量，在煤质判定中，采用煤岩分析与常规工业分析相结合的方法，结合煤岩分析情况进行合理判定。

在煤岩分析过程中，根据 GB/T 15591—1995《商品煤反射率分布图判别方法》的规定，结合焦化厂的日常检测情况，对测定中的方差进行调整，同时根据 HD 型显微光度计具有对混煤情况进行自动划分的功能，在制定煤岩分析指标中增加了主要煤种组成的指标，煤岩分析指标见表 3-10。

表 3-9　烟煤的分类

煤种	分　类　指　标			
	$V_{daf}/\%$	G	Y/mm	$b/\%$
贫煤	10.0~20.0	≤5		
贫瘦煤	10.0~20.0	5~20		
瘦煤	10.0~20.0	20~50 50~65		
焦煤	10.0~20.0 20.0~28.0	>65 50~65	≤25.0	≤150
肥煤	10.0~20.0 20.0~28.0 28.0~37.0	>85 >85 >85	>25.0 >25.0 >25.0	>150 >150 >150
1/3焦煤	28.0~37.0	>65	≤25.0	≤220
气肥煤	>37.0	>85	>25.0	>220
气煤	28.0~37.0 >37.0 >37.0 >37.0	50~65 35~50 50~65 >65	≤25.0	≤220
1/2中黏煤	20.0~28.0 28.0~37.0	30~50 30~50		
弱黏煤	20.0~28.0 28.0~37.0	5~30 5~30		
不黏煤	20.0~28.0 28.0~37.0	≤5 ≤5		
长焰煤	>37.0 >37.0	≤5 5~35		

表 3-10　煤岩分析指标

煤种	级别	煤岩分析指标		
		标准方差	主要煤种	主要煤种含量/%
肥煤	一级	≤0.2	肥煤+焦煤	≥85
	二级	0.2~0.3	肥煤+焦煤	≥80
1/3焦煤	一级	≤0.2	肥煤+焦煤+1/3焦煤	≥90
	二级	0.2~0.3	肥煤+焦煤+1/3焦煤	≥80
焦1煤	一级	≤0.2	肥煤+焦煤+焦瘦煤	≥90
	二级	0.2~0.3	肥煤+焦煤+焦瘦煤	≥80
焦2煤		≤0.3	肥煤+焦煤+焦瘦煤	≥70
瘦煤		≤0.3	弱黏煤+贫煤+(无烟煤<5%)	≤20
贫瘦煤			弱黏煤+贫煤+无烟煤	≤25

（2）混煤的鉴定　V_{daf}、G、Y、b 等常规工艺指标无法鉴别煤样是否已"混配"，所以已不能完全满足焦化生产需要。煤岩分析手段是目前鉴别"掺混煤"的唯一有效手段，通过镜质组反射率的测定可区分出煤样是否已"混配"及混入的煤种。如某厂进厂煤1工业分析指标，见表3-11，根据挥发分和黏结指数指标判定，属于肥煤；镜质组反射率分布直方图见图3-5，根据镜质组反射率判断，该煤是肥煤与少量1/3焦煤混合而成的混煤。

表 3-11　进厂煤 1 工业分析指标

项目	$A_d/\%$	$V_{daf}/\%$	$w(S_t)_{ad})/\%$	G	Y/mm	煤种
指标	12.34	28.50	0.74	100	26.0	肥煤

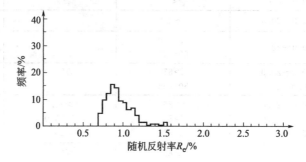

图 3-5　进厂煤 1 镜质组随机反射率分布直方图

来煤名称	自动测定参数				结果判别
进厂煤 1	点行间距	100	R_e 平均值	0.869	肥煤与 1/3 焦煤
	总测定点数	10000	R_{max} 平均值	0.928	（简单混煤）
	镜质组点数	1163	标准偏差	0.168	
备注	依据 GB/T 6948—2008 煤的镜质体反射率显微镜测定方法和 GB/T 15591—1995 商品煤反射率分布图判别方法				

　　进厂煤 2 工业分析指标见表 3-12，该煤属于焦煤；为了进一步验证，测定镜质组随机反射率分布直方图，见图 3-6，该煤是一种具有 2 个凹口的复杂混煤，是由肥煤、焦煤、瘦焦煤 3 种变质程度不同的煤混合而成。

表 3-12　进厂煤 2 工业分析指标

项目	$A_d/\%$	$V_{daf}/\%$	$w(S_t)_{ad})/\%$	G	Y/mm	煤种
指标	9.60	25.04	0.68	80	18	焦煤

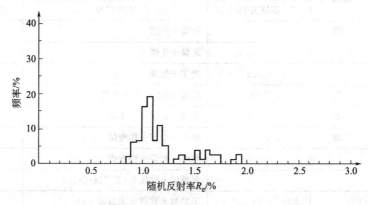

图 3-6　进厂煤 2 镜质组随机反射率分布直方图

来煤名称	自动测定参数				结果判别
进厂煤 2	点行间距	100	R_e 平均值	1.107	肥煤、焦煤、瘦焦煤
	总测定点数	10000	R_{max} 平均值	1.183	（复杂混煤）
	镜质组点数	802	标准偏差	0.264	
备注	依据 GB/T 6948—2008 煤的镜质体反射率显微镜测定方法和 GB/T 15591—1995，商品煤反射率分布图判别方法				

（3）煤岩分析指导配煤　煤炭资源日益紧张的情况下，以混煤充当单种炼焦煤的现象十分普遍，但混煤不同于单种煤，在炼焦中不能起到相应牌号的单种煤的作用，因此在进行配煤方案制定时要参考反射率分布图中各种煤所占实际比例，制定合理的配煤方案。如某厂进厂焦煤工业分析指标见表 3-13，该煤属于焦煤；但根据镜质组反射率分布直方图（见图 3-7），该煤实际上是气煤、1/3 焦煤、肥煤和焦煤混合而成，镜质组最大发射率为 1.008，远低于焦煤镜质组最大反射率的分布范围，该煤在使用时应严格控制配入量。

表 3-13　某厂进厂焦煤工业分析指标

项目	$A_d/\%$	$V_{daf}/\%$	$w(S_t)_{ad}/\%$	G	Y/mm
指标	9.47	27.60	0.62	87	15.0

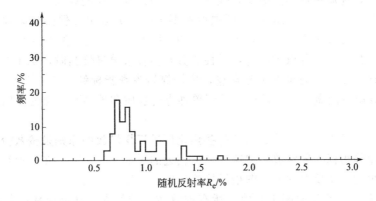

图 3-7　某厂进厂煤镜质组随机反射率分布直方图

理想的配煤方案反射率分布图是连续的、平滑斜降的，不应有明显的凹口，特别是 1.0~1.2 附近。分布范围不能太宽，尤其是小于 0.6 和大于 2.1 的量不应占太大的比例。见图 3-8。

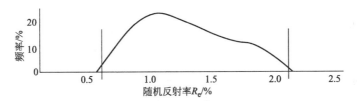

图 3-8　理想的配煤方案反射率分布直方图

（4）煤岩参数预测焦炭质量　世界各国煤岩配煤方法中，都是利用煤岩组成和活性成分的反射率为基础数据。把煤岩显微组分分成活性成分和惰性成分两大类，通过适当的方法计算、试验、作图，找出炼焦配煤最适合的范围，指导配煤，预测焦炭质量。我国一些焦化厂尝试用阿莫索夫（H. H. Ammocon）和夏皮罗（N. Schapiro）法，强度指数 SI 和组成平衡指数 CBI 两个配煤指标，SI 指数标志活性成分的平均质量，表示配煤中活性组分的强度；CBI 标志惰性成分含量合适与否的指标。计算公式如下。

$$SI = \frac{a_3 x_3 + a_4 x_4 + \cdots + a_{21} x_{21}}{\sum x_i}$$

式中，$x_3 \sim x_{21}$ 是反射率为 0.3%～2.1% 的活性成分含量；$a_3 \sim a_{21}$ 是反射率为 0.3%～2.1% 的活性成分最佳量惰性成分时的强度指数。

$$CBI = \dfrac{100 - \sum x_i}{\dfrac{x_3}{b_3} + \dfrac{x_4}{b_4} + \cdots + \dfrac{x_{21}}{b_{21}}}$$

式中，x_i 为单种煤或配合煤中不同反射率的活性成分含量；$100 - \sum x_i$ 为实际含惰性成分含量；$b_3 \sim b_{21}$ 是反射率为 $0.3\% \sim 2.1\%$ 的活性成分与惰性成分配合的最佳比值。

当 CBI＝1 时为最佳，大于 1 时表示惰性物过多，小于 1 时表示活性物过多。SI 不能太小，应据具体单位而定。根据这两个指数就可以预测焦炭强度。由岩相配煤可知，任何一种单种煤的 CBI 有三种情况，即 CBI＞1、CBI＜1 和 CBI＝1。即使是同一牌号的煤，它们之间的 CBI 值往往是不同的，即它们的结焦性是有差异的，因此在选择炼焦用煤时一定要同时选择 CBI＞1 和 CBI＜1 的单种煤，这样才能使配合煤的 CBI＝1 为最佳配煤。最佳配煤即配煤黏结得最好，优质焦煤用量最少，强度保持相对最高，使配煤成本降低，节省优质煤用量。相反，不是最佳配比即 CBI≒1，则强度将要下降，如果仍要保持较高强度，则必须增加焦煤用量，结果使成本增加，浪费了资源。CBI 接近 1，SI 高的配合煤炼得的焦炭气孔壁坚硬，裂纹少，强度大。各煤种配合，活性成分与惰性成分最恰当时，炼出的焦炭的质量才能最优。因此通过测定煤的显微组分含量，依据煤岩参数指标结合工业分析指标（V_{daf}、G 值、Y 值）对煤质情况做出综合评价，预测单种煤的性质和预测配合煤的性质，同时预测焦炭质量。

（5）指导煤场管理，合理堆放煤种　有些焦化厂进厂煤堆放的原则是按灰分、硫分、挥发分、Y 值、G 值等指标指导堆放，把这些指标相近的煤堆放在一起。在有混煤的情况下，这种做法是不合理的。用反射率分布图指导炼焦煤的合理堆放才真正合理。指导原则如下。

① 每堆煤均有一个反射率中心值，所有堆放在一堆的煤，其反射率必须靠近这一中心值。该值可按该堆主要煤种最大反射率平均值确定。

② 每一煤堆中，各煤的反射率分布图必须大部分重叠，见图 3-9。重叠程度基本上就是炼焦性质相似的程度。这样能使焦炭质量稳定，从而合理利用煤资源，降低配煤成本。

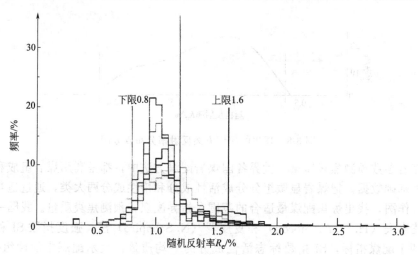

图 3-9　同一堆煤各种煤的镜质组随机反射率分布图

第五节　煤炭显微组分在炼焦中的变化

煤在干馏过程中除析出一部分焦炉煤气和煤焦油外，大部分残留下来转化成焦炭。煤中活性组分在干馏时软化熔融并形成连续性较好的气孔壁。煤中惰性组分在干馏过程中有的未见变化，有的变化很小，与软化熔融的活性组分一道残留在焦炭气孔壁中。用偏反光显微镜在油浸或干物镜下（放大倍数多为 400～600 倍）所观察到的焦炭气气孔壁部分的组织，称为焦炭光学组织。因煤种和干馏条件的不同，由活性组分所形成的焦炭气孔壁显示出不同的光学性质。焦炭的光学组织自 20 世纪 60 年代开始被用来作为评价焦炭结构和性质。因此，在测定和评定方法、光学组织与焦炭各种性质的关系和改善焦炭光学组织的途径等方面进行了广泛的研究，并取得一定成果。

一、光学各向同性组织和光学各向异性组织

焦炭的光学形态是其微观结构在光学上的反映，焦炭的气孔壁是高碳物质，其基本结构单元是由碳原子的六元环层片组成。从晶体光学的角度来看，根据层片定向程度的不同，气孔壁的光学组织分为各向同性组织和各向异性组织。光学各向同性组织对应着结构上的均质体，碳骨架的碳网平面呈随机定向杂乱无章的排列。光学各向异性组织对应着结构上的非均质体。碳网平面具有不同程度的有序定向和平行堆积。为了在镜下更好地观察焦炭的光学性质，在显微镜正交偏光下，于试板孔中插入石膏试板。对于光学各向异性组织，当层片处于消光位时，如图 3-10(a) 所示，呈紫红色；层片与试板插入方向垂直为黄色，如图 3-10(b) 所示；层片与试板插入方向平行为蓝色，如图 3-10(c) 所示。光学各向同性组织，在转动载物台 360°时总呈现紫红色，如图 3-10(d) 所示。因此，每个单元中层片的大致定向可通过石膏试板的相对关系而估计出来。

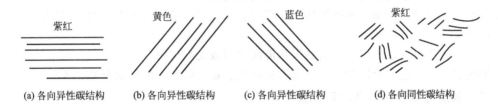

紫红	黄色	蓝色	紫红
(a) 各向异性碳结构	(b) 各向异性碳结构	(c) 各向异性碳结构	(d) 各向同性碳结构

图 3-10　在正交偏光下（插入石膏试板）不同碳结构的偏光色

单元大小为微米

二、焦炭光学组织的镜下特征

中间相成焦机理揭示了焦炭孔壁中各向异性组织的形成过程。煤干馏至塑性状态时，出现了显微镜下可观测的小球体。这些小球体的尺寸会逐渐长大，并最终聚集形成冶金焦中呈现各向异性的光学组织。此中间相小球体的大小、数量及其在焦炭中所占比例，决定着焦炭的性质。将有代表性的焦样粉碎至 0.071～1.0mm 制成粉焦光片，在偏光显微镜下采用数点法定量（有效点数在 300～500 点以上），可测得各光学组织的百分含量（体积）。煤在炭化时所形成的光学组织类型于半焦时已基本完成。由半焦至焦炭或继续升温至 1500℃，只能使焦炭的各向异性程度有所增强，而不会改变光学组织本身。也就是说，决定焦炭某些性质的光学组织结构是在煤软化熔融状态时形成，并于再固化时定形的。焦炭各种光学组织在镜下有着不同的特征。

1. 各向同性组织

结构致密，表面平坦均匀。气孔边缘平滑，为焦炭光学组织中无光学活性的组织。转动载物台时无明暗交替的消光现象，干涉色为一级红色。

2. 各向异性组织

形态不同和等色区尺寸大小不等，具有不同光学活性的组织。转动载物台时，干涉色呈交替变化，这是各单元碳网平面与光片表面夹角不同所造成的。将镜下消光性相同、等色区尺寸相近和形态相似的划分为同一类型光学组织。

(1) 镶嵌状组织　粒状镶嵌状组织为具有不同结构定位的粒状物镶嵌在一起的组织。根据粒状等色区尺寸划分为细粒镶嵌状组织（粒状物直径小于 $1.0\mu m$）、中粒镶嵌状组织（粒状物直径大于 $1.0\sim5.0\mu m$）、粗粒镶嵌状组织（粒状物直径大于 $5.0\sim10.0\mu m$）。旋转载物台时粒状物交替出现红、黄、蓝色。

(2) 纤维状组织　比镶嵌状组织具有更强的各向异性。呈现不同程度的拉长形状，有的呈平行线状排列。根据等色区尺寸不同，分为不完全纤维状组织（宽小于 $10.0\mu m$，长大于 $10.0\sim30.0\mu m$），似向一个方向流动的组织；完全纤维状组织（宽小于 $10.0\mu m$，长大于 $30.0\mu m$），多呈束状平行排列的组织。旋转载物台时交替出现红、黄、蓝色。

(3) 片状组织　条带较宽且界面清晰，各向异性很强，彩色鲜艳。等色区尺寸长及宽均大于 $10.0\mu m$。旋转载物台时交替出现红、黄、蓝色。

3. 丝质及破片状组织

焦炭中的丝质状组织仍保持着煤中丝质组的特征。破片状组织无一定形态，一般颗粒界面清晰，大多呈光学各向同性。干涉色为一级红，多无消光现象。但也存在具有各向异性的丝质及破片状组织。

4. 其他组织

(1) 热解炭　系焦炉煤气中的烃类化合物在通过赤热焦炭时产生气相热解，沉积在焦炭气孔或裂隙周围的含碳物。多呈镶边状，也可见有粗粒镶嵌状。旋转载物台时交替出现红、黄、蓝色。

(2) 基础各向异性组织　系由高煤化度的贫煤或无烟煤所形成的组织。一般等色区尺寸与焦炭颗粒尺寸相近。旋转载物台时交替出现红、黄、蓝色。但轮廓分明，无熔融现象。

三、焦炭光学组织的命名和分类

目前各国关于焦炭孔壁各光学组织的划分尚无统一分类。所用术语也不尽相同，比较一致的意见是：将由炼焦煤中活性组分所形成的焦炭光学组织划分为各向同性组织、粒状镶嵌组织、纤维状组织和片状组织。而将由煤中惰性组分所产生的焦炭光学组织划分为丝质状组织和破片状组织。目前经常被我国一些研究者参照采用的焦炭光学组织分类方案有帕特里克方案（见表3-14）、杉村秀彦方案（见表3-15）和马什方案（见表3-16）。由表可见，在粒状镶嵌组织的尺寸划分上存在着一定差异。为便于比较，将三个方案的粒状镶嵌组织划分尺寸列于表3-17。帕特里克方案的特点是将镶嵌状组织划分得较细，且尺寸限制在较小范围内，一般要在光学显微镜放大倍数较高（×1000 以上）时进行观察才能加以分辨。马什的分类方案中除针对冶金焦外，还考虑了沥青及煤液化产品等加热所形成的焦炭结构。因此光学组织的类别多，尺寸划分较大，各结构尺寸范围明确。

对粒状镶嵌组织划分得细或粗，根据工作目的，还应考虑焦炭的光学组织与机械性质之间的关系。

1994 年由鞍山热能研究院负责，六个参加单位，提出了我国焦炭光学组织划分方案（YB/T 077—1995），列于表3-18。根据此分类方案，对 10 个焦样的光学组织进行了测定，并对所测光学组织的含量与焦炭机械强度指标 M_{40} 和 M_{10} 间关系进行了计算。计算结果表明本方案对光学组织的划分是可行的。不过，在实际应用中根据工作目的可考虑将某些光学组织测值加以合并。

表 3-14　帕特里克对镜质组形成焦炭的显微结构的命名和分类

名称	符号	结构单元尺寸	名称	符号	结构单元尺寸
各向同性	I		粒状-流动状	M_c/F	
细粒镶嵌	M_f	$<0.3\mu m$	流动状	F	
中粒镶嵌	M_m	$0.3\sim0.7\mu m$	基础各向异性	B	
粗粒镶嵌	M_c	$0.7\sim1.3\mu m$			

表 3-15　杉村秀彦对冶金焦显微结构命名与分类方案

煤的显微组分	焦炭显微结构名称	煤的显微组分	焦炭显微结构名称
活性显微组分	各向同性 微粒镶嵌 粗粒镶嵌 不完全纤维状 完全纤维状 叶片状	惰性显微组分	破片状 类丝炭状 矿物质

表 3-16　马什对焦炭显微结构的命名

名称	代号	尺寸和特征
基础各向异性	B	由母体镜煤直接转入，平坦无特征
各向同性	I	无光学活性
极细粒镶嵌型	VM_f	直径小于$0.5\mu m$
细粒镶嵌型	M_f	直径$0.5\sim1.5\mu m$
中粒镶嵌型	M_m	直径$1.5\sim5\mu m$
粗粒镶嵌型	M_c	直径$5\sim10\mu m$
拉长的粗粒状—流动型	CF	长小于$60\mu m$，宽小于$10\mu m$
拉长的流动状—区域型	FD	长大于$60\mu m$，宽大于$10\mu m$
矩形区域型	D	面积大于$60\mu m\times60\mu m$
	D_1	来自低挥发分黏结镜煤的基础各向异性
	D_2	由流动的沥青的中间相生长而成
超镶嵌型	SM	细粒各向异性碳以相同的方向定向而形成的镶嵌状等色区域

表 3-17　粒状镶嵌组织尺寸划分方案

类别	帕特里克方案	杉村秀彦方案	马什方案
	尺寸$/\mu m$		
极细粒镶嵌			<0.5
细粒镶嵌	<0.3	<0.1	$0.5\sim1.5$
中粒镶嵌	$0.3\sim0.7$		$1.5\sim5.0$
粗粒镶嵌	$0.7\sim1.3$	$1.0\sim10.0$	$5.0\sim10.0$

表 3-18　焦炭光学组织划分类别（YB/T 077—1995）

焦炭光学组织来源	大类	小类	镜下组织
由煤中熔融组分形成的组织	各向同性	各向同性	气孔边缘平滑、表面平坦
	镶嵌状	细粒镶嵌状	各向异性单元尺寸小于$1.0\mu m$
		中粒镶嵌状	各向异性单元尺寸$1.0\sim5.0\mu m$
		粗粒镶嵌状	各向异性单元尺寸$5.0\sim10.0\mu m$
	纤维状	不完全纤维状	各向异性单元尺寸宽小于$10.0\mu m$，长$10.0\sim30.0\mu m$
		完全纤维状	各向异性单元尺寸宽小于$10.0\mu m$，长$30.0\mu m$
	片状	片状	各向异性单元尺寸宽及长均大于$10.0\mu m$

续表

焦炭光学组织来源	大类	小类	镜下组织
由煤中惰性组分形成的组织	丝质及破片状	丝质及破片状	保持煤中原有丝质结构及其他一些小片状惰性结构,呈各向同性或各向异性
其他组织	基础各向异性	基础各向异性	由高煤化度的贫煤及无烟煤形成的组织,等色区尺寸与颗粒尺寸接近
	热解炭	热解炭	沿焦炭气孔及裂隙周边所形成的气相沉积炭多呈镶边状,亦见有镶嵌状

国际煤岩学会成员国,曾对煤中活性、惰性组分的特征进行了研究。该学会讨论了焦炭光学组织分类原则,建议采用综合式分类,将焦炭光学组织分为三种基本类型:各向同性组织、粒状镶嵌组织和纤维状组织,并将它们与焦炭性质相联系。

四、煤岩显微组分与焦炭光学组织的关系

焦炭光学组织的组成主要与煤的变质程度和煤岩显微组分有关。对各变质程度煤的镜质组与焦炭光学组织的关系进行了深入研究,结果如图 3-11 所示。低变质程度煤的镜质组（反射率小于 0.8%）多形成具有各向同性的焦炭。随炼焦煤变质程度加深,焦炭中各向同性组织急剧减少,粒状镶嵌组织含量明显增多。当煤的镜质组反射率达 1.6% 时,焦炭中纤维状组织含量达最高值,且片状组织含量也开始明显增多。高变质程度煤的镜质组（反射率大于 2.0%）,虽然没有中间相的变化过程,但仍保持加热前镜质组的各向异性光学效应,形成焦炭中的基础各向异性组织。

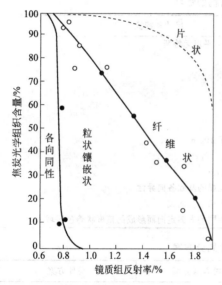

图 3-11 焦炭光学组织含量与
镜质组反射率的关系

半镜质组成焦后基本上是各向同性的,颗粒的轮廓略有变化。

稳定组在炼焦煤中含量一般较少,而在低、中变质阶段,挥发分却很高。因此,炭化后残留在焦炭中的数量很少。同时,由于它量少而分散,对它进行深入研究受到一定的限制。在加热过程中其光学性质发展的行径,不似镜质组的光学性质发展有丰富的实验基础。稳定组对其共生的镜质组起软化剂作用,对其共生的丝质组不起软化剂作用,成焦后往往按其原来形状形成气孔。实际上,在焦炭中观察不到明确的稳定组所对应的焦炭光学组织。丝质组在焦炭中都是各向同性的。

迈什（R. J. Marshall）把镜质组的反射率与焦炭光学组织之间的对应关系列成表 3-19。由于不同的煤中,镜质组反射率分布不同,因此所得焦炭光学组织也不可能是一种类型,而是多种类型的组合。所以研究它们之间的关系比较复杂,往往只能采用统计方法。

五、影响焦炭光学组织组成的因素

决定焦炭光学组织组成主要是煤的内在因素,即煤的煤化度和煤岩组成。其次是加工条件,如加热制度、添加物等。

1. 煤的煤化度

影响焦炭光学组织组成的因素中,首先是煤化过程中的变质程度。镜质组和稳定组受变质作用的影响较灵敏。表 3-20 为 11 种不同变质程度煤的镜质组和稳定组形成的焦炭光学组

表 3-19　煤岩显微组分与焦炭显微结构之间的对应关系

焦炭显微结构	相应的煤岩显微组分
炭化后的焦炭显微结构： 各向同性 镶嵌结构 粒状流动结构 片状结构 基础各向异性	活性显微组分： 镜质组分反射率小于 0.75% 镜质组分反射率 0.75%～1.5% 镜质组分反射率 1.1%～1.6%和角质体 镜质组分反射率 1.4%～2.0% 镜质组分反射率大于 2.0%
惰性组分： 有机惰性物 矿物质 其他 沉积炭	惰性组分： 类半丝质体、类丝质体、碎片体 矿物质

表 3-20　由不同变质程度煤的镜质组和稳定组形成的焦炭光学组织组成

煤产地	$\overline{R^0_{max}}$	各向同性/%	细粒镶嵌/%	中粒镶嵌/%	粗粒镶嵌/%	流动状/%	片状/%
兖州	0.618	91.0	4.2	0.9	2.8	—	1.1
官桥	0.777	18.4	65.1	5.4	2.8	0.4	7.9
芦岭	0.871	12.2	57.7	10.0	9.8	—	10.3
陶庄	0.901	0.1	5.2	21.8	63.4	0.7	8.8
开平	1.097	0.9	6.9	15.2	64.2	0.9	11.9
枣庄	1.105	—	2.2	1.9	65.3	23.7	6.9
峰峰	1.117	6.9	2.7	6.8	67.4	1.9	14.3
后石台	1.401	2.3	23.0	14.3	14.4	6.8	39.2
青龙山	1.409	2.3	1.7	9.7	22.0	9.6	54.7
井峰	1.441	0.8	8.6	10.1	18.4	3.7	58.4
邯郸	1.701	10.0	1.4	4.5	4.8	1.6	77.7

织组成。焦样是用 200kg 试验焦炉炼制而得。表中煤样的变质程度（以 $\overline{R^0_{max}}$ 表示）顺序由低到高。随着炼焦煤变质程度提高，焦炭中各向同性组织逐渐降低，各向异性组织逐渐增多，尺寸大的组织单元增多。由此可知，焦炭光学组织中各向同性和各向异性的各种类型组织的比例，首先决定于煤的变质程度。

2. 煤岩组成

稳定组挥发分高，在煤中含量又少，残留在焦炭中的数量极少，对焦炭的光学组织组成影响不大。丝质组在炼焦过程中其数量变化不大，往往与焦炭中的丝质破片状含量相对应。煤的变质程度和煤岩组成不同，其焦炭的光学组织组成发生较大的变化。

3. 热加工条件

热加工条件也影响焦炭的光学组织组成。用同一种煤，分别在 200kg 试验焦炉和坩埚炉内制得焦炭，它们的光学组织组成不同，如表 3-21 所示。

表 3-21　两种不同工艺条件下制得的焦炭光学组织组成

煤产地	工艺条件	各向同性/%	细粒镶嵌/%	中粒镶嵌/%	粗粒镶嵌/%	流动状/%	片状/%
兖州	1	91.0	4.2	0.9	2.8	—	1.1
	2	89.5	7.3	0.6	0.1	—	2.5
唐山	1	11.4	64.4	14.9	4.6	0.4	4.3
	2	2.3	86.1	6.8	0.4	—	4.4
井峰	1	0.8	8.6	10.1	18.4	3.7	58.4
	2	1.5	1.8	9.5	8.4	6.6	72.2

注：1—200kg 试验焦炉焦炭；2—实验坩埚炉焦炭。

4. 添加物

添加活性物质，如焦油沥青、石油沥青等，使胶质体黏度降低，易形成较大的各向异性组织或增加镶嵌状组织。添加惰性物质，如焦粉等，能使焦炭的各向异性组织尺寸变小。

六、焦炭光学组织的应用

1. 推断炼焦煤性质

当炼焦条件相同时，所形成的焦炭光学组织是与煤质密切相关的。即用不同煤化度的煤所炼制的焦炭中存在着与之相对应的光学组织结构，如图 3-12 所示。因此，可由焦炭各光学组织的含量推断煤的变质程度和惰性组分含量。也可用来判断配合煤中煤牌号相同而产地不同煤的差异。

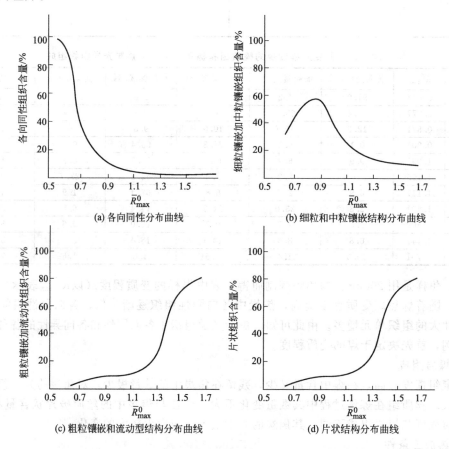

(a) 各向同性分布曲线

(b) 细粒和中粒镶嵌结构分布曲线

(c) 粗粒镶嵌和流动型结构分布曲线

(d) 片状结构分布曲线

图 3-12　焦炭光学组织与变质程度的关系

2. 深入了解焦炭的反应性

焦炭与 CO_2 反应过程中，各光学组织有不同的反应程度。各国在实验室条件下对焦炭光学组织的反应性进行了定量评定，从而对如何改进焦炭的反应性有了进一步的认识。此外，对高炉的解剖试验研究证实，高炉冶炼过程中存在着碱金属的富集和循环。碱金属对焦炭中的碳溶反应具有催化作用，会使焦炭与 CO_2 反应速率成倍增加。因此，焦炭各光学组织的反应性还应考虑碱金属的影响。焦炭未吸碱时，各向同性组织最易与 CO_2 发生反应，各光学组织的反应性依下列顺序依次减弱：各向同性组织、丝质状组织、破片状组织、细粒镶嵌状组织、粗粒镶嵌状组织、纤维状组织。焦炭吸碱后，各光学组织的反应性趋于一致。

由于焦炭的光学组织与焦炭反应性间关系密切，因此可以以各光学组织为自变量，焦炭反应性及反应后强度为因变量，通过多元回归分析，建立用焦炭光学组织预测焦炭反应性的相关式。

3. 预测焦炭机械强度

优质冶金焦的光学组织主要由粗粒镶嵌组织、纤维状组织以及少量片状组织、适量的丝质状和破片状组织组成，这说明焦炭机械强度与其光学组织间存在着有机联系。因此，根据半焦或焦炭的光学组织含量与焦炭机械强度指标间的关系，可建立相关方程来预测焦炭机械强度。

4. 观察煤的改质效果

往煤中加入某些有机物料，如石油沥青、煤焦油沥青、煤液化产品或溶剂萃取物等炼焦时，可使所形成的焦炭的各向异性组织含量增加或使各向异性等色区尺寸增大，从而对煤起到改质作用。通过焦炭光学组织含量变化，可了解各类添加物对煤料的改质能力。这一研究为劣质煤的利用提供了方向。

5. 观察沥青在型焦中的赋存状态

冷压型焦多由不黏结煤添加沥青类黏结剂压制而成。型煤经氧化或炭化后，可通过光学显微镜观察到沥青类添加物形成的光学组织及其在型焦内的分布状态，用于判断黏结剂的有效性。

6. 检验高炉喷吹煤粉的燃烧效果

高炉瓦斯灰、瓦斯泥及由风口所取的喷吹物样品中主要含有煤粉、焦末、渣及铁。这些物质可在光学显微镜下按其光学性质进行分辨及定量，所得结果经处理后，可计算喷吹煤粉的燃烧率。

对焦炭光学组织的深入研究，也推动了煤岩学的进一步发展。在对焦炭光学组织进行定量时，观察到焦炭中的丝质状和破片状组织含量经常低于该煤中惰性组分含量。由此说明煤中惰性组分内存在着部分可以转化为各向同性组织或各向异性组织的活性惰性组分。

复习思考题

1. 煤岩学研究的对象与方法有什么不同？
2. 试比较四类煤岩成分的外观和一般特性。
3. 煤化学通常以什么显微组分作为煤的代表？试述其理由。
4. 试举例说明哪些性质是综合煤样的平均性质。
5. 判别煤的煤化度或变质程度的指标有哪些？为什么说镜质组反射率是表征煤化度的科学指标？
6. 惰质组不具有黏结性，是否在炼焦配煤中的比例煤中越少越好，为什么？
7. 煤岩学应用于炼焦配煤的基本思想是什么？
8. 试举一例说明煤岩学的应用。

第四章　煤的一般性质

煤不仅是一种重要的能源，而且还是一种非常重要的化工原料。煤的深加工和综合利用，直接关系到我国乃至整个世界经济的发展，而煤的性质又对煤的深加工和综合利用起着决定性的指导作用。因此，研究煤的一般性质，即煤的空间结构性质、煤的化学组成、煤的物理性质、物理化学性质、固态胶体性质等，对煤的加工利用及煤化工技术的创新和新型产品的研发具有十分重要的现实意义。

第一节　煤的工业分析和元素分析

煤是大自然赐予人类的非常宝贵的自然资源。煤不是简单的单质或者化合物，而是结构非常复杂的混合物。煤的组分、含量也不确定，随产地不同、煤种不同、地下埋藏深度不同、成煤植物不同或成煤植物的不同组分而各异。为了确定煤的化学组成、工业组分；了解煤的性质和用途，以便更好地指导煤化工生产及煤的高效、清洁、合理利用，工业上通常采用的分析方法就是煤的工业分析和元素分析。

煤的工业分析包括煤的水分分析、煤的灰分分析、煤的挥发分分析和固定碳的计算四个分析项目。

煤的元素分析主要用于确定煤的化学组成，特别是煤的有机组成，包括碳、氢、氧、氮、硫等元素的测定。微量的元素磷、氯、砷、氟、锗、镓、钒等不列入煤中有机质的组成范畴。研究煤的元素组成，对研究煤的成因、类型、结构、性质和利用都有十分重要的意义。

煤的工业分析和元素分析的结果与煤的成因、煤化程度和煤岩组成、煤的类型结构等密切相关。加之对煤的物理性质、物理化学性质、化学性质和工艺性质做进一步的研究，就可以科学综合地评价煤的质量，以便确定各种煤的加工利用途径。

一、煤的工业分析

煤的工业分析也称煤的实用分析或技术分析，其内容包括煤的水分、灰分、挥发分和固定碳四项测定。利用工业分析结果，可以基本掌握各种煤的质量、工艺性质及特点，以确定煤在工业上的实用价值。

（一）煤质分析中常用的各种符号

1. 煤质分析的常用基准符号

煤的工业分析、元素分析及其他煤质分析结果，必须用一定的基准来表示。所谓"基准"（简称"基"），就是表示分析结果所处状态的标准。假定以某种状态的煤为 100g，分析结果的百分数。基准若不一致，同一分析项目的计算结果会有很大差异。各种煤的同类分析数据只有在统一的基准下才能进行比较。煤质分析中常用的"基"有空气干燥基、干燥基、收到基、干燥无灰基、干燥无矿物质基五种。

空气干燥基（air dry basis）。简称空干基。指以与空气湿度达到平衡状态的煤为基准，表示符号为 ad。在制煤样时，若在室温下连续干燥 1h 后，煤样质量变化不超过 0.1%，则为达到空气干燥状态。

干燥基（dry basis）。指以假想无水状态的煤为基准，表示符号为 d。一般在生产中用煤的灰分、硫分、发热量来表示煤的质量时，应采用干燥基。

收到基（as received）。指以收到状态的煤为基准，表示符号为 ar。收到基指标在煤炭运销中使用较多，一般用户都要求以收到基表示分析结果。计算物料平衡、热平衡时，也须采用收到基。

干燥无灰基（dry ash free）。指以假想无水、无灰状态的煤为基准，表示符号为 daf。在研究煤的有机质特性时，常采用干燥无灰基。

干燥无矿物质基（dry mineral matter free）。指以假想无水、无矿物质状态的煤为基准，表示符号为 dmmf。

恒湿无灰基（wet ash free basis）。指相对湿度 96％的环境中，在（30 ± 0.1）℃条件下，使充分湿润的煤样与饱和硫酸钾溶液的气相达到平衡、无灰状态的煤为基准，表示符号为 maf。

上述基准中，由实验室直接测定出的结果一般均是空气干燥基结果，可根据需要换算为其他标准。

2. 煤质分析中的常用项目符号

水分：M；灰分：A；挥发分：V；固定碳：FC。元素分析中项目符号直接用所对应的元素符号。

3. 分析项目存在状态或测定条件符号

f—外在；inh—内在；o—有机；s—硫酸盐；p—硫铁矿；t—全（部）；b—弹筒；gr，v—恒容高位；net，v—恒容低位；net，p—恒压低位。

4. 符号书写要求

① 先写分析项目符号，如 M、A、V、FC。

② 将存在状态或操作条件所表示的符号写在分析项目符号的右下角。如，全水分 M_t、有机硫 S_o、弹筒发热量 Q_b。

③ 基准符号也写在右下角，并用逗号与下标符号隔开。如空气干燥基全硫 $S_{t,ad}$。

（二）煤中的水分

煤中的水分是煤质分析中最基本的分析指标之一。煤是多孔性固体，或多或少含有一定量的水分。水分是煤中的无机组分，一般情况下水分的存在不利于煤的加工利用。煤的水分含量和存在状态与煤的内部结构、煤化程度及外界条件有关。一般而言，煤化程度不太高时，随着煤化程度的加深，煤中的水分下降，但到了高煤化程度时，随着煤化程度的进一步加深，煤中水分反而略有回升。煤中水分还可以反映煤中空隙结构的变化。

1. 煤中水分的存在形式

煤中水分的来源是多方面的，第一是成煤植物本身就带有一定的水分，在成煤过程中，成煤植物遗体又堆积在沼泽或湖泊中，水因此进入煤中；第二是在煤形成后，地下水进入煤层的缝隙中；第三是在水力开采、洗选和运输过程中，煤接触雨、雪或潮湿的空气所致。

煤中的水分按照它的存在状态及物理化学性质，可分为外在水分、内在水分及化合水三种类型。

（1）外在水分（M_f） 外在水分是指附着在煤的颗粒表面的水膜或存在于直径大于 10^{-5} cm 的毛细孔中的水分，又称自由水分或表面水分。简记符号为 M_f。该水分以机械方式和煤结合，其蒸气压与纯水的蒸气压相同，在常温下较易失去。

含有外在水分的煤称为收到煤，仅失去外在水分的煤则称空气干燥煤。空气干燥煤样是煤质化验中通常采用的分析煤样。实验室为制取分析煤样，一般将收到煤在 45～50℃下放置数小时，使外在水分不断蒸发，直到煤表面的蒸气压与大气湿度相平衡。

（2）内在水分（M_{inh}）内在水分是指在一定条件下达到空气干燥状态时所保留的水分，即存在于煤粒内部直径小于 10^{-5} cm 的毛细孔中的水分。简记符号为 M_{inh}。该水分以物理化学方式与煤结合，其含量与煤的表面积大小和吸附能力有关，蒸气压小于纯水的蒸气压，故在室温下这部分水分不易失去。

将空气干燥煤样加热至 $105\sim110$℃ 时失去的水分即为内在水分。失去内在水分的煤称为干燥煤。

以上两种水分是以机械方式及物理化学方式与煤结合，通常称为游离水，煤中的游离水在常压下 $105\sim110$℃ 时经短时间干燥即可全部蒸发。把煤的外在水分与内在水分的总和称为煤的全水分，简记符号为 M_t。

煤粒内部毛细孔吸附的水分在温度为 30℃、相对湿度为 96%～97% 的条件下达到相对吸湿平衡时，内在水分达到最高值，此时的内在水分称为最高内在水分，简记符号为 MHC。它与煤的结构、煤化程度有一定关系。

由于煤中水分存在状态及试验要求的不同，所以测定水分的方法也各不相同。工业分析一般测定空气干燥煤样水分 M_{ad}，煤质分析对煤中的全水分 M_t 或最高内在水分 MHC 进行测定。

（3）化合水 煤中的化合水是指以化学方式与矿物质结合、有严格的分子比，在全水分测定后仍保留下来的水分，即通常所说的结晶水和化合水。化合水在煤中含量不大，通常要在 200℃ 甚至 500℃ 以上才能析出。如石膏（$CaSO_4 \cdot 2H_2O$）、高岭石（$Al_2O_3 \cdot 2SiO_2 \cdot 2H_2O$）等，煤的工业分析中，一般不考虑化合水，只测定游离水。

煤的有机质中氢和氧在干馏或燃烧时生成的水称为热解水，不属于上述三种水分范围，不是工业分析的内容。

2. 煤中水分与煤质的关系

煤中水分含量的变化范围很大，可以由煤的水分含量大致推断煤的变质程度，其中内在水分与煤化程度的关系见表 4-1。

表 4-1 煤中内在水分与煤的变质程度的关系

煤种	内在水分（M_{inh}）/%	煤种	内在水分（M_{inh}）/%
泥炭	5～25	焦煤	0.5～1.5
褐煤	5～25	瘦煤	0.5～2.0
长焰煤	3～12	贫煤	0.5～2.5
气煤	1～5	无烟煤	0.7～3

可见，煤中的内在水分随煤的变质程度加深而呈规律性变化：从泥炭→褐煤→烟煤→年轻无烟煤，内在水分逐渐减小，而从年轻无烟煤→年老无烟煤，水分又有所增加。这主要是因为煤的内在水分随煤的内表面积而变化，内表面积愈大，小毛细孔愈多，内在水分也愈高。煤在变质过程中，随着煤化程度增高，煤的内表面积减少，致使吸附水分逐渐减小。另外，低煤化度煤中有较多的亲水基团，随着煤化程度的加剧，这些官能团也逐渐减少，因而水分含量降低。到高变质的无烟煤阶段，煤分子排列更加整齐，内表面积增大，所以水分含量略有提高。

煤的最高内在水分与煤化度的关系与内在水分基本相同，表现出明显的规律性。见图 4-1。

可见，挥发分（V_{daf}）为（25 ± 5）% 时，最高内在水分（MHC）<1%，为最小值；对于高挥发分（V_{daf}>30%）的低煤化度煤，最高内在水分随着挥发分的增加而增加；V_{daf}>40% 时，最高内在水分增加较快，且多超过 5%；最高可达 20%～30%；对于低挥发分

（$V_{daf}<20\%$）的高煤化度煤，最高内在水分随着挥发分的降低又略有增高，到无烟煤时有的可达10％以上。因此最高内在水分可以作为低煤化度煤的一个分类指标。

经风化后的煤，内在水分增加，因此，煤的内在水分的大小，也是衡量煤风化程度的标志之一。

煤中的化合水与煤的变质程度没有关系，但化合水多，说明含化合水的矿物质多，会间接地影响煤质。

3. 全水分的测定

（1）测定原理 国家标准 GB/T 211—2007 规定，煤中全水分测定可采用三种方法：即方法A（两步法），其中方法 A1 是在氮气流中干燥，方法 A2 是在空气流中干燥；方法 B（一步法），

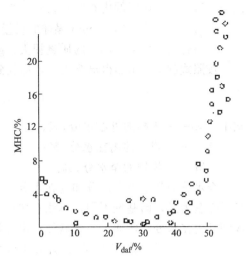

图 4-1 MHC 与 V_{daf} 的关系

其中方法 B1 是在氮气流中干燥，方法 B2 是在空气流中干燥；方法 C 是微波干燥法。各种方法的测定要点及适用范围如表 4-2 所示。

表 4-2 煤中全水分测定方法及其要点

方法代号	方法名称	方法摘要	适用范围
方法 A（两步法）	方法 A1（在氮气流中干燥）	将粒度小于 13mm 的煤样，在温度不高于 40℃ 的环境下干燥到质量恒定，再将煤样破碎到粒度小于 3mm，于 105～110℃ 下在氮气（或空气）流中干燥到质量恒定，根据煤样两步干燥后的质量损失计算出全水分	对各种煤种均可适用
	方法 A2（在空气流中干燥）		适用于烟煤及无烟煤
方法 B（一步法）	方法 B1（在氮气流中干燥）	将粒度小于 6mm 的煤样，于 105～110℃ 下在氮气流中干燥到质量恒定，根据煤样干燥后的质量损失计算出全水分	对各种煤种均可适用
	方法 B2（在空气流中干燥）	将粒度小于 13mm（或小于 6mm）的煤样，于 105～110℃ 下在空气流中干燥到质量恒定，根据煤样干燥后的质量损失计算出全水分	适用于烟煤及无烟煤
方法 C	微波干燥法	将粒度小于 6mm 的煤样，置于微波炉内，煤中水分子在微波发生器的交变场作用下，高速振动产生摩擦热，使水分迅速蒸发，根据煤样干燥后的质量损失计算出全水分	适用于褐煤和烟煤水分的快速测定

（2）结果计算 测定值保留小数点后两位，报告值修约至小数点后一位。

① A 法。按照式(4-1)计算外在水分：

$$M_f=\frac{m_1}{m}\times100 \tag{4-1}$$

式中 M_f——煤样的全水分，％；

m——称取的 <13mm 煤样的质量，g；

m_1——干燥后煤样减少的质量，g。

按照式(4-2)计算内在水分：

$$M_{inh}=\frac{m_3}{m_2}\times100 \tag{4-2}$$

式中 M_{inh}——煤样的内在水分，%；

m_2——称取的<3mm煤样的质量，g；

m_3——煤样干燥后的质量损失，g。

按照式(4-3)相加得出全水分，即收到基全水分。

$$M_t = M_f + \frac{100 - M_f}{100} M_{inh} \tag{4-3}$$

式中 M_f——煤样的外在水分，%；

M_{inh}——煤样的内在水分，%；

M_t——煤样的全水分，%。

全水分应等于外在水分和内在水分之和，但外在水分以收到基为基准，而内在水分以空气干燥基为准，因基准不同，不能直接相加，必须经过换算，将空气干燥基内在水分换算成收到基内在水分，才能与收到基外在水分相加得出全水分，即收到基全水分。

② B法、C法。按式(4-3)计算出全水分的测定结果：

$$M_t = \frac{m_1}{m} \times 100 \tag{4-4}$$

式中 M_t——煤样的全水分，%；

m——称取煤样的质量，g；

m_1——煤样干燥后的质量损失，g。

如果在运送过程中煤样的水分有损失，按下式求出补正后的全水分值：

$$M_t' = M_t + \frac{100 - M_1}{100} M_t \tag{4-5}$$

式中 M_t'——煤样的全水分，%

M_1——煤样在运送过程中的水分损失率，%；

M_t——不考虑没有在运送过程中的水分损失时测得的水分，%。

当 M_1 大于1%时，表明煤样在运送过程中可能受到意外损失，则不可补正。但测得的水分可作为实验室收到煤样的全水分。在报告结果时，应注明"未经补正水分损失"，并将煤样容器标签和密封情况一并报告。

全水分应等于外在水分和内在水分之和，但外在水分以收到基为基准，而内在水分以空气干燥基为基准，因基准不同，不能直接相加，必须经过换算，将空气干燥基内在水分换算成收到基内在水分，才能与收到基外在水分相加得出全水分，即收到基全水分。

（3）全水分分级 煤中全水分分级见表4-3。我国煤以低水分煤和中等水分煤为主，二者共占61.90%；特低水分煤次之，约占22%；其他水分级别的煤所占比例很小。

表 4-3 煤中全水分分级 (MT/T 850—2000)

序号	级别名称	代号	全水分 M_t/%
1	特低全水分煤	SLM	≤6.0
2	低全水分煤	LM	6.0～8.0
3	中等全水分煤	MM	8.0～12.0
4	中高全水分煤	MHM	12.0～20.0
5	高全水分煤	HM	20.0～40.0
6	特高全水分煤	SHM	>40.0

【例 4-1】 对某一煤样测定全水分时，样品盘质量为452.30g，样品质量为501.10g，干燥后称量，样品盘及样品质量为901.60g，检查性干燥后称量为901.80g，则此煤样的全水

分为多少？

解　因检查性干燥后，煤样质量有所增加，故采用第一次称量的质量 901.60g 进行计算

$$M_t = \frac{m_1}{m} \times 100 = \frac{452.30 + 501.10 - 901.60}{501.10} \times 100 = 10.3\%$$

【例 4-2】　某收到煤样的质量是 1000.00g，经空气干燥后质量为 900.00g，用空气干燥煤样测定内在水分，两次重复测定结果如下：

	煤样Ⅰ	煤样Ⅱ
煤样质量/g	10.0000	10.0000
105℃干燥后煤样质量/g	9.5120	9.4840

求收到煤样的全水分。

解　首先求收到煤样的外在水分 M_f

$$M_f = \frac{1000.00 - 900.00}{1000.00} \times 100 = 10.00\%$$

再求空气干燥煤样的内在水分 M_{inh}

煤样Ⅰ　　　$M_{inh1} = \frac{10.0000 - 9.5120}{10.0000} \times 100 = 4.88\%$

煤样Ⅱ　　　$M_{inh2} = \frac{10.0000 - 9.4840}{10.0000} \times 100 = 5.16\%$

煤的平均结果 $M_{inh} = \frac{M_{inh1} + M_{inh2}}{2} = \frac{4.88 + 5.16}{2} = 5.02\%$

求收到煤样的全水分 M_t

$$M_t = M_f + M_{inh} \times \frac{100 - M_f}{100} = 10.00 + 5.02 \times \frac{100 - 10.00}{100} = 14.52\%$$

4. 空气干燥煤样水分的测定

按国标 GB/T 212—2008 的规定，空气干燥煤样水分的测定有两种方法。

（1）方法 A（通氮干燥法）　称取一定量的空气干燥煤样，置于 105～110℃干燥箱中，在干燥氮气流中干燥到质量恒定。然后根据煤样的质量损失计算出水分的质量分数。此法适用于所有煤种。在仲裁分析中遇到有用空气干燥煤样水分进行校正的以及基的换算时，应采用方法 A 测定空气干燥煤样的水分。

（2）方法 B（空气干燥法）　称取一定量的空气干燥煤样，置于 105～110℃干燥箱内，于空气流中干燥到质量恒定。根据煤样的质量损失计算出水分的质量分数。此法仅适用于烟煤和无烟煤。

（3）结果计算　两种方法的空气干燥煤样水分按式(4-6)计算：

$$M_{ad} = \frac{m_1}{m} \times 100 \tag{4-6}$$

式中　M_{ad}——空气干燥煤样的水分，%；

　　　m——称取的空气干燥煤样的质量，g；

　　　m_1——煤样干燥后失去质量，g。

5. 最高内在水分的测定

煤的最高内在水分测定方法有常压法和减压法两种，我国标准 GB/T 4632—2008 采用充氮常压法测定煤的最高内在水分。

测定原理：将饱浸水分的煤样用恒湿纸除去大部分外在水分并平铺于样皿中，再将其放入温度为 30℃、相对湿度为 96%～97% 的充氮调湿器内，在常压和不断搅动气氛中使其达

到吸湿平衡。再在 105～110℃的通氮干燥箱内干燥，以其质量损失百分数表示煤的最高内在水分。最高内在水分的测定分为煤样的预处理、湿度调节、水分测定几个过程。

所测煤样的最高内在水分为：

$$MHC = \frac{m_2 - m_3}{m_2 - m_1} \times 100 \qquad (4-7)$$

式中　MHC——煤样的最高内在水分，%；

m_1——称量瓶及其盖的质量，g；

m_2——湿度平衡后煤样、称量瓶及其盖的质量，g；

m_3——干燥后煤样、称量瓶及盖的质量，g。

6. 煤中水分对工业加工利用的影响

水分是煤中的不可燃成分，它的存在对煤的加工利用通常是有害无利的，可以表现在以下几个方面。

（1）造成运输浪费　煤是大宗商品，水分含量越大，则运输负荷越大。特别是在寒冷地区，水分容易冻结，造成装卸困难，解冻又需要消耗额外的能耗。例如日燃煤 1 万吨的电厂，煤中水分由 10%减少至 9%，每天可减少 100t 水运进电厂，全年就可节约运力三万余吨，直接经济效益可观。

（2）引起储存负担　煤中水分随空气温度而变化，易氧化变质，煤中水分含量越高，要求相应的煤场、煤仓容积越大，输煤设备的选型也随之增加，势必造成投资和管理的负担。

（3）增加机械加工的困难　煤中水分过多，会引起粉碎、筛分困难，既容易损坏设备，又降低了生产效率。

（4）延长炼焦周期　炼焦时，煤中水分的蒸发需消耗热量，增加焦炉能耗，延长了结焦时间，降低了焦炉生产效率。煤中水分每增加 1%，结焦时间延长 20～30min，水分过大，还会损坏焦炉，缩短焦炉使用年限，此外，炼焦煤中的各种水分（包括热解水）全部转入焦化剩余氨水中，增大了焦化废水处理负荷。一般规定炼焦精煤的全水分应在 12.0%以下。

（5）降低发热量　煤作为燃料，水分在汽化和燃烧时，成为蒸汽，蒸发时需消耗热量，每增加 1%的水分，煤的发热量降低 0.1%，例如粉煤悬浮床气化炉 K-T 炉要求煤粉的全水分在 1%～5%。

（三）煤中的灰分

煤的矿物质是指煤中的无机物质，不包括游离水，但包括化合水，主要包括黏土或页岩、方解石、黄铁矿以及其他微量成分。矿物类型属碳酸盐、硅酸盐、硫酸盐、金属硫化物、氧化物等。

煤的灰分确切地说是指煤的灰分产率。它不是煤中的固有成分，而是煤在规定条件下完全燃烧后的残留物，灰分简记符号为 A。即煤中矿物质在一定温度下经一系列分解、化合等复杂反应后剩下的残渣。灰分全部来自矿物质，但组成和质量又不同于矿物质，煤的灰分与煤中矿物质关系密切，对煤炭利用都有直接影响，工业上常用灰分产率估算煤中矿物质的含量。

1. 矿物质的来源

（1）原生矿物质　指成煤植物中所含的无机元素，主要包括碱金属和碱土金属盐，此外还有铁、硫、磷以及少量的钛、钒、氯等元素。它参与成煤，含量一般为 1%～2%，不能用机械方法选出，对煤的质量影响很大，洗选纯精煤时，总存留有少量灰分，就是原生矿物质造成的。

（2）次生矿物质　它是指煤形成过程中混入或与煤伴生的矿物质。如煤中的高岭土、方解石、黄铁矿、石英、长石、云母、石膏等。

它们以多种形态嵌布于煤中，可形成矿物夹层、包裹体、浸染状、充填矿物等。次生矿物质选除的难易程度与其分布形态有关。如果在煤中颗粒较小且分散均匀，就很难与煤分离；若颗粒较大而又分布集中，可将其破碎后利用密度差分离。原生矿物质和次生矿物质总称为内在矿物质，来自内在矿物质的灰分称为内在灰分。

（3）外来矿物质　它指在煤炭开采和加工处理中混入的矿物质。如煤层的顶板、底板岩石和夹矸层中的矸石。主要成分为 SiO_2、Al_2O_3、$CaCO_3$、$CaSO_4$ 和 FeS_2 等。外来矿物质的块度越大，密度越大，越易用重力选煤的方法除去。来自外在矿物质的灰分称为外在灰分。

2. 矿物质含量的计算与测定

矿物质在煤中含量的变化范围在 $2\%\sim40\%$，其化学组成又极为复杂，煤中单独存在的矿物质元素种类多达 60 余种，常见的元素有硅、铝、铁、镁、钙、钠、钾、硫等，它们常以化合物的形式存在于煤中。研究表明，不同煤田，甚至同一煤田的不同煤层，其矿物质含量和组成均不一样。

煤中矿物质的测定方法可分为直接测定方法和计算方法两种。

（1）直接测定方法　它可分为酸抽取法及低温灰化法。

① 酸抽取法。煤样用盐酸和氢氟酸处理，脱除煤中部分矿物质（在此条件下，煤中有机质不发生变化），然后测定经酸处理后残留物中的矿物质，并将部分脱除矿物质的煤灰化以测定水溶解的那部分矿物质，两者相加即为煤中矿物质的含量。此法仪器简单，试验周期较短，但测定手续较为烦琐，同时要使用有毒的氢氟酸。我国一般采用此法直接测定煤中矿物质含量。

② 低温灰化法（简称 LTA 法）。低温下（150℃），煤中除石膏中的结晶水外，其他矿物质基本上无变化，在此条件下煤样用活化氧灰化，以除去煤中有机物质，残留部分即为煤中矿物质含量。此法比较准确，但试验周期长（100~125h），并且需配备专门的仪器设备，还要测定残留物中的碳、硫含量。

（2）计算方法　它是根据煤的灰分、硫分等来计算煤中矿物质含量的。

煤中矿物质与灰分的含量不同，但两者之间存在一定的关系。计算煤中矿物质含量的经验公式有：

$$MM=1.08A+0.55w(S_t)（派尔公式）\tag{4-8}$$
$$MM=1.13A+0.47w(S_p)+0.5w(Cl)（吉文公式）\tag{4-9}$$
$$MM=1.10A+0.5w(S_p)（克雷姆公式）\tag{4-10}$$
$$MM=1.06A+0.67w(S_t)+0.66w(CO_2)-0.30（费莱台公式）\tag{4-11}$$

式中　MM——煤中矿物质含量，%；

　　　　A——煤的灰分，%；

　$w(S_p)$——煤中硫化铁硫含量，%；

　$w(S_t)$——煤中全硫含量，%；

　$w(Cl)$——煤中氯的含量，%；

$w(CO_2)$——煤中 CO_2 的含量，%；

　0.30——经验常数。

计算方法的优点是方便，不需专门进行试验，能用一些基础分析数据（如灰分、硫分等）直接计算煤中矿物质的含量，但准确度较差，有一定的局限性。

3. 灰分的来源

与煤中的矿物质不同，灰分不是煤中固有的成分，它是在一定加热条件下，大多数矿物质经氧化分解后的残留物,它的产率由加热速度、加热时间、通风条件等因素决定,煤在灰化过程中,矿物质将发生以下变化。

(1) 黏土、页岩和石膏等失去化合水 这类矿物质中最普遍的是高岭土,它们在 500~600℃失去结晶水,石膏在 163℃分解失去结晶水。

$$2SiO_2 \cdot Al_2O_3 \cdot 2H_2O \xrightarrow{\triangle} 2SiO_2 + Al_2O_3 + 2H_2O \uparrow$$

$$CaSO_4 \cdot 2H_2O \xrightarrow{\triangle} CaSO_4 + 2H_2O \uparrow$$

(2) 碳酸盐矿物受热分解 这类矿物质在 500~800℃时分解产生二氧化碳。

$$CaCO_3 \xrightarrow{\triangle} CaO + CO_2 \uparrow$$

$$FeCO_3 \xrightarrow{\triangle} FeO + CO_2 \uparrow$$

(3) 硫化铁矿物及碳酸盐矿物的热分解产物发生氧化反应 温度为 400~600℃时,在空气中氧的作用下进行。

$$4FeS_2 + 11O_2 \xrightarrow{\triangle} 2Fe_2O_3 + 8SO_2 \uparrow$$

$$2CaO + 2SO_2 + O_2 \xrightarrow{\triangle} 2CaSO_4$$

$$4FeO + O_2 \xrightarrow{\triangle} 2Fe_2O_3$$

(4) 碱金属氧化物和氯化物在温度为 700℃以上时部分挥发 故测定灰分的温度不宜太高,规定为 (815±10)℃。

4. 灰分产率的测定

煤的灰分可用来表示煤中矿物质的含量,通过测定煤中灰分产率,可以研究煤的其他性质,如含碳量、发热量、结渣性等,用以确定煤的质量和使用价值。

国标 GB/T 212—2008 规定,灰分测定方法包括缓慢灰化法和快速灰化法两种。

(1) 缓慢灰化法 此法为仲裁法。称取一定量的空气干燥煤样,放入马弗炉中,以一定的速度加热到 (815±10)℃,灰化并灼烧到质量恒定。以残留物的质量占煤样质量的百分数作为灰分产率。

(2) 快速灰化法 包括方法 A 和方法 B 两种方法。此法较适用于例行分析,但在校核实验中仍需采用缓慢灰化法。

① 方法 A。将装有煤样的灰皿放在预先加热至 (815±10)℃的灰分快速测定仪的传送带上,煤样自动送入仪器内完全灰化,然后送出。以残留物的质量占煤样质量的百分数作为煤样灰分。

② 方法 B。将装有煤样的灰皿由炉外逐渐送入预先加热至 (815±10)℃的马弗炉中灰化并灼烧至质量恒定。以残留物的质量占煤样质量的百分数作为煤样的灰分。

(3) 结果计算 空气干燥基灰分按下式计算,报告值修约至小数点后两位。

$$A_{ad} = \frac{m_1}{m} \times 100 \tag{4-12}$$

式中 A_{ad}——空气干燥基煤样灰分,%;

m——称取的空气干燥基煤样的质量,g;

m_1——灼烧后残留物的质量,g。

(4) 煤炭灰分分级 煤炭灰分按表 4-4 进行分级。我国煤以低中灰煤和中灰分煤为主,两者可达 80% 以上,其他灰分级别的煤所占比例很小。

表 4-4　煤炭灰分分级表（GB/T 15224.1）

序号	级别名称	代号	灰分 A_d 范围/%
1	特低灰煤	SLA	≤5.00
2	低灰分煤	LA	5.01~10.00
3	低中灰煤	LMA	10.01~20.00
4	中灰分煤	MA	20.01~30.00

5. 煤灰组分及熔融性

（1）煤灰组分及测定方法　根据煤中矿物质在高温燃烧时发生的化学变化，煤灰分主要是金属和非金属的氧化物及盐类。工业生产的煤灰是指煤作为锅炉燃料和气化原料时得到的大量灰渣，它可分为粉煤灰和灰渣两种。粉煤灰又称飞灰，是指同烟道气和煤气一起带出的粒径小于 $90\mu m$ 的灰尘。灰渣是指呈熔融状态或以较大颗粒的不熔状态从炉底排出的底灰。

无论是工业煤灰还是实验室的煤灰分，其化学组成是一致的，主要成分为 SiO_2、Al_2O_3、Fe_2O_3、CaO、MgO，此外还有少量的 K_2O、Na_2O、SO_3、P_2O_5 及微量的 Ge、Ga、U、V 等元素的化合物，表 4-5 是我国煤灰主要成分的一般范围。

表 4-5　我国煤灰主要成分的一般范围

煤灰成分	褐煤/%		硬煤/%	
	最低	最高	最低	最高
SiO_2	10	60	15	>80
Al_2O_3	5	35	8	50
Fe_2O_3	4	25	1	65
CaO	5	40	0.5	35
MgO	0.1	3	<0.1	5
TiO_2	0.2	4	0.1	6
SO_3	0.6	35	<0.1	15

煤灰的化学组成分析法有经典的化学分析法（如常量分析法、半微量分析法）和各种仪器分析法（如原子吸收光谱法、X 射线荧光测定法和中子活化分析法等），煤灰中主要的单个常量元素和少量元素的测定方法见表 4-6。

表 4-6　煤灰中主要单个元素的测定方法

测定方法	元　素	测定方法	元　素
光发射法	K、Na、Ti	中子活化分析法	Fe、Na、Si、Al
原子吸收法	Ca、K、Na、Mg	化学法	Fe、Ca、Mg、K、Na
比色法	Al、Ca、Mg、P、Ti	电化学法	P、Si

（2）煤灰的熔融性　煤灰是许多化合物组成的混合物，煤灰熔融性习惯称为煤灰熔点。煤灰没有固定的熔点，仅有一个相当宽的熔化温度。煤灰熔融性是动力用煤和气化用煤的一个重要的质量指标，可根据燃烧或气化设备类型选择具有合适熔融性的原料煤。

按照国家标准 GB/T 219—2008 的规定，煤灰熔融性的测定一般采用角锥法，此法设备简单，操作方便，准确性较高。

将煤灰和糊精混合，制成一定规格的角锥体，放入特制的灰熔点测定炉内以一定的升温速度加热，观察和记录灰锥变化情况，见图 4-2。

最初灰锥尖端受热开始弯曲或变圆时的温度，称为变形温度 DT（T_1）；继续加热，锥尖弯曲至触及托板，或变成球形的温度或高度小于（或高于）底长的半球形时的温度，称为

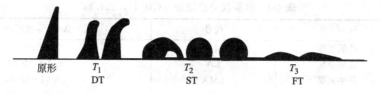

| 原形 | T_1 | | T_2 | | T_3 |
| | DT | | ST | | FT |

图 4-2　灰锥熔融特征示意图

软化温度 ST（T_2）；灰锥完全熔化或展开为高度小于（或等于）1.5mm 薄层时的温度，称为流动温度 FT（T_3）。

通常将 DT～ST 称为煤灰的软化范围，ST～FT 称为煤灰的熔化范围。工业上通常以 ST 作为衡量煤灰熔融性的主要指标。煤灰熔融性测定的精密度要求见表 4-7。

表 4-7　煤灰熔融性测定的精密度要求

熔融特征温度	重复性限/℃	再现性临界差/℃	熔融特征温度	重复性限/℃	再现性临界差/℃
DT	60	—	HT	40	80
ST	40	80	FT	40	80

我国煤灰熔融性软化温度相对较高，ST 大于 1500℃ 的高软化温度灰约占 44%，ST 等于 1100℃ 的低软化温度灰约占 2%，其他温度级别的灰一般占 15%～20%，煤灰熔融性软化温度分级见表 4-8。

表 4-8　煤灰熔融性软化温度分级表（MT/T 853.1）

序号	级别名称	代号	软化温度 ST/℃
1	低软化温度灰	LST	≤1100
2	较低软化温度灰	RLST	1100～1250
3	中等软化温度灰	MST	1250～1350
4	较高软化温度灰	RHST	1350～1500
5	高软化温度灰	HST	＞1500

6. 煤中矿物质和灰分对工业利用的影响

煤无论是用来炼焦、气化或燃烧，用途虽然不同，但都是利用煤中的有机质。因而煤中的矿物质或灰分被认为是有害物质，一直被人们想方设法降低或脱除，但后来人们认识到煤中矿物质对煤的某些利用也有有益作用，包括煤灰渣的利用已日益受到重视。随着科学技术的日益发展，煤灰渣的综合利用前景广阔。

（1）煤中矿物质和灰分的不利影响

① 对煤炭储存和运输的影响。煤中矿物质含量越高，在煤炭运输和储存中造成的浪费就越大。如煤中矿物质含量为 30%，运输 1 亿吨煤，其中的 3000 万吨矿物质，约需近百万节车皮运输。

② 对炼焦和炼铁的影响。在炼焦过程中，煤中的灰分几乎全部进入焦炭中，煤的灰分增加，焦炭的灰分也必然高，这样就降低了焦炭质量。由于灰分的主要成分是 SiO_2、Al_2O_3 等熔点较高的氧化物，在炼铁时，只能靠加入石灰石等熔剂与它们生成低熔点化合物才能以熔渣形式由高炉排出，这就使高炉生产能力降低，影响生铁质量，同时也使炉渣量增加。一般认为，焦炭灰分增加 1%，焦比增加 2%～2.5%，石灰石增加 4%，高炉产量降低 3%，所以炼焦用煤的灰分含量一般不应 ＞10%。若能将焦炭灰分从 14.50% 降至 10.50%，以年产生铁 4000 万吨的高炉计，可节约熔剂 130 万吨，焦炭 220 万吨，增产生铁 580 万吨，还可大大减少铁路运输量。

③ 对气化和燃烧的影响。煤作为气化原料和动力燃料，矿物质含量增加，降低了热效率，增加了原料消耗。如动力用煤，灰分增加 1%，煤耗增加 2.0%～2.5%。同时，煤灰的熔融温度低，易引起锅炉和干法排灰的移动床气化炉结渣和堵塞。但煤灰熔融温度低，流动性好，对液体排渣的气化炉有利。结渣阻碍了燃烧和气化过程中气流的流通，使反应过程无法进行，同时浸蚀炉内的耐火材料及金属设备，因此气化和燃烧对灰的熔融性都有一定的要求。

④ 对液化的影响。煤中碱金属和碱土金属的化合物会使对加氢液化过程中使用的钴钼催化剂的活性降低，但黄铁矿对加氢液化有正催化作用。直接液化时一般原料煤的灰分要求<25%。

⑤ 造成环境污染。锅炉和气化炉产生的灰渣和粉煤灰需占用大量的荒地甚至良田，如不能及时利用，会造成大气和水体污染；煤中含硫化合物在燃烧时生成 SO_x、COS、H_2S 等有毒气体，严重时会形成酸雨，也造成了对环境的污染。

（2）煤中矿物质及煤灰的利用

① 作为煤转化过程中的催化剂。煤中的某些矿物质，如碱金属和碱土金属的化合物（$NaCl$、KCl、Na_2CO_3、K_2CO_3、CaO 等）是煤气化反应的催化剂；Mo、FeS_2、TiO_2、Al_2O_3 等也具有加氢活性，也可作为加氢液化的催化剂。

② 生产建筑材料和环保制剂。目前，国内煤灰渣已广泛用作建筑材料的原料。如砖、瓦、沥青、PVC板材等；灰渣还可制成不同标号的水泥，生产铸石和耐火材料等；气化煤灰可用作煤气脱硫剂；粉煤灰还可制成废水处理剂、除草醚载体等。

③ 生产化肥和土壤改良剂。在煤的液态渣中喷入磷矿石，可制成复合磷肥。

④ 提取有用成分。煤中常见的伴生元素主要有铀、锗、镓、钒、钍、钛等元素。它们赋存于不同的煤种中，通过科学的方法，可对这些伴生元素进行富集，用来制造半导体、超导体、催化剂、优质合金钢等材料；回收煤灰中的 SiO_2 制成白炭黑和水玻璃；提取煤灰中的 Al_2O_3 可生产聚合氯化铝。

（3）煤中矿物质的脱除途径　脱除煤中矿物质的途径主要包括物理洗选和化学净化两种方法。物理洗选是降低煤中灰分的有效方法，工业上主要利用煤与矸石的密度不同或表面性质不同进行分离。它包括水力淘汰法（适用块煤）、泡沫浮选法（适用粉煤）、磁力分离法、重介质分选法、平面摇床法和油团聚法等。化学净化法主要利用煤的有机质与矿物质化学性质不同而进行脱除，如氢氟酸和盐酸处理法、溶剂抽提法、碱性溶剂处理法等。

（四）煤的挥发分和固定碳

煤中有机质是煤的主体，它的性质决定了煤炭加工利用的方向。通过测定煤的挥发分和固定碳并结合煤的元素分析数据及其工艺性质试验可以判断煤的有机组成及煤的加工利用性质。因煤的挥发分与煤变质程度关系密切，随煤化程度加深，挥发分逐渐降低，因此挥发分是煤炭分类的主要依据，根据挥发分可以估计煤的种类。

1. 煤的挥发分

（1）挥发分的概念　煤样在规定的条件下，隔绝空气加热，并进行水分校正后的挥发物质产率称为挥发分，简记符号为 V。煤的挥发分主要是由水分、碳、氢的氧化物和碳氢化合物（以 CH_4 为主）组成，但不包括物理吸附水和矿物质中的二氧化碳。挥发分不是煤中固有的挥发性物质，而是煤在特定条件下的热分解产物，所以煤的挥发分称为挥发分产率更确切。

（2）挥发分的测定　按国家标准 GB/T 212—2008 的规定，挥发分的测定方法要点为：称取一定量的空气干燥煤样，放在带盖的瓷坩埚中，在 $(900\pm10)℃$ 下，隔绝空气加热

7min，以减少的质量占煤样质量的百分数减去该煤样的水分含量（M_{ad}）作为煤样的挥发分。

测定结果按下式计算，报告值修约至小数点后两位。

$$V_{ad} = \frac{m_1}{m} \times 100 - M_{ad} \qquad (4\text{-}13)$$

式中　V_{ad}——空气干燥煤样的挥发分，%；

　　　m——空气干燥煤样的质量，g；

　　　m_1——煤样加热后减少的质量，g；

　　　M_{ad}——空气干燥煤样的水分，%。

当空气干燥煤样中碳酸盐的二氧化碳含量 $w(CO_2)_{ad}$ 为 2%～12% 时，挥发分产率按式 (4-14) 计算：

$$V_{ad} = \frac{m_1}{m} \times 100 - M_{ad} - w(CO_2)_{ad} \qquad (4\text{-}14)$$

式中　$w(CO_2)_{ad}$——空气干燥煤样中碳酸盐的二氧化碳含量（按 GB/T 218 测定），%。

煤的干燥无灰基挥发分分级见表 4-9。我国煤以中高挥发分煤居多，约占 30%；其次为高挥发分煤，约占 24%；其他挥发分级别的煤所占比例不大。

表 4-9　煤的干燥无灰基挥发分分级表（MT/T 849）

序号	级别名称	代号	挥发分产率/%
1	特低挥发分煤	SLV	≤10.00
2	低挥发分煤	LV	10.01～20.00
3	中等挥发分煤	MV	20.01～28.00
4	中高挥发分煤	MHV	28.01～37.00
5	高挥发分煤	HV	37.01～50.00
6	特高挥发分煤	SHV	＞50.00

【例 4-3】 设某煤样质量为 1.0004g，称得坩埚质量为 17.9366g，煤在 900℃ 受热后称得坩埚连同煤样的质量为 18.7415g，已知 $M_{ad}=1.43$%，求 V_{ad} 是多少？

解　煤样受热后减少的质量 $m_1 = (1.0004 + 17.9366) - 18.7415 = 0.1955$g

则　　　$$V_{ad} = \frac{m_1}{m} \times 100 - M_{ad} = \frac{0.1955}{1.0004} \times 100 - 1.43 = 18.11\%$$

2. 焦渣特征分类（CRC）

测定挥发分后，坩埚中残留下来的不挥发物质称为焦渣。焦渣随煤种的不同，具有不同的形状、强度和光泽等物理特征。从这些特征可初步判断煤的黏结性、熔融性和膨胀性，按照国标 GB/T 212—2008 的规定，挥发分所得焦渣特征可分为以下八类。

不黏结煤

① 粉状（1 型）——全部是粉末，没有相互黏着的颗粒。

② 黏着（2 型）——用手指轻碰即有粉末或基本上是粉末，其中较大的团块轻轻一碰即成粉末。

弱黏结煤

③ 弱黏结（3 型）——用手指轻压即成小块。

④ 不熔融黏结（4 型）——以手指用力压才裂成小块，焦渣上表面无光泽，下表面稍有银白色光泽。

较好黏结煤

⑤ 不膨胀熔融黏结（5 型）——焦渣形成扁平的块，煤粒的界线不易分清，焦渣表面上有明显银白色金属光泽，下表面银白色光泽更明显。

⑥ 微膨胀熔融黏结（6 型）——用手指压不碎，焦渣的上、下表面均有银白色金属光泽，但焦渣表面具有较小的膨胀泡（或小气泡）。

⑦ 膨胀熔融黏结（7 型）——焦渣上、下表面有银白色金属光泽，明显膨胀，但高度不超过 15mm。

⑧ 强膨胀熔融黏结（8 型）——焦渣上、下表面有银白色金属光泽，焦渣高度大于 15mm。

为简便起见，通常用上列序号作为各种焦渣特征的代号。

实验测得：褐煤、长焰煤、贫煤和无烟煤没有黏结性，焦渣特征为粉状；肥煤、焦煤黏结性最好，形成的焦渣熔融黏结而膨胀；气煤和瘦煤的焦渣特征为弱黏结或不熔融黏结。

3. 挥发分指标的应用

（1）表征煤的煤化程度作为煤的分类指标　煤的挥发分随煤变质程度的加深而逐渐降低。腐泥煤的挥发分产率要比腐殖煤高。煤化程度低的泥炭的挥发分可高达 70％；褐煤一般为 40％～60％；变质程度稍高的烟煤一般为 10％～50％；变质程度高的无烟煤则小于10％。因此根据煤的挥发分产率可初步判断煤的煤化程度，估计煤的种类。我国和国际煤炭分类方案中都以挥发分作为第一分类指标。

（2）确定煤的加工利用途径　根据煤的挥发分产率和焦渣特征，可初步评价煤的加工利用途径，如煤化程度低、高挥发分的煤，干馏时化学副产品产率高，适于作低温干馏原料，也可作为气化原料；挥发分适中、固定碳含量高的煤，黏结性较好，适于炼焦和做燃料。在配煤炼焦中，要用挥发分来确定配煤比，以将混煤的挥发分控制在 25％～31％的适宜范围；而合成氨工业中，宜选用煤化程度高、挥发分低、含硫量低的无烟煤。

（3）估算煤的发热量和干馏时各主要产物的产率　因挥发分和固定碳是煤中的可燃成分，煤的发热量就是靠这两者充分燃烧得到的，因而可根据挥发分利用经验公式来计算各种煤的发热量。一般而言，在水分和灰分都相同的情况下，以中等煤化程度的焦煤和肥煤的发热量最高；长焰煤、不黏煤和气煤的发热量最低；瘦煤、贫瘦煤和贫煤的发热量居中。年老的无烟煤，挥发分越高，发热量也越高。褐煤则相反。此外，可根据挥发分估算炼焦时焦炭、煤气、焦油和粗苯的产率。

（4）作为制定环境保护法的依据　在环境保护中，挥发分还作为制定烟雾法令的一个依据。

4. 煤的固定碳

（1）固定碳（fixed carbon）的概念　从测定煤样挥发分后的焦渣中减去灰分后的残留物称为固定碳，简记符号为 FC。固定碳和挥发分一样不是煤中固有的成分，而是热分解产物。在组成上，固定碳除含有碳元素外，还包含氢、氧、氮和硫等元素。因此，固定碳与煤中有机质的碳元素含量是两个不同的概念，决不可混淆。一般而言，煤中固定碳含量小于碳元素含量，只有在高煤化程度的煤中两者才比较接近。

（2）固定碳的计算　煤的工业分析中，固定碳一般不直接测定，而是通过计算获得。在空气干燥煤样测定水分、灰分和挥发分后，由式(4-15) 计算煤的固定碳含量：

$$FC_{ad} = 100 - (M_{ad} + A_{ad} + V_{ad}) \tag{4-15}$$

式中　FC_{ad}——空气干燥煤样的固定碳含量，％；

　　　M_{ad}——空气干燥煤样的水分含量，％；

　　　A_{ad}——空气干燥煤样的灰分产率，％

V_{ad}——空气干燥煤样的挥发分产率,%。

（3）固定碳分级 煤的固定碳分级见表4-10。我国煤以中高固定碳煤和高固定碳煤为主,两者共占60.64%;中等固定碳煤次之,约占24%;其他固定碳级别的煤所占比例很小。

表4-10 煤的固定碳分级表 （MT/T 561）

序号	级别名称	代号	固定碳/%
1	特低固定碳煤	SLFC	≤45.00
2	低固定碳煤	LFC	45.00~55.00
3	中等固定碳煤	MFC	55.00~65.00
4	中高固定碳煤	MHFC	65.00~75.00

（4）固定碳与煤质的关系 固定碳含量与煤变质程度有一定关系。煤中干燥无灰基固定碳含量（FC_{daf}）随煤化程度增高而逐渐增加。褐煤≤60%,烟煤50%～90%,无烟煤>90%。世界上有些国家以FC_{daf}作为煤的分类依据,实际上FC_{daf}与V_{daf}是一件事情的两个方面,因为$V_{daf}+FC_{daf}=100\%$。

（5）燃料比（fuel ratio） 燃料比是指煤的固定碳含量与挥发分之比,简记符号为FC_{daf}/V_{daf}。它也是表征煤化程度的一个指标,燃料比随煤化程度增高而增高。各种煤的燃料比分别为:褐煤0.6～1.5;长焰煤1.0～1.7;气煤1.0～2.3;焦煤2.0～4.6;瘦煤4.0～6.2;无烟煤9～29。无烟煤燃料比变化很大,可作为划分无烟煤小类的指标。还可以用燃料比来评价煤的燃烧特性。

5. 各种煤的工业分析结果比较

图4-3表示的是煤化程度由低到高的12种煤的工业分析结果。

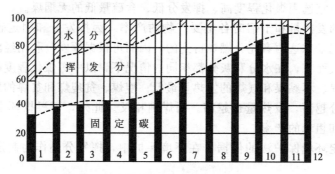

图4-3 各种煤的工业分析结果 （收到基）

1—褐煤；2—次烟煤C；3—次烟煤B；4—次烟煤A；5—高挥发分烟煤C；6—高挥发分烟煤B；

7—高挥发分烟煤A；8—中挥发分烟煤；9—低挥发分烟煤；10—半无烟煤；

11—无烟煤；12—超无烟煤

随着煤化程度的增加,煤中水分开始下降很快,以后变化则不大;固定碳含量逐渐增加;挥发分产率则先增加后降低。若以干燥无灰基计算,挥发分产率随煤化程度增加呈线性关系下降。

二、煤的元素分析

不同煤种由于成煤的原始植物和成煤的地质地理条件及其变质程度的不同,其元素组成与特性也就有所差异。煤是不均匀的混合物,由有机物质和无机物质两部分组成,主要是有机物质。煤中的有机质主要由碳、氢、氧及少量的氮、硫组成,其中碳、氢、氧三种元素之和可达煤中有机质含量的95%以上,煤的元素分析是指碳、氢、氧、氮、硫、磷六个项目煤质分析的总称。利用元素分析数据并配合其他工艺性质试验，可以了解煤的成因、类型、结构、性质及其利用。所以元素分析是煤质研究的主要内容。

（一）煤的元素组成

煤的元素组成，通常指组成煤中有机质的碳、氢、氧、氮、硫、磷六种元素。除此以外，煤中还含有极少量的氟、氯、砷、硼、铅、汞等元素及微量的锗、镓、钒、铀等稀有元素，这些含量极微的元素一般不作为煤的元素组成。

1. 碳

碳是煤中有机质的主要组成元素，是组成煤的结构单元的骨架，是炼焦时形成焦炭的主要物质基础，是燃烧时产生发热量的主要来源。

碳是煤中有机质组成中含量最高的元素，并随着煤化程度升高而增加，因此，碳含量可作为表征煤化度的分类指标。我国各种煤的干燥无灰基含量 $w(C)_{daf}$ 为：泥炭 $55\%\sim62\%$，褐煤 $60\%\sim77\%$，烟煤 $77\%\sim93\%$，无烟煤 $88\%\sim98\%$。在同一种煤中，各种显微组分的碳含量也不一样，一般丝质组 $w(C)_{daf}$ 最高，稳定组最低，镜质组居中。

2. 氢

氢是煤中有机质的第二个主要组成元素，也是组成煤大分子骨架和侧链不可缺少的元素，与碳相比，氢元素具有较大的反应能力，单位质量的燃烧热也更大。

不同成因类型的煤，氢含量不同。腐泥煤的氢含量 $w(H)_{daf}$ 比腐殖煤高，一般在 6% 以上，有时高达 11%，这是由于形成腐泥煤的低等生物富含氢所致。在腐殖煤中氢元素占有机质的质量分数一般小于 7%，但因其相对原子质量最小，仅为碳元素的 $1/12$，故原子分数与碳在同一数量级，对某些泥炭和年轻褐煤而言，甚至可能比碳还多。

氢含量与煤的煤化程度密切相关，随着煤化程度的增高，氢含量逐渐下降。如气煤、肥煤阶段，氢含量可达 $4.8\%\sim6.8\%$，到高变质无烟煤时下降到 $0.8\%\sim2.0\%$。各种显微组分的氢含量也有明显差别，在腐殖煤中，稳定组 $w(H)_{daf}$ 最大，镜质组次之，丝质组最低。

从中变质烟煤到无烟煤，氢含量与碳含量的相关关系可用回归方程表示。

$$\text{炼焦煤：} w(H)_{daf} = 26.10 - 0.241 w(C)_{daf} \text{（相关系数 } \gamma = -0.72） \tag{4-16}$$

$$\text{无烟煤：} w(H)_{daf} = 44.73 - 0.448 w(C)_{daf} \text{（相关系数 } \gamma = -0.83） \tag{4-17}$$

3. 氧

氧也是组成煤有机质的一个十分重要的元素，氧在煤中存在的总量和形态直接影响着煤的性质。煤中有机氧含量随着煤化程度增高而明显减少。泥炭中干燥无灰基氧含量 $w(O)_{daf}$ 高达 $27\%\sim34\%$，褐煤中 $w(O)_{daf}$ 为 $15\%\sim30\%$，烟煤为 $2\%\sim15\%$，无烟煤为 $1\%\sim3\%$。各种显微组分的氧含量也不相同，对于中等变质程度的烟煤，镜质组 $w(O)_{daf}$ 最高，丝质组次之，稳定组最低；对于高变质程度的烟煤和无烟煤，镜质组 $w(O)_{daf}$ 仍然最高，但稳定组的 $w(O)_{daf}$ 略高于丝质组。在研究煤的煤化程度演变过程时，经常用 O/C 和 H/C 原子比来描述煤元素组成的变化及煤的脱羧、脱水和脱甲基反应。

氧是煤中反应能力最强的元素，对煤的加工利用影响较大。氧元素在煤的燃烧过程中不产生热量，但能与产生热量的氢生成无用的水，使燃烧热量降低，在炼焦过程中，氧化使煤中氧含量增加，导致煤的黏结性降低，甚至消失；但制取芳香羧酸和腐殖酸类物质时，氧含量高的煤是较好的原料。

褐煤、烟煤中氧含量与碳含量的相关关系明显，可用回归方程表示。

$$\text{烟煤：} w(O)_{daf} = 85.0 - 0.9 w(C)_{daf} \text{（相关系数 } \gamma = -0.98） \tag{4-18}$$

$$\text{褐煤、长焰煤：} w(O)_{daf} = 80.38 - 0.84 w(C)_{daf} \text{（相关系数 } \gamma = -0.95） \tag{4-19}$$

4. 氮

氮是煤中唯一完全以有机状态存在的元素。煤中氮元素含量较少，一般为 0.5%～3%。煤中氮含量随煤化程度的增高而趋向减少，但规律性到高变质烟煤阶段以后才较为明显，在各种显微组分中，氮含量的相对关系也没有规律性。

煤在燃烧和气化时，氮转化为污染环境的 NO_x，在煤的炼焦过程中部分氮可生成 N_2、NH_3、HCN 及其他有机含氮化合物逸出，由此可回收制成硫酸铵、硝酸等化学产品；其余的氮则进入煤焦油或残留在焦炭中，以某些结构复杂的氮化合物形式出现。

我国的大多数煤，煤中的氮含量与氢含量存在如下关系：

$$w(N)_{daf} = 0.3w(H)_{daf} \tag{4-20}$$

按此式得到的氮含量的计算值与实测值的误差，一般在 ±0.3% 以内。

5. 硫

硫是煤中元素组成之一，在各种类型的煤中都或多或少含有硫。我国东北、华北地区煤田的含硫量较低，而中南、西南地区较高。

煤中硫根据其存在状态可分为有机硫和无机硫两大类。与煤的有机质相结合的硫称为有机硫，简记符号为 S_o。有机硫存于煤的有机质中，其组成结构非常复杂，主要来自于成煤植物和微生物的蛋白质。硫分在 0.5% 以下的大多数煤，所含的硫主要是有机硫。有机硫均匀分布在有机质中，形成共生体，不易清除。

无机硫以黄铁矿、白铁矿（它们的分子式均为 FeS_2，但结晶形态不同，黄铁矿呈正方晶体，白铁矿呈斜方晶体）、硫化物和硫酸盐的形式存在于煤的矿物质内，偶尔也有元素硫存在。把煤的矿物质中以硫酸盐形式存在的硫称为硫酸盐硫，简记符号为 S_s；以黄铁矿、白铁矿和硫化物形式存在的硫，称为硫化铁硫，简记符号为 S_p。高硫煤的硫含量中硫化铁硫所占比例较大，其清除的难易程度与硫化物的颗粒大小及分布状态有关，粒度大时可用洗选方法除去，粒度极小且均匀分布在煤中时就十分难选。

硫酸盐硫在煤中含量一般不超过 0.1%～0.3%，主要以石膏（$CaSO_4 \cdot 2H_2O$）为主，也有少量的硫酸亚铁（$FeSO_4$，俗称绿矾）等。通常以硫酸盐含量的增高，作为判断煤层受氧化的标志。煤中石膏矿物用洗选法可以除去；硫酸亚铁水溶性好，也易于水洗除去。

硫化铁硫和有机硫因其可燃称为可燃硫；硫酸盐硫因其不可燃称为不可燃硫或固定硫。煤中各种形态硫的总和，称为全硫，以符号 S_t 表示。即：

$$\text{全硫}\begin{cases}\text{无机硫}\begin{cases}\text{硫酸盐硫：不可燃硫}\\\text{元素硫}\\\text{硫化铁硫}\end{cases}\\\text{有机硫}\end{cases}\Bigg\}\text{可燃硫}$$

由于煤中硫的来源是多方面的，因此煤的全硫含量（$S_{t,d}$）与煤化程度之间没有一定的关系。但是，在同一种煤中，各种显微组分的硫含量存在一定规律性，一般丝质组硫含量最大，稳定组次之，镜质组最小。

硫是一种有害元素。含硫量高的煤，在燃烧、储运、气化和炼焦时都会带来很大的危害。因此，硫含量是评价煤质的重要指标之一。高硫煤用作燃料时，燃烧后产生的二氧化硫气体，不仅严重腐蚀金属设备和设施，而且还严重污染环境，造成公害；硫化铁硫含量高的煤，在堆放时易于氧化和自燃，同时使煤碎裂、灰分增加、热值降低；煤气化中，用高硫煤制半水煤气时，由于煤气中硫化氢等气体较多且不易脱净，会使合成氨催化剂毒化而失效，影响操作和产品质量；在炼焦工业中，硫分的影响更大，煤在炼焦时，约 60% 的硫进入焦炭，煤中硫分高，焦炭中的硫分势必增高，从而直接影响钢铁质量，钢铁中含硫量大于

0.07%，会使钢铁产生热脆性而无法轧制成材，为了除去硫，必须在高炉中加入较多的石灰石和焦炭，这样又会减小高炉的有效容量，增加出渣量，从而导致高炉生产能力降低，焦比升高。经验表明，焦炭中硫含量每增加 0.1%，炼铁时焦炭和石灰石将分别增加 2%，高炉生产能力下降 2%～2.5%，因此炼焦配合煤要求硫分小于 1%。

硫对煤的工业利用有各种不利影响，但硫又是一种重要的化工原料。可用来生产硫酸、杀虫剂及硫化橡胶等，工业生产中，硫大多数变成二氧化硫进入大气，严重污染环境，为了减少污染，寻求高效经济的脱硫方法和硫的回收利用途径，具有重大意义。目前，正在研究中的一些脱硫方法有物理方法、化学方法、物理与化学相结合的方法及微生物方法等。回收硫的方法，可在洗选煤时，回收煤中黄铁矿；在燃烧和气化的烟道气和煤气中，回收含硫的各种化合物；也可在燃烧时向炉内加入固硫剂；还可从焦炉煤气中回收硫以制取硫酸和化肥硫酸铵。

6. 磷

煤中磷是有害元素之一，在炼焦时煤中磷进入焦炭，炼铁时磷又从焦炭进入生铁，当其含量超过 0.05% 时就会使钢铁产生冷脆性，在零下十几度的低温下会使钢铁制品脆裂，因此，磷含量是煤质的重要指标之一。

（二）煤中碳和氢的测定

煤在氧气中燃烧时，生成二氧化碳、水和其他产物，只要能够排除其他元素的干扰，测定出反应生成的二氧化碳和水，就可以间接求得煤中碳和氢的含量。

测定二氧化碳和水的方法很多，如气相色谱法、红外吸收法、库仑法及酸碱滴定法等。我国国标 GB/T 476—2008 规定采用吸收法测定煤中碳和氢的含量（即用碱石棉或碱石灰吸收二氧化碳，用无水氯化钙或无水高氯酸镁来吸收水分）。

1. 测定要点

一定量的煤样在氧气流中燃烧，生成的水和二氧化碳分别用吸水剂和二氧化碳吸收剂吸收，由吸收剂的增量来计算煤中碳和氢的含量。煤样中硫和氯对碳测定的干扰在三节炉中用铬酸铅和银丝卷消除，在二节炉中用高锰酸银热解产物消除。氮对碳测定的干扰用粒状二氧化锰消除。各步化学反应如下。

（1）煤的燃烧反应

$$煤 + O_2 \xrightarrow[催化剂]{800℃} CO_2\uparrow + H_2O\uparrow + SO_3\uparrow + SO_2\uparrow + Cl_2\uparrow + NO_2\uparrow + N_2\uparrow + \cdots$$

（2）二氧化碳和水的吸收反应　二氧化碳用碱石棉或碱石灰吸收；水用无水氯化钙或无水高氯酸镁吸收：

$$2NaOH + CO_2 \rule[0.5ex]{2em}{0.4pt} Na_2CO_3 + H_2O$$
$$CaCl_2 + 2H_2O \rule[0.5ex]{2em}{0.4pt} CaCl_2 \cdot 2H_2O$$
$$CaCl_2 \cdot 2H_2O + 4H_2O \rule[0.5ex]{2em}{0.4pt} CaCl_2 \cdot 6H_2O$$

或　　　　　$$Mg(ClO_4)_2 + 6H_2O \rule[0.5ex]{2em}{0.4pt} Mg(ClO_4)_2 \cdot 6H_2O$$

（3）硫氧化物和氯的脱除反应　三节炉和二节炉所用试剂不同。

三节炉法中，用铬酸铅脱除硫氧化物，氯用银丝卷脱除：

$$4PbCrO_4 + 4SO_2 \xrightarrow{600℃} 4PbSO_4 + 2Cr_2O_3 + O_2\uparrow$$

$$4PbCrO_4 + 4SO_3 \xrightarrow{600℃} 4PbSO_4 + 2Cr_2O_3 + 3O_2\uparrow$$

$$2Ag + Cl_2 \xrightarrow{180℃} 2AgCl$$

二节炉法中，用高锰酸银热分解产物脱除硫氧化物和氯：

$$AgMnO_4 \xrightarrow{\triangle} Ag \cdot MnO_2 + O_2 \uparrow$$

$$2Ag \cdot MnO_2 + 2SO_2 + O_2 \xrightarrow{500℃} Ag_2SO_4 \cdot MnO_2 + MnSO_4$$

$$2Ag \cdot MnO_2 + 2SO_3 \xrightarrow{500℃} Ag_2SO_4 \cdot MnO_2 + MnSO_4$$

$$2Ag \cdot MnO_2 + Cl_2 \xrightarrow{500℃} 2AgCl \cdot MnO_2$$

（4）氮氧化物的脱除反应　　用粒状二氧化锰脱除氮氧化物：

$$MnO_2 + H_2O \longrightarrow MnO(OH)_2$$

$$MnO(OH)_2 + 2NO_2 \longrightarrow Mn(NO_3)_2 + H_2O$$

2. 分析结果计算

空气干燥煤样的碳、氢的质量分数按式（4-21）、式（4-22）计算：

$$w(C)_{ad} = \frac{0.2729m_1}{m} \times 100 \tag{4-21}$$

$$w(H)_{ad} = \frac{0.1119(m_2 - m_3)}{m} \times 100 - 0.1119M_{ad} \tag{4-22}$$

式中　　$w(C)_{ad}$——空气干燥基碳含量，%；

　　　　$w(H)_{ad}$——空气干燥基氢含量，%；

　　　　　　m——分析煤样质量，g；

　　　　　　m_1——吸收二氧化碳 U 形管的增量，g；

　　　　　　m_2——吸水 U 形管的增量，g；

　　　　　　m_3——水分空白值，g；

　　　　　　M_{ad}——空气干燥煤样的水分（按 GB/T 212 测定），%；

　　　　0.2729——将二氧化碳折算成碳的因数；

　　　　0.1119——将水折算成氢的因数。

当煤中碳酸盐二氧化碳的含量大于 2% 时，则：

$$w(C)_{ad} = \frac{0.2729m_1}{m} \times 100 - 0.2729w(CO_2)_{ad} \tag{4-23}$$

式中　　$w(CO_2)_{ad}$——空气干燥基煤样中硫酸盐二氧化碳的含量，%。

　　其余符号同式（4-21）。

（三）煤中氮的测定

　　测定煤中氮的方法有开氏法、杜马法和蒸气燃烧法，其中以开氏定氮法应用最为广泛。开氏法分为常量法（试样量 1g，用硫酸铜作催化剂）和半微量法（试样量 0.2g，用硒-汞作催化剂）。我国标准 GB/T 476—2008 中采用开氏法中的半微量法测定煤中的氮。此法具有快速和适合成批分析等优点，但煤样用硫酸煮沸消化时，一小部分以吡啶、吡咯等形态存在的有机杂环氮化物可部分以氮气形式逸出，致使测值偏低。此外，年老无烟煤的消化时间偏长，结果偏低。

1. 测定原理

　　称取一定量的空气干燥煤样，加入混合催化剂（由无水硫酸钠、硫酸汞和硒粉混合而成）和硫酸，加热分解，氮转化为硫酸氢铵。加入过量的氢氧化钠溶液，把氨蒸出并吸收在硼酸溶液中，用硫酸标准溶液滴定。根据硫酸的用量，计算煤中氮的含量。

　　测定时各主要反应如下。

（1）消化反应

$$煤 \xrightarrow[\triangle]{浓\ H_2SO_4、催化剂} CO_2\uparrow + H_2O\uparrow + CO\uparrow + SO_2\uparrow + SO_3\uparrow + Cl_2\uparrow + N_2\uparrow（极少量）$$
$$+ NH_4HSO_4 + H_3PO_4$$

（2）蒸馏反应

$$NH_4HSO_4 + 4NaOH（过量） + H_2SO_4 \xrightarrow{\triangle} NH_3\uparrow + 2Na_2SO_4 + 4H_2O$$

（3）吸收反应

$$NH_3 + H_3BO_3 =\!=\!= NH_4H_2BO_3$$

（4）滴定反应

$$2NH_4H_2BO_3 + H_2SO_4 =\!=\!= (NH_4)_2SO_4 + 2H_3BO_3$$

测定方法参见实验相关内容。

2. 分析结果计算

空气干燥煤样中氮的质量分数按下式计算：

$$w(N)_{ad} = \frac{c(V_1 - V_2) \times 0.014}{m} \times 100 \tag{4-24}$$

式中　$w(N)_{ad}$——空气干燥煤样中氮的质量分数，%；

$\quad\quad c$——硫酸$\left(\dfrac{1}{2}H_2SO_4\right)$标准溶液的浓度，mol/L；

$\quad\quad V_1$——硫酸标准溶液的用量，mL；

$\quad\quad V_2$——空白试验时硫酸标准溶液的用量，mL；

$\quad\quad 0.014$——氮的毫摩尔质量，g/mmol。

3. 氧的计算

煤中的氧一般不直接测定而是以间接法计算求得，氧的质量分数按下式计算：

$$w(O)_{ad} = 100 - M_{ad} - A_{ad} - w(C)_{ad} - w(H)_{ad} - w(N)_{ad} - w(S_t)_{ad} - w(CO_2)_{ad} \tag{4-25}$$

式中　$w(O)_{ad}$——空气干燥煤样中氧的质量分数，%；

$\quad\quad M_{ad}$——空气干燥煤样水分的质量分数（按 GB/T 212 测定），%；

$\quad\quad A_{ad}$——空气干燥煤样灰分的质量分数（按 GB/T 212 测定），%；

$\quad\quad w(S_t)_{ad}$——空气干燥煤样全硫的质量分数（按 GB/T 214 测定），%；

$\quad w(CO_2)_{ad}$——空气干燥煤样中碳酸盐二氧化碳的质量分数（按 GB/T 218 测定），%；

$\quad\quad w(C)_{ad}$——空气干燥煤样中碳的质量分数，%；

$\quad\quad w(H)_{ad}$——空气干燥煤样中氢的质量分数，%；

$\quad\quad w(N)_{ad}$——空气干燥煤样中氮的质量分数，%。

（四）煤中全硫的测定

国家标准 GB/T 214—2007 规定了全硫的三种测定方法，分别为艾氏法、库仑滴定法和高温燃烧中和法，规定指出艾氏法为仲裁分析法。

1. 艾氏法

（1）测定原理　将煤样与艾士卡试剂（以两份质量的氧化镁和一份质量的无水碳酸钠混合而成）混合在 800～850℃灼烧，煤中硫生成硫酸盐，然后使硫酸根离子生成硫酸钡沉淀，根据硫酸钡的质量计算煤中全硫的含量，各主要反应如下。

煤样的氧化作用

$$煤 \xrightarrow{O_2} CO_2 + N_2 + H_2O + SO_2 + SO_3$$

硫氧化物的固定作用

$$2Na_2CO_3 + 2SO_2 + O_2（空气） \xrightarrow{\triangle} 2Na_2SO_4 + 2CO_2$$

$$Na_2CO_3 + SO_3 \xrightarrow{\triangle} Na_2SO_4 + CO_2$$

$$2MgO + 2SO_2 + O_2 \text{（空气）} \xrightarrow{\triangle} 2MgSO_4$$

硫酸盐的转化作用

$$CaSO_4 + Na_2CO_3 \xrightarrow{\triangle} CaCO_3 + Na_2SO_4$$

硫酸盐的沉淀作用

$$MgSO_4 + Na_2SO_4 + 2BaCl_2 \longrightarrow 2BaSO_4 \downarrow + 2NaCl + MgCl_2$$

（2）测定方法　称取粒度小于0.2mm的空气干燥煤样1g（称准至0.0002g）和艾氏剂2g（称准至0.1g），放入坩埚中混合均匀，再用1g（称准至0.1g）艾氏剂覆盖。将装有煤样的坩埚移入通风良好的马弗炉中，在1~2h内从室温逐渐加热到800~850℃，并保持1~2h。取出坩埚，冷却到室温。将灼烧物搅松捣碎（如发现有未烧尽的煤粒，应在800~850℃下继续灼烧0.5h），然后转移至烧杯中。用热水冲洗坩埚内壁，将洗液收入烧杯，再加入100~150mL刚煮沸的水，充分搅拌。如果此时尚有黑色煤粒漂浮在液面上，则本次测定作废。用中速定性滤纸以倾泻法过滤，用热水冲洗3次，然后将残渣移入滤纸中，用热水清洗至少10次，洗液总体积为250~300mL。向滤液中滴入2~3滴甲基橙指示剂，加盐酸中和后再加入2mL，使溶液呈微酸性。将溶液加热到沸腾，在不断搅拌下滴加氯化钡溶液10mL，在近沸状况下保持约2h，最后溶液体积为200mL左右。溶液冷却或静置过夜后用致密无灰定量滤纸过滤，并用热水洗至无氯离子为止。将带沉淀的滤纸移入已知质量的瓷坩埚中。先在低温下灰化滤纸，然后在温度为800~850℃的马弗炉内灼烧20~40min，取出坩埚，在空气中稍加冷却后放入干燥器中冷却到室温（25~30min），称量。

每配制一批艾氏剂或更换其他任一试剂时，应进行2个以上空白试验。即除不加煤样外，全部操作按本标准试验步骤进行，硫酸钡质量的极差不得大于0.0010g，取算术平均值作为空白值。

（3）分析结果计算　测定结果由下式计算：

$$w(S_t)_{ad} = \frac{(m_1 - m_2) \times 0.1374}{m} \times 100 \tag{4-26}$$

式中　$w(S_t)_{ad}$——空气干燥煤样全硫含量，%；

　　　m_1——硫酸钡质量，g；

　　　m_2——空白试验的硫酸钡质量，g；

　　　m——煤样质量，g；

　　0.1374——由硫酸钡换算为硫的化学因数，g。

（4）测定精密度

全硫含量 $w(S_t)/\%$	重复性限 $w(S_t)_{ad}/\%$	再现性临界差 $w(S_t)_d/\%$
<1.50	0.05	0.10
1.50~4.00	0.10	0.20
>4.00	0.20	0.30

（5）煤炭硫分分级　煤炭硫分按表4-11进行分级。我国煤以特低硫煤和低硫分煤为主，二者可达23%；其他硫分级别的煤所占比例均很小。

2. 库仑滴定法

（1）测定原理　空气干燥煤样在1150℃和催化剂作用下，在净化空气流中燃烧分解，煤中各种形态硫均被氧化和分解为二氧化硫及少量三氧化硫，被水吸收生成亚硫酸和少量硫酸。以电解碘化钾-溴化钾溶液所产生的碘和溴进行滴定，根据电解所消耗的电量计算煤中全硫的含量。

表 4-11 煤炭硫分分级表（GB/T 15224.2）

序号	级别名称	代号	硫分 $S_{t,d}$ 范围/%
1	特低硫煤	SLS	$\leqslant 0.50$
2	低硫分煤	LS	$0.51 \sim 1.00$
3	低中硫煤	LMS	$1.01 \sim 1.50$
4	中硫分煤	MS	$1.51 \sim 2.00$
5	中高硫煤	MHS	$2.01 \sim 3.00$
6	高硫分煤	HS	>3.00

具体反应过程如下：

$$煤 \longrightarrow SO_2 + SO_3 + CO_2 + H_2O + NO_x + Cl_2 + \cdots$$

$$I_3^- + SO_2 + 2H_2O \longrightarrow 3I^- + H_2SO_4 + 2H^+$$

$$Br_3^- + SO_2 + 2H_2O \longrightarrow 3Br^- + H_2SO_4 + 2H^+$$

在电解池中有两对铂电极——指示电极和电解电极，未工作时，指示电极上存在以下动态平衡：

$$2I^- - 2e \rightleftharpoons I_2$$

$$2Br^- - 2e \rightleftharpoons Br_2$$

当二氧化硫进入溶液后与碘（溴）发生反应，破坏了上述平衡，指示电极对电位改变，此信号被输送给运算放大器，运算放大器输出一个相对应的电流到电解电极，发生如下反应。

阳极：

$$3I^- - 3e \longrightarrow I_3^-$$

$$3Br^- - 3e \longrightarrow Br_3^-$$

阴极：

$$2H^+ + 2e \longrightarrow H_2 \uparrow$$

由于 I_3^-（Br_3^-）不断生成并不断被二氧化硫所消耗，直到二氧化硫完全反应时，电解产生的 I_3^- 及 Br_3^- 不再被消耗，重新恢复到滴定前的浓度并建立动态平衡，滴定自动停止。电解所消耗的电量由库仑积分仪积分，由法拉第电解定律给出硫的质量（mg）。

（2）测定方法 参见实验相关内容。

（3）分析结果计算 库仑积分器最终显示数为硫的质量（mg）时，全硫质量分数按下式计算：

$$w(S_t)_{ad} = \frac{m_1}{m} \times 100 \qquad (4\text{-}27)$$

式中 $w(S_t)_{ad}$——空气干燥煤样中全硫的质量分数，%；

$\qquad m_1$——库仑积分器显示值，mg；

$\qquad m$——煤样质量，mg。

（4）测定精密度

全硫质量分数 $w(S_t)_{ad}$/%	重复性限 $w(S_t)_{ad}$/%	再现性临界差 $w(S_t)_{ad}$/%
$\leqslant 1.50$	0.05	0.15
1.50（不含）~ 4.00	0.10	0.25
>4.00	0.20	0.35

3. 高温燃烧中和法

（1）测定原理 煤样在氧气流和催化剂三氧化钨的作用下，在 1200℃下燃烧分解，使煤中的各种形态硫被氧化分解成二氧化硫和三氧化硫。然后用过氧化氢和水吸收硫的氧化物使之生成硫酸，再用氢氧化钠标准溶液滴定，根据其消耗量，计算煤中全硫含量。

测定过程的主要化学反应如下。

煤样的氧化作用

$$\text{煤} \xrightarrow[1200\text{℃}]{O_2 \cdot WO_3} CO_2 + H_2O + N_2 + SO_3 + Cl_2 + \cdots$$

$$4FeS_2 + 11O_2 \longrightarrow 2Fe_2O_3 + 8SO_2$$

$$MSO_4 \longrightarrow MO + SO_3 \quad (\text{M 代表金属})$$

硫氧化物的吸收作用

$$SO_2 + H_2O_2 \longrightarrow H_2SO_4$$

$$SO_3 + H_2O \longrightarrow H_2SO_4$$

滴定硫酸的反应

$$H_2SO_4 + 2NaOH \longrightarrow Na_2SO_4 + 2H_2O$$

（2）测定方法　高温燃烧中和法测全硫装置如图 4-4 所示。

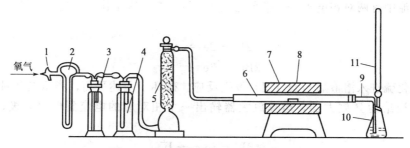

图 4-4　高温燃烧中和法测全硫装置图

1—旋塞；2—流量计；3,4—洗气瓶；5—干燥塔；6—瓷管；
7—管式炉；8—瓷舟；9—导气管；10—吸收瓶；11—滴定管

测定时，将高温炉加热并控制在（1200±5）℃并检查气密性。称取 0.2g（称准至 0.0002g）空气干燥煤样于燃烧舟中并盖上一层三氧化钨。将盛有煤样的燃烧舟放在燃烧管入口端，随即用带 T 形管的橡皮塞塞紧，然后以 350mL/min 的流量通入氧气。将燃烧舟推到 500℃ 温度区并保持 5min，再将燃烧舟推到高温区，使煤样在该区燃烧 10min。

停止通氧，取下吸收瓶和带 T 形管的橡皮塞，钩出燃烧舟。取下吸收瓶塞，用水清洗气体过滤器 2～3 次，将洗液一起移入吸收瓶中。分别向两个吸收瓶内加入 3～4 滴甲基红、次甲基蓝（1+1）混合指示剂，用氢氧化钠标准溶液滴定至由桃红色变为钢灰色，记下氢氧化钠溶液的用量。

在燃烧舟内放一薄层三氧化钨（不加煤样），按上述步骤测定空白值。

（3）氯的校正　煤在氧气中燃烧分解后，煤中的氯也将转化为游离状态的氯气析出，氯气被过氧化氢吸收生成盐酸，也需消耗一定量的氢氧化钠标准溶液，使全硫测定结果偏高，故氯的质量分数高于 0.02% 的煤样需对测定结果进行校正。

校正方法是在氢氧化钠标准溶液滴定到终点的试液中加入 10mL 羟基氰化汞溶液，使生成的氯化钠转变为氢氧化钠，再用硫酸标准溶液返滴定生成的氢氧化钠（绿色变为钢灰色）为终点，记下硫酸标准溶液的用量。计算时，从总的氢氧化钠的物质的量 $n(NaOH)$ 减去硫酸的物质的量 $n\left(\dfrac{1}{2}H_2SO_4\right)$，即可计算煤中全硫的质量分数。各反应如下：

氯的吸收作用

$$Cl_2 + H_2O_2 \longrightarrow 2HCl + O_2$$

滴定盐酸的反应

$$HCl + NaOH \longrightarrow NaCl + H_2O$$

氯化钠的转化作用

$$NaCl + Hg(OH)CN \longrightarrow HgCl(CN) + NaOH$$

测定氯含量的返滴定

$$2NaOH + H_2SO_4 \longrightarrow Na_2SO_4 + 2H_2O$$

（4）测定结果的计算　可用氢氧化钠标准溶液的浓度或滴定度计算。

① 用氢氧化钠标准溶液的浓度计算煤中全硫含量：

$$w(S_t)_{ad} = \frac{c(V - V_0) \times 0.016 f}{m} \times 100 \qquad (4\text{-}28)$$

式中　$w(S_t)_{ad}$——空气干燥煤样中全硫质量分数，%；

$\quad\quad V$——煤样测定时，氢氧化钠标准溶液的用量，mL；

$\quad\quad V_0$——空白测定时，氢氧化钠标准溶液的用量，mL；

$\quad\quad c$——氢氧化钠标准溶液的浓度，mol/L；

$\quad\quad m$——煤样质量，g；

$\quad\quad 0.016$——硫$\left(\frac{1}{2}S\right)$的毫摩尔质量，g/mmol；

$\quad\quad f$——校正系数，当 $w(S_t)_{ad} < 1\%$ 时，$f = 0.95$；$w(S_t)_{ad} = 1\% \sim 4\%$ 时，$f = 1.00$；$w(S_t)_{ad} > 4\%$ 时，$f = 1.05$。

② 用氢氧化钠标准溶液的滴定度计算煤中全硫含量：

$$w(S_t)_{ad} = \frac{(V_1 - V_0)T}{m} \times 100 \qquad (4\text{-}29)$$

式中　$w(S_t)_{ad}$——空气干燥煤样中全硫含量，%；

$\quad\quad V_1$——煤样测定时，氢氧化钠标准溶液的用量，mL；

$\quad\quad V_0$——空白测定时，氢氧化钠标准溶液的用量，mL；

$\quad\quad T$——氢氧化钠标准溶液对硫的滴定度，g/mL；

$\quad\quad m$——煤样质量，g。

③ 当煤样中氯含量大于 0.02% 时，进行氯的校正后，按下式计算煤中全硫含量：

$$w(S_t)_{ad} = w(S_t^n)_{ad} - \frac{cV_2 \times 0.016}{m} \times 100 \qquad (4\text{-}30)$$

式中　$w(S_t)_{ad}$——空气干燥煤样全硫含量，%；

$\quad\quad w(S_t^n)_{ad}$——按式（4-26）或式（4-27）计算的全硫含量，%；

$\quad\quad c$——硫酸$\left(\frac{1}{2}H_2SO_4\right)$标准溶液的浓度，mol/L；

$\quad\quad V_2$——硫酸标准溶液的用量，mL；

$\quad\quad 0.016$——硫 $\left(\frac{1}{2}S\right)$ 的毫摩尔质量，g/mmol；

$\quad\quad m$——煤样质量，g。

（5）测定精密度　采用高温燃烧中和法测定全硫的精密度如表 4-12 规定。

表 4-12　高温燃烧中和法测定全硫的精密度

$w(S_t)/\%$	重复性限 $w(S_t)_{ad}/\%$	再现性临界差 $w(S_t)_d/\%$
<1.00	0.05	0.15
1.00~4.00	0.10	0.25
>4.00	0.20	0.35

三、分析结果的表示方法与基准换算

煤中除有机质外，还含有一定数量的水分和矿物质存在，同一试验结果如果采用不同的基准表示，其结果就有相当大的差别，各种煤的同类分析数据只有在统一的基准上才能进行比较。所以对煤的一切分析数据必须同时注明基准，否则该数据就失去意义。

为了统一标准和使用方便，煤的工业分析、元素分析及其他煤质分析中，其分析结果都用简单的符号表示各个分析项目。在表示实验室分析结果时，一般采用空气干燥煤样，因而所得的直接结果为空气干燥基数据。但为了其他用途或使不同煤样的数据具有可比性，这些分析数据往往需换算为其他的基准来表示。

（一）常用基准的物理意义和相互关系

1. 煤在不同基准下的工业分析和元素分析组成

（1）空气干燥基　以与空气湿度达到平衡状态的煤为基准。在此基准下
$$V_{ad} + w_{ad}(FC) + A_{ad} + M_{ad} = 100$$
$$w(C)_{ad} + w(H)_{ad} + w(O)_{ad} + w(N)_{ad} + w(S)_{ad} + A_{ad} + M_{ad} = 100$$

（2）干燥基　以假想无水状态的煤为基准。在此基准下
$$V_d + w(FC)_d + A_d = 100$$
$$w(C)_d + w(H)_d + w(O)_d + w(N)_d + w(S)_d + A_d = 100$$

（3）收到基　以收到状态的煤为基准。在此基准下
$$V_{ar} + w(FC)_{ar} + A_{ar} + M_{ar} = 100$$
$$w(C)_{ar} + w(H)_{ar} + w(O)_{ar} + w(N)_{ar} + w(S)_{ar} + A_{ar} + M_{ar} = 100$$

（4）干燥无灰基　以假想无水、无灰状态的煤为基准。在此基准下
$$V_{daf} + w(FC)_{daf} = 100$$
$$w(C)_{daf} + w(H)_{daf} + w(O)_{daf} + w(N)_{daf} + w(S)_{daf} = 100$$

（5）干燥无矿物质基　以假想无水、无矿物质状态的煤为基准。在此基准下
$$V_{dmmf} + w(FC)_{dmmf} = 100$$
$$w(C)_{dmmf} + w(H)_{dmmf} + w(O)_{dmmf} + w(N)_{dmmf} + w(S)_{dmmf} = 100$$

2. 不同基准之间的关系

这五种基准间的相互关系如图 4-5 所示。

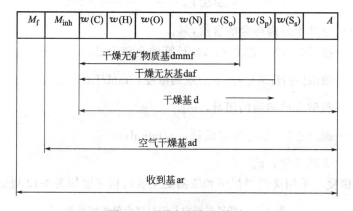

图 4-5　基准间的相互关系

（二）分析结果的基准换算

实际工作中，一方面需把实验室的分析结果换算为其他的标准，另一方面。分析项目的基准不同，分析结果也不同，从而使同类分析项目没有可比性。因此，熟练进行各基准的换

算就显得尤为重要。一般在炼焦生产中用煤的灰分、硫分、发热量来表示煤的质量时，应采用干燥基，如 A_d、$w(S_t)_d$、$Q_{gr,d}$；在研究煤的有机质特性时，常采用干燥无灰基，如 $w(C)_{daf}$、$w(O)_{daf}$、$w(N)_{daf}$；在煤作为气化原料或动力燃料、热工计算、煤炭计价时，多采用收到基数据，如 M_{ar}、$Q_{net,ar}$、$w(H)_{ar}$ 等。

利用图 4-5 常用的基准间的相互关系，可对煤的工业分析、元素分析和其他煤质分析数据进行基准换算。换算的基本原理为物质不灭定律，即煤中任一成分的分析结果无论采用哪种基准表示，该成分的绝对质量保持不变。

1. 空气干燥基和干燥基间的换算

已知 X_{ad}（表示工业分析或元素分析中任一成分的空气干燥基质量分数）和 M_{ad}，求其 X_d。

设空气干燥基煤样的质量为 100，则在此基准下 X 的绝对质量为 X_{ad}。同样可知干燥基的质量为 M_{ad}；而干燥基样中 X 的绝对质量为

$$(100 - M_{ad}) \times \frac{X_d}{100}$$

根据物质不灭定律，X 的绝对质量保持不变，即有

$$X_{ad} = X_d \times \frac{100 - M_{ad}}{100}$$

$$X_d = X_{ad} \times \frac{100}{100 - M_{ad}}$$

同理，可得干燥基与干燥无灰基间的换算公式

$$X_{daf} = X_d \times \frac{100}{100 - A_d}$$

$$X_d = X_{daf} \times \frac{100 - A_d}{100}$$

还有空气干燥基与干燥无灰基间的换算公式

$$X_{daf} = X_{ad} \times \frac{100}{100 - M_{ad} - A_{ad}}$$

$$X_{ad} = X_{daf} \times \frac{100 - M_{ad} - A_{ad}}{100}$$

2. 全水分与外在水分与空气干燥基水分的关系

已知某煤 $M_{f,ar}$、$M_{inh,ad}$，求其全水分 $M_{t,ar}$。

由题意知 $M_{inh,ad} = M_{ad}$，$M_{t,ar} = M_{ar}$。

设收到煤的质量为 100，则收到煤中的内在水分质量为 $M_{inh,ar}$；同样可知空气干燥煤的质量应为 $100 - M_{f,ar}$，空气干燥煤样中内在水分的质量为

$$(100 - M_{f,ar}) \times \frac{M_{ad}}{100}$$

因为内在水分的绝对质量保持不变，应有

$$M_{inh,ar} = (100 - M_{f,ar}) \times \frac{M_{ad}}{100}$$

收到基全水分应为收到基外在水分与内在水分之和，即

$$M_{ar} = M_{inh,ar} + M_f = (100 - M_{f,ar}) \times \frac{M_{ad}}{100} + M_{f,ar}$$

整理得
$$M_{ar} = M_f + M_{ad} \times \frac{100 - M_f}{100}$$

$$M_{f,ar} = \frac{100(M_{ar} - M_{ad})}{100 - M_{ad}}$$

3. 收到基与空气干燥基之间的换算

已知煤样 X_{ad}、M_{ar}、M_{ad}，求 X_{ar}。

设收到煤的质量为 100，则 X 的绝对质量为 X_{ar}。

可知空气干燥煤的质量为（$100 - M_{f,ar}$），此基准下的 X 的绝对质量为

$$(100 - M_{f,ar}) \times \frac{X_{ad}}{100}$$

根据 X 的绝对质量保持不变，应有

$$X_{ar} = (100 - M_{f,ar}) \times \frac{X_{ad}}{100}$$

将 $M_{f,ar} = \frac{100(M_{ar} - M_{ad})}{100 - M_{ad}}$ 代入上式，整理可得

$$X_{ar} = X_{ad} \times \frac{100 - M_{ar}}{100 - M_{ad}}$$

表 4-13　不同基准的换算公式（GB/T 483—2007）

已知基 ＼ 要求基	空气干燥基 ad	收到基 ar	干基 d	干燥无灰基 daf	干燥无矿物质基 dmmf
空气干燥基 ad		$\frac{100}{100-(M_{ad}+A_{ad})}$	$\frac{100}{100-(M_{ad}+A_{ad})}$	$\frac{100}{100-(M_{ad}+A_{ad})}$	$\frac{100}{100-(M_{ad}+MM_{ad})}$
收到基 ar	$\frac{100-M_{ad}}{100-M_{ar}}$		$\frac{100}{100-M_{ar}}$	$\frac{100}{100-(M_{ar}+A_{ar})}$	$\frac{100}{100-(M_{ar}+MM_{ar})}$
干基 d	$\frac{100-M_{ad}}{100}$	$\frac{100-M_{ar}}{100}$		$\frac{100}{100-A_d}$	$\frac{100}{100-MM_d}$
干燥无灰基 daf	$\frac{100-(M_{ad}+A_{ad})}{100}$	$\frac{100-(M_{ar}+A_{ar})}{100}$	$\frac{100-A_d}{100}$		$\frac{100-A_d}{100-MM_d}$
干燥无矿物质基 dmmf	$\frac{100-(M_{ad}+MM_{ad})}{100}$	$\frac{100-(M_{ar}+MM_{ar})}{100}$	$\frac{100-MM_d}{100}$	$\frac{100-MM_d}{100-A_d}$	

　　按照以上方法，同理可推导出常用基准之间的其他换算公式。不同基准的换算公式见表 4-13。将有关数值代入表 4-13 所列的相应公式中，再乘以用已知基表示的某一分析值，即可求得用所要求的基表示的分析值（低位发热量的换算例外）。

【例 4-4】 已知某煤样 $M_{ad} = 3.00\%$，$A_{ad} = 11.00\%$，$V_{ad} = 24.00\%$，求其 $w\,(FC)_{ad}$、$w\,(FC)_{daf}$。

解　① 由 $M_{ad} + A_{ad} + V_{ad} + w\,(FC)_{ad} = 100$ 得

$w\,(FC)_{ad} = 100 - M_{ad} - A_{ad} - V_{ad} = 100 - 3.00 - 11.00 - 24.00 = 62.00\%$

② 由表 4-13 得

$$w(FC)_d = w(FC)_{ad} \times \frac{100}{100 - M_{ad}} = 62.00 \times \frac{100}{100 - 3.00} = 63.92\%$$

③ 由表 4-13 得

$$w(FC)_{daf} = w(FC)_{ad} \times \frac{100}{100 - M_{ad} - A_{ad}} = 62.00 \times \frac{100}{100 - 3.00 - 11.00} = 72.09\%$$

或由表 4-13 得

$$A_d = A_{ad} \times \frac{100}{100 - M_{ad}} = 11.00 \times \frac{100}{100 - 3.00} = 11.34\%$$

再由表 4-13 得

$$w(FC)_{daf} = w(FC)_d \times \frac{100}{100 - A_d} = 68.20 \times \frac{100}{100 - 11.34} = 76.92\%$$

【例 4-5】 某空气干燥煤样 $M_{ad} = 1.80\%$，$A_{ad} = 26.20\%$，$w(C)_{ad} = 68.20\%$，求 $w(C)_{daf}$。

解 由表 4-13 得

$$w(C)_{daf} = w(C)_{ad} \times \frac{100}{100 - M_{ad} - A_{ad}} = 68.20 \times \frac{100}{100 - 1.80 - 26.20} = 94.72\%$$

由此可以看出，如果忽视基准，用 $w(C)_{ad}$ 或 $w(C)_{daf}$ 分别来判断煤的有机质特性，自然会得出不同结论。当碳的质量分数为 68.20%，是一煤化程度不高的褐煤，但碳的质量分数为 94.72%，就是一煤化程度很高的无烟煤了，所以判断煤的有机质特性时，需采用干燥无灰基为标准。而判断煤的灰分时，必须换算为干燥基才有可比性。

【例 4-6】 某原煤测得全水分 $M_{ar} = 10.00\%$，制成空气干燥基煤样时，测得其 $M_{ad} = 1.00\%$，$A_{ad} = 11.00\%$，求燃烧 1t 原煤要产生多少灰分？

解 由表 4-13 得

$$A_{ar} = A_{ad} \times \frac{100 - M_{ar}}{100 - M_{ad}} = 11.00 \times \frac{100 - 10.00}{100 - 1.00} = 10.00\%$$

燃烧 1t 原煤产生的灰分为

$$1000 \times 10.00\% = 100kg$$

【例 4-7】 称取空气干燥煤样 1.0400g 放入预先鼓风并加热到 105～110℃的烘箱中干燥 2h，煤样失重 0.0312g；又称此空气干燥煤样 1.0220g，灼烧后残渣质量为 0.1022g；再称此空气干燥煤样 1.0550g，在（900±10）℃下加热 7min，质量减少了 0.2216g，求该煤样的 A_d、V_{daf}、$w(FC)_{ad}$。

解 ① 依题意，有

$$M_{ad} = \frac{0.0312}{1.0400} \times 100 = 3.00\%$$

$$A_{ad} = \frac{0.1022}{1.0220} \times 100 = 10.00\%$$

$$V_{ad} = \frac{0.2216}{1.0220} \times 100 - M_{ad} = 21.00 - 3.00 = 18.00\%$$

② 由表 4-13 得

$$A_d = A_{ad} \times \frac{100}{100 - M_{ad}} = 10.00 \times \frac{100}{100 - 3.00} = 10.31\%$$

③ 由表 4-13 得

$$V_{daf} = V_{ad} \times \frac{100}{100 - M_{ad} - A_{ad}} = 18.00 \times \frac{100}{100 - 3.00 - 10.00} = 20.69\%$$

④ 由 $M_{ad} + A_{ad} + V_{ad} + w(FC)_{ad} = 100$ 得
$$w(FC)_{ad} = 100 - (M_{ad} + A_{ad} + V_{ad}) = 100 - (3.00 + 10.00 + 18.00) = 69.00\%$$

第二节 煤的物理性质和物理化学性质

煤的物理性质和物理化学性质主要与煤的成因因素、煤化程度或变质程度、煤的灰分大小及分布、水分和风化程度等有关。一般来说，煤的成因因素与煤化程度是两个独立作用的因素，但也有一定的联系。在煤化作用的初级阶段，成因因素对煤的物理性质和物理化学性质的影响起主导作用；在煤化作用的中级阶段，变质作用成为主要因素；在高煤化阶段，变质作用是唯一决定煤的物理性质和物理化学性质的因素。

煤的结构与煤的物理性质和物理化学性质有直接的关系，通过对煤的物理常数和物理化学常数的测定可以对大分子的煤及其结构进行研究。随着煤化程度的加深，煤中碳原子的含量增加，煤的物理性质和物理化学性质显示出连续变化的特点，从性质变化的曲线类型来看，不仅有单调增大或减少的类型，也有显示极大值和极小值的情况。这些性质变化规律反映了煤的化学结构、空间结构及其变化特点，为研究煤的结构提供了重要的信息。因此，研究煤的物理性质和物理化学性质可为研究煤的结构打下一定的基础。同时，了解煤的物理性质和物理化学性质还对煤的开采、破碎、洗选、型煤、热加工等综合利用有十分重要的实际意义。

一、煤的密度

煤的密度是单位体积煤的质量，单位是 g/cm^3 或 kg/m^3。煤的相对密度（亦称比重）是煤的密度与参考物质（一般为水）的密度在规定条件下的比值，量纲为 1。密度与相对密度数值相同，但物理意义不同。密度有单位而相对密度无单位。学术上多使用密度，而工业上习惯用相对密度。

煤的密度是反映煤的物理性质和结构的重要常数，而分子之间的相互作用是分子之间距离的函数，密度的大小取决于分子结构和分子排列的紧密程度。煤的密度随煤化程度的变化有一定的规律，因此了解煤的密度可以掌握煤的煤化程度和结构的变化。

在煤仓设计、估计煤堆质量、煤的洗选、计算焦炉装煤量及商品煤的装车量时，都需要有煤的密度的参数。

一般情况下煤的密度是指相对密度，即在一定温度（20℃）条件下，煤的质量与相同体积水的质量之比。由于煤是多孔状的固体混合物，因此根据测定方法不同（主要反映在测定煤的体积），煤的密度有以下几种表示方法。

1. 真相对密度（亦称真密度）**TRD**

（1）真相对密度　在 20℃时单位体积（不包括煤的所有孔隙）煤的质量与同体积水的质量之比，用符号 TRD_{20}^{20} 表示，上角 20 表示煤的摄氏温度，下角 20 表示水的摄氏温度。煤的真密度是研究煤的性质和计算煤层平均质量的重要指标之一。

（2）煤真相对密度测定　煤的真密度测定是在密度瓶中进行的，为了破坏煤的孔隙，应将煤样破碎到 0.2mm 以下，放入密度瓶中让水（或酒精）充满煤的所有孔隙（采用将密度瓶放在水浴上煮沸的办法），然后根据煤样的质量和煤样所占有的水的质量计算出煤的相对密度。

对煤的真相对密度的测定，现行的国家标准是 GB/T 212—2008。

密度瓶法是以十二烷基硫酸钠溶液为浸润剂，以水做置换介质，使煤样在密度瓶中润湿沉降并排除吸附的气体，即可根据阿基米德原理测出与煤样同体积的纯水质量并计算出煤的真相对密度。

计算公式如下

$$TRD_{20}^{20} = \frac{m_d}{m_2 + m_d - m_1}$$

式中　TRD_{20}^{20}——干燥煤的真相对密度；

　　m_d——干燥煤样质量，g；

　　m_2——密度瓶加浸润剂和水的质量，g；

　　m_1——密度瓶加煤样、浸润剂和水的质量，g。

干基煤样质量按下式计算

$$m_d = m \times \frac{100 - M_{ad}}{100}$$

式中　m——空气干燥基煤样的质量，g；

　　M_{ad}——空气干燥基煤样水分（按 GB/T 212 规定测定）的质量分数，%。

　　在室温下测定的结果按下列计算

$$\mathrm{TRD}_{20}^{20} = \frac{m_d}{m_2 + m_d - m_1} k_t$$

$$k_t = \frac{d_t}{d_{20}}$$

式中　k_t——温度校正系数（见表 4-14），t 为室温；

　　d_t——水在 t（℃）时的真相对密度；

　　d_{20}——水在 20℃ 时的真相对密度。

表 4-14　校正系数 k_t 表

温度/℃	校正系数 k_t	温度/℃	校正系数 k_t
6	1.00174	21	0.99979
7	1.00170	22	0.99956
8	1.00165	23	0.99953
9	1.00158	24	0.99909
10	1.00150	25	0.99883
11	1.00140	26	0.99857
12	1.00129	27	0.99831
13	1.00117	28	0.99803
14	1.00100	29	0.99773
15	1.00090	30	0.99743
16	1.00074	31	0.99713
17	1.00057	32	0.99682
18	1.00039	33	0.99649
19	1.00020	34	0.99616
20	1.00000	35	0.99582

　　煤的真相对密度测定重复性限和再现性临界差按表 4-15 规定。

表 4-15　煤的真相对密度测定方法精密度

重复性限	再现性临界差
0.02（绝对值）	0.04（绝对值）

　　（3）煤的真相对密度与煤化程度的关系　用不同物质（例如氦、甲醇、水、正己烷和苯等）作为置换物质和测定煤的密度时所得的结果是不同的。通常以氦作为置换物所测得的结

果叫煤的真密度。因为煤中的最小气孔的直径为 5～10Å（1Å＝0.1nm，下同）。而氦分子直径为 1.78Å，因此吸附对于密度测定的影响也就被排除了。

用氦测定密度的方法有直接法和间接测定法。尽管煤样在测定前已通过洗选除去了煤中绝大部分的矿物质，但不可能除干净，因此必须按残存的矿物质的量校正密度。若已知灰分的密度与含量，则可按下式求出校正后的密度。

$$d_0 = \frac{d_a d(100-A)}{100-d_a-Ad}$$

式中　d_0——经校正后煤的密度，g/cm³；

　　　d——测定的煤的密度，g/cm³；

　　　d_a——灰分的密度，g/cm³；

　　　A——灰分的质量分数，％。

若未实测灰分的密度，则可取 2.7g/cm³ 或 3g/cm³。

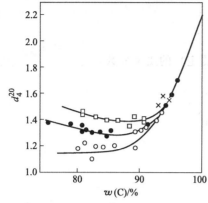

图 4-6　煤的不同显微组分的真密度
●—镜质组；○—壳质组；
□—微粒体；×—丝质组

如图 4-6 所示，丝质组、微粒体的真密度最高，镜质组其次，壳质组最低；当 $w(C)\%>90\%$ 后，三者的真密度逐渐趋于一致，并且急剧上升，表明其结构发生深度的变化。

随着煤化程度的提高，煤的结构越趋紧密化，因而煤的密度也应不断增加。然而，实际上如图 4-6 所示，在煤化程度较低时，即镜质组的 C 含量＜87％的情况下，镜质组的密度反而随煤化程度增高而降低。这点可用表 4-16 的数据加以解释。

由表 4-16 可见，在 C 含量＜87.0％之前，H/C、N/C 的变化幅度，以 O/C 减少的幅度最大。由于氧的迅速减少，且氧的原子量又较碳的原子量为大，因而碳的相对增长率低于氧的减少速度，这使煤的密度相对地降低了。如表 4-16 所示，$w(C)=87\%$ 时，密度达极小值（$d_4^{20}=1.274$）。

表 4-16　煤过程中镜质组的化学组成与密度的变化

$w(C)/\%$	H/C	O/C	N/C	d_4^{20}
70.5	0.862	0.247	0.015	1.425
75.5	0.789	0.181	0.015	1.385
81.5	0.753	0.108	0.017	1.320
85.0	0.757	0.071	0.016	1.283
87.0	0.733	0.050	0.018	1.274
89.0	0.683	0.034	0.018	1.296
90.0	0.656	0.027	0.018	1.319
91.2	0.594	0.021	0.015	1.352
92.5	0.509	0.016	0.015	1.400
93.4	0.440	0.013	0.015	1.452
94.2	0.379	0.011	0.013	1.511
95.0	0.307	0.009	0.013	1.587
96.0	0.223	0.007	0.012	1.698

煤的真密度决定于成煤物质、变质程度、煤岩组分、煤中矿物质的特性和含量。

腐殖煤密度高于腐泥煤。纯煤真密度随煤的变质程度呈有规律的变化。年轻煤相对密度为 1.3～1.5，烟煤 1.3～1.4，无烟煤 1.35～1.9。从年轻煤到烟煤的密度变化不甚明显。以含碳量（C）为 85％的烟煤的相对密度为最低（1.28～1.30），然后随变质程度增高密度逐渐增大，到了无烟煤阶段，密度随变质程度有规律地急剧增加。

同一变质程度而不同煤岩组分的煤的密度不同，丝炭的密度最大；镜煤的密度较小。

煤中矿物质的成分和含量对密度的影响是很明显的，因为矿物质的密度一般比煤中有机物的密度大得多，如黄铁矿相对密度为 5.0，黏土相对密度为 2.4～2.6，石英相对密度为 2.65 等。因此，煤的密度随煤中矿物质含量（灰分）的增加而增高。粗略地认为，灰分产率每增加 1%，煤的干基真相对密度 (d) 约增高 0.01。

TRD 是煤的主要物理性质之一，在研究煤的煤化程度、确定煤的类别、选定煤在减灰时的重液分选密度等方面都要用到这个指标。

2. 视密度（通常又叫假密度、容重、假比重）

视相对密度：在 20℃时煤单位体积（包括煤的孔隙但不包括煤粒间的空隙）的质量与同体积水的质量之比，用符号 ARD 来表示。

在 20℃时煤的质量与同温度同体积（包括煤的内外表面孔隙）水的质量之比，以 ARD 表示，是计算煤炭储量和设计储煤仓的依据，目前，测定煤的假密度的方法有两种，第一种是掏槽法，即在煤层中掏一规整槽，量出体积，称出煤的质量，然后算出单位体积的质量，有时也叫"体重"。另一种是涂蜡法，即选 6～8mm 的煤样 20g（120～150 块），表面用蜡涂封后（涂蜡"保护"煤中孔隙，防止水渗入煤样的内孔隙），放入密度瓶中，以十二烷基硫酸钠溶液为浸润剂，测定出涂蜡煤粒所排开同体积水的溶液的质量，再计算出蜡煤粒的视相对密度，减去蜡的密度后，求出煤的视相对密度。

在计算煤的埋藏量和对储煤仓的设计以及在煤的运输、磨碎、燃烧等过程的有关计算时都需要用煤的视密度这项指标。

3. 煤的堆积密度（也叫散密度）

堆密度：单位体积（包括煤颗粒之间的孔隙和煤颗粒内部的毛细孔）的煤的质量，用 BRD 表示，单位为 t/m^3 或 kg/m^3。

煤的堆积密度又叫煤的堆密度或散煤重，系指单位容积所装载（或容纳）的散装煤炭（生产煤和商品煤）的质量。所谓散装煤炭，即包括煤粒的体积和煤粒间的空隙。

在煤炭生产和加工部门设计煤仓，估算煤堆质量，计算商品煤装车质量，炼焦炉炭化室或气化炉装煤量等情况下，都需要用到堆积密度的数值。水分、风化程度影响视密度和堆密度。

4. 纯煤真密度

纯煤真密度是指除去矿物质和水分后煤中有机质的真密度，在高变质煤中可作为煤分类的一项参数，在国外已用来作为划分无烟煤类的依据。

5. 影响煤密度的因素

煤的密度波动范围较大，影响因素也较多，其中主要有煤的种类（成因因素）、岩相组成、煤化程度、矿物质的种类和含量等。

（1）成因因素的影响　不同成因的煤其密度是不同的，腐殖煤的真密度总比腐泥煤大。例如除去矿物质的纯腐殖煤的真相对密度在 1.25 以上，而纯腐泥煤（苏联哈哈列依腐泥煤）的真相对密度为 1.0。腐殖煤密度较腐泥煤大是由它的分子结构特性所决定的；这可以用腐殖煤有机质的芳香结构来解释。

（2）煤化程度的影响　自然状态下的煤成分比较复杂，因各种因素的综合影响使其密度大体上随煤化程度的加深而提高。煤化度不深时，真密度增加较慢。接近无烟煤时，真密度增加很快。各类型的煤的真相对密度范围大致如下：泥炭为 0.72；褐煤为 0.8～1.35；烟煤为 1.25～1.50；无烟煤为 1.36～1.80。

（3）岩相的影响　就腐殖煤而言，丝炭密度最大，镜煤、亮煤最小。丝炭真相对密度为

1.37～1.52；暗煤为 1.30～1.37；镜煤为 1.28～1.30；亮煤为 1.27～1.29。表 4-17 为我国本溪煤田中各岩相类型的真相对密度。

表 4-17　本溪煤田中各岩相类型煤的真相对密度

煤岩组成	镜煤	亮煤	暗煤	丝炭
真相对密度	1.294～1.350	1.320～1.406	1.339～1.465	约 1.542

（4）矿物质的影响　煤中矿物质的含量与组成对煤的密度影响很大，煤中矿物质的密度比有机物的密度大得多。例如：常见的矿物质黏土相对密度为 2.4～2.6；石英相对密度为 2.65；黄铁矿相对密度为 5～0。可以粗略地认为：灰分每增加 1%，则煤的相对密度增加 0.01%。

（5）水分及风化的影响　水分含量愈大煤的密度愈大，但这项因素较为次要。煤的风化作用的影响使煤的密度增加，因为风化以后灰分与水分相对地增加了。特别是煤层露出地面的地方，灰分增加得特别快。例如：在 106m 深处某种煤的灰分为 3.8%，而在煤层露头附近的表面处其灰分则为 42.1%，相对密度相应由 1.53 变为 2.07。

二、煤的空间结构和表面性质

胶体，除常见的液态胶体外，还有具固态性质的胶体，即凝胶。煤具有一系列的固态胶体性质，如吸附、膨胀、溶解、润湿等。了解这些性质对于研究煤的生成、组成以及煤的加工利用都有很重要的意义。

（一）煤的润湿性及润湿热

1. 煤的润湿性

固体和液体相接触时，可用固体润湿的程度来表示它们之间的关系。如果固体分子对液体分子的作用力大于液体分子之间的作用力时，则固体可以被润湿。相反，若液体分子之间的作用力大于固体分子对液体分子的作用力，则固体不被润湿。能够被润湿的固体表面，称为亲液表面。不被液体润湿的固体表面，称为疏液表面。

实践证明，极性的固体表面亲极性液体，而疏非极性液体；非极性的固体表面亲非极性液体，而疏极性液体。煤基本上是非极性的固体，因此，煤的表面亲非极性的煤油、蒽油、柴油等液体，而疏极性的水。

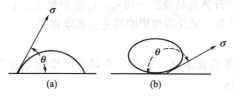

图 4-7　液体与固体的接触角

煤的疏水性是对煤粉进行浮选的理论根据，通常，利用液体表面张力和固体表面所成的接触角 θ 的大小来判定该液体对固体的润湿程度。若液滴能润湿固体，则液滴的形状如图 4-7(a) 所示，此时接触角 θ 为锐角；若液滴不能润湿，则如图 4-17(b) 所示，此时接触角 θ 为钝角。

煤与液体的接触角大小与反映煤化程度的指标 $w(C)$ 和液体种类有关（见表 4-18）。

表 4-18　粉末测定法求出的不同煤的接触角

$w(C)/\%$	$\cos\theta$		$w(C)/\%$	$\cos\theta$	
	氮-水系统	水-苯系统		氮-水系统	水-苯系统
91.3	0.416	0.900	81.1	0.443	0.841
89.7	0.453	0.863	79.1	0.562	0.736
83.9	0.341	0.886	78.1	0.604	0.738
83.1	0.432	0.813	74.0	0.610	0.726
81.9	0.508	0.706			

2. 煤的润湿热

当煤被液体润湿时，由于煤分子和液体分子之间的作用大于液体分子间的作用力，故有热量放出，称为润湿性。它的大小与液体种类和煤的表面积有关。常用的溶剂是甲醇，它的润湿力强，作用快，几分钟内润湿热基本上可全部释放出来。年轻煤的润湿热很高，随着煤化程度增加而急剧下降，在 C 含量接近 90％时达到最低点，以后又逐渐回升。

3. 煤的润湿热与煤化程度的关系

图 4-8 为煤的润湿热与煤化程度的关系。

应当指出：图 4-8 中润湿热随煤化程度而变化的规律是不够严格的。有人认为这是煤中矿物杂质的影响所致。导致热量释放的原因除表面润湿外，还有一些其他原因，如年轻煤由于氧含量高，能与甲醇分子产生强烈的极化作用和氢键结合能放出热量，一部分矿物质与甲醇作用也能放热。此外也有了吸热现象，如树脂的溶解、煤的体积膨胀和部分矿物质的作用等。所以用润湿热计算表面积不太准确，求其是对很年轻的煤的误差很大。

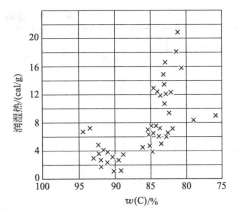

图 4-8　煤的甲醇润湿热与煤化程度的关系
1cal＝4.18J，下同

（二）煤的吸附性

在成煤过程中，煤内部形成大量毛细管孔隙，这些孔隙直径小，分布得又深又广，使煤具有很大的内表面积（1g 中等变质程度的烟煤所具有的孔隙其表面积可达 $150 \sim 170 m^2$）。这是煤能够吸附各种气体和液体的主要原因。

煤的吸附能力大小与煤变质程度有关，如不同变质程度的煤对水的吸附量不同，低变质阶段的煤，内表面积最大，吸附能力最强，所以最高内在水分含量最高；中等变质程度的烟煤，内表面积最小，吸附能力弱，最高内在水分含量最小；高变质阶段的煤，内表面积大于中等变质烟煤，吸附能力又强一些，最高内在水分含量又有所增加。

（三）煤的表面积

煤是具有多孔结构的固体，因此煤的表面积有外表面积和内表面积之分，但外表面积所占比例极小，主要是内表面积。煤的表面积大小与煤的煤化程度、微观结构和化学反应性有密切关系，是重要的物理指标之一。煤表面积的大小通常用比表面积来表示，即单位质量的煤所具有的总表面积。

1. 煤的比表面积

煤的比表面积是单位质量的煤所具有的总表面积，单位为 m^2/g。煤的比表面积（m^2/g）测定方法如下。

（1）B. E. T. 法　由三位物理化学家所开发，原理是一定条件下测定煤吸附的气体质量。假定被吸附的气体分子在煤表面成单分子层发布，这样根据吸附的气体质量和气体分子的截面积就可计算出煤的表面积。供吸附的气体有氮、二氧化碳和惰性气体氖、氩、氪等。这是经典方法。

（2）孔体积法（P. D. 法）　根据微孔体积和直径进行计算，测煤的比表面积。

（3）气相色谱法　把一定量煤样放在色谱柱内，在动态下测定柱后吸附气体的浓度随时间的变化，根据实验结果进行换算。这是新的测定方法。

2. 煤的比表面积与煤化程度的关系

随着煤化程度的变化，煤的比表面积具有一定的变化规律。煤化程度低的煤和煤化程度高的煤比表面积大，而中等煤化程度的煤，比表面积小，反映了煤化过程中，分子空间结构的变化。

对不同煤种用 B. E. T. 法测定所得比表面积数据列表 4-19。

表 4-19　煤的比表面积（B. E. T. 法测定）

$w(C)/\%$	比表面积/(m²/g)				
	$N_2(-196℃)$	$Kr(-78℃)$	$CO_2(-78℃)$	$Xe(0℃)$	$CO_2(25℃)$
95.2	34	176	246	226	224
90.0	0	96	146	141	146
86.2	0	34	107	109	125
83.6	0	20	80	62	104
79.2	11	17	92	84	132
72.7	12	84	198	149	139

由表 4-19 可见，N_2 测得的比表面积最低，因为氮分子进入煤的内孔是一个活性扩散过程，在 $-196℃$ 下只能进入煤中的较大孔隙。不同气体和不同温度所得结果都不相同，大多无可比性。一般认为 CO_2（$-78℃$）和 Xe（$0℃$）可测得煤的总面积，只是对含碳量为 80% 左右的煤需要用 CO_2（$25℃$）。

用经典的静态重量法和色谱法，分别以 CO_2 和 N_2 为吸附质，研究了 28 种不同煤化程度煤的表面积。结果发现，随煤化度增加，煤的 N_2 表面积与 CO_2 表面积的变化曲线均呈凹状，在 $w(C)_{daf}=85\%$ 左右、$V_{daf}=30\%$ 左右出现最小值。

有人对日本煤进行了研究，得到如图 4-9 所示关系。

（四）煤的孔隙度（孔隙率或气孔率）及其分布

孔隙率：煤的毛细孔和裂隙之总体积与煤的总体积之比，又称孔隙度。

① 孔隙度的计算。

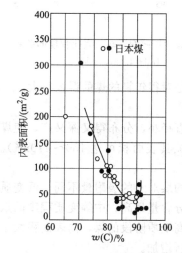

图 4-9　煤的内表面积与煤化程度的关系

$$孔隙度=\frac{(真密度-假密度)}{真密度}\times100\%$$

煤粒内部存在一定的孔隙，孔隙体积与煤的总体积之比称为孔隙度或气孔率，也可用单位质量煤包含的孔隙体积（cm³/g）表示。因为氦分子能充满煤的全部孔隙，而水银在不加压的条件下完全不能进入煤的孔隙，所以用下式可求出煤的孔隙度：

$$孔隙度=\frac{d_氦-d_汞}{d_氦}\times100\% \tag{4-31}$$

式中，$d_氦$、$d_汞$ 分别为用氦和汞测定的煤的密度，g/cm³。

也可以用真密度和视密度来计算煤的孔隙度：

$$孔隙度=\frac{TRD-ARD}{TRD}\times100\% \tag{4-32}$$

② 孔径的分布。煤的孔径大小并不是均一的，按霍多特分级大致可分为四类：微孔，其直径小于 100×10^{-10} m；过渡孔，孔径为 $(100\sim1000)\times10^{-10}$ m；中孔，孔径为 $(1000\sim10000)\times10^{-10}$ m；大孔，孔的直径大于 10000×10^{-10} m ［也可分为三类：微孔，其直径小于 1.2nm；过渡孔，直径为 1.2～30nm；大孔，直径大于 30nm］。

1. 孔体积的分布和煤化程度的关系

不同煤化程度煤的孔体积分布可见表 4-20。由表可见对不同煤化程度的煤各种孔的分布有一定规律。

① C 低于 75％的褐煤粗孔占优势，过渡孔基本没有。

② C75％～82％之间的煤过渡孔特别发达，孔隙总体积主要由过渡孔和微孔所决定。

③ C88％～91％的煤微孔占优势，其体积占总体积 70％以上。过渡孔一般很少。

表 4-20　孔体积分布和煤化程度的关系

煤样 $w(C)$ /％	孔体积/(cm³/g)				$V_1/V_总$ /％	$V_2/V_总$ /％	$V_3/V_总$ /％
	$V_总$	V_1	V_2	V_3			
90.8	0.076	0.009	0.010	0.057	11.8	13.2	75.0
89.5	0.052	0.014	0.000	0.038	26.9	0	73.1
88.3	0.042	0.016	0.000	0.026	38.1	0	61.9
83.8	0.033	0.017	0.000	0.016	51.5	0	48.5
81.36	0.144	0.036	0.065	0.043	25.0	45.1	29.9
79.9	0.083	0.017	0.027	0.039	20.5	32.5	47.0
77.2	0.158	0.031	0.061	0.066	19.6	38.6	41.8
76.5	0.105	0.022	0.013	0.070	21.0	12.4	66.7
75.5	0.232	0.040	0.122	0.070	17.2	52.6	30.2
71.1	0.114	0.088	0.004	0.022	77.2	3.5	19.3
71.2	0.105	0.062	0.000	0.043	59.0	0	41.0
63.3	0.073	0.064	0.000	0.009	87.7	0	12.3

2. 孔隙度与煤性质的关系

煤的孔隙度与煤的化学反应性、抗碎强度有一定关系，孔隙度大，说明煤的表面积大，在气化时与二氧化碳的接触面积大，故反应性较好，但抗碎强度较差。一般泥炭、褐煤的孔隙度很大，而中等变质程度的煤，孔隙度为 4％～5％，无烟煤为 2％～4％，一般煤球为 14％～27％，焦炭为 45％～55％，型焦为 20％～30％，木炭为 70％。

3. 孔隙度（孔隙率或气孔率）与煤化程度关系

孔隙度与煤化程度的关系可见图 4-10。曲线形状是两边高、中间低。年轻烟煤的孔隙度基本在 10％以上；含碳量在 90％附近的煤孔隙度最低，约 3％；含碳量在 90％以上，孔隙度随煤化程度增加而增加。不过影响孔隙度的因素除含碳量外，还受成煤条件、煤岩显微结构等因素的影响，所以同一含碳量，特别是年轻煤其孔隙度有一个相当大的波动范围。

三、煤的机械性质

煤的机械性质是指煤在机械加工过程中表现出来的特性。

（一）煤的硬度

煤的硬度是指抵抗外来作用力的能力，根据作用力性质的不同分为划痕硬度、压痕硬度。

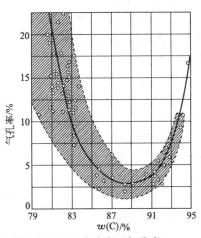

图 4-10　孔隙率（气孔率）
与煤化程度的关系

1. 划痕硬度

划痕硬度又叫莫氏硬度，是一般物质硬度的通常表示方法。它是用一套标准矿物刻画煤所得出的相对硬度。标准矿物的莫氏硬度见表4-21。

表 4-21 标准矿物的莫氏硬度

级别	1	2	3	4	5	6	7	8	9	10
矿物	滑石	石膏	方解石	萤石	磷灰石	长石	石英	黄玉	刚玉	金刚石

煤的莫氏硬度在2～4之间，在各种宏观煤岩成分中，暗煤比亮煤硬。煤的硬度与煤的变质程度有关，煤化程度低的褐煤和中变质阶段的烟煤-焦煤的硬度最小，为2～2.5，无烟煤的硬度最大，接近于4。从焦煤向肥煤、气煤、长焰煤方向，煤的硬度逐渐增加，但到褐煤阶段又明显下降。各种煤岩成分的硬度也不同。同一煤化程度的煤，以惰质组硬度为最大，壳质组最小，镜质组居中。

滑石是一种常见的硅酸盐矿物，它非常软并且具有滑腻的手感，用指甲可以在滑石上留下划痕。滑石是一种重要的陶瓷原料，可入药内、外用。

石膏是单斜晶系矿物，主要化学成分是硫酸钙（$CaSO_4$）。石膏是一种用途广泛的工业材料和建筑材料。可用于水泥缓凝剂、石膏建筑制品、模型制作、医用食品添加剂、硫酸生产、纸张填料、油漆填料等。

方解石是天然碳酸钙中最常见的一种碳酸钙矿物。因此，方解石是一种分布很广的矿物。方解石的晶体形状多种多样，它们的集合体可以是一簇簇的晶体，也可以是粒状、块状、纤维状、钟乳状、土状等。敲击方解石可以得到很多方形碎块，故名方解石。

萤石又称氟石，是一种常见的卤化物矿物，它是一种化合物，它的成分为氟化钙，是提取氟的重要矿物。

长石是长石族岩石岩的总称，它是一类含钙、钠和钾的铝硅酸盐类矿物。

黄玉又叫黄晶，是含氟硅铝酸盐矿物，它是由火成岩在结晶过程中排出的蒸气形成的，黄玉可作为研磨材料，也可作仪表轴承。透明且漂亮的黄玉属于名贵的宝石。

刚玉是一种由氧化铝（Al_2O_3）的结晶形成的宝石。掺有金属铬的刚玉颜色鲜红，一般称为红宝石；而蓝色或没有色的刚玉，普遍都会被归入蓝宝石的类别。刚玉的硬度和相对比钻石更低廉的价钱，使它成为了砂纸及研磨工具的好材料。

2. 显微硬度

显微硬度是压痕硬度的一种。测定时将煤样光片放在显微硬度测定装置的显微镜下，找到一光滑的平面，用金刚石或合金钢制成的压锥施加一定的压力使其压入，这样煤的表面就压出一个印痕。

从显微镜下观察，根据印痕压入的程度来判定煤样的显微硬度。压痕越大，则煤的显微硬度越小。它的单位是 kgf/mm^2（$1kgf=9.80665N$，下同）。显微硬度受煤变质程度的影响很大，并且具有一定的规律，通常用一种所谓"靠背椅"曲线来表示，如图4-11所示。

在碳含量为78%左右时，显微硬度有一最大值，碳含量为87%左右时，硬度最小。在无烟煤阶段，随变质程度的升高，显微硬度急剧升高，变化幅度很大，因此显微硬度可作为详细划分无烟煤的指标。

显微硬度和煤化程度的关系曲线的特点像一整把靠背椅，椅背为无烟煤，椅面是烟煤，椅脚是褐煤。

在褐煤阶段，显微硬度随着煤化程度增加而增大，碳含量在75%～80%，显微硬度有一最大值；

在烟煤阶段，显微硬度随煤化程度增高而降低，碳含量在 85% 左右达到最小值；

在无烟煤阶段，显微硬度随煤化程度增高几乎呈直线上升。

由于褐煤含有高塑性的腐殖酸和沥青质（含量在 50% 以上），而这些成分的硬度小，因此褐煤硬度低。随着煤化程度的增高，分子间的结合力增强，煤的硬度增大，故年轻烟煤硬度较大。

当煤化程度继续增高时，氧含量和桥键减少，分子间结合力减弱，其硬度逐渐降低。

到无烟煤阶即 $w(C)_{daf} > 90\%$，由于芳香碳网的增大和分子排列的规则程度增强，所以硬度急剧增大。

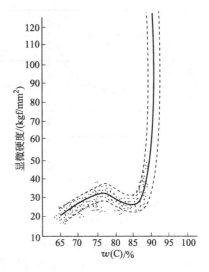

图 4-11　显微硬度和煤化程度的关系

（二）煤的可磨性（HGI）

煤的可磨性是指煤被磨碎成粉的难易程度，是一种与煤的硬度、强度、韧度和脆度有关的综合物理特性。这是一个与标准煤比较而得出的相对指标。煤的可磨性，与煤的年代、煤岩结构、类型和分布等有关，可磨性指数越大，煤越易被粉碎，反之则较难粉碎。

将相同质量的煤样在消耗相同的能量下进行磨粉（同样的磨粉时间或磨煤机转数），所得到的煤粉细度与标准煤的煤粉细度的对数比表示煤在被研磨时破碎的难易程度。

1. 煤的可磨性指数的测定方法

煤的可磨性指数的测定方法很多，但其原理都是根据破碎定律建立的，即在研磨煤粉时所消耗的功与煤所产生的新表面积成正比。目前，国际上广泛采用哈特格罗夫法。该法操作简便，具有一定的准确性，试验的规范性较强，并于 1980 年被国际标准化组织采用，列入国际标准。我国也采用此法作为煤的可磨性指标测定的标准。

哈特格罗夫法：采用美国某矿区易磨碎的烟煤作为标准，其可磨性作为 100。测定时，称取粒度为 0.63~1.25mm 的空气干燥基煤样 (50 ± 0.01)g，在规定条件下，经过一定破碎功的研磨，用筛分方法测定新增的表面积，由此算出煤的可磨性指数值。

计算公式如下：

$$HGI = 13 + 6.93m \tag{4-33}$$

式中　HGI——煤样的哈氏可磨性指数；

　　　　m——通过 0.071mm 筛孔（200 目）的试样质量，g。

从式(4-33)中可知，HGI 值越大，煤样越易被粉碎。

哈氏可磨性指数还可采用标准曲线法求得。其方法是采用 4 个一组已知可磨性指数的标准煤样，将煤样经哈氏可磨性测定仪研磨，然后绘制出可磨性指数与通过 0.071mm 筛孔的筛下物平均重量之间的标准关系曲线，按规定测出空气干燥煤样的 0.071mm 筛下物重量，从而从标准关系曲线图中查出煤的可磨性指数，指数越大，表明越易磨碎。

2. 可磨性指数（HGI）和煤化程度的关系

随着煤化程度增高，煤的可磨性指数呈抛物线变化（图 4-12），在碳含量 90% 处出现最大值。

（三）抗碎强度（脆度）

是煤受外力作用而破碎的程度。煤在运输装卸过程中，由于煤块的碰撞常使原来的大块破裂成小块甚至产生一些煤粉，这对需要使用块煤的用户很不利。因此，使用块煤的用户对

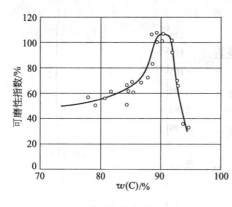

图 4-12 可磨性指数（HGI）
和煤化程度的关系

煤的抗碎强度有一定的要求。成煤的原始物质、煤岩成分、煤化程度等都对煤的脆度有影响。

1. 抗碎强度的测定原理

落下试验是衡量煤的机械强度大小最常用的方法之一。这个方法的实质是衡量煤的抗碎能力。选取粒度为 $60\sim100mm$ 的块煤约 25kg，称出其质量（精确到 0.1kg）后装入一个底部能打开的铁箱中，铁箱底离地 2m，地上铺以铁板，打开箱底，使煤块自由落到铁板上，然后用 $25mm\times25mm$ 的筛子过筛，如煤块都已破碎到 25mm 以下即不再进行试验；如仍有大于 25mm 的煤块，则将这部分煤块再装箱按上法落下一次，如第二次落下后

还有大于 25mm 的煤块，则将大于 25mm 的煤块再装箱按上法落下一次并进行筛分。称出大于 25mm 的煤块质量，按下式计算煤炭机械强度。

煤炭抗碎强度

$$S_{25}=\frac{m_1}{m}\times100\%$$

式中　m——试验前的试样质量，kg；

　　　m_1——试验后大于 25mm 级的质量，kg。

数值越小越易碎；数值越大越坚固。

以落下试验法对不同牌号煤的机械强度测定结果，可以把煤分为四类。

最脆的 $<10\%$；脆的 $10\%\sim30\%$；坚固的 $30\%\sim50\%$；最坚固的 $>50\%$。

2. 抗碎强度与煤质的关系

煤的抗碎强度与煤化程度、煤岩成分、矿物含量以及风化、氧化等因素有关。煤的抗碎强度随煤化程度的变化规律如图 4-13 所示。由图可见，中等煤化程度的煤抗碎强度较低。

在不同的煤岩成分中，暗煤的抗碎强度最高，镜煤次之，丝炭最低；矿物含量较高时抗碎强度较高；煤受到风化和氧化后抗碎强度降低。

在不同变质程度的煤中，长焰煤和气煤的脆度较小，肥煤、焦煤和瘦煤的脆度最大，无烟煤的脆度最小。

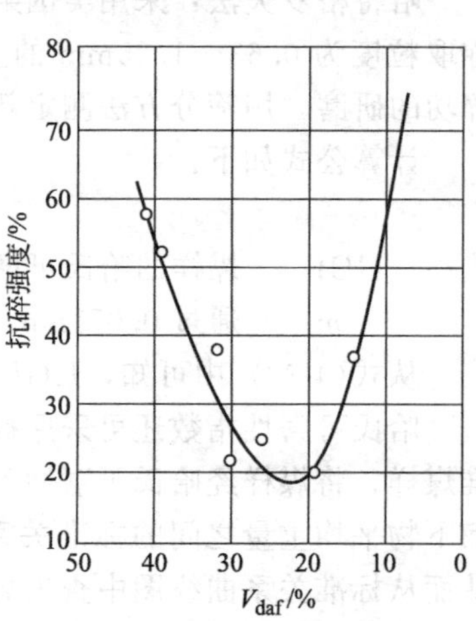

四、煤的热性质

煤的热性质包括煤的比热容（蓄热性）、导热性和热稳定性，研究煤的热性质，不仅对煤的热加工（煤的干馏、气化和液化等）过程及其传热计算有很大的意义，而且某些热性质还与煤的结构密切相关。如煤的导热性，能反映煤的一些重要结构特点；煤中分子的定向程度。

（一）煤的比热容（蓄热性）

在一定温度范围内，单位质量的煤，温度升高 1℃ 所

图 4-13　抗碎强度与煤化程度的关系

需要的热量，称为煤的比热容，也叫煤的热容量。单位为 $cal/(g\cdot℃)$ 或 $J/(g\cdot℃)$。

煤的比热容与煤化程度、水分、灰分和温度的变化等因素有关。一般随煤化程度的加深而减少，比热容随着水分升高而增大；随着灰分的增加而减少。煤的比热容随温度的升高，而呈抛物线形变化，当温度低于 350℃ 时，煤的比热容随着温度的升高而增大；如温度超过

350℃，煤的比热容反而随着温度的增高有所下降，当温度增加到 1000℃时，则比热容降至与石墨的比热容 [0.195cal/(g・℃)] 相接近。水的比热容 $C_p = 4.182cal/(g・℃)$；煤 $C_p = 0.2\sim0.4cal/(g・℃)$；蓄热能力差。比热容与煤化程度的关系见图 4-14，比热容和温度的关系见图 4-15。

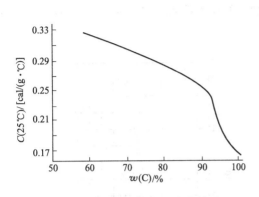

图 4-14　比热容与煤化程度的关系

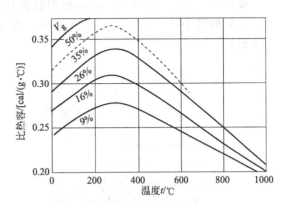

图 4-15　比热容和温度的关系

（二）煤的导热性

煤的导热性包括热导率 $\lambda[kJ/(m・h・℃)]$ 和导温系数 α（m^2/h）两个基本常数，它们之间的关系可用下式表示：

$$\alpha = \frac{\lambda}{C\rho} \tag{4-34}$$

式中　C——煤的比热容，$kJ/(kg・℃)$；

　　　ρ——煤的密度，kg/m^3。

物质的热导率应理解为热量在物体中直接传导的速度。而物质的导温系数是不稳定导热的一个特征的物理量，它代表物体所具有的温度变化（加热或冷却）的能力。α 值愈大，温度随时间和距离的变化愈快。λ 可表示煤的散热能力，$C\rho$ 表示单位体积物体温度变化 1℃时吸收或放出的热量，即物体的储热能力，所以导温系数 α 为物体散热和蓄热能力之比，是物体在温度变化时显示出的物理量。常用于煤料的导热计算。

煤的热导率与煤的变质程度、水分、灰分、粒度和温度有关。

热导率随煤中水分的增高而变大，因为水的热导率远大于空气的热导率，约为后者的25 倍。所以煤粒间的空气被水排除后，煤粒的热导率就要提高。

矿物质对煤的热导率有很大的影响。有机物的导热性远低于矿物质，因而煤的热导率随灰分的增加而增大。

煤的热导率随着温度的升高、粒度的增加而增大。煤的热导率与温度、粒度的关系如图4-16 所示。

煤的热导率随变质程度加深而增大。煤在变质过程中有机结构逐渐紧密化与规则化，因而其导热性指标渐趋增大，并越来越接近于石墨。

试验指出：腐殖煤中泥炭的热导率最低，烟煤的热导率明显地比泥炭高，烟煤中焦煤和肥煤的热导率最小，而无烟煤有更高的热导率。

同一种煤，其热导率随煤中水分的增高而增大。同样，煤的热导率随矿物质含量的升高而增大。

煤的热导率可用下式计算：

$$\lambda = 0.003 + \frac{\alpha t}{1000} + \frac{\beta t^2}{(1000)^2} \tag{4-35}$$

式中　α，β——特定常数（对强黏结性煤 $\alpha = \beta = 0.0016$；对弱黏结性煤 $\alpha = 0.0013$，$\beta = 0.0010$）。

煤的导温系数有与煤的热导率相似的影响因素，也因水分的增加而提高。导温系数与温度的关系如图 4-17 所示。由图 4-17 可见，在 400℃前导温系数增加较少，400℃后导温系数猛力增加。

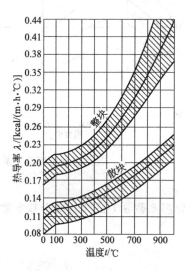

图 4-16　煤的热导率与温度、粒度的关系

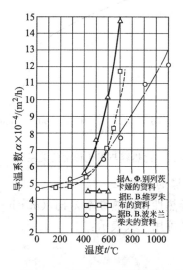

图 4-17　煤的导温系数与温度的关系

根据 A. A. 阿格罗斯金的研究，中等煤化程度的烟煤，煤的导温系数可用下列经验公式计算。

温度 20～400℃时，

$$\alpha = 4.4 \times 10^{-4} [1 + 0.0003(t - 20)] \, \text{m}^2/\text{h} \tag{4-36}$$

温度＞400℃时，

$$\alpha = 5.0 \times 10^{-4} [1 + 0.0033(t - 400)] \, \text{m}^2/\text{h} \tag{4-37}$$

一般块煤或型煤、煤饼的热导率比同种煤的末煤和粉煤大。

因为有机物导热性＜无机物（灰分），所以煤的导热性随水分含量升高而增大，随灰分含量升高增大，随温度升高而增大，随变质程度加深而增大。无烟煤导热性最好，泥炭最差。

软木热导率 [kcal/(m·h·℃)]：0.041～0.064；黏土砖：0.47～0.67；水 0.506；煤 0.19（整块），0.11（散）；钢 45.3；黄铜 89；铝 203.5。

（三）煤的热稳定性

煤的热稳定性是指块煤在高温下，燃烧和气化过程中对热的稳定程度，即块煤在高温下保持原来粒度的性能。

热稳定性好的煤，在燃烧和气化过程中能保持原来的粒度进行燃烧和气化，或者只有少量的破碎。热稳定性差的煤常在加热时破碎成小的、厚薄不等的大小碎片或粉末，从而阻碍气流的畅通，降低煤的燃烧或气化效率。粉煤量积到一定程度后，就会在炉壁上结渣，甚至停产。

通常热稳定性是在 850℃下加热煤样，筛取大于 6mm 煤粒的量来量度，以 TS+6 表示。

显然 TS+6 的值愈大，表示煤的热稳定性愈好。

一般褐煤和变质程度深的无烟煤的热稳定性差。煤的热稳定性和成煤过程中的地质条件有关，也和煤中矿物质的组成及其化学成分有关。例如含碳酸盐类矿物多的煤，受热后析出大量二氧化碳而使煤块破裂。孔隙度较大、含水分较多的煤，由于骤裂升温而使其水分突然析出，也会使块煤破裂而降低煤的热稳定性。

五、煤的电性质与磁性质

煤的电、磁性质，主要包括导电性、介电常数、抗磁性磁化率等。煤的电、磁性质，对于煤的结构研究及其工业应用具有很大的意义。

（一）煤的导电性

煤的导电性是指煤传导电流的能力。导电性常用电阻率（比电阻）、电导率表示。

1. 电阻率ρ（$\Omega \cdot cm$）

电阻率是一个仅与材料的性质、形状和大小有关的物理量，在数值上等于电流沿长度为 1cm、截面积为 $1cm^2$ 的圆柱形材料轴线方向通过时的电阻。

2. 电导率σ（$\Omega^{-1} \cdot cm^{-1}$）

电导率等于电阻率的倒数。煤是一种导体和半导体。根据煤导电性质的不同，可分为电子导电性和离子导电性两种。煤的电子导电性是依靠组成煤的基本物质成分中的自由电子导电，如无烟煤具有电子导电性。离子导电性是依靠煤的孔隙中水溶液的离子导电，如褐煤就属于离子导电性。煤的电导率随着煤化程度的加深而增加，煤的含碳量达到 87% 以后，电导率急剧增加。

在自然条件下，不同煤的电阻率变化范围很大，可由 $10^{-4}\Omega \cdot cm$ 到大于 $10^4\Omega \cdot cm$。这是由于煤的电阻率受煤化程度、煤岩成分、矿物质的数量和组成、煤的水分、孔隙度和煤的构造等因素影响的结果。

3. 电阻率和电导率与煤化程度的关系

图 4-18、图 4-19 反映了煤的电导率和电阻率与煤化程度的关系。

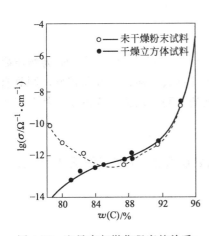

图 4-18　电导率与煤化程度的关系

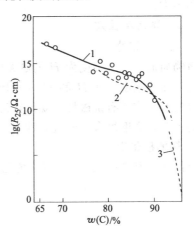

图 4-19　电阻率与煤化程度的关系
1—褐煤（C：60%～77%）；2—烟煤（C：77%～90%）；
3—无烟煤（C：88%～98%）

研究表明：如图 4-19 线段 1 所示，由于褐煤中的水分含量高，孔隙率较大，并且其中存在能部分溶于水的羧基与酚羟基等酸性含氧官能团，使低煤化程度煤的离子导电性增大、电阻率降低加快，褐煤向烟煤过渡时，电阻率剧增。线段 2 为烟煤阶段，由于煤化程度的提

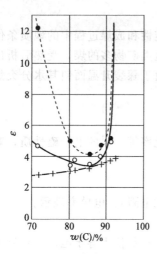

图 4-20　煤的介电常数
ε 和煤的折射率 n^2
与煤化程度的关系
●—空气干燥煤的 ε；
○—剧烈干燥的煤的 ε；+—n^2

高，煤中水分降低很快，离子数量急剧减小使烟煤成为不良导体，随着煤化程度增高，电阻率减小缓慢。线段 3，到无烟煤阶段时，随着煤化程度提高，电阻率急剧下降，使无烟煤具有良好的导电性。

干燥煤：煤电导率随煤化度的提高而增加；未干燥煤：低变质烟煤电导率先是减小，到中变质烟煤电导率开始增大，从高变质烟煤到无烟煤电导率剧增。原因：对 $w(C)_{dar} < 84\%$ 煤化度较低的煤，特别是褐煤与长焰煤，由于煤中的水分含量高，孔隙率较大，并且其中存在能部分溶于水的羧基与酚羟基等酸性含氧官能团，使煤的离子导电性增大，因而低煤化度煤的电阻率较低，并在一定范围内随水分含量的减少而下降。而到了无烟煤，吸附水量变化很小，但石墨化程度增强，导电性急剧增加。

（二）煤的介电常数

煤的介电常数又叫介质常数、介电系数或电容率，它是表示煤绝缘能力的特性。数值越小，绝缘性越好。水为 16.3；碳为 $6\sim8$；木头为 2.8。

煤的介电常数是指当煤介于电容器两板间的蓄电量和两板间为真空时的蓄电量之比。

$$\varepsilon = \frac{C}{C_0}$$

式中　C_0——真空时的电容量；

　　　C——加入煤后的电容量。

水分对介电常数的影响极大，测定煤的介电常数时必须采用十分干燥的煤样。

煤的介电常数随煤化程度的增加而减少（图 4-20），在含碳量 87% 处出现极小值，然后又急剧增大。

（三）煤的磁性质

1. 煤的抗磁性

将物质放于磁场强度为 H 的磁场中，则其磁感应强度为 $B = H + H'$，H' 为物质磁化产生的附加磁场强度。如 H' 和 H 方向相同，则该物质具有顺磁性；若方向相反，则具有抗磁性。煤的有机质具有抗磁性。煤的抗磁性随煤化程度的升高而增大。煤的抗磁性与煤中芳香性结构有关，高度缩合环的抗磁性大。

2. 煤的磁化率

煤的磁化率是指磁化强度 I（抗磁性物质是附加磁场强度）和外磁场强度 H 之比，用 κ 表示。

$$\kappa = \frac{I}{H}$$

顺磁物质，则 I 和 H 方向相同，$\kappa > 0$；而抗磁性物质，则为方向相反，$\kappa < 0$。磁化率一般采用古埃磁力天平测定。

3. 比磁化率

化学上常用比磁化率 χ 表示物质磁性的大小。比磁化率是在 1Gs（$1Gs = 10^{-4}T$，下同）磁场下，1g 物质所呈现的磁化率（即单位质量的磁化率）。

煤大部分具有抗磁性。无烟煤的磁性质显示出各向异性。

煤的比磁化率随着煤化程度加深呈直线的增加（图 4-21），在碳含量 79%～91% 阶段，直线的斜率减小。煤的比磁化率在烟煤阶段增加最慢，而在无烟煤阶段增加最快，在褐煤阶段增加速度居中。利用比磁化率可计算煤的结构参数。

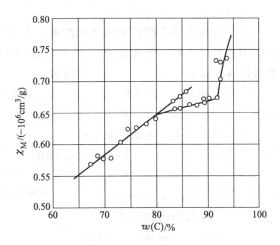

图 4-21　抗磁性比磁化率与煤化程度的关系

六、煤的光学性质

煤的光学性质主要有可见光照射下的反射率、折射率和透光率以及不可见光照射下的 X 射线衍射图谱、红外光谱、紫外光谱和荧光性等。煤的光学性质可提供煤化度、各向异性及芳香层大小排列等煤结构的重要信息。煤在光学上的各向异性反映了煤结构内部微粒的形状和定向、聚结状况等。煤的光学性质也可以作为煤分类的重要指标。

1. 反射率

当一定波长的光垂直照射到磨光的样品表面时，产生的反射光强度与垂直入射光强度的百分比，表示煤内部结构的分散程度。以 R（%）表示。影响因素如下。

① 不同煤岩组成的煤，对光的反射率不同。

② 同一煤岩组成的煤，随煤化程度的提高，反射率增加。褐煤 0.40～0.50；长焰煤 0.50～0.65；气煤 0.60～0.80；气肥煤 0.80～0.90；肥煤 0.90～1.20；焦煤 1.20～1.50；瘦焦煤 1.50～1.69；瘦煤 1.69～1.90；贫煤 1.90～2.50；无烟煤 2.50～4.00。因为煤内部分子聚集特性变化，分子排列更有序、紧密稠环芳核片层变大。

一般来说，褐煤在光学上是各向同性的。随着煤化程度的增加，煤由烟煤向无烟煤阶段过渡，分子结构中芳香核层状结构不断增大，排列趋向规则化，在平行或垂直于芳香层片的两个方向上光学性质的各向异性逐渐明显，反射率即能反映这一变化，这是由煤的内部结构决定的。

各显微组分的反射率不同，镜质组反射率的变化幅度大，规律明显（见图 4-22、图 4-23）；惰质组的反射率在变质过程中变化幅度很小；壳质组反射率变化虽然大，但在高变质煤中很少见。在确定煤变质程度时，以镜质组平均随机反射率作为主要指标。

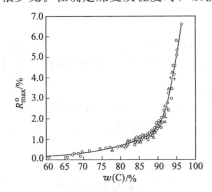

图 4-22　镜质组的油浸最大反射率

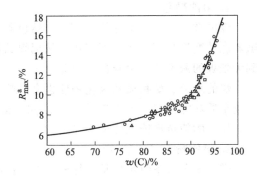

图 4-23　镜质组在空气中的最大反射率

以最大反射率的变化幅度大，因此通常用凝胶化组分的最大反射率作为确定煤化程度的标准。丝炭化组分的反射率在煤化过程中变化幅度很小，稳定组分的反射率变化虽大，但稳定组分本身在高煤化程度煤中已很少见，因此它们都不宜作为鉴定标准。

2. 透光率

煤的透光率是指煤样和稀硝酸溶液，在100℃（沸腾）的温度下，加热90min后，所产生的有色溶液，对一定波长的光（475nm）透过的百分率PM。透光率能较好地区分低煤化程度的煤，是区分褐煤和长焰煤的指标。

（1）影响因素　随着煤化程度增高，经硝酸和磷酸处理后所得溶液的颜色逐渐变浅以至消失，因而煤的透光率逐渐增大。

（2）测定方法　将浓硝酸1份（65%～68%）、浓磷酸1份（不低于85%）与9份水配制成混合酸，其中磷酸的作用主要是隐蔽三价铁对比色溶液的干扰作用。

测定时，在100℃（沸腾）的温度下，低变质程度煤样与硝酸和磷酸的混合酸在规定条件下加热90min，反应形成有色溶液。根据溶液颜色深浅，以不同浓度的重铬酸钾溶液作为标准，用目视比色法测定煤样的透光率。

（3）原理　年轻煤用硝酸处理后产生有色溶液的原因是，煤中某些有机物与硝酸发生了一系列的反应，有氧化、硝化作用，有侧链官能团上的反应，也有芳环上的反应等，从而生成一系列新的有机物。

（4）应用　煤的透光率是区分褐煤和长焰煤的指标。此法的优点是灵敏度大，分辨力强。若用含碳量来确定煤的牌号，就有可能将某些有机硫含量较高的长焰煤错划为褐煤，这是因为碳含量受煤中有机硫含量的影响，即煤中有机硫含量高时，含碳量降低，而透光率不受硫分含量的影响，除此以外，它还具有结果重现性好、操作简便、易于掌握、测值不受煤样轻度氧化干扰等一系列优点。

值得注意的是，风化后的烟煤，其透光率很低，甚至为零。这是因为煤受风化后，煤的缩合芳香结构遭到破坏，与稀硝酸作用可生成颜色很深的溶液，使光线难以透过。

3. 荧光性

荧光是有机物和矿物质的一种发光现象，它是用蓝光、紫外线、X射线或阴极射线激发而产生的。荧光光度法可以鉴定煤的显微组成和煤化程度。

煤的荧光性研究可使用光片、薄片和光薄片，可进行单色荧光强度测量、荧光变化测量、荧光光谱测量等。

七、煤的其他物理性质

（一）煤的颜色、粉色和光泽

1. 煤的颜色

煤的颜色是指新鲜煤块表面的自然色彩，是煤对不同波长可见光吸收的结果。煤的颜色随着煤的变质程度的增高而变化，从褐煤的褐色、深褐色、黑褐色到烟煤的黑色、深黑色再到无烟煤的灰黑色、钢灰色。因此，根据煤的颜色可以大致区别褐煤、烟煤和无烟煤。

煤的水分、矿物质和风化程度也会影响煤的颜色。煤中的水分常能使煤的颜色加深，但矿物杂质却能使煤的颜色变浅。所以同一矿井的煤，如其颜色越浅，则表明它的灰分也越高。用煤的粉色更能准确反映煤的颜色。

2. 煤的粉色（条痕色）

煤的粉色（条痕色）是指煤研成粉末的颜色，也就是在白色素瓷板上刻画的条痕色，是煤的真实颜色。煤的粉色往往比颜色浅一些（这与有些矿物不同，如黄铁矿的粉色反而比颜色要深），粉色的变化比较稳定。反映变质程度比较明显，常常可以收到更好的鉴定效果。

不同变质程度的镜煤或光亮煤的颜色、条痕色鉴定特征，见表4-22，列出了八种不同煤化程度煤的光泽、颜色和条痕色。

表 4-22 不同煤化程度的煤的光泽、颜色和条痕色

煤化程度	光泽	颜色	条痕色
褐煤	无光泽或暗淡的沥青光泽	褐色、深褐色或黑褐色	浅棕色、深棕色
长焰煤	沥青光泽	黑色、带褐色	深棕色
气煤	沥青光泽或弱玻璃光泽	黑色	棕黑色
肥煤	玻璃光泽	黑色	黑色,带棕色
焦煤	强玻璃光泽	黑色	黑色,带棕色
瘦煤	强玻璃光泽	黑色	黑色
贫煤	金属光泽	黑色,有时带灰色	黑色
无烟煤	似金属光泽	灰黑色,带有古铜色	灰黑色

3. 煤的光泽

煤的光泽是指自然光下新鲜煤断面的反光能力。是用肉眼鉴定煤的主要标志之一。

所谓断面是垂直层理（层理是指岩石的颜色、成分、结构沿垂直方向变化而表现出来的层状构造）的面。在腐殖煤的四种煤岩成分中，镜煤的反光能力最强，用肉眼观察时最亮；亮煤次之；暗煤光泽较暗；丝炭光泽最暗。因此一块煤（中变质阶段的煤最明显）可以看到明暗相间的条带组成。

腐殖煤最常见的光泽特征有蜡状光泽、沥青光泽、玻璃光泽、金刚光泽和似金属光泽、此外还有油脂光泽、丝绢光泽和土状光泽等。除了丝绢光泽（纤维状集合体的丝炭光泽特征）和土状光泽（松散的暗煤光泽特征）外，其余的光泽特征都是指镜煤条带或光亮煤的光泽特征。

煤的光泽与煤化程度、矿物质含量、风化程度有关。煤中矿物成分和矿物质的含量以及煤岩组分、煤的表面性质、断口和裂隙等也都会影响煤的光泽。煤风化或氧化以后，对煤的光泽影响也很大，通常使之变为暗淡无光泽。所以在判断煤的光泽时一定要用未氧化的煤为标准。

从不同煤岩显微组分来看，由于镜质组质地均一，所以光泽也最强、最亮，丝质组和半丝质组以及稳定组的光泽多弱而暗淡。半镜质组的光泽介于以上两者之间。煤中的矿物组分含量越高，光泽就越暗淡。

（二）煤的断口和裂隙

1. 断口

断口是指煤受外力打击后形成的断面的形状。在煤中常见的断口有贝壳状断口、参差状断口、阶梯状断口、棱角状断口、粒状断口和针状断口等。根据煤的断口即可大致判断煤的物质组成的均一性和方向性。煤的原始物质组成和煤化程度不同，断口形状各异。贝壳状断口组成均一，中等变质成分居多；参差状断口也称不规则断口，常是一些暗淡型煤或高矿物质煤。

2. 煤的裂隙

煤的裂隙是指煤在形成过程中由于受到自然界中各种应力的影响使煤层或煤块产生了裂缝现象，按裂隙的成因不同，可分为内生裂隙和外生裂隙两种。

（1）内生裂隙 煤化过程中，煤中的凝胶化合物受到温度和压力等因素的影响，体积均匀收缩产生内张力而形成的一种裂隙。常以焦煤类最多，肥煤类次之，1/3 焦煤、气煤和长焰煤依次减少，到褐煤阶段几乎没有内生裂隙。多出现在均匀致密的光亮煤分层中，特别是在镜煤中最为发育。

有人根据煤的内生裂隙方向的规则性而认为煤的内生裂隙是在褶皱运动以前形成的。

（2）外生裂隙 煤形成以后，受构造应力的作用而产生的一种裂隙。

通常以光亮型煤最为发育，并同时穿过几个煤岩分层。

由于外生裂隙组的方向常与附近的断层方向一致，因此研究煤的外生裂隙有助于确定断层的方向。此外，研究煤的外生裂隙还对提高采煤率和判断是否会发生煤尘爆炸和瓦斯爆炸具有一定的实际意义。

复习思考题

1. 进行煤中全水分测定时，什么情况下测得的水分是实验室收到基煤样的水分？

2. 什么是煤的空气干燥煤样水分和收到基水分？这两种水分之间有什么区别与联系？

3. 全水分是外在水分与内在水分之和，计算时为什么不能将它们直接相加？

4. 什么是煤的灰分？什么是煤的矿物质？两者之间有什么联系和区别？

5. 煤的最高内在水分与挥发分有什么关系？原因何在？

6. 煤中全硫的测定有哪几种方法？硫对工业生产及环境有哪些不利影响？

7. 煤质分析中常用的基准有哪些？如何表示？

8. 称取空气干燥煤样 1.0000g，在 105～110℃ 条件下干燥至质量恒定，质量减少 0.0600g，求空气干燥煤样水分。

9. 将某煤样由煤矿送到企业后测得水分为 8.4%，又知其在途中煤样水分损失为 1.2%，则此煤样的全水分应为多少？

10. 设将粒度小于 6mm 的测定全水分的煤样装入密封容器中称量为 600.00g，容器质量为 250.00g。化验室收到煤样后，称量装有煤样的容器为 590.00g，测定煤样全水分时称取试样 10.10g，干燥后质量减少了 1.10g，则此煤样装入容器的全水分是多少？

11. 称取空气干燥煤样 1.200g，测定挥发分时失去质量为 0.1420g，测定灰分时残渣的质量是 0.1125g。如果已知此煤中 $M_{ad}=4.00\%$，求试样中的 V_{ad}、A_{ad}、$w(FC)_{ad}$。

12. 已知某分析煤样化验结果为 $M_{ad}=3.00\%$、$A_{ad}=14.52$，求 $A_d=?$

13. 已知某烟煤 $M_{ad}=2.05\%$，$A_d=14.14\%$，$V_d=28.35\%$，求 V_{ad} 和 V_{daf}。

14. 某煤 $M_{ar}=9.00\%$、$M_{ad}=1.00\%$、$A_d=10.00\%$、$V_{daf}=31.00\%$，求 $M_{f,ar}$ 和 $w(FC)_{ad}$。

15. 什么是煤的热稳定性？在煤的加工利用中有何现实意义？

第五章 煤的工艺性质

煤的工艺性质是指煤在一定的加工工艺条件下或某些转化过程中所呈现的特性。如煤的黏结性、结焦性、可选性、低温干馏性、反应性、结渣性、煤的燃点及煤的发热量等。

不同种类或不同产地的煤往往工艺性质差别较大，不同加工利用方法对煤的工艺性质有不同的要求。为了正确地评价煤质，合理使用煤炭资源并满足各种工业用煤的质量要求，必须了解煤的各种工艺性质。

第一节 煤的热解

将煤在惰性气氛下持续加热至较高温度时，煤有机质所发生的一系列物理变化和化学反应的复杂过程称为煤的热解，或称热分解、干馏。在这一过程中放出热解水、CO_2、CO、石蜡烃类、芳烃类和各种杂环化合物，残留的固体则不断芳构化，结果转变为半焦或焦炭等产品，直至在足够高的温度下转变为类似于微晶石墨的固体。

煤的热加工是当前煤炭加工中最主要的工艺，大规模的炼焦工业就是煤炭热加工的典型例子。研究煤的热解化学与煤的热加工技术有密切的关系，取得的研究成果对煤的热加工有直接的指导作用。例如，研究煤的热解过程和机理，就能正确地选择原料煤、解决加工工艺问题以及提高产品（焦炭、煤气、焦油等）的质量和数量；研究煤的热解、黏结成焦对研究煤的形成过程和分子结构等理论具有重要意义；充分了解煤的热解过程，还有助于开辟新的煤炭加工方法如煤的快速和高温热解、煤的热熔加氢以及由煤制取乙炔等新工艺。

一、煤热解过程的特征

将煤在隔绝空气的条件下加热时，煤的有机质随着温度的升高发生一系列变化，形成气态（干馏煤气）、液态（焦油）和固态（半焦或焦炭）产物，典型黏结性烟煤受热时发生的变化如图 5-1。

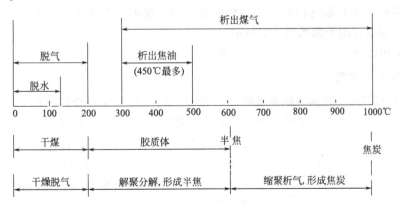

图 5-1 典型烟煤的热解过程

煤的热解按其最终温度的不同可以分为：高温干馏（950～1050℃）、中温干馏（700～800℃）和低温干馏（500～600℃）。炼焦过程属于高温干馏。

煤的热解过程大致可分为三个阶段。

1. 第一阶段：室温～活泼分解温度 T_d（300～350℃）

这一阶段又称干燥脱吸阶段。在这一过程中，煤的外形基本上没有变化。在120℃以前脱去煤中的游离水；120～200℃脱去煤所吸附的气体如 CO、CO_2 和 CH_4 等；在200℃以后，年轻的煤如褐煤发生部分脱羧基反应，有热解水生成，并开始分解放出气态产物如 CO、CO_2、H_2S 等；近300℃时开始热分解反应，有微量焦油产生。烟煤和无烟煤在这一阶段没有显著变化。

2. 第二阶段：活泼分解温度 T_d～550℃

这一阶段的特征是活泼分解，又称活泼分解阶段。以分解和解聚反应为主，生成和排出大量挥发物（煤气和焦油）。气体主要是 CH_4 及其同系物，还有 H_2、CO_2、CO 及不饱和烃等，为热解一次气体。焦油在450℃时析出量最大，气体在450～550℃时析出量最大。烟煤（特别是中等煤化程度的烟煤）在这一阶段从软化开始，经熔融、流动和膨胀再到固化，出现了一系列特殊现象，在一定温度范围内产生了气、液、固三相共存的胶质体。胶质体的数量和性质决定了煤的黏结性和结焦性。固体产物半焦和原煤相比，部分物理指标差别不大，说明在生成半焦过程中缩聚反应还不是很明显。

3. 第三阶段（550～1000℃）

这一阶段又称二次脱气阶段。以缩聚反应为主，半焦分解生成焦炭，析出的焦油量极少。一般在700℃时缩聚反应最为明显和激烈，产生的气体主要是 H_2，仅有少量的 CH_4，为热解二次气体。随着热解温度的进一步升高，在750～1000℃，半焦进一步分解，继续放出少量气体（主要是 H_2）。同时分解残留物进一步缩聚，芳香碳网不断增大，排列规则化，密度增加，使半焦变成具有一定强度或块度的焦炭。在半焦生成焦炭的过程中，由于大量煤气析出使挥发分降低（焦炭挥发分小于2%），同时由于焦炭本身密度的增加，焦炭的体积要收缩，导致产生许多裂纹或形成碎块。焦炭的块度和强度与收缩程度有关。

如果将最终加热温度提高至1500℃以上即可生成石墨，用于生产炭素制品。

煤的热解过程是一个连续的、分阶段的过程。不同煤化程度的煤的热解过程略有差异。其中烟煤的热解比较典型，三个阶段的区分比较明显，如图5-1所示。低煤化程度的煤如褐煤，其热解过程与烟煤大致相同，但热解过程中没有胶质体形成，仅发生分解产生焦油和气体。加热到最高温度得到的固体残留物是粉状的。高煤化程度的煤（如无烟煤）的热解过程更简单，在逐渐加热升温过程中，既不形成胶质体，也不产生焦油，仅有少量热解气体放出。因此无烟煤不宜用干馏的方法进行加工。

以上三个阶段从煤的差热分析可以得到证实。

二、煤的差热分析

差热分析（DTA）的基本原理是将试样和参比物（与试样热特性相近，在试验温度范围内，不发生相变化和化学变化的热惰性物质，多用 α-Al_2O_3）在同条件下加热（或冷却），记录在不同温度（时间）下，被测试样和参比物的温度差（程序控温），并绘制出该温度差与温度（时间）的关系曲线（差热分析曲线或 DTA 曲线）。如图5-2为焦煤的差热分析曲线。该曲线反映了煤在热解过程中不同阶段所发生的吸热和放热效应。

吸热峰——被测试样温度低于参比物温度，温度差 Δt 为负值。

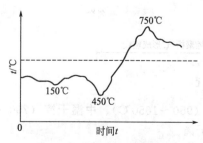

图 5-2　焦煤差热分析曲线

放热峰——被测试样温度高于参比物温度，温度

差 Δt 为正值。

图 5-2 为典型烟煤的差热分析图谱，有三个明显的热效应区。

① 在 150℃ 左右，有一吸热峰，表明此阶段为吸热效应。而煤正是在这个阶段析出水分和其他吸附气体，相当于煤热解过程中的干燥脱吸阶段。

② 在 350～550℃ 范围内，有一较大的吸热峰，表明该阶段也为吸热效应。这一阶段煤发生解聚、分解生成气体和煤焦油（蒸气状态）等低分子化合物，相当于煤热解过程中的活泼分解阶段。

③ 在 600～850℃ 范围内，有一较大的放热峰，表明此阶段为放热效应。这一阶段煤热解残留物互相缩聚，半焦逐渐熟化生成焦炭，相当于煤热解过程中的缩聚反应阶段。

差热曲线上三个明显的热效应峰与煤热解过程热化学分析的三个主要阶段是一致的，同时也从另一个角度说明了煤热解过程中的三个热化学反应阶段。

不同种类的煤，其差热分析曲线上峰的位置、峰的高低也是有区别的。

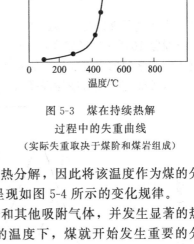

图 5-3　煤在持续热解
过程中的失重曲线
（实际失重取决于煤阶和煤岩组成）

三、煤的热重分析

热重分析是通过伴随煤热解的失重记录而进行的分解过程的热重测量。所记录的曲线称为失重曲线。图 5-3 为典型黏结性烟煤在持续热解过程中的失重曲线。

① 超过 300～350℃ 以后，失重速率变化很大，也就是说只有在超过这个温度之后，煤的有机质才开始大规模热分解，因此将该温度作为煤的分解温度，用 T_d 表示。煤的分解温度 T_d 随煤阶的增大而呈现如图 5-4 所示的变化规律。

② 在温度 T_d 之前，失重变化很小，此阶段析出水分和其他吸附气体，并发生显著的热诱导结构变化。也有许多实验表明，在低达 175～200℃ 的温度下，煤就开始发生重要的分子重排了。因此，T_d 作为活泼热分解（引起大量失重）的温度。

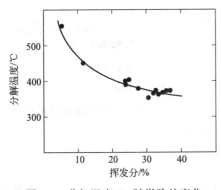

图 5-4　分解温度 T_d 随煤阶的变化

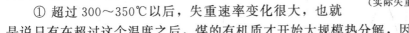

图 5-5　不同煤阶煤的失重曲线

③ 在相近的热解条件下，挥发分的析出速度受煤阶的影响很大，见图 5-5，表明它和煤的化学成熟度有明显的关系。随着碳含量增加和相应的挥发分减少，活泼分解趋向于在越来越高的温度下和越来越窄的温度范围内进行，最大失重速率和最后的总失重逐渐减小。只有当由于煤岩组成而造成煤的非典型的 H/C 原子比时，即当壳质组或惰质组的含量特别高，以致煤的挥发分超出正常范围以外时（腐泥煤或风化腐殖煤也有类似情况），这个规律才会

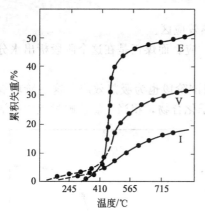

图 5-6　某高挥发分烟煤的壳质组（E）、
镜质组（V）和惰质组（I）
的累计失重曲线

被破坏。如图 5-6 所示为同一种高挥发分烟煤的 E、V 和 I 的累计失重曲线，反映了煤岩组成对煤热失重的重要影响。

另外，加热速度、压力和煤的粒度都是影响挥发分由煤的内部传递到煤表面上来的参数，它们都对失重速率和最终失重有影响。这些参数的影响取决于有效气孔率（与煤化程度和煤岩组成有关）和释放出的物质的性质（随温度而变化）。

常规的加热速度（＜10℃/min）对挥发物析出速度的影响如图 5-7 所示。表明即使加热速度的很小增加也会使脱挥发分过程发生很大变化，使其向高温侧移动，并且挥发物析出速度急剧增大。

很高的加热速度（高达 10^5℃/s）可使脱挥发物的温度范围移动高达 400～500℃，其主要原因是升温速度大大超过了挥发物能够逃离煤的速率。例如当升温速度由 1℃/s 增至 105℃/s 时，褐煤挥发分脱除 10%～90% 完全程度的温度范围由 400～840℃ 变为 860～1700℃。很高的加热速度不同于常规的缓慢加热，它可以使最终总失重超过用工业分析法测得的挥发分（见图 5-8），这种效应形成可凝性烃类（焦油）的产率较高。

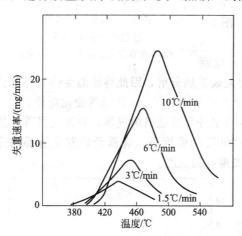

图 5-7　失重速率与常规加热速度的典型关系

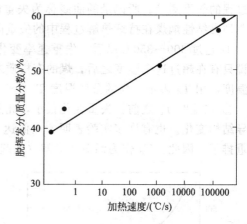

图 5-8　很高的加热速度对次烟煤的脱挥发分的影响
（煤被加热时的最高温度为 815℃）

压力与热失重的关系是，煤热解所处的压力与失重呈反比关系。其原因是较低的压力减小了挥发物的逸出阻力，因而缩短了它们在煤中的停留时间。

煤的粒度的影响表现为，粒度越大，热失重越低，半焦产率越高，焦油产率越低，CH_4、CO、CO_2 的产率越高。

值得注意的是，失重速率不能和分解速率完全等同起来，因为从煤中析出的挥发物有时包括是二次分解产物（某些较重的挥发物在初始分解阶段形成，当它们通过热煤的气孔空间时发生不同程度的热裂解）。但是热重数据仍能说明煤的很有特色的分解模式，可以对煤的组成及热处理条件提供重要信息。

四、煤在热解过程中的化学反应

由于煤的组成复杂且极不均一，因此煤的热解过程是一个非常复杂的反应过程，不可能用几个简单的化学反应来描述。煤的热解过程主要包括煤中有机质的裂解，裂解残留物的缩聚，挥发产物在逸出过程中的分解及化合，缩聚产物的进一步解聚等几大类。总的来讲可以分为裂解和缩聚两大类反应。但煤的主要组成部分是许多有机物的混合物，可以从一般有机物的化学反应入手，结合煤有机质的组成和结构，通过煤在不同分解阶段的元素组成、化学特征和物理性质加以研究探讨。

1. 有机化合物热解过程的一般规律

从化学的角度来看，煤的热解是煤有机质大分子中化学键的断裂与重新组合，因此有机化合物对热的稳定性，取决于组成分子中各原子结合键的形成及键能的大小。键能越大，键越不易断裂，有机化合物的热稳定性就越高，反之，键能越小，键越容易断裂，其热稳定性越差。有机物中主要的几种化学键键能见表 5-1。根据表中所示的键能数据，可以得出煤有机质热分解的一般规律。

① 在相同条件下，煤中各有机物的热稳定次序是：芳香烃＞环烷烃＞炔烃＞烯烃＞开链烷烃。

② 芳环上侧链越长越不稳定，芳环数越多其侧链越不稳定，不带侧链的分子比带侧链的分子稳定。例如，芳香族化合物的侧链原子团是甲基时，在 700℃ 才断裂；如果是较长的烷基，则在 500℃ 就开始断裂。

表 5-1　有机化合物化学键键能

化学键	键能/(kJ/mol)	化学键	键能/(kJ/mol)
$C_芳—C_芳$	2057.5	[蒽基—CH_2—CH_3]	250.9
$C_芳—H$	425.3	[二苯基—CH_2—]	338.7
$C_脂—H$	391.4	[苯基—CH_2—CH_2—CH_2—苯基]	284.7
$C_芳—C_脂$	332.1		
[苯基—CH_2—CH_3]	301.1	$C_脂—O$	313.7
[萘基—CH_2—CH_3]	284.4	$C_脂—C_脂$	297.3

③ 缩合多环芳烃的稳定性大于联苯基化合物，缩合多环芳烃的环数越多（即缩合程度越大），热稳定性越大。

2. 煤热解中的主要化学反应

由于煤的分子结构极其复杂，矿物质又对热分解有催化作用，所以迄今为止，对煤热解的化学反应很难彻底弄清。但可以通过煤在不同分解阶段的元素组成、化学特征和物理性质的变化等加以说明。

(1) 分解温度 (300~350℃) 以下的反应 常规升温条件下，褐煤、次烟煤和高挥发分烟煤在加热至 350℃ 时失去占原来干基重量的 4%~5%，这被称为低温失重。研究表明，在这一阶段析出的物质有 CO、CO_2、H_2O（化学结合的）、H_2S（少量）、甲酸（痕量）、草酸（痕量）和烷基苯类（少量）。其中 CO、CO_2、H_2O 等主要起源于化学吸附表面配合物（如碳过氧化物或氢过氧化物）或包藏在煤中的化合物。除此之外，有很多证据表明，在这一阶段，煤中发生了更深刻的反应，如脱羟基作用、含氧方式的重排和脱羧基作用等，而且自由基浓度缓慢增加。主要化学反应如下：

此外，煤的差热分析表明：在 200~300℃ 之间有相当大的放热变化。

(2) 活泼分解阶段（分解温度 T_d~550℃）的反应 除无烟煤外，所有的煤在加热至分解温度以后都开始大规模地热分解，通常在 525~550℃ 之间结束。在这一过程中必然发生广泛的分子碎裂，最后发生内部 H 重排而使自由基稳定化，也可能从其他分子碎片夺取氢和无序重结合而使自由基稳定，剩下的是和煤迥然不同的固体残渣。

在这一阶段，主要化学反应包括煤有机质的裂解反应、一次热解产物中的挥发物在逸出过程中的分解及化合反应和裂解残留物的缩聚反应，析出的主要是焦油、轻油和烃类气体。

① 裂解反应。

a. 煤基本结构单元之间的桥键如 —CH_2—、—CH_2—CH_2—、—O—、—S—、—S—S— 等是煤结构中最薄弱的环节，受热时先断裂使煤成为许多"自由基碎片"。

b. 脂肪侧链裂解生成气态烃，如 CH_4、C_2H_6 和 C_2H_4 等。

c. 含氧官能团裂解难易程度不一致。煤中含氧官能团的稳定顺序为 —OH > C=O > —COOH。羟基不易脱除，在高温和有水存在时生成水。羰基可在 400℃ 左右裂解生成 CO；羧基在 200℃ 以上即能分解生成 CO_2；在 500℃ 以上含氧杂环断开，放出 CO。

d. 煤中以脂肪结构为主的低分子化合物受热后不断分解，生成较多的挥发性产物。

② 一次热解产物的二次热解反应。裂解反应产物中的挥发性成分在析出过程中受到更高温度的作用产生二次热解反应。其主要反应有以下几种。

a. 裂解反应。

$$C_2H_4 \longrightarrow CH_4 + C$$
$$C_2H_6 \longrightarrow C_2H_4 + H_2$$

b. 芳构化反应。

$$C_6H_{12} \longrightarrow + 3H_2$$

c. 加氢反应。

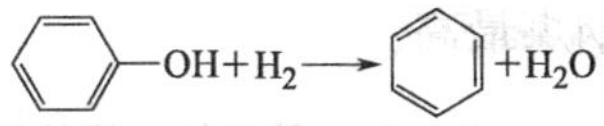

d. 缩合反应。

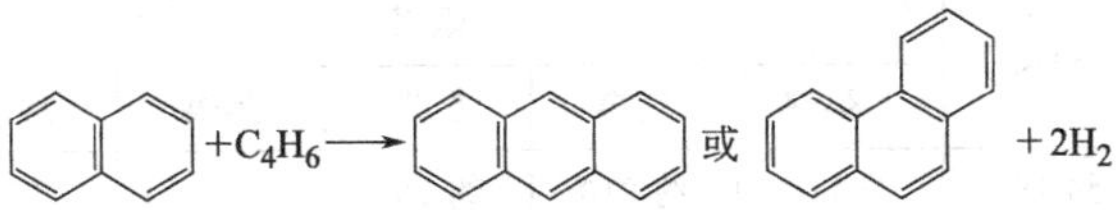

e. 桥键分解。

$$-CH_2-+H_2O \Longrightarrow CO+2H_2$$
$$-CH_2-+-O- \Longrightarrow CO+H_2$$

很多证据证明，煤在该阶段热解残渣的芳香度增加，但并不是由于芳香单位的增长（芳香单位的迅速长大要在 $600\sim650℃$ 之间开始），而是由于失去了非芳香部分。

（3）二次脱气阶段的反应（$550\sim900℃$） 经过活泼分解阶段之后的残留煤几乎全部是芳构化的，其中仅含少量非芳香碳，但有较多的杂环氧、杂环氮和杂环硫保存留下来。此外，还有一部分醚氧和醌氧。残留煤中的单个芳香结构并不比在先驱煤中大。

当热解温度升高到约 $550℃$ 时，胶质体开始固化，也即缩聚反应已经开始。主要是热解生成的自由基之间的结合，液相产物分子间的缩聚，液相与固相之间的缩聚和固相内部的缩聚等。这些反应基本在 $550\sim600℃$ 前完成，结果生成半焦。

在 $700℃$ 以上，主要是多环芳香核的缩合程度急剧增加，一些低分子量的芳香化合物如苯、萘、联苯，甚至乙烯等也参与了缩聚反应，并在反应中放出大量的氢气。如：

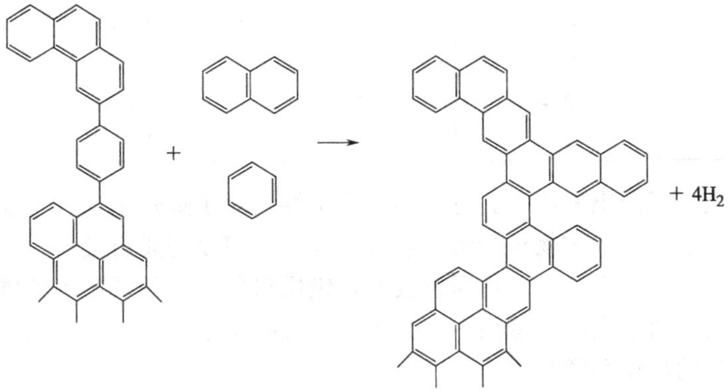

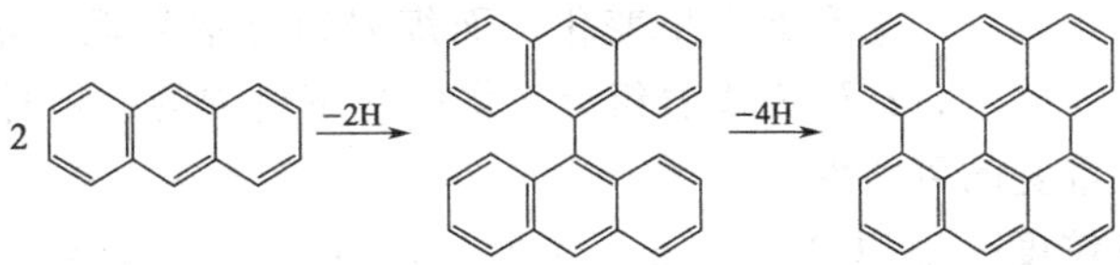

除此之外，热稳定性更好的醚氧、醌氧和氧杂环在本阶段还会析出一些碳的氧化物如 CO、CO_2；留在煤焦气孔空间内的挥发烃类（即焦油分子）分解生成少量 CH_4 或自加氢反应生成 CH_4（$C+2H_2 \longrightarrow CH_4$），这个过程完成了由半焦向焦炭的转变。

五、影响煤热解的因素

影响煤热解的因素很多。首先受原料煤性质的影响，包括煤化程度、煤岩组成和粒度等。其次，煤的热解还受到许多外界条件的影响，如加热条件（升温速度、最终温度和压力等）、预处理、添加成分、装煤条件和产品导出形式等。

（1）煤化程度 煤化程度是最重要的影响因素之一，它直接影响煤的热解开始温度、热解产物的组成与产率、热解反应活性和黏结性、结焦性等。

① 随着煤化程度的提高，煤开始热解的温度逐渐升高，如表 5-2 所示。可见，各种煤中褐煤的开始分解温度最低，无烟煤最高。

表 5-2　煤中有机质开始分解的温度

种类	泥炭	褐煤	烟煤					无烟煤
			长焰煤	气煤	肥煤	焦煤	瘦煤	
温度/℃	<100	约160	约170	约210	约260	约300	约320	约380

② 煤化程度不同的煤在同一热解条件下，所得到的热解产物的产率是不相同的。如：煤化程度较低的褐煤热解时煤气、焦油和热解水产率高，煤气中 CO、CO_2 和 CH_4 含量高，焦渣不黏结；中等煤化程度的烟煤热解时，煤气和焦油产率比较高，热解水较少，黏结性强，固体残留物可形成高强度的焦炭；高煤化程度的煤（贫煤以上）热解时，焦油和热解水产率很低，煤气产率也较低，且无黏结性，焦粉产率高。因此，各种煤化程度的煤中，中等煤化程度的煤具有较好的黏结性和结焦性。表 5-3 为不同煤化程度的煤干馏至 500℃时热解产物的平均分布。

表 5-3　不同煤化程度煤干馏至 500℃时热解产物的平均分布

煤种	焦油/(L/t)	轻油/(L/t)	水/(L/t)	煤气/(m³/t)
次烟煤 A	86.1	7.1	—	—
次烟煤 B	64.7	5.5	117	70.5
高挥发分烟煤 A	130.0	9.7	25.2	61.5
高挥发分烟煤 B	127.0	9.2	46.6	65.5
高挥发分烟煤 C	113.0	8.0	66.8	56.2
中挥发分烟煤	79.4	7.1	17.2	60.5
低挥发分烟煤	36.1	4.2	13.4	54.9

（2）煤岩组成　不同煤岩组分具有不同的黏结性。对于炼焦用煤，一般认为镜质组和壳质组为活性组分，丝质组和矿物组为惰性组分。煤气产率以壳质组最高，惰性组最低，镜质组居中；焦油产率以壳质组最高，惰性组没有，镜质组居中；焦炭产率惰性组最高，镜质组居中，壳质组最低；通常在配煤炼焦中，为了得到气孔壁坚硬、裂纹少和强度大的焦炭，活性组分与惰性组分的配比必须恰当。

煤岩组分的性质在煤化过程中通常都发生变化。而煤岩组分本身就不是化学均一物质，甚至在同一煤阶也是如此。所以，在研究煤岩组分对煤的热解过程的影响时，必须考虑到煤阶和煤岩组成的影响相互重叠的可能性。

（3）粒度　配煤炼焦粒度一般以 3～0.5mm 为宜。因为煤中总有惰性粒子，如煤的粒度过大，黏结性好的煤粒与黏结性较差的煤粒或不黏结的惰性粒子的分布就不均匀；如煤的粒度过小，粒子比表面就增大，接触面增加，堆密度就会降低，惰性粒子表面的胶质体液膜就会变薄，而胶质体是比较黏稠的，变形粒子表面形成不连续的胶质体，所得焦炭强度就会降低。

（4）加热条件　煤开始热分解的温度与加热条件等因素有关。由表 5-4 可见，随着对煤的加热速度的提高，气体开始析出和气体最大析出的温度均有所提高，除此外，提高加热速度，煤的软化点和固化点都要向高温侧移动，但软化温度和固化温度增高的幅度不同，通常都是液态产物增加、胶质体的塑性范围加宽、黏度减小、流动度增大及膨胀度显著提高等。表明煤的热解过程和所有的化学反应一样，必须具有一定的热作用时间。

表 5-4　加热速度对煤热分解温度的影响

煤的加热速度/(℃/min)	温度/℃	
	气体开始析出	气体最大析出
5	255	435
10	300	458
20	310	486
40	347	503
60	355	515

此外，煤热解的终点温度不同，热解产品的组成和产率也不相同，如表 5-5 所示。

表 5-5　不同终温下干馏产品的分布与性状

产品分布与性状		最终温度/℃		
		600℃低温干馏	800℃中温干馏	1000℃高温干馏
固体产品		半焦	中温焦	高温焦
产品产率(焦炭)/%		80～82	75～77	70～72
（焦油）/%		9～10	6～7	3.5
煤气(标)/(m³/t 干煤)		120	200	320
产品性状	焦炭着火点/℃	450	490	700
	机械强度	低	中	高
	挥发分/%	10	约 5	<2
焦油	相对密度	<1	1	>1
	中性油/%	60	50.5	35～40
	酚类/%	25	15～20	1.5
	焦油盐基/%	1～2	1～2	～2
	沥青/%	12	30	57
	游离碳/%	1～3	约 5	4～7
	中性油成分	脂肪烃、芳烃	脂肪烃、芳烃	芳烃
煤气主要成分/%	氢气	31	41	55
	甲烷	55	38	25
煤气中回收的轻油	产率/%	1.0	粗苯-汽油 1.0	粗苯 1～1.5
	组成	脂肪烃为主	芳烃 50%	芳烃 90%

(5) 压力　由于煤的加压气化越来越重要，所以气体压力的影响问题日益受到重视。提高热分解过程中外部的气体压力可以使液态产物的沸点提高，因而它们在热解过程中的煤料内暂时聚集量增大，有利于煤的膨胀，煤的膨胀性和结焦性以及所产生的焦炭的气孔率都有所增大。例如，在高达 5MPa 的压力下，某些前苏联高挥发分烟煤的体积增大约 14%。

气体压力对炼焦结果的影响在很大程度上取决于所用煤的性质。增大气体压力可能增加焦炭强度，也可能使其减小或者保持不变。

将煤样机械压紧可以得到与增大气体压力相同的效果。因此在炼焦过程中为了改善黏结组分和不黏结组分之间的接触，可采用捣固装煤法。用此法可将堆煤密度由普通顶装法的 750kg/m³ 增加到 1150～1100kg/m³。如某种弱黏结性配煤的 V_{daf} 为 30.5%，膨胀度为 16%，收缩度为 33%，用普通装煤法所得焦炭质量很差，M_{40} 为 74%，M_{10} 为 12%。采用捣固工艺后焦炭的 M_{40} 增至 81%，M_{10} 降至 7%。采用捣固装煤法提高了热分解过程中的气体压力，增大了气体析出的阻力，同时缩小了煤粒间的空隙，改善了煤粒间的接触，因而减少了黏结所需要的液体量，从而使煤的黏结性大为改善。

(6) 其他因素　煤形成过程或储存过程中受到氧化（约在 30℃开始，50℃以上加速），会使煤的氧含量增加，黏结性降低甚至丧失；在炼焦过程中配入某些添加剂可以改善、降低或完全破坏煤的黏结性，添加剂可分为有机和惰性两大类。石油沥青、煤焦油沥青、溶剂精制煤和溶剂抽提物等属于有机添加剂，添加适量可改善煤的黏结性。惰性添加剂如 CaO、MgO、Fe_3O_4、SiO_2、Al_2O_3 和焦粉等，可使配合煤瘦化。添加剂的种类和数量与煤软化和固化温度之间并没有必然的联系。

第二节　煤的黏结与成焦机理

煤的黏结与成焦机理是炼焦工艺的重要理论基础。它始终是煤化学工作者倍加重视并倾注了大量心血的研究领域之一。其研究开始于 20 世纪 20 年代，迄今为止人们对煤的黏结与成焦机理提出过多种理论，先后有溶剂抽提理论、物理黏结理论、塑性成焦机理（胶质体理论）、中间相成焦机理和传氢机理等，试图从不同角度对此问题进行说明，但仍有许多不够完善之处，有待今后进行更深入的研究。目前比较有影响的为塑性成焦机理和中间相理论。

一、溶剂抽提理论

用溶剂抽提法研究煤是一种历史久、应用广泛的方法。进入 20 世纪以后，很多学者研究了从煤中抽提出的各种组分在成焦过程中的作用，试图阐明成焦规律，但始终都没能完整地表明煤的成焦规律。如 1911 年英国惠勒（R. V. Wheeler）用吡啶、氯仿等抽提煤，将所抽提产物分为 α、β、γ 三种组分。他认为 γ 组分决定了煤的软化熔融程度，是煤中的黏结组分。1916 年德国费雪尔（F. Fischer）用苯和石油醚对煤进行抽提，认为从炼焦煤中抽提出来的沥青质为黏结物质，留下的残渣则为不熔融和不结焦物。20 世纪 60 年代，日本城博等人用吡啶作溶剂抽提煤，并认为抽提出来的低分子组分为黏结组分，残留的物质则属于纤维质组分。

黏结组分的数量表示煤黏结能力的强弱，纤维质组分的强度则影响焦炭基质（或称焦炭气孔壁）的强度。黏结组分和纤维组分的相互作用，对胶质体的流动性和焦炭的强度有重要的影响。

二、物理黏结理论

物理黏结的研究开始于 20 世纪。本理论认为黏结性煤中存在着黏结成分（或称沥青质）。当煤加热到一定温度时这些成分熔化并起着黏结作用。煤的黏结实质上是一种胶结过程，其黏结能力的大小取决于黏结性组分量的多少及其对煤中不熔固体残留物的浸润能力，并与液相的表面张力和固相的表面性质有关。如前苏联萨保什尼柯夫（л. м. Сапожников）认为黏结是软化了的煤粒与分布在其间的胶质体相互作用而结合的过程。析出的气体使胶质体和软化了的煤粒膨胀而挤紧，因而有助于黏结。20 世纪 60～70 年代，前苏联格列亚兹诺夫（Н. С. Грязнов）等人采用偏光显微镜和放射线摄像技术研究煤粒在加热过程中的变化时发现，受热分解后的煤粒沿着其接触表面产生界面结合。这种界面结合发生在煤粒的可熔融部分与不熔固体之间，并计算出流动性最大的肥煤在胶质体状态的时间内，液相的平均移动距离（扩散距离）只有 1.9×10^{-4} cm（$1.9 \mu m$），这与热解后的煤粒的大小相比是很小的。说明煤粒间的相互渗透与黏结过程，只限于煤粒表面的分子层中。

三、传氢理论

传氢理论认为，流动氢可使热解中生成的自由基稳定，就能得到尽可能多的小相对分子质量液态产品，因此该理论的基本点就在于选择供氢溶剂。1980 年英国马什（H. Marsh）和美国尼夫尔（R. C. Neavel）认为煤在炼焦过程中，塑性的发展是一个供氢液化过程，而传氢媒介物是由煤本身提供的，任何因素若能改变传氢媒介物的量和质，都能改变被加热的煤的塑性。比如有黏结剂和煤共炭化时，黏结剂就能起到传氢媒介的作用，改善煤的塑性。

四、胶质体理论

当煤隔绝空气加热到一定温度时，煤粒开始变形并充满孔隙体积。此时，大的煤粒表现为形成气孔和流动结构，并与较小的煤粒熔合，同时形成所谓熔合气孔。温度再升高几度后，就在镜质组内形成第一批脱气气孔，煤粒的表面出现含有气泡的液体膜，如图 5-9 （a）所示。此时煤粒开始软化，随着软化温度的升高，许多煤粒的液相膜汇合在一起，形成气、液、固三相为一体的黏稠混合物，称为胶质体。随后，胶质体的黏度降低，气体生成量增加。而粒子界面的消失使气体的流动受到了限制，使这些气体不能足够快地逸出。因此，在局部区域可能形成内压很高的气泡，使黏稠的胶质体膨胀起来，然后通过脱气气孔使气体压力缓慢下降。温度进一步升高至 500～550℃时，液相膜外层开始固化形成半焦，中间仍为胶质体，内部为尚未变化的煤粒，如图 5-9(b) 所示。这种状态只能维持很短的时间，因为外层半焦外壳上很快就出现裂纹，胶质体在气体压力下从内部通过裂纹流出，这一过程一直持续到煤粒内部完全转变为半焦为止，如图 5-9(c) 所示。

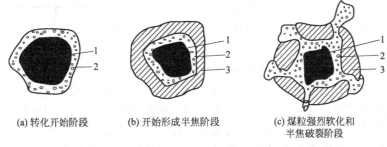

(a) 转化开始阶段　　(b) 开始形成半焦阶段　　(c) 煤粒强烈软化和半焦破裂阶段

图 5-9　胶质体的生成及转化示意图
1—煤；2—胶质体；3—半焦

将半焦从 550℃ 加热至 950～1000℃ 的过程中，半焦继续进行热分解和缩聚，并放出氢气，其在外形上也发生了很大的变化，如重量减轻，体积收缩，形成裂纹和具有银灰色金属光泽，最后转变为焦炭。在分层结焦时，处于不同成焦阶段的相邻各层的温度和收缩速度不同，因而产生收缩应力，导致生成裂纹。随着最终温度的提高，焦炭的 C/H、真相对密度、机械强度和硬度都逐渐增大。

1. 胶质体液相的来源

能否形成胶质体，胶质体的数量、组成和性质决定了煤黏结成焦的能力，这是煤塑性成焦机理的核心。而胶质体中的液相是形成胶质体的基础，其来源是多方面的，可能有如下几方面。

① 煤热解时结构单元之间结合比较薄弱的桥键断裂，生成自由基碎片，其中一部分相对分子量不太大，含氢较多，使自由基稳定化，形成液体产物。其中以芳香族化合物居多。

② 在热解时，结构单元上的脂肪侧链脱落，大部分挥发逸出，少部分参加缩聚反应形成液态产物。其中以脂肪族化合物居多。

③ 煤中原有的低分子量化合物——沥青受热熔融变为液态。

④ 残留固体部分在液态产物中部分溶解和胶溶。

胶质体随热解反应进行数量不断增加，黏度不断降低，直至出现最大流动度。当加热温度进一步提高时，胶质体的分解速度大于生成速度，因而不断转化为固体产物和煤气，直至胶质体全部固化转为半焦。

2. 胶质体的性质

煤在加热过程中形成胶质体的能力是黏结成焦的基础。煤能否黏结以及是否具有良好的黏结性取决于有无胶质体以及胶质体的数量和性质如何。胶质体的性质通常从热稳定性、透气性、流动性和膨胀性等方面进行描述。

(1) 热稳定性　胶质体热稳定性一般用温度间隔 ΔT（煤开始软化的温度 T_p 到开始固化的温度 T_k 之间的温差范围）来表示，即 $\Delta T = T_k - T_p$。它表示了煤在胶质体状态所经历的时间，反映了胶质体热稳定性的好坏。温度间隔大，表示胶质体在较高的加热温度下停留的时间长，煤粒间有充分的时间接触并相互作用，煤的黏结性就好，反之则差。有人测定了中等煤化程度烟煤的温度间隔，得到了如表 5-6 所示的结果。由表可见，肥煤的温度间隔最大。此外，提高加热速度，可以使煤开始软化的温度和固化的温度都向高温侧移动，而固化温度的升高大于软化温度的升高，因而可使胶质体的温度间隔增大。胶质体的温度间隔是煤黏结性的重要指标，对指导炼焦配煤有重要的意义。

表 5-6　各种煤胶质体的温度间隔

煤种	软化温度 T_p /℃	固化温度 T_k /℃	温度间隔 $\Delta T = T_k - T_p$/℃	胶质体停留时间 (3℃/min)/min
肥煤	320	460	140	50
气煤	350	440	90	30
焦煤	390	465	75	28
瘦煤	450	490	40	13

(2) 透气性　煤在热分解过程中有气体析出。但在胶质体状态时，煤粒间空隙被液相产物填满，则气体通过时就会受到阻力。如果胶质体的阻力大，气体析出困难，则胶质体的透气性不好。胶质体的这种阻碍气体析出的难易程度称为胶质体的透气性。

胶质体的透气性影响煤的黏结性。透气性好，气体可以顺利地透过胶质体，不利于煤粒间的黏结；透气性不好，气体的析出会产生很大的膨胀压力，促使受热变形的煤粒之间相互黏结，有利于煤的黏结性。

煤化程度、煤岩组分以及加热的速度均影响胶质体的透气性。一般中等煤化程度的煤在热解过程中能产生足够数量的液相产物，这些液相产物热稳定性较好，气体不易析出，胶质体的透气性差。有利于胶质体的膨胀，使气、液、固三相混合物紧密接触，故煤的黏结性好。煤岩组分中的镜质组的胶质体的透气性差、壳质组较好、惰质组不会产生胶质体。提高加热速度可使某些反应提前进行，使胶质体中的液相量增加，从而使胶质体的透气性变差。

(3) 流动性　煤在胶质体状态下的流动性也是一个重要的性质，通常以流动度的大小来评定。如果胶质体的流动性差，就不能保证将煤中所有的不黏结的惰性组分黏结在一起。有人根据不同煤在胶质体状态最大流动度的测定得出，随着煤化程度的增高，最大流动度呈现规律性变化，在碳含量 85%～89% 出现最大值。也就是说，中等煤化程度的烟煤，其胶质体的流动性最好；而煤化程度高或低的煤的胶质体流动性差。此外，提高加热速度可使煤的胶质体的流动性增加。胶质体的流动性也是鉴定煤黏结性的重要指标。

(4) 膨胀性　煤在胶质体状态下，由于气体的析出和胶质体的不透气性，往往发生胶质体体积膨胀。若体积膨胀不受限制，则产生所谓的自由膨胀，如测定挥发分时坩埚焦的膨胀。自由膨胀通常用膨胀度表示，即增加的体积对原煤体积之百分数或增加的高度。膨胀度可作为评定煤的黏结能力的指标。若体积膨胀受到限制，就产生一定的压力，称为膨胀压力。膨胀度与膨胀压力之间并没有直接的关系。膨胀度大的煤，不一定膨胀压力就大。如肥煤的自由膨胀性比瘦煤强，但在室式炼焦炉中，肥煤的膨胀压力比瘦煤小，这主要是因为瘦煤的胶质体透气性差，使积聚在胶质层中间的气体析出受到阻力，胶质体压力增加。在保证不损坏炉墙的前提下（一般认为膨胀压力不大于 20kPa，以 10～15kPa 最为适宜），膨胀压力增大，可使焦炭结构致密，强度提高。

综上所述，胶质体的性质之间是相互联系的，必须在综合这些性质的共同特点之后，才可能得出正确的结论。此外，煤生成胶质体的这一过程，应该理解为煤受热分解时形成的一系列气、液、固产物的过程，不能认为煤能形成胶质体是煤有机质本身全部熔融或某一部分熔融的结果。随着温度的提高，分解与缩合反应不断进行，缩聚过程继续发展，最后形成固体产物半焦。

各类炼焦煤胶质体数量和性质差异较大。气煤受热后产生的液相物热稳定性差，易迅速分解成气体析出，所以其胶质体流动性较差。瘦煤受热后产生的液相物数量少，软固化温度区间最小（仅约 40℃），胶质体流动性也差，不易将煤粒间的空隙填满。因此它们形成的焦炭界面结合不好，熔融不好，耐磨性差。肥煤的液相物多，软固化温度区间最大（达 140℃），在胶质体状态下的停留时间长，煤粒熔融结合良好。焦煤的液相物较多，热稳定好，其胶质体的流动性均好，又有一定的膨胀性，这些性质均有利于煤粒之间的黏结，从而形成熔融良好、致密的焦炭。

综上所述，要使煤黏结得好，应满足下列条件：

① 具有足够数量的高沸点液体，能将固体粒子表面润湿，并将粒子间的空隙填满；

② 胶质体应具有足够大的流动性、不透气性和较宽的温度间隔；

③ 胶质体应具有一定黏度，有一定气体生成量，能产生膨胀；

④ 黏结性不同的煤粒应在空间均匀分布；

⑤ 液态产物与固体粒子间应有较好的附着力；

⑥ 液态产物进一步分解缩合得到的固体产物和未转变为液相的固体粒子本身要有足够的机械强度。

3. 影响焦炭强度的主要因素

① 煤热解时生成胶质体的数量多，流动性好，热稳定性好，形成液晶相的能力强，则黏结性好，焦炭强度高；

② 煤中未液化部分和其他惰性物质的机械强度高，与胶质体的浸润能力和附着力强，同时分布均匀，则焦炭强度高；

③ 焦炭气孔率低，气孔小，气孔壁厚和气孔壁强度高则焦炭强度高；

④ 焦炭裂纹少则强度高。

五、中间相理论

中间相理论的研究始于 20 世纪 20 年代。进入 60 年代后，对煤在炭化过程的相变规律日趋活跃，人们用光学显微镜研究焦炭，发现焦炭中存在着大小不一的光学各向异性组织。1961 年，澳大利亚的泰勒（G. H. Taylor）在研究火成岩侵入的煤田时，发现煤层中出现了中间相小球体，并观察到其长大、融并和最后生成镶嵌型光学组织的过程。1965 年，泰勒和布鲁克斯（J. D. Brooks）在研究沥青和模型有机物炭化时，又发现了同样的小球体，将其分离出来制成超薄片进行电子衍射测定，并从化学性质入手推断球内的分子排列，认为十分相似于向列型液晶。根据大量研究，英国马什（H. Marsh）等认为在炼焦煤的胶质体中存在液晶相（中间相）。

液晶是指一些相对分子质量较高、分子结构中碳链较长的芳烃化合物，它们在一定温度范围内呈中间态。此时，由于分子排列有特定的取向，分子运动有特定的规律，因而它既具有液体的流动性和表面张力，又呈现某些晶体的光学各向异性。如果温度高于液晶的上限，则液晶变成液体，上述的光学性质消失；如果温度低于液晶的下限，则液晶就变成晶体，失去流动性。液晶的这种转变是可逆的，为物理过程。液晶依其分子排列的不同有近晶液晶、向列液晶和胆甾液晶三种，而炭化过程中的液晶属于向列液晶，如图 5-10 所示，一般的向列液晶是杆状分子平行排列，如图 5-10(a) 所示。而炭化过程中的向列液晶则是盘状分子平行排列形成分子层片，如图 5-10(b) 所示，生成的液晶往往形成球体，即中间相小球体。

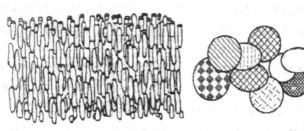

(a) 杆状分子向列液晶　　　　(b) 盘状分子向列液晶

图 5-10　向列液晶的分子排列示意图

一般液晶的形成和消失纯属物理过程，过程是可逆的，而炭化过程中中间相球体的形成，既有物理过程，又有化学变化过程，是不可逆的。

因此，中间相理成焦机理认为煤在炭化时，随着加热温度的升高，煤或沥青首先生成光学各向同性的胶质体，然后在其中出现液晶（又称中间相）。这种液晶在基体中经过核晶化、长大、融并、固化的过程，生成光学各向异性的焦炭。

值得注意的是，在实验室条件下，很难观察到煤热解时小球体的形成及其变化细节。尽管 1980 年美国弗里耳（J. J. Friel）等在带加热台的透射电子显微镜下观察到了煤的中间相转化过程，但绝大多数学者认为，迄今对煤的中间相转化过程的观察是不充分的。目前常借助于沥青和模型有机化合物进行观察与推断。

第三节　煤的黏结性（结焦性）指标

煤的黏结性和结焦性是炼焦用煤的重要工艺性质。黏结性是指煤在隔绝空气条件下加热时，形成具有可塑性的胶质体，黏结本身或外加惰性物质的能力。煤的结焦性是指在工业条件下将煤炼成焦炭的性能。煤的黏结性和结焦性关系密切，结焦性包括保证结焦过程能够顺利进行的所有性质，黏结性是结焦性的前提和必要条件。黏结性好的煤，结焦性不一定就好（如肥煤）。但结焦性好的煤，其黏结性一定好。所以，炼焦用煤必须具有较好的黏结性和结焦性，才能炼出优质的冶金焦。

煤黏结性的好坏，取决于煤热分解过程中形成胶质体的数量和质量。在相同的加热条件下，一般煤所产生的液体量越多，形成的胶质体的量也就越多，黏结性也就越好。煤热解时产生的液体量的多少取决于煤的组成和结构。煤化程度低的煤（如褐煤、长焰煤），分子结构中的侧链多，含氧量高，氧和碳之间的结合力差，热解时多数呈气态产物挥发，液相产物数量少且热稳定性差，所以没有黏结性或黏结性很差。煤化程度高的煤（如贫煤、无烟煤）虽然含氧量少，但侧链的数目少且短，热解时生成的低分子量化合物大部分都是氢气，几乎不产生液体，因此没有黏结性。只有中等煤化程度的煤（如肥煤、焦煤），其侧链数目中等，含氧量较少，煤热分解产物中液体量较多且热稳定性高，形成胶质体的数量多，黏结性好。

由于煤的黏结性和结焦性对于许多工业生产部门都至关重要，因而出现了多种测定煤的黏结性和结焦性的方法。所有这些方法的目的都是企图用物理测量方法获得一些可以将煤分类和预测煤在燃烧、气化或炭化时的行为和特征数字。有些测量方法是针对某一特定的生产过程开发的。因此，有几种测量方法只有微小的差别，有的方法只适用于某些特殊的用途。

测定煤黏结性和结焦性的方法可以分为以下三类。

① 根据胶质体的数量和性质进行测定，如胶质层厚度、基氏流动度、奥亚膨胀度等。

② 根据煤黏结惰性物料能力的强弱进行测定，如罗加指数和黏结指数等。

③ 根据所得焦块的外形进行测定，如坩埚膨胀序数和葛金指数等。

测定煤的黏结性和结焦性时，煤样的制备与保存十分重要。一般应在制样后立即分析，以防止氧化的影响。

下面介绍几种黏结性和结焦性指标的测定方法和原理。

一、胶质层指数（GB/T 479—2000）

此法是原苏联萨保什尼可夫和巴齐列维奇于 1932 年提出的一种单向加热法。该法可测定胶质层最大厚度 Y、最终收缩度 X 和体积曲线类型，并可了解焦块特征。其中胶质层最大厚度是我国煤炭分类和评价炼焦及配煤炼焦的主要指标。此外，通过对煤杯中焦炭的观察和描述，还可得到焦炭技术特征等资料。

胶质层指数测定仪的主要部分是一特制的钢杯，底部是带有孔眼的活底，煤气可从孔眼排出。煤样装在钢杯内，上部压以带有小孔眼的活塞。活塞与装有砝码的杠杆相连，对煤施加 0.1MPa 的压力。此法模拟工业炼焦条件，对煤样从底部单向加热，因此，煤样温度从下到上不断降低，形成一系列的等温层面。温度相当于软化点的层面以上的煤样尚未有明显的变化；而该层面以下的煤样都热解软化，形成具有塑性的胶质体；温度相当于固化点的层面以下的煤样则已热解、固化后形成半焦。这样，在加热过程中的某一段时间内，在煤杯中内就形成了半焦层、胶质层和未软化的煤层三部分，如图 5-11 所示。

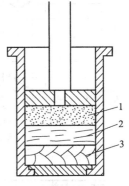

图 5-11　煤杯中煤样
结焦过程
1—煤样；2—胶质层；
3—半焦

加热条件是先在半小时内升温至 250℃，然后以 3℃/min 的速度加热至 730℃为止。在加热过程中，每隔一定的时间用插在预留的检查孔中的特制的钢针向下穿刺，凭手感先接触到胶质层的上部层面，接着刺穿胶质层直达已固化的半焦层，即胶质层的下部层面。上下层面之间的垂直距离即为胶质层厚度。在煤杯下部刚刚生成的胶质层比较薄，在向上移动过程中，厚度不断增加，在煤杯中部达到最大值，再向上厚度不断降低。以测定的胶质层最大厚度 Y（mm）作为报出结果。

在胶质层指数测定过程中，煤样热解产生气体。若胶质体的透气性好，则挥发分的析出和缩聚反应将造成煤样体积缩小，压力盘下降；若胶质体的透气性不好，气体就会积聚使胶质体膨胀，压力盘上升。通过记录系统可绘制出压力盘位置随时间的变化曲线，即体积曲线。

体积曲线的形状与煤在胶质体状态的性质有直接关系，它取决于胶质体分解时产生的气体析出量、析出强度、胶质层厚度和透气性以及半焦的裂纹等。

如图 5-12 所示，如果胶质体透气性很好，且煤的主要热分解是在半焦形成之后进行的，则体积曲线呈平滑下降型；如果胶质体不透气，底部半焦层的裂纹又比较少，再加上热解气体无法逸出，煤杯内煤样的体积就随温度升高而增大，直到胶质体全部固化后体积才减小，这时曲线呈山型；如果胶质体膨胀不大，气体逸出也慢，那么煤的体积曲线呈波型下降；如果胶质体不透气，底部半焦裂纹又比较多，胶质体体积膨胀，集聚的气体从半焦的裂隙中

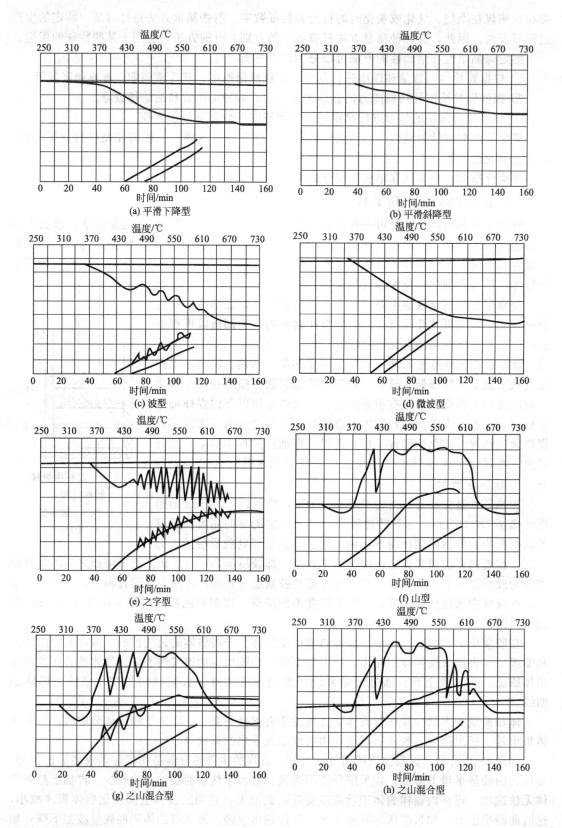

图 5-12 胶质层体积曲线类型图

逸出，则体积下降，但随着温度的升高，很快又生成新的胶质体和大量的气体，这些气体又在胶质体内部重新聚集，使胶质体体积膨胀，当气体聚集到一定程度时，半焦又产生裂纹，所聚集的气体从半焦的裂隙中逸出，则体积又下降，这个过程重复进行，使胶质体体积曲线时起时伏呈之字型；除此之外，还有其他的一些类型的曲线如之山混合型、微波型等。

测定结束时，煤杯内的煤样全部结成半焦，同时体积收缩，体积曲线也下降到了最低点，最低点和零点线之间的垂直距离为最终收缩度 X （mm）。最终收缩度主要与煤化程度有关，随煤化程度的增高，最终收缩度变小。另外，对煤化程度相同的煤，其最终收缩度与煤岩成分也有关系，稳定组的收缩度大，镜质组次之，惰质组最小。最终收缩度可以表征煤成焦后的收缩情况，通常收缩度大的煤炼出的焦炭裂纹多，块度小，强度低。

胶质层指数的测定结果可在一张图上反映出来，如图 5-13 所示。

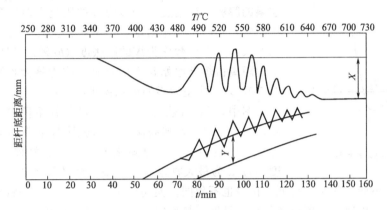

图 5-13 胶质层指数测定曲线加工示意

此法的优点是：

① 测定简单，重现性好，对中等煤化程度煤的黏结性区分能力强；

② 许多国家的生产实践证明，用本法所测胶质层指标对评价煤的黏结性和炼焦配煤基本适用，如煤样的 Y 值具有加和性，对配煤有一定的帮助，这是其他黏结性指标所不具备的；

③ 此法不仅可测定 Y 值，而且可确定胶质体温度间隔、最终收缩度、体积曲线和焦块特征等。

胶质层厚度 Y 值只能表示胶质体的数量而不能反映胶质体的质量。胶质体是由气、液、固三相共同组成的，胶质层厚度 Y 值除了与煤在热分解过程中所生成的液体量有关外，还受其他因素的影响很大。如膨胀度大，则所测 Y 值显著偏高。而煤的黏结性主要与液体的量有关，煤在热解过程中所产生的液体量越多，煤的黏结性越好。当两种煤的 Y 值相同而气、液、固三相比例不同时，其黏结性有很大的差别，所以不少 Y 值相同的煤，在相同的炼焦条件下，却得出质量不同的焦炭。一般，当 $Y<10\text{mm}$ 和 $Y>25\text{mm}$ 时，Y 值测不准；胶质层指数的测定受主观因素的影响很大，仪器的规范性很强，测定结果受到诸多试验条件如升温速度、压力、煤杯材料、耐火材料等的影响。此外，测试用煤样量太大，也是缺点。所以生产和科研上还要通过其他方法来评定煤的黏结性。

二、奥亚膨胀度（GB/T 5450—1997）

奥亚膨胀度测定法于 1926 年由奥迪伯特创立，1933 年又由亚奴作了改进，后来此法在西欧得到广泛应用并于 1953 年定为国际硬煤分类的指标。目前，烟煤奥亚膨胀计试验的 b

值是我国新的煤炭分类国家标准中区分肥煤与其他煤类的重要指标之一。

1. 测定原理

这是一种以慢速加热来测定煤的黏结性的方法。其基本方法是：将粒度小于 0.15mm 的煤样 10g 与 1mL 水混匀，在钢模内按规定方法压制成煤笔（长 60mm），放在一根内部非常光洁的标准口径的膨胀管内，其上放置一根连有记录笔的能在管内自由滑动的钢杆（膨胀杆）。将上述装置放入已预热到 330℃ 的电炉中加热，升温速度保持 3℃/min。加热至 500～550℃ 为止。在此过程中，煤受热达到一定温度后开始分解，首先析出一部分挥发分，接着开始软化析出胶质体。随着胶质体的不断析出，煤笔开始变形缩短，膨胀杆随之下降——标志煤的收缩。当煤笔完全熔融呈塑性状态充满煤笔和膨胀管壁间的全部空隙时，膨胀杆不再下降，收缩过程结束。然后随着温度的升高，塑性体开始膨胀并推动膨胀杆上升——标志煤的膨胀。当温度达到该煤样的固化点时，塑性体固化形成半焦，膨胀杆停止运动。以膨胀杆上升的最大距离占煤笔原始长度的百分数作为煤的膨胀度（b/%）；以膨胀杆下降的最大距离占煤笔原始长度的百分数作为最大收缩度（a/%），图 5-14 为一典型烟煤的体积膨胀曲线示意图。

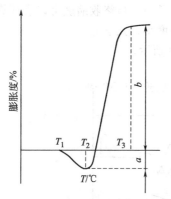

图 5-14　体积膨胀曲线示意图

图中，T_1 为软化温度，即膨胀杆下降 0.5mm 时的温度，℃；T_2 为开始膨胀温度，即膨胀杆下降到最低点后开始上升的温度，℃；T_3 为固化温度，膨胀杆停止移动时的温度，℃；a 为最大收缩度，%；b 为煤的膨胀度，%。

煤的性质不同，膨胀的高低、快慢也不相同。换句话说，膨胀杆运动的状态和位置与煤的性质（气体析出速度、塑性体的量、黏度、热稳定性等）有密切的关系。图 5-15(a) 为典型烟煤的体积膨胀曲线，煤的膨胀曲线超过零点后达到水平，这种情况称为"正膨胀"；若膨胀曲线在恢复到零点线前达到水平，则称之为"负膨胀"，如图 5-15(b) 所示；若收缩后没有回升，则结果以"仅收缩"表示，如图 5-15(c) 所示；如果最终的收缩曲线不是完全水平的，而是缓慢向下倾斜，规定以 500℃ 处的收缩值报出，如图 5-15(d) 所示。

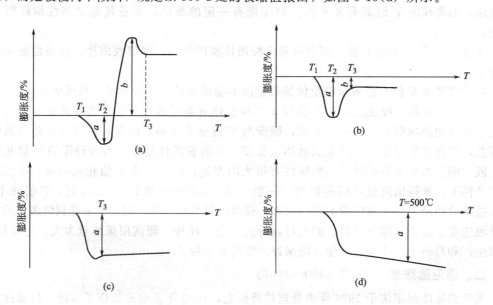

图 5-15　典型膨胀曲线示意图

通常煤化程度较低和煤化程度较高的煤，其膨胀度都小；而中等煤化程度的煤，膨胀度大，黏结性好。因此，煤的膨胀度试验也能较好地反映烟煤的黏结性。一组烟煤的膨胀度测定结果如表 5-7 所示。

表 5-7　一组烟煤的膨胀度测定结果

煤样	C_{14}	C_{17}	C_{22}	C_{32}	C_{37}	C_{38}
$V_{daf}/\%$	14.5	17.5	22.3	32.9	37.6	38.2
$w(C)_{daf}/\%$	90.39	90.44	89.48	84.26	83.01	81.95
$T_1/℃$	475	422	404	355	361	367
$T_2/℃$	—	479	473	479	437	—
胶质体温度范围/℃	—	57	69	124	76	—
$a/\%$	10	24	30	32	26	36
$b/\%$	—	13	62	221	49	—

2. 结果报出

根据测定时的记录曲线可计算出以下五个基本参数：软化温度 T_1、始膨温度 T_2、固化温度 T_3、最大收缩度 a 和膨胀度 b。

该法偶然误差小，重现性好，对强黏结煤的黏结性有较好的区别能力，对弱黏结煤区别能力差。另外，煤的膨胀度与胶质体最大厚度之间有较好的相关关系，Y 值越大，煤的膨胀度也越大，如图 5-16 所示。

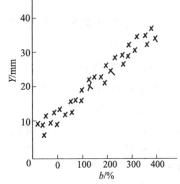

图 5-16　奥亚膨胀度与 Y 值的关系

三、基氏流动度

基氏流动度是 1934 年由基斯勒尔提出的以测得的最大流动度表征烟煤塑性的指标。后来得到了不断完善，目前应用于世界各地。经过对若干细节的改进后，该仪器已列入美国新的 ASTM 标准。

根据基氏塑性度的测定方法为：将 5g 粒度小于 0.425mm 粉煤装入煤甑中，煤甑中央沿垂直方向装有搅拌器，向搅拌器轴施加恒定的扭矩（约为 100g·cm）。将煤甑放入已加热至规定温度的盐浴内，以 3℃/min 的速度升温。当煤受热软化形成胶质体后，阻力降低，搅拌器开始旋转。胶质体数量越多，黏度越小，则搅拌器转动越快。转速以分度/min 表示，每 360° 为 100 分度。搅拌器的角速度随温度升高出现的有规律的变化曲线用自动记录仪记录下来即为流动度曲线，如图 5-17 所示。

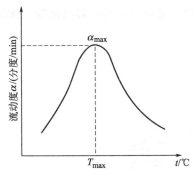

图 5-17　流动度曲线

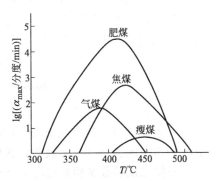

图 5-18　几种烟煤的基氏流动度曲线

根据曲线可得出下列指标：

① 软化温度 T_p，刻度盘上指针转动 1 分度时对应的温度，℃；

② 最大流动温度 T_{max}，最大流动时对应的温度，℃；

③ 固化温度 T_k，搅拌桨停止转动，流动度出现零时对应的温度，℃；

④ 最大流动度 α_{max}，指针的最大角速度，分度/min；

⑤ 胶质体温度间隔，固化温度和开始软化温度之差 $\Delta T = T_k - T_p$。

通过基氏流动度的测定，可以了解胶质体的流动性和胶质体的温度间隔，指导配煤炼焦。基氏流动度与煤化程度有关，如图 5-18 所示。一般气肥煤的流动度最大，肥煤的曲线平坦而宽，它的胶质体停留在较大流动时的时间较长。有些气肥煤的最大流动度虽然很大，但曲线陡而尖，说明该胶质体处于较大流动性的时间较短。

基氏流动度指标可同时反映胶质体的数量和性质，对中强黏结性的煤或者中等黏结性的煤有较好的区分能力，具有明显的优点。但对强黏结性的煤和膨胀性很大的煤难以测准。此外，基氏流动度测定试验的规范性很强，其搅拌器的尺寸、形状、加工精度对测定结果有十分显著的影响，煤样的装填方式也显著影响测定结果。

一些新的煤转化过程采用比传统焦炉中高得多的加热速度，因此提出了在更高加热速度下测定基氏流动度的要求。高加热速度法可在大约 100℃/min 下进行测量。这时，测得的 T_{max} 是盐浴温度。此外，还采用一个补充指标——可塑性持续时间，该指标对一些新工艺非常重要。

在高加热速度下，软化温度向高温侧移动，最大流动度增大，可塑性持续时间缩短，但 T_{max} 不受影响。

四、罗加指数（GB/T 5449—1997）

罗加指数（R.I.）是波兰煤化学家罗加教授于 1949 年提出的测试烟煤黏结能力的指标。现已为国际硬煤分类方案所采用。罗加指数的测定原理是基于有黏结能力的烟煤在炼焦过程中具有黏结本身或惰性物质（如无烟煤）的能力。形成焦块的强度与烟煤的黏结性成正比，即焦块强度越高，烟煤的黏结性越强。用所得焦块的耐磨强度表示煤的黏结性。

测定罗加指数的方法要点为：将 1g 粒度小于 0.2mm 的空气干燥煤样和 5g 标准无烟煤（标准无烟煤是指 $A_d < 4\%$、V_{daf} 在 $4\% \sim 5\%$、粒度在 $0.3 \sim 0.4mm$ 的无烟煤，我国现在都用宁夏汝箕沟的无烟煤并经 $1.7g/cm^3$ 重液洗选，下同）在坩埚内混合均匀并铺平，加上钢质砝码，在 850℃下焦化 15min 后，取出冷却至室温，称量得残焦的总质量为 m；用 1mm 的圆孔筛筛分，称量得筛上物的质量为 m_1；将筛上物装入罗加转鼓中以 $(50 \pm 2)r/min$ 的转速转磨 5min，再用 1mm 圆孔筛筛分，称量得筛上物质量为 m_2；将筛上物在转鼓中重复转动 5min 后再次筛分，称量得筛上物质量为 m_3；将筛上物再一次进行转鼓试验，称量得筛上物质量为 m_4，按下面公式计算罗加指数：

$$\text{R. I.} = \frac{\dfrac{m_1 + m_4}{2} + m_2 + m_3}{m} \tag{5-1}$$

式中　m——焦化后焦渣总量，g；

　　　m_1——焦渣过筛，其中大于 1mm 焦渣的质量，g；

　　　m_2——第一次转鼓试验后过筛，其中大于 1mm 焦渣的质量，g；

　　　m_3——第二次转鼓试验后过筛，其中大于 1mm 焦渣的质量，g；

　　　m_4——第三次转鼓试验后过筛，其中大于 1mm 焦渣的质量，g。

罗加指数测试的允许误差：每一测试煤样要分别进行两次重复测试。同一化验室平行测试误差不得超过 3，不同化验室测试误差不得超过 5。取平行测试结果的算术平均值（小数点后保留一位有效数字）报出。

我国不同煤化程度煤的罗加指数如表 5-8 所示。

表 5-8　我国不同煤化程度煤的罗加指数

煤种	长焰煤	气煤	肥煤	肥气煤	焦煤	瘦煤	贫煤	年轻无烟煤
R.I.	0～15	15～85	75～90	40～85	60～85	5～60	≤5	0

罗加指数可直接反映煤对惰性物料的黏结能力，在一定程度上能反映焦炭的强度，而且所需设备简单、快速、平行试验所需煤样量较少，方法简便易行。罗加指数以转磨一定次数后大于 1mm 的焦粒重量和转磨次数的乘积来衡量焦粒的耐磨强度，从而比较合理地估价煤的黏结能力，对弱黏结煤和中等黏结性煤的区分能力甚强。例如，Y 值在 5～10mm 的弱黏结煤，其 R.I. 在 20～70。另外，对 Y 值无法分辨的弱黏煤，罗加指数还能分辨；即使 Y 值已为零的弱黏煤，R.I. 也在 0～20 的范围内，只不过测定误差较大。罗加指数对区分中等煤化程度的煤的黏结性更为适用。胶质层指数和罗加指数的关系如图 5-19 所示。

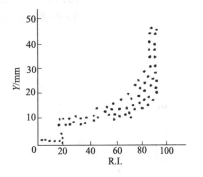

图 5-19　Y 值与 R.I. 的关系

罗加指数测定法也有一些不足之处：如不论煤的黏结能力大小，都以 1∶5 的比例将煤样和标准无烟煤混合；而且标准无烟煤的粒度较大（在 0.3～0.4mm），容易对粒度小于 0.2mm 的煤样产生离析；对于强黏结性的煤来讲，无法显示它们的强黏结性，所以难于分辨强黏结煤。此外，罗加指数的测定值往往偏高，对弱黏结煤测定时重复性差，而且各国所采用的标准无烟煤不同，因此 R.I. 在国际间无可比性。

五、黏结指数（GB/T 5447—1997）

黏结指数是中国煤炭科学研究院北京煤化学研究所在分析了罗加指数的优缺点以后，经过大量试验提出的表征烟煤黏结性的一种指标。该指标已用作我国新的煤炭分类法，作为区分黏结性的指标，用 $G_{R.I.}$ 表示，也可简写为 G。

黏结指数的测定原理和罗加指数相同，也是通过测定焦块的耐磨强度来评定烟煤的黏结性大小。但将标准无烟煤的粒度由 0.3～0.4mm 改为 0.1～0.2mm，这有助于提高区分强黏结煤的黏结能力，同时由于无烟煤的粒度与烟煤的粒度相近，因而容易混合均匀，减少误差；对于弱黏结性煤，将烟煤和无烟煤的配比改为 3∶3，以提高对弱黏结性煤的区分能力；实现了机械搅拌，改善了试验条件，减少了人为误差；将三次转鼓改为两次，修改了计算公式，简化了操作。

其测定方法要点是：将空气干燥煤样和标准无烟煤先按 1∶5 的比例混合在坩埚内，然后放在 850℃的马弗炉中焦化 15min，称出焦粒质量 m；将称重后的焦粒放入转鼓内进行第一次转磨，以（50±2）r/min 的转速转磨 5min；然后用 1mm 孔径的圆孔筛筛分，称出其筛上物质量为 m_1；再将筛上物以同样的转速与时间进行第二次转磨、筛分，并称筛上焦炭质量为 m_2。用下列公式计算黏结指数 $G_{R.I.}$。

$$G_{R.I.} = 10 + \frac{30m_1 + 70m_2}{m} \tag{5-2}$$

式中　m——焦化后焦渣总量，g；

m_1——第一次转鼓试验后过筛，其中大于 1mm 焦渣的质量，g；

m_2——第二次转鼓试验后过筛，其中大于 1mm 焦渣的质量，g。

当测得的 $G_{R.I.}$ ＜18 时，需要重新测试。此时煤样和标准无烟煤样的比例改为 3∶3，即称取 3g 试验煤样和 3g 标准无烟煤混合。其余操作同上。结果按下式计算：

$$G_{R.I.} = \frac{30m_1 + 70m_2}{m} \qquad (5-3)$$

式中　m——焦化后焦渣总量，g；

m_1——第一次转鼓试验后过筛，其中大于 1mm 焦渣的质量，g；

m_2——第二次转鼓试验后过筛，其中大于 1mm 焦渣的质量，g。

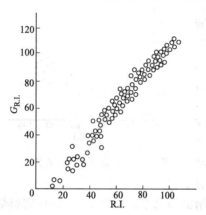

图 5-20　煤的黏结指数与
罗加指数的关系

黏结指数测试的允许误差：每一测试煤样应分别进行两次重复测试，$G_{R.I.} \geqslant 18$ 时，同一化验室两次平行测试值之差不得超过 3；不同化验室间报告值之差不得超过 4。$G_{R.I.} ＜18$ 时，同一化验室两次平行测试值之差不得超过 1；不同化验室间报告值之差不得超过 2。以平行测试结果的算术平均值为最终结果（小数点后保留一位有效数字）。

黏结指数对强黏结性和弱黏结性的煤区分能力都有所提高，而且黏结指数的测定结果重现性好。与罗加指数的测定比较，黏结指数的测定更为简便。黏结指数与罗加指数的相关关系见图 5-20。

六、坩埚膨胀序数（GB/T 5448—1997）

坩埚膨胀序数是以煤在坩埚中加热所得焦块膨胀程度的序号来表征煤的膨胀性和黏结性的指标，在西欧和日本等国普遍采用，是国际硬煤分类的指标之一。

该法为称取 (1±0.01)g 新磨的粒度小于 0.2mm 的煤样放在特制的有盖坩埚中，按规定的方法快速加热到 (820±5)℃，将坩埚取出，冷却后可得到不同形状的焦块。将焦块与一组标有序号的标准焦块侧形（如图 5-21 所示）相比较，取其最接近的焦型序号作为测定结果。

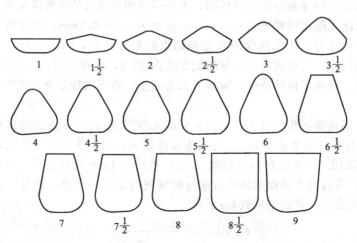

图 5-21　标准焦块侧形图及其相应的膨胀序数

坩埚膨胀序数的大小取决于煤的熔融情况、胶质体形成和存在期间的析气情况以及胶质体的透气性。序数越大，表示煤的膨胀性和黏结性越强。

坩埚膨胀序数的确定可依下述方法进行。

① 如果残渣不黏结或成粉状，则膨胀序数为 0。

② 如果焦渣黏结成块而不膨胀，应将焦块放在一个平整的硬板上，小心地在焦块上面加上 500g 砝码（只是砝码的自重），如果焦块粉碎，则膨胀序数为 1/2，如果焦块不碎或仅碎裂成 2～3 块坚硬的焦块，则其膨胀序数为 1。

③ 如果焦渣黏结成焦块并且膨胀，就将焦块放在专用的观察筒下，旋转焦块，找出最大侧形，再与标准侧形图比较并确定自由膨胀序数。

④ 有时找不到与焦块侧形接近的投影图形，则可在方格纸上勾画出焦块的投影，然后由方格纸上求出焦块的投影面积（mm²），再由投影面积和膨胀序数的相关曲线查出坩埚膨胀序数。图 5-22 为焦块投影面积及其相应的膨胀序数。

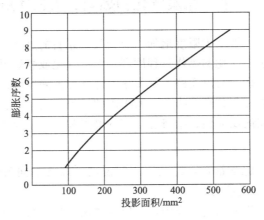

图 5-22　焦块投影面积及其相应的膨胀序数

此法所用实验仪器和测定方法都非常简单，几分钟即可完成一次试验，所以得到广泛应用。但确定坩埚膨胀序数时难免受主观因素的影响，有可能将黏结性较差的煤判断为黏结性较强的煤，利用此法确定膨胀序数为 5 以上的煤时分辨能力较差。

七、葛金指数（GB/T 1341—2007）

此法是由葛来和金二人于 1923 年提出的一种煤低温干馏试验方法，用以测定热分解重物收率和焦型。葛金试验焦型是国际煤炭分类的指标之一。

该法是将 20g 粉碎至 0.2mm 以下的煤样或配煤放在特制的水平玻璃或石英干馏管中，将干馏管放入预先加热至 325℃的电炉内，以 5K/min 的加热速度升温到 600℃，并恒温 1h，测定热解水收率、焦油收率、半焦收率、氨收率、煤气收率等，并将所得半焦与一组标准焦型比较（如图 5-23），确定所得半焦的葛金焦型指数。具体方法见图 5-24。

此法既可测定热解产物收率，又可测定煤的黏结性。对煤的黏结性和结焦性的鉴别能力较强。有些煤挥发分接近而黏结性不同的煤，可用葛金指数加以区分。其缺点是人为误差较大，在测定强黏结性煤时，需要逐次增加电极炭的添加量，经过多次试验才能确定葛金指数，比较烦琐，且不易测准。

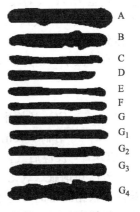

图 5-23　标准焦型

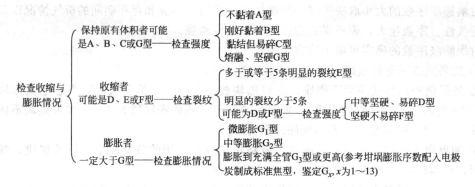

图 5-24 葛金焦型的鉴定与分类

第四节 煤炭气化和燃烧的工艺性质

煤炭气化工艺是将固体煤最大限度地加工成为气体燃料的过程，而煤的燃烧则是煤最传统的一种使用方式。为了使气化和燃烧过程顺利进行、气化或燃烧反应完全，并满足不同气化工艺过程，气化炉、燃烧炉对煤质的不同要求，通常需要测定煤的反应性、机械强度、热稳定性、结渣性、灰熔点和灰黏度等指标，其中煤的机械强度、热稳定性和灰熔点已在第四章中讲述，这里只介绍煤的反应性、结渣性、煤的燃点和灰黏度等四个指标。

一、煤的反应性

煤的反应性又称煤的化学活性，是指在一定温度下煤与不同气体介质（如 CO_2、水蒸气、O_2 等）相互作用的反应能力。

反应性强的煤，在气化和燃烧过程中，反应速率快，效率高。尤其当采用一些高效能的新型气化技术（如沸腾床或悬浮气化）时，反应性的强弱直接影响到煤在炉中反应的情况、耗氧量、耗煤量及煤气中的有效成分等。在流化燃烧过程中，煤的反应性强弱与其燃烧速度也有密切关系。因此，煤的反应性是气化和燃烧的重要指标。

表示煤反应性的方法很多，目前我国采用的是煤对二氧化碳的反应性，以二氧化碳的还原率来表示煤的反应性。

煤反应性的测定方法要点是（GB/T 220—2001）：称取 300g 粒度在 3～6mm 的煤样，在规定的条件下干馏处理后，将残焦破碎成粒度为 3～6mm 的颗粒装入反应管中。将反应管加热至 750℃（褐煤）或 800℃（烟煤和无烟煤），温度稳定后以一定的流速向反应管中通入 CO_2，然后继续以 20～25℃/min 的升温速度给反应管升温，并每隔 50℃取反应系统中的气体分析一次，记录结果，直到 1100℃ 为止。如有特殊需要，可延续到 1300℃。

在高温下，CO_2 还原率按下式计算：

$$\alpha = \frac{100(100-a-CO_2)}{(100-a)(100+CO_2)} \times 100 \tag{5-4}$$

式中 α——CO_2 还原率，%；

a——钢瓶二氧化碳中杂质气体含量，%；

CO_2——反应后气体中二氧化碳含量，%。

若已知钢瓶二氧化碳中杂质气体含量，也可预先绘出 α 与 CO_2 的关系曲线。每一次试验后，根据测得的 CO_2 含量值在曲线上查出相应的还原率 α 值。实验结束后，将 CO_2 还原率 α 与相应的测定温度绘成曲线如图 5-25 所示，一并作为实验结果报出。

由图 5-17 可见，煤对 CO_2 的还原率随反应温度的升高而加强。

煤对 CO_2 的还原率越高，表示煤的反应性越强。各种煤的反应性随变质程度的加深而减弱，这是由于碳和 CO_2 的反应不仅在燃料的外表面进行，而且也在燃料的内部毛细孔壁上进行，孔隙率越高，反应表面积越大，反应性越强。不同煤化程度的煤及其干馏所得的残焦或焦炭的气孔率、化学结构是不同的，因此其反应性显著不同。在同一温度下褐煤由于煤化程度低，挥发分产率高，干馏后残焦的孔隙多且孔径比较大，CO_2 容易进入孔隙内，反应接触面大，故

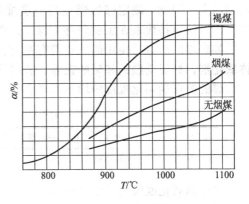

图 5-25　煤的反应性曲线

反应性最强，烟煤次之，无烟煤最弱。通常，煤中矿物含量增加，会使煤中固定碳的含量降低，使反应性降低。但矿物中如碱金属或碱土金属的化合物对 CO_2 的还原具有催化作用，因此这些矿物含量多时，会使反应性增强。

二、煤的结渣性

煤的结渣性是反映煤灰在气化或燃烧过程中结渣的特性，它对煤质的评价和加工利用有非常重要的意义。

在气化和燃烧过程中，煤中灰分在高温下会熔融而结成渣，给炉子的正常操作带来不同程度的影响，结渣严重时将会导致停产。因此，必须选择不易结渣或只轻度结渣的煤炭用作气化或燃烧原料。由于煤灰熔融性并不能完全反映煤在气化或燃烧炉中的结渣情况，因此，必须用煤的结渣性来判断煤在气化和燃烧过程中结渣的难易程度。

煤的结渣性测定要点（GB/T 1572—2001）是：称取一定质量的粒度为 3～6mm 的煤样，放入预先加热到 800～850℃ 煤结渣性测定仪中，同时鼓入一定流速的空气使之气化（或燃烧）；待煤样燃尽后，取出冷却并称重。过筛，算出粒度大于 6mm 的灰渣质量占总灰渣质量的百分数作为煤的结渣率。计算公式如下：

$$C_{lin} = \frac{m_1}{m} \times 100 \tag{5-5}$$

式中　C_{lin}——结渣率，%；

　　　m_1——粒度大于 6mm 的灰渣质量，g；

　　　m——灰渣总质量，g。

煤的结渣性与煤中矿物质的组成、含量及测定时鼓风强度的大小等因素有关。煤灰中某些成分本身就具有很高的熔点，如 Al_2O_3 的熔点高达 2020℃；相反，有些物质如 Fe_2O_3、Na_2O、K_2O 等本身的熔点较低，因此，煤的矿物质中铝含量高时不易结渣，煤的矿物质中铁、钠、钾等含量较高时容易结渣。鼓风强度增大时，煤的结渣率增大。

三、煤的燃点

煤的燃点是将煤加热到开始燃烧时的温度，也称着火点、临界温度或发火温度。

测定煤的燃点的方法很多，我国通常是将粒度小于 0.2mm 的空气干燥煤样与亚硝酸钠以 1：0.75 的质量比混合，放入燃点测定仪中，以 4.5～5℃/min 的速度加热，加热到一定温度时煤样爆燃产生的压力使燃点测定装置中的水柱在下降的瞬间出现明显的温度升高或体积变化。煤样爆燃时的加热温度即为煤的燃点。用不同的氧化剂、不同的操作方法会得到不

同的燃点。因此，测定煤的燃点是一项规范性很强的试验。实验室测出的煤的燃点是相对的，并不能直接代表在工业条件下煤开始燃烧的温度。

测定煤的燃点时使用的氧化剂有两类：一类是气体氧化剂，如氧气或空气；另一类是固体氧化剂，如亚硝酸钠和硝酸银等。我国测定燃点时一般采用亚硝酸钠做氧化剂。

煤的燃点随煤化程度的增加而增高。不同煤化程度煤的燃点见表 5-9。

表 5-9 不同煤化程度煤的燃点

煤种	褐煤	长焰煤	气煤	肥煤	焦煤	无烟煤
燃点/℃	260~290	290~330	330~340	340~350	370~380	约 400

煤受到氧化或风化后燃点明显下降，据此能判断煤的氧化程度。比如可以用下述方法来判断煤受氧化的程度。

称取一定质量的煤样，平均分为三等份，将其中一份放入燃点测定仪中测定其燃点（℃），得原煤样的燃点（℃）；取另一份用氧化剂如双氧水处理后测定其燃点，得氧化煤样的燃点（℃）；再取另一份用羟胺（NH_2OH，一种碱性还原剂）处理后测定其燃点，得还原煤样的燃点（℃），用下式计算煤被氧化的程度：

$$氧化程度 = \frac{还原煤样燃点(℃) - 原煤样燃点(℃)}{还原煤样燃点(℃) - 氧化煤样燃点(℃)} \tag{5-6}$$

上式计算值越大，煤被氧化的程度越高。在煤田地质勘探中常用这个方法来判断煤的氧化程度或确定采样点是否已通过风化、氧化带。

另外，还可以根据氧化煤样与还原煤样的燃点温度之差值 ΔT（℃）来判断煤自燃的难易程度。一般煤化程度越低的煤越容易自燃。如褐煤和长焰煤很容易自燃着火；气煤、肥煤和焦煤稍次，瘦煤、贫煤和无烟煤自燃着火的倾向小一些。

四、煤灰的黏度

煤灰的黏度是指煤灰在高温熔融状态下流动时的内摩擦系数，其单位为 Pa·s（帕斯卡·秒）或 P（泊）。煤灰的黏度可以表征煤灰在熔融状态时的流动特性，是气化用煤和动力用煤的重要指标。对液态排渣的气化炉和燃烧炉来说，了解煤灰的流动性，根据煤灰黏度的大小以及煤灰的化学组成，就可以选择合适的煤源，或者采用添加助熔剂，或者采用配煤的方法来改性，使其符合液态排渣炉的要求。同时也能正确指导气化和燃烧的生产工艺和炉型设计。

1. 煤灰黏度的测定方法

将煤灰制成直径约 10mm 的小球，干燥后待高温炉加热到一定温度后开始逐个投放灰球，当灰球在坩埚内达到熔融状态时，将黏度计转子浸入熔体中以一定速度旋转，使熔体和转子之间产生相对运动，以降温测定方式，从最高温度开始，每隔 20~50℃测定一个温度点相对应的黏度值（Pa·s），直至达到凝固时对应的最大黏度值时，结束测量。

2. 煤灰黏度与煤灰成分的关系

煤灰黏度的大小主要取决于煤灰的组成。由于煤灰的化学组成不同，即使熔融温度相同的煤灰，其黏度特性也不相同，灰渣流动性也有很大差别。所以研究煤灰中的各组成成分对煤灰黏度的影响，可以指导其黏度及温度的确定。煤灰成分中，影响煤灰黏度的主要成分是二氧化硅、氧化铝、三氧化二铁、氧化钙及氧化镁。试验表明，煤灰中随二氧化硅和氧化铝含量的增加，其最高黏度值显著增大，即二氧化硅和氧化铝含量增高能够提高灰的黏度；而随三氧化二铁、氧化钙及氧化镁或氧化钠含量的增加，其最高黏度值减小，即三氧化二铁、氧化钙及氧化镁或氧化钠含量增高能够降低灰的黏度。生产中也可采用加入助熔剂或配煤等方法改变灰渣的黏度，以适应气化或燃烧的需要。

第五节　煤的铝甑低温干馏试验

为评定各种煤对炼油的适应性以及在低温干馏生产中鉴定原料煤的性质并预测各种产品的产率，均需要进行煤的低温干馏试验。煤的低温干馏试验主要是铝甑法，有时也有用葛金法（煤的管式低温干馏试验方法，GB 1341）代替。

铝甑干馏试验法是由 F. 费舍尔于 1920 年提出。中国国家标准是在参照该法的基础上，对温度制度等方面进行修改后制定的。测定基本装置如图 5-26 所示，将 20g 空气干燥煤样放入铝甑中，按一定程序以 5℃/min 的速度将煤样加热到 510℃后并保持 20min。干馏时测定所得焦油、热解水、半焦和煤气的收率。焦油产率的代号为 T。一般采用空气干燥基，即 T_{ad}，%。低温干馏用煤的 T_{ad} 一般不应小于 7%。T_{ad} 大于 12% 者称为高油煤；T_{ad} 为 7%～12% 者是富油煤；T_{ad} 小于或等于 7% 者为贫油煤。

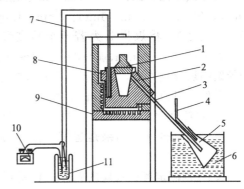

图 5-26　铝甑干馏试验装置
1—铝甑盖；2—铝甑；3—导出管；4—气体导出管；
5—锥形烧瓶；6—冷却槽；7—热电偶；
8—热电偶套管；9—电炉；
10—毫伏计；11—冷接点恒温器

煤的低温焦油产率与煤的成因类型有关。残殖煤与腐泥煤的 T_{ad} 都相当高，多数为富油煤。腐殖煤的焦油产率与煤化度和煤岩组成有关，褐煤和焰煤的 T_{ad} 较高，当稳定组含量较高时，T_{ad} 也会增大。

第六节　煤的可选性

选煤就是使混杂在煤中的矸石、黄铁矿以及煤矸共生的夹矸煤与精煤按照它们在物理和化学性质上的差异进行分离的过程。选煤可以清除煤中的矿物，降低煤的灰分和硫分，改善煤质，生产多品种煤炭，节约运输能力，使产品各尽其用，提高煤炭的使用价值和经济效益。

煤的可选性是指通过分选改善原煤质量的难易程度，也即原煤的密度组成对重力分选难易程度的影响。各种煤在洗选过程中能除去灰分杂质的程度是很不一致的。有些煤洗选后精煤灰分可降至较低，精煤收率也很高；有些煤经洗选后精煤灰分虽然降低，但收率却下降较多，这就是煤的可选性不同的表现。煤的可选性与煤中矿物质存在的形式有很大的关系。煤中矿物质如以粗颗粒状存在，则原煤经过破碎后，矿物质容易解离，形成较纯净的精煤和矸石，洗选时由于两者密度显著不同而很容易将矸石除去，精煤的收率也就高。这种煤的可选性就好。煤中矿物质如以细粒状嵌布在煤中，形成煤与矸石共生的夹矸煤，其密度介于煤和矸石之间，洗选时就难以除去。因此，含夹矸煤多的原煤在洗选后往往精煤灰分降低不多，但收率却显著减少，这种煤可选性差。至于硫分，洗选时只能除去以粗颗粒状存在于煤中的黄铁矿，以细粒均匀嵌布在煤中的黄铁矿通过洗选是较难除去的，有机硫则不能除去。

因此，煤的可选性是判断煤炭洗选效果的重要依据，是判断煤炭是否适用于炼制冶金焦炭的重要性质之一。目前，我国选煤方法广泛采用重力选煤法（跳汰和重介法），小于 0.5mm 的煤泥采用浮选法。影响原煤可选性的主要因素是煤的粒度组成和密度组成。

一、煤的可选性曲线

1. 原煤的粒度组成

煤的粒度组成是将煤样分成各种粒度级别，然后再分别测定各粒级产率和质量（如灰分、水分、发热量等，依据试验目的而定）。通常是用筛分试验来测定煤的粒度组成。

筛分试验是将试样由最大孔到最小孔逐级进行筛分。根据筛孔大小：150mm、100mm、50mm、25mm、13mm、6mm、3mm、1mm、0.5mm（根据试验需要，可取消或增加某些筛孔的筛子），将煤样分为若干个粒度级别。如＞150mm、150～100mm、100～50mm、50～25mm、25～13mm、6～3mm、3～1mm、1～0.5mm、＜0.5mm 九个粒度级，将这九个粒级的煤分别称重，就可得到各粒级在总煤样中的百分含量即为煤的粒度组成。

另外，对原煤进行筛分试验时，还有下列要求。

① 对粒度大于 25mm 的煤样进行手选，分为煤、矸石、夹矸煤和硫铁矿四种，并记录它们各自的百分率。如果是选煤厂生产检查或设备检查所采煤样，大于 25mm 各级可不手选。

② 分别测定各粒级煤的 M_{ad}、A_d 等质量指标，填写筛分试验报告表，如表 5-10 所示。

表 5-10　筛分试验报告表（样表）

生产煤样编号：＿＿＿＿＿＿＿＿＿　试验日期：＿＿＿年＿＿＿月＿＿＿日

筛分试验编号：＿＿＿＿＿＿＿＿

＿＿＿＿＿＿＿矿务局＿＿＿＿＿矿＿＿＿＿＿层＿＿＿＿＿工作面

采样说明：＿＿＿＿＿＿＿＿＿＿＿＿＿＿＿＿＿＿＿＿＿＿＿＿＿＿＿＿＿＿＿＿＿

筛分化验总结果：

化验项目 煤样	$M_{ad}/\%$	$A_d/\%$	$V_{daf}/\%$	$w(S_t)_d/\%$	$Q_{gr,d}$ /(MJ/kg)	胶质层/mm		$G_{R.I.}$
						X	Y	
毛煤	5.56	19.50	37.73	0.64	25.69			
浮煤(密度<1.4×10⁻³g/cm³)	5.48	10.73	37.28	0.62			71	

筛分前煤样总质量：19459.5kg，最大粒度730mm×380mm×220mm。

粒级/mm	产物名称	产率			质量指标			$Q_{gr,d}$ /(MJ/kg)
		质量/kg	占全样/%	筛上累计/%	$M_{ad}/\%$	$A_d/\%$	$w(S_t)_d/\%$	
＞100	煤	2616.5	13.48	—	3.57	11.41	1.10	28.68
	夹矸煤	102.6	0.53	—	2.86	31.21	1.43	20.87
	矸石	162.9	0.84	—	0.85	80.93	0.11	—
	硫铁矿							
	小计	2882.0	14.85	14.85	3.39	16.04	1.06	
100～50	煤	2870.4	14.79	—	4.08	13.72	0.78	28.12
	夹矸煤	80.6	0.42	—	3.09	34.47	0.95	19.67
	矸石	348.7	1.80	—	0.92	80.81	0.13	—
	硫铁矿	—	—	—	—	—	—	—
	小计	3299.7	17.00	31.84	3.72	21.32	0.72	
＞50 合计		6181.7	31.84	31.84	3.57	18.86	0.88	
50～25	煤	2467.1	12.71	44.55	3.73	24.08	0.54	23.78
25～13	煤	3556.7	18.32	62.88	2.56	22.42	0.61	24.13

手选（对应 ＞100 和 100～50 两个粒级区间）

续表

粒级 /mm	产物名称	产率			质量指标			$Q_{gr,d}$ /(MJ/kg)
		质量/kg	占全样/%	筛上累计/%	M_{ad}/%	A_d/%	$w(S_t)_d$/%	
13～6	煤	2624.2	13.52	76.39	2.40	23.85	0.55	23.48
6～3	煤	2399.4	12.36	88.75	4.04	19.51	0.74	24.80
3～0.5	煤	1320.5	6.80	95.56	2.94	16.74	0.74	26.89
0.5～0	煤	862.6	4.44	100.00	2.98	17.82	0.89	25.45
50～0 合计		13230.5	68.16		3.08	21.62	0.64	
毛煤总计		19412.2	100.00		3.24	20.74	0.72	
原煤总计（除去大于50mm级矸石和硫铁矿）		18900.6	97.37		3.30	19.11	0.74	

③ 绘制原煤粒度特性曲线图　原煤的粒度特性曲线如图 5-27 所示，它是由表 5-10 中第一栏和第六栏数据绘制而成。曲线的变化趋势可反映原煤的粒级分布情况。如果曲线先是急速下降，在某一粒度后又趋于平缓即曲线呈凹形，表示煤中细粒度级别多；如果曲线呈凸形，则表示粗粒度级比较多，如果曲线接近直线形，则表示原煤中粗细粒度分布均匀。

2. 原煤的密度组成

原煤的密度是指煤和其所含矿物在内的密度，其大小取决于煤中有机物的成分和煤化程度，更主要取决于煤中所含矿物密度的

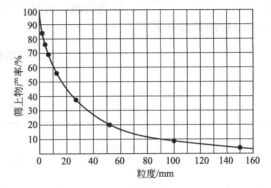

图 5-27　粒度特性曲线

大小及含量的多少。原煤的密度组成是指煤中各密度级煤的质量占原煤样总质量的百分比。

原煤的密度组成是评定原煤可选性的主要依据，通常用浮沉试验的方法来测定。

浮沉试验所用的煤样是从筛分试验后的各粒级产物中缩取得到而且必须是空气干燥基。为保证试样的代表性，其质量应符合表 5-11 中的规定。试验时把原煤样放在不同密度的溶液中，从最低密度逐级向最高密度进行浮沉，将煤分成若干个密度级别，并对每一个密度级别的煤进行采样化验，最终得出不同密度级别的产率和质量特征。具体试验方法如下。

表 5-11　浮沉试验煤样质量与粒度的关系

煤样最大粒度/mm	＞100	100	50	25	13	6	3	0.5
试验所需最小质量/kg	150	100	30	15	7.5	4	2	1

（1）重液的配制　不同煤种的浮沉试验，所用的重液也不相同。通常烟煤和无烟煤都采用氯化锌的水溶液作为浮沉试验介质，烟煤配制成密度（g/cm³）分别为 1.30，1.40，1.50，1.60，1.70，1.80，1.90，2.00 八种不同密度级的重液；无烟煤配制成密度（g/cm³）分别为 1.60，1.80，2.00 三种不同密度级的重液。褐煤由于在水中易破碎，故采用苯、四氯化碳、三溴甲烷等有机混合液作为浮沉试验介质，分别配制成密度（g/cm³）为 1.30，1.40，1.50，1.60，1.80，2.00 六种不同密度级的重液。

（2）试验方法

① 将配好的重液放入重液桶中，并按密度大小顺序排列。

② 称出煤样的质量，并把它放在网底筒内，每次放入的煤样厚度一般不超过100mm。用清水洗净附在煤块上的煤泥，滤去洗水（将各粒级冲洗的煤泥收集起来）。

③ 将盛有煤样的网底筒在最低一个密度级的缓冲溶液内浸润一下，然后滤尽溶液，再放入浮沉用的最低密度级的重液桶中，使其分层。

④ 小心地用漏勺按一定方向捞取浮物。捞取深度不得超过100mm，捞取时应注意勿使沉物搅起混入浮物中。

⑤ 把装有沉物的网底桶慢慢提起，滤尽重液，再把它放入下一个密度级的重液桶中，用同样的方法依次按密度级顺序进行，直到做完该粒级煤样为止。最后将沉物倒入盘中。在试验中应充分回收 $ZnCl_2$ 溶液。

（3）结果整理

① 将各密度级的产物和煤泥分别缩制成空气干燥基煤样，测定其水分 M_{ad}、灰分 A_d。当原煤样全硫超过1.5%时，各密度级产物还应测定全硫。

② 将各粒级的浮沉试验结果填入浮沉试验报告表。表5-12是粒度为25～13mm的煤样在 $ZnCl_2$ 重液中的浮沉试验报告表。再将各粒度级浮沉数据汇总出50～0.5mm粒级的原煤浮沉试验结果综合表中，如表5-13所示。

表 5-12　浮沉试验报告表（样表）

浮沉试验编号：　　　　　　　　　　　　　　试验日期：

煤样粒级：25～13mm　　　　　　　　　　　全硫 $[w(S_t)_d]$ /%

本级占全样产率：18.322%　　　灰分（A_d）：22.42%　　　样重：24.965kg

密度级 /(g/cm³)	质量 /kg	占本级产率 /%	占全样产率 /%	灰分 /%	全硫 /%	累 计			
						浮上部分		沉下部分	
						产率/%	灰分/%	产率/%	灰分/%
1	2	3	4	5	6	7	8	9	10
<1.30	1.645	6.72	1.219	3.99		6.72	3.99	100.0	22.14
1.30～1.40	11.312	46.18	8.380	7.99		52.90	7.48	93.28	23.45
1.40～1.50	5.280	21.56	3.912	15.93		74.46	9.93	47.10	38.60
1.50～1.60	1.370	5.59	1.014	26.61		80.05	11.09	25.54	57.74
1.60～1.70	0.660	2.70	0.490	34.65		82.75	11.86	19.95	66.47
1.70～1.80	0.456	1.86	0.338	43.41		84.61	12.56	17.25	71.45
1.80～2.00	0.606	2.47	0.448	54.47		87.08	13.74	15.39	74.84
>2.00	3.165	12.92	2.345	78.73		100.0	22.14	12.92	78.73
合计	24.494	100.0	18.146	22.14					
煤泥	0.238	0.96	0.176	19.16					
总计	24.732	100.0	18.322	22.11					

表5-12中第一项为 $ZnCl_2$ 溶液的密度级［配制成密度（g/cm³）分别为1.30，1.40，1.50，1.60，1.70，1.80，2.00七种密度不同的溶液，将原煤分为八个密度级］；

第二项分别为各密度级煤的质量；

第三项为各密度级煤占本粒级原煤总质量的分数；

第四项为本粒级的各密度级煤占原煤总质量的分数；

第五项为各密度级煤的灰分；

第六项为各密度级煤的全硫含量；

第七项为各浮上部分的累计质量分数，由第三项数据自上而下累加而得到。例如：<1.40g/cm³ 的煤的累计质量分数=6.72%+46.18%=52.90%；

第八项为各浮上部分的平均灰分，例如：

$$<1.40g/cm^3\text{ 煤的灰分}=\frac{6.72\%\times3.99\%+7.99\%\times46.18\%}{6.72\%+46.18\%}=7.48\%;$$

第九项为沉下部分的累计百分数。例如：用密度为 $2.00g/cm^3$ 的 $ZnCl_2$ 溶液分离原煤，则沉下部分质量占原煤的百分数为 12.92%，填于 >2.00 格中。如按 $1.80g/cm^3$ 的密度分离原煤，则 $>1.80g/cm^3$ 煤占原煤质量的分数为 12.92%+2.47%=15.39%；

第十顶为各沉下部分的平均灰分；例如：

$$>1.80g/cm^3\text{ 煤的平均灰分}=\frac{12.92\%\times78.73\%+2.47\%\times54.47\%}{12.92\%+2.47\%}=74.84\%。$$

当煤全部浮上或沉下时，其累计百分数为 100.00%，其平均灰分与原煤的灰分相同，皆为 22.14%。

表 5-13　50～0.5mm 粒级原煤浮沉试验综合表

密度级 /(g/cm³)	产率 /%	灰分 /%	累计/%				分选密度±0.1	
			浮物		沉物		密度级 /(g/cm³)	产率/%
			产率	灰分	产率	灰分		
1	2	3	4	5	6	7	8	9
<1.30	10.69	3.46	10.69	3.46	100.00	20.50	1.30	56.84
1.30～1.40	46.15	8.23	56.84	7.33	89.31	22.54	1.40	66.29
1.40～1.50	20.14	15.50	76.98	9.47	43.16	37.85	1.50	25.31
1.50～1.60	5.17	25.50	82.15	10.48	23.02	57.40	1.60	7.72
1.60～1.70	2.55	34.28	84.70	11.19	17.85	66.64	1.70	4.17
1.70～1.80	1.62	42.94	86.32	11.79	15.30	72.04	1.80	2.69
1.80～2.00	2.13	52.91	88.45	12.78	13.68	75.48	2.00	2.13
>2.00	11.55	79.64	100.00	20.50	11.55	79.64		
合计	100.00	20.50						
煤泥	1.01	18.16						
总计	100.00	20.48						

表 5-13 中第二项数据是 50～0.5mm 各粒级煤在对应的密度级溶液中浮上部分产率之和；

第三项数据是 50～0.5mm 各粒级在对应的密度级溶液中浮煤灰分产率；

第四项数据是 50～0.5mm 各粒级在对应的各密度级溶液中浮上部分的累计质量百分数，是第二项数据自上而下累加而得到；

第六项数据为 50～0.5mm 各粒级在对应的各密度级溶液中沉下部分的累计百分数，系由 100 减去第四项数据对应数值而得到；

第七项数据为 50～0.5mm 沉下部分的平均灰分。计算方法同表 5-12 第十项的计算。

3. 煤的可选性曲线

可选性曲线是根据浮沉试验结果绘制的一组曲线，用以表示煤质可选性。可选性曲线是煤性质的图示，它可以定性地表达出煤的性质，并且可以通过它确定选煤的理论工艺指标。绘制可选性曲线一般采用 200mm×200mm 的坐标纸，左侧纵坐标从上到下表示浮物的产率，右侧从下到上表示沉物的产率，下部横坐标从左向右表示灰分，上部从右向左表示浮沉密度（见图 5-28）。

(1) 原煤灰分分布曲线 λ：由表 5-13 中 3、4 项数据绘制。其方法是：先用第四项的数据画出平行于横坐标的各密度级浮物累计产率直线，再用第三项数据画出平行于纵坐标的各产物的灰分直线，每一对数据所画两条直线在坐标系内相交于一点，将各点连成一条光滑的

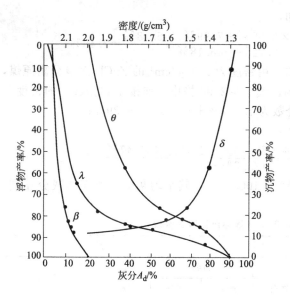

图 5-28　煤的可选性曲线

曲线，即得灰分特性曲线（λ）。它可以表示原煤灰分在各密度级中的分布情况，或初步判断原煤的可选性。当曲线垂直部分突然转变为水平，垂直部分所包的面积甚小，表示各累计浮物（精煤）灰分小，所以容易洗选。若灰分特性曲线接近于直线型，表示各累积浮物与沉物的灰分接近，则煤的可选性差。

（2）浮物曲线 β：由表 5-13 中第 4、5 项数据绘制，反映浮上物的累计质量百分率与其平均灰分之间的关系，即每一点都是表示从最低密度开始到该点为止的总浮物的平均灰分。当产率为 100％时，则表示全部煤的平均灰分，即原煤的灰分。β 曲线灰分最低点和 λ 曲线上的最低点两者将重合在一起。这样就很容易从 β 曲线上查出某一精煤灰分时产率，或某一产率时精煤灰分。例如，要求精煤灰分不超过 8％时，可在图中灰分坐标轴上找出 8％的点向上引垂线与 β 曲线相交于一点，该点的左纵坐标值为 68.5％，即理论精煤产率，右纵坐标值为 31.5％，即为理论尾煤产率。

（3）沉物曲线 θ：由表 5-13 中第 6、7 项数据绘制。同样的道理，θ 曲线可反映沉物累计产率和其平均灰分的关系。沉物曲线的灰分最低点应是原煤灰分，灰分最高点应与 λ 曲线终点重合。

（4）密度曲线 δ：由表 5-13 中第 8、4 项数据或第 8、6 项数据绘制，反映任一密度的浮物或沉物的累计产率。密度曲线上任一点在横坐标（密度坐标）上的读数表示某一理论上的分选密度，该点在曲线左边纵坐标上的读数是小于这个分选密度的精煤量，在右边的纵坐标上的读数是大于这个密度的尾煤量。

密度曲线的形状可表示煤粒的密度和数量在原煤中的变化关系。如果 δ 曲线的上段近于垂直，表示原煤中低密度的煤粒很多，并且密度稍有增减，则浮煤量增减很多；如果曲线的另一端距离密度坐标轴较远并且接近水平，表示原煤中高密度的矸石较少，并且在此处密度稍有增减，则沉煤量的增减很少；如果中间过渡线斜率变化缓慢，表示中间密度煤粒越多，分选密度稍有变化，则浮煤或沉煤变化也较大。

另外，根据煤的浮沉试验及可选性曲线还可以确定精煤和洗渣的理论灰分；可以根据不同的要求确定分选密度（例如由表 5-13 可知，当要求精煤灰分小于 10％时，分选密度应为 1.50g/cm³）；可以判断一些选煤的工艺问题等。

二、可选性标准

评定原煤可选性的方法很多，如分选密度±0.1 含量法、中间煤含量法、全貌模型法、煤岩学方法、综合可选性指标法、碳氢比值法、轻重比值法、邻污法和利用干扰系数评定法等。但国内最广泛采用的可选性评价方法是分选密度±0.1 含量法（煤炭部标准 MT56），见表 5-14。这种方法是用煤的"中间密度级"含量多少来描述原煤的可选性特征的。中间密度级含量愈大，它们在选后产物中的污染程度愈大，分选效果愈差。±0.1 含量法的中间密度级是随实际分选密度或理论分选密度变化的数量指标，根据中间密度级含量的大小，把原煤划分为极易选、易选、中等可选、难选和极难选五个等级。

表 5-14 ±0.1 含量法（MT56）

±0.1 含量/%	可选性等级	±0.1 含量/%	可选性等级
≤10.0	极易选	30.1～40.0	难选
10.1～20.0	易选	＞40.0	极难选
20.1～30.0	中等可选		

还有少数煤矿沿用中间煤含量法来评价煤的可选性。它是以高、低两种分选密度之间的中间煤含量多少来评价煤的可选性等级，若中间煤含量低，则该煤易选。高、低两种分选密度多用 1.40g/cm³ 和 1.80g/cm³，中间煤含量以每 10% 为一个等级划分单位，将煤分为易选（中间煤含量＜10%）、中等可选、难选和极难选（中间煤含量为 40%～50%）四个等级。

第七节 煤的发热量

煤的发热量是指单位质量的煤完全燃烧时所放出的热量，用符号 Q 表示。发热量的国际单位是 J/g，有时常用 MJ（兆焦）/kg 表示，其换算关系是 $1MJ/kg = 10^3 J/g$。

煤的发热量不但是煤质分析和煤炭分类的重要指标之一，而且也是热工计算的基础。在煤质研究中，利用发热量可以表征煤化程度及黏结性、结焦性等与煤化程度有关的工艺性质，在煤的国际分类和中国煤炭分类中，发热量是低煤化程度煤的分类指标之一。在煤的燃烧或转化过程中，利用煤的发热量可以计算热平衡、热效率及耗煤量等；利用煤的发热量还可估算锅炉燃烧的理论空气量、理论烟气量及可达到的理论燃烧温度等，这些指标是锅炉设计、燃烧设备选型及燃烧方式选择等的重要技术依据。此外，煤的发热量还是动力用煤计价的主要依据。可见测定煤的发热量有着非常重要的意义。

一、煤发热量的测定

早在 1880 年法国贝特洛就提出了用氧弹量热法来测定煤的发热量。此法经过不断完善并沿用至今。目前，国际、国内（GB/T 213—2003）均采用此方法测定煤的发热量。

1. 热量计简介

通用的热量计有恒温式和绝热式两种类型。它们的基本结构相似，只是热量计的外筒控制热交换的方式不同。

（1）恒温式热量计（图 5-29）恒温式热量计的外筒体积较大，且要求盛满水的外筒热容量大于内筒及氧弹等在工作时热容量的 5 倍，其目的是保持试验过程中外筒温度基本恒定。为了减少室温变化对发热量测定值的影响，外筒的周围还可加装绝缘保护层。

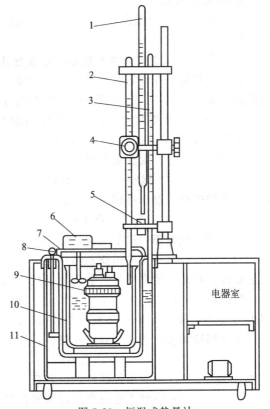

图 5-29 恒温式热量计
1—室温温度计；2—内筒温度计；3—外筒温度计；
4—放大镜；5—振荡器；6—内搅拌器；7—盖；
8—外搅拌器；9—氧弹；10—内筒；11—外筒

电器室

由于恒温式热量计的外筒温度基本恒定不变，在测定发热量的过程中内、外筒之间存在热交换，所以在进行发热量计算时要进行冷却校正。使用恒温式热量计，操作步骤和计算都比较复杂，但仪器的构造简单，容易维护。

（2）绝热式热量计　在绝热式热量计的外筒中，安装有自动控温装置，当煤样被点燃后，内筒的温度升高，此时外筒的温度能自动追踪内筒温度而上升，使内、外筒温度始终保持一致，内、外筒间不存在温差，因而没有热交换，不需要进行冷却校正。使用绝热式热量计，操作和计算都比较简单，但仪器结构较为复杂，不易维护。

（3）自动氧弹热量计　目前许多实验室已配置了自动氧弹热量计，自动氧弹热量计与氧弹量热计原理是相同的，只是用铂电阻温度计代替贝克曼温度计，电脑自动记录温度并完成数据的处理与计算，最后由打印机将发热量测定结果打印出来。具有操作简便、快速、准确等优点。

2. 发热量测量的基本原理

将一定质量的空气干燥煤样放入特制的氧弹（耐热、耐压、耐腐蚀的镍铬或镍铬钼合金钢制成）中，向氧弹中充入过量的氧气，将氧弹放入已知热容量的盛水内筒中，再将内筒置入盛满水的外筒中。利用电流加热弹筒内的金属丝使煤样引燃，煤样在过量的氧气中完全燃烧，其产物为 CO_2、H_2O、灰以及燃烧后被水吸收形成的 H_2SO_4 和 HNO_3 等。燃烧产生的热量被内筒中的水吸收，通过测量内筒温度升高数值，并经过一系列的温度校正后，就可以计算出单位质量的煤完全燃烧所产生的热量。即弹筒发热量 $Q_{b,ad}$。弹筒发热量是指单位质量的试样在充有过量氧气的氧弹内燃烧，其燃烧产物组成为 O_2、N_2、CO_2、H_2SO_4 和 HNO_3、液态 H_2O 以及固体灰时放出的热量。弹筒发热量是在恒定容积下测定的，属于恒容发热量。

3. 煤的恒容高位发热量和恒容低位发热量

弹筒发热量是在恒定容积下测定的，属于恒容发热量。测定弹筒发热量时，煤样是在充足的高压氧气中燃烧，这与煤在空气中燃烧有很大差别，主要差别有三个方面。

① 煤在空气中燃烧时，煤中的氮呈游离态的氮逸出，而煤在弹筒中燃烧时，煤中的一部分氮却生成了 NO_2 或者 N_2O_5 等氮的高价氧化物，这些氮的氧化物又与弹筒中的水作用生成硝酸，这个过程要放出热量。

② 煤在空气中燃烧时，煤中的硫只能形成 SO_2 气体而逸出；而煤在弹筒中燃烧时，硫却生成了稀硫酸，这个过程也要放出更多的热量。

③ 煤在空气中燃烧时，煤中的水呈气态逸出；而煤在弹筒中燃烧时，煤中的水由燃烧时的气态凝结成液态，这个过程也是一个放热过程。

由于上述原因，煤的弹筒发热量比煤在空气中燃烧产生的实际热量高，所以必须对弹筒发热量进行校正，使发热量的数值尽量接近煤在工业锅炉内燃烧所产生的实际热量。

煤的恒容高位发热量是指单位质量的试样在充有过量氧气的氧弹内燃烧，其燃烧产物组成为 O_2、N_2、CO_2、SO_2 和液态 H_2O 以及固体灰时放出的热量。也即由弹筒发热量减去硝酸生成热和硫酸校正热后得到的发热量，用符号 $Q_{gr,v,ad}$ 表示。其计算公式如下：

$$Q_{gr,v,ad} = Q_{b,ad} - [94.1w(S_t)_{ad} + \alpha Q_{b,ad}] \tag{5-7}$$

式中　$Q_{gr,v,ad}$——空气干燥煤样的恒容高位发热量，J/g；

$Q_{b,ad}$——空气干燥煤样的弹筒发热量，J/g；

$w(S_t)_{ad}$——由弹筒洗液测得的煤中硫的质量分数，%［当煤中 $w(S_t)_{ad} \leqslant 4\%$ 或 $Q_{b,ad} >$ 14.60MJ/kg 时，可用全硫 $w(S_t)_{ad}$ 代替 $w(S_b)_{ad}$］；

94.1——硫酸生成热校正系数，它是煤中每 1.00%（0.01g）的硫生成硫酸的生成热和硫酸溶于水的溶解热之和，J；

　　α——硝酸生成热校正系数，当 $Q_{b,ad} \leqslant 16.70 MJ/kg$ 时，$\alpha = 0.0010$；当 $16.70 MJ/kg < Q_{b,ad} \leqslant 25.10 MJ/kg$ 时，$\alpha = 0.0012$；当 $Q_{b,ad} > 25.10 MJ/kg$ 时，$\alpha = 0.0016$。

　　煤的恒容低位发热量是指单位质量的煤在充有过量氧气的氧弹内燃烧，其燃烧产物组成为 O_2、N_2、CO_2、SO_2 和气态 H_2O 以及固态灰时放出的热量。也即由高位发热量减去水（煤中原有的水和煤中氢燃烧生成的水）的汽化热后得到的发热量，用符号 $Q_{net,v,ad}$ 表示。其计算公式如下（未考虑水由液态变为气态时体积膨胀做功）：

$$Q_{net,v,ad} = Q_{gr,v,ad} - 25[M_{ad} + 9w(H)_{ad}] \tag{5-8}$$

　　也可用式(5-9)直接计算收到基煤样的恒容低位发热量：（考虑水由液态变为气态时体积膨胀做功）

$$Q_{net,v,ar} = [Q_{gr,v,ad} - 206w(H)_{ad}] \times \frac{100 - M_{ar}}{100 - M_{ad}} - 23M_{ar} \tag{5-9}$$

　　式中　$Q_{net,v,ad}$——空气干燥基煤样恒容低位发热量，J/g；

　　　　　$Q_{net,v,ar}$——收到基煤样恒容低位发热量，J/g；

　　　　　$Q_{gr,v,ad}$——空气干燥基煤样恒容高位发热量，J/g；

　　　　　M_{ad}——空气干燥基煤样的水分，%；

　　　　　M_{ar}——收到基煤样的水分，%；

　　　$w(H)_{ad}$——空气干燥基煤样氢的质量分数，%；

　　　　　25——常数，即每1%（0.01g）水的蒸发热为25J；

　　　　　9——把氢折算为水的系数。

　　需要指出的是，煤的发热量有恒容与恒压之分，这是因为煤样在不同条件下燃烧所致。其中，恒容发热量是指单位质量的煤样在恒定容积内完全燃烧，无膨胀做功时的发热量。而恒压发热量是指单位质量的煤样在恒定压力下完全燃烧，有膨胀做功时的发热量。煤在锅炉内燃烧就是在恒压下进行的，收到基煤样的恒压低位发热量可由式(5-10)计算：

$$Q_{net,p,ar} = [Q_{gr,v,ad} - 212w(H)_{ad} - 0.80w(O)_{ad} + w(N)_{ad}] \times \frac{100 - M_{ar}}{100 - M_{ad}} - 24.4M_{ar}$$

$$\tag{5-10}$$

　　式中　$Q_{net,p,ar}$——收到基煤样恒压低位发热量，J/g；

　　　$w(O)_{ad}$——空气干燥基煤样氧的质量分数，%；

　　　$w(N)_{ad}$——空气干燥基煤样氮的质量分数，%。

4. 发热量的基准换算

　　实际工作中，使用发热量指标时要分清类别和基准。经常使用的发热量指标主要有：空气干燥基弹筒发热量 $Q_{b,ad}$、空气干燥基高位发热量 $Q_{gr,v,ad}$、干燥基高位发热量 $Q_{gr,v,d}$、干燥无灰基高位发热量 $Q_{gr,v,daf}$、收到基低位发热量 $Q_{net,v,ar}$、恒湿无灰基高位发热量 $Q_{gr,maf}$ 等。我国《煤的发热量测定方法》国家标准规定，测定煤的发热量，报出结果必须采用空气干燥基高位发热量，而空气干燥基弹筒发热量是发热量测定的原始数据，供计算高位发热量和低位发热量使用；干燥无灰基高位发热量用于评定煤炭质量及进行煤质研究；收到基煤的低位发热量最接近煤在工业锅炉中燃烧产生的实际发热量，所以动力用煤的有关计算、工业锅炉的设计和煤炭计价等都使用收到基低位发热量；恒湿无灰基高位发热量主要用于煤的分类；空气干燥基高位发热量主要用于各基准间的换算；干燥基高位发热量常用于不同化验室之间发热量测定值的对比。可见发热量的基准换算是一项重要的日常工作，有很重要的意义。常用发热量指标不同基准间的换算关系如下：

$$Q_{gr,v,d}=Q_{gr,v,ad}\times\frac{100}{100-M_{ad}} \tag{5-11}$$

$$Q_{gr,v,daf}=Q_{gr,v,ad}\times\frac{100}{100-M_{ad}-A_{ad}-w(CO_2)_{ad}} \tag{5-12}$$

式(5-12)中，若煤中碳酸盐的二氧化碳含量小于 2% 时，二氧化碳的质量分可略去不计。

$$Q_{gr,v,daf}=Q_{gr,v,d}\times\frac{100}{100-A_d} \tag{5-13}$$

$$Q_{gr,v,ar}=Q_{gr,v,ad}\times\frac{100-M_{ar}}{100-M_{ad}} \tag{5-14}$$

$$Q_{gr,maf}=Q_{gr,v,ad}\times\frac{100(100-MHC)}{100(100-M_{ad})-A_{ad}(100-MHC)} \tag{5-15}$$

$$Q_{net,v,ar}=Q_{gr,v,ar}-25[M_{ar}+9w(H)_{ar}] \tag{5-16}$$

式中，发热量的单位采用 J/g 或 kJ/kg

【例 5-1】 测得某煤样的 $M_{ad}=2.50\%$，$M_{ar}=6.18\%$，$w(S_t)_{ad}=1.47\%$，$Q_{b,ad}=29364J/g$，$w(H)_{ad}=3.56\%$，求该煤样的空气干燥基高位发热量 $Q_{gr,v,ad}$、干燥基高位发热量 $Q_{gr,v,d}$、空气干燥基低位发热量 $Q_{net,v,ad}$ 和收到基低位发热量 $Q_{net,v,ar}$？

解：(1)
$$Q_{gr,v,ad}=Q_{b,ad}-[94.1w(S_t)_{ad}+\alpha Q_{b,ad}]$$
$$=29364-(94.1\times1.47+0.0016\times29364)$$
$$=29179\ (J/g)$$
$$=29.18\ (MJ/kg)$$

(2)
$$Q_{gr,v,d}=Q_{gr,v,ad}\times\frac{100}{100-M_{ad}}$$
$$=29.18\times\frac{100}{100-2.50}$$
$$=29.93\ (MJ/kg)$$

(3)
$$Q_{net,v,ad}=Q_{gr,v,ad}-25[M_{ad}+9w(H)_{ad}]$$
$$=29179-25\times(2.50+9\times3.56)$$
$$=28316\ (J/g)$$
$$=28.32\ (MJ/kg)$$

(4)
$$Q_{net,v,ar}=Q_{net,v,ad}\times\frac{100-M_{ar}}{100-M_{ad}}$$
$$=28.32\times\frac{100-6.18}{100-2.50}$$
$$=27.25\ (MJ/kg)$$

二、利用经验公式计算煤的发热量

煤的发热量除了可用氧弹量热法直接测定外，还可利用计算方法求得。由于煤是一种复杂的混合物，不可能用一个通用的公式来计算各矿区、各煤种的发热量，所以这种计算方法一般都是根据具体矿区或煤种的特点，国内外学者对此做过大量研究工作，中国煤炭科学研究总院通过多次试验、反复验证提出了计算煤发热量的各种经验公式，举例如下。

1. 利用工业分析数据计算煤的发热量

如果从工业分析角度看，煤的主要组成成分是挥发分、固定碳，还有一定数量的矿物质（常以灰分产率表示）及水分（包括内在水分和外在水分）。其中，挥发分和固定碳是可燃成分，它们的含量越高，煤的发热量越大；煤中的矿物质除少量硫铁矿在燃烧过程中能产生少量热值外，其余绝大多数矿物质在煤燃烧过程中，不但不产生热量，还要吸收热量进行分解；水分是煤中的不可燃成分，而且在煤燃烧过程中，还要吸收热量变成水蒸气而逸出。所以，根据煤的挥发分、固定碳、水分和灰分含量可近似地计算出各种煤的发热量。

（1）计算无烟煤空气干燥基低位发热量的经验公式

$$Q_{net,v,ad} = k_0' - 359.62M_{ad} - 384.71A_{ad} - 100.36V_{ad}$$

式中，k_0' 为常数，它随无烟煤的氢含量增高而增大。k_0' 的值可由表 5-15 查得。

表 5-15　无烟煤的 k_0' 与 $w(H)_{daf}$ 的对应值

$w(H)_{daf}/\%$	≤6.0	0.61~1.20	1.21~1.50	1.51~2.00	2.01~2.50	2.51~3.00	3.01~3.50	>3.50
$k_0'/(J/g)$	32198	33035	33662	34289	34707	34916	35335	35753

（2）计算烟煤 $Q_{net,v,ad}$ 的经验公式

$$Q_{net,v,ad} = [100K - (K+6)(M_{ad}+A_{ad}) - 3V_{ad} - 40M_{ad}] \times 4.1868 \tag{5-17}$$

式中，K 为常数，在 72.5~85.5 之间，可根据煤样 V_{daf} 的和焦渣特征查表得到。此外，只有当 V_{daf} 小于 35% 和 M_{ad} 大于 3% 时才减去 $40M_{ad}$。

（3）计算褐煤的经验公式

$$Q_{net,v,ad} = [100K_1 - (K_1+6)(M_{ad}+A_{ad}) - V_{daf}] \times 4.1868 \tag{5-18}$$

式中，K_1 为常数，在 61~69 之间，由煤中氧含量大小查表可得。

2. 利用元素分析数据计算煤的发热量

碳元素和氢元素是煤有机质的重要组成部分，是煤发热量的主要来源。氧在煤的燃烧过程中不参与燃烧，却对碳、氢起约束作用。所以，利用元素分析结果可以计算煤的发热量。

$$Q_{net,v,ar} = 0.2803w(C)_{ar} + 1.0075w(H)_{ar} + 0.067w(S_t)_{ar}$$
$$- 0.1556w(O)_{ar} - 0.086M_{ar} - 0.0703A_{ar} + 5.737 \tag{5-19}$$

如没有全水分的测定结果，则可用下式计算煤的空气干燥基低位发热量。

$$Q_{net,v,ad} = 0.2659w(C)_{ad} + 0.9935w(H)_{ad} + 0.0487w(S_t)_{ad} -$$
$$0.1719w(O)_{ad} - 0.1055M_{ad} - 0.0842A_{ad} + 7.144 \tag{5-20}$$

式中　$Q_{net,v,ar}$——收到基煤样的恒容低位发热量，MJ/kg；

$\quad\quad Q_{net,v,ad}$——空气干燥基煤样的恒容低位发热量，MJ/kg。

三、煤的发热量与煤质的关系

煤的发热量是表征煤炭特性的综合指标，煤的成因类型、煤化程度、煤岩组成、煤中矿物质、煤中水分及煤的风化程度对煤的发热量高低都有直接影响。

在煤化程度基本相同时，腐泥煤和残殖煤的发热量通常比腐殖煤的发热量高。例如：江西乐平产的树皮残殖煤，其发热量可达 37.93MJ/kg。

在腐殖煤中，煤的发热量随着煤化程度的增高呈现出规律性的变化。其中，从褐煤到焦煤阶段，随着煤化程度的增高，煤的发热量逐渐增大，焦煤的发热量达到最大值（$Q_{gr,v,daf} = 37.05$MJ/kg）。从焦煤到无烟煤阶段，随着煤化程度的增高，煤的发热量略有减小（见表 5-16）。研究表明，产生这种变化的原因是从褐煤到焦煤阶段，煤中氢元素的含量变化不大，但是碳元素的含量明显增加，而氧元素的含量则大幅减少，导致煤的发热量逐渐

增大；从焦煤到无烟煤阶段，煤中碳含量仍在增加，氧含量继续降低，但幅度减小，与此同时，氢含量却在明显降低，由于氢的发热量是碳发热量的 3.7 倍，所以煤的发热量在此阶段随煤化程度的增高缓慢降低。

表 5-16　各种煤的发热量（$Q_{gr,v,daf}$）

煤种	$Q_{gr,v,daf}/(MJ/kg)$	煤种	$Q_{gr,v,daf}/(MJ/kg)$
褐煤	25.12～30.56	焦煤	35.17～37.05
长焰煤	30.14～33.49	瘦煤	34.96～36.63
气煤	32.24～35.59	贫煤	34.75～36.43
肥煤	34.33～36.84	无烟煤	32.24～36.22

在煤的各种有机显微组分中，壳质组的发热量最高，镜质组居中，惰质组的发热量最低。

在煤燃烧的过程中，煤中的矿物质大多数都需要吸收热量进行分解，而煤中的水汽化时要吸收热量，因此，煤的发热量随煤中矿物质增多（灰分产率增高）或水分含量增大而降低。一般煤的灰分产率每增加 1%，其发热量降低约 370J/g，煤的水分每增加 1%，其发热量也约降低 370J/g。当煤风化以后，煤中氧含量显著增加，碳、氢含量降低，导致煤的发热量降低。

四、煤的发热量等级

煤的发热量是评价煤炭质量，特别是评价动力用煤质量好坏的一个主要参数，还是动力用煤计价的重要依据。根据煤的收到基低位发热量，可把煤分成六个等级（见表 5-17）。

表 5-17　煤炭发热量分级标准（GB/T 15224.3）

序号	级别名称	代号	发热量 $Q_{net,ar}/(MJ/kg)$
1	低热值煤	LQ	8.50～12.50
2	中低热值煤	MLQ	12.51～17.00
3	中热值煤	MQ	17.01～21.00
4	中高热值煤	MHQ	21.01～24.00
5	高热值煤	HQ	24.01～27.00
6	特高热值煤	SHQ	＞27.00

复习思考题

1. 什么是煤的热解？黏结性烟煤的高温干馏过程分为哪几个阶段？每个阶段各有什么特征？
2. 煤在热解过程中主要发生哪些化学反应？
3. 什么是胶质体？通常从哪几个方面描述胶质体的性质？
4. 什么是煤的黏结性和结焦性？它们有何区别和联系？
5. 胶质层指数用哪些指标来描述？简述胶质层指数测定的方法要点。
6. 胶质层最大厚度 Y 值与煤质有何关系？用它反映煤的黏结性有何优点和局限性？
7. 举例说明体积曲线是如何反映煤的胶质体性质的。
8. 什么是罗加指数？它是如何测定的？它和煤质有何关系？
9. 黏结指数和罗加指数有什么区别和联系？
10. 简述奥亚膨胀度测定的方法要点。测定结果可得到哪些指标？举例说明膨胀曲线与煤质间的关系。
11. 简述基氏流动度测定的方法要点。测定结果可得到哪些指标？基氏流动度与煤质有何关系？
12. 什么是煤的筛分试验？筛分试验将煤分为哪些粒度级别？有何意义？

13. 什么是煤的浮沉试验？浮沉试验有何实际意义？

14. 什么是煤的可选性？可选性曲线是怎样绘制的？分别说明它们的意义。

15. 何为煤对二氧化碳的反应性？它与煤质有何关系？

16. 什么是煤的燃点？它与煤质有何关系？煤的燃点测定有何实际意义？

17. 从煤的分子结构的观点出发，说明为什么中等煤化程度的煤黏结性好？

18. 什么是煤的发热量？弹筒发热量、高位发热量、低位发热量有何区别？

19. 简述发热量的测定原理。

20. 简述恒温式量热计法测定发热量的步骤。

21. 影响煤发热量的因素有哪些？如何影响？

22. 某煤样分析化验数据为：$Q_{b,ad}=31025J/g$，$M_{ad}=2.46\%$，$A_d=5.63\%$，$w(S_t)_{ad}=0.74\%$，$w(H)_{ad}=1.88\%$，$M_{ar}=7.32\%$，求该煤的 $Q_{gr,ad}$、$Q_{net,ad}$、$Q_{gr,daf}$、$Q_{gr,d}$ 和 $Q_{net,ar}$？

23. 为什么根据煤的工业分析和元素分析数据可以计算煤的发热量？

24. 恒温式量热计和绝热式量热计有何不同？

第六章 煤的分类和煤质评价

煤是重要的能源和化工原料，它的种类繁多，组成和性质各不相同，而各种工业用煤对煤的质量又有特殊要求，只有使用种类、质量都符合要求的煤炭才能充分发挥设备的效率，保证产品的质量，为了指导生产并使煤炭资源得到合理利用，因而有必要对煤进行科学的分类。煤炭分类是煤化学的主要研究内容之一，是煤炭地质勘测、开采规划、资源调配、煤炭加工利用及煤炭贸易等的共同依据。煤炭分类包括实用分类和科学/成因分类两大类。

第一节 煤的分类指标

煤的分类由于内容和目的不同，分类方法也不同。如果按煤的元素组成中的碳、氢、氧等元素的含量不同进行分类，称为煤的科学分类；按成煤的原始物质和生成条件的不同进行分类，称为煤的成因分类；按煤的工艺性质和利用途径的不同进行分类，称为煤的工业分类，也称技术分类或实用分类。技术分类法中，煤化程度以镜质组平均反射率或挥发分产率为分类指标，煤在热加工过程中所表现出的工艺性质则以煤在受热情况下的黏结性或结焦性和煤的发热量为另一分类指标。

世界各主要产煤国家，为了合理开发和利用本国的煤炭资源，各自制定出适合本国煤炭资源特点的煤炭分类方案，以适应不同工业部门的要求。虽然目前世界各国采用的工业分类指标并不统一，但主要以反映煤化程度的指标和反映煤黏结性、结焦性的指标最为常见。表6-1为一些国家煤炭分类指标及方案对照简表。

表6-1 一些国家煤炭分类指标及方案对照简表

国家	分类指标	主要类别名称	类数
英国	挥发分,葛金焦型	无烟煤,低挥发分煤,中挥发分煤,高挥发分煤	4大类 24小类
德国	挥发分,坩埚焦特征	无烟煤,贫煤,瘦煤,肥煤,气煤,气焰煤,长焰煤	7类
法国	挥发分,坩埚膨胀序数	无烟煤,贫煤,1/4肥煤,1/2肥煤,短焰肥煤,肥煤,肥焰煤,干焰煤	8类
波兰	挥发分,罗加指数,胶质层指数,发热量	无烟煤,无烟质煤,贫煤,半焦煤,副焦煤,正焦煤,气焦煤,气煤,长焰气煤,长焰煤	10大类 13小类
前苏联(顿巴斯)	挥发分,胶质层指数	无烟煤,贫煤,黏结瘦煤,焦煤,肥煤,气肥煤,气煤,长焰煤	8大类 13小类
美国	固定碳,挥发分,发热量	无烟煤,烟煤,次烟煤,褐煤	4大类 13小类
日本(煤田探查审议会)	发热量,燃料比	无烟煤,沥青煤,亚沥青煤,褐煤	4大类 7小类

一、反映煤化程度的指标

能够反映煤化程度的指标有很多，如：挥发分、碳含量、氢含量、发热量、镜质组反射率等。目前大多数国家使用干燥无灰基挥发分（V_{daf}）来表示煤化程度，这主要是因为干燥无灰基挥发分随煤化程度的变化呈规律性变化，能够较好地反映煤化程度的高低，而且挥发分测定方法简单，标准化程度高。实际上，煤的挥发分不仅与煤化程度有关，同时还受煤的岩石组成的影响，具有不同岩石组成的同一种煤，其挥发分可以不同；具有不同岩石组成的煤化程度不同的两种煤却可能有相同的挥发分产率。因此，煤的挥发分指标有时也不能十分准确地反映煤的煤化程度，尤其对于挥发分较高的煤误差更大。

有的国家提出用镜质组反射率或发热量作为反映煤化程度的指标。发热量的大小取决于煤中碳、氢含量，且与煤化程度有关，适合低煤化程度的煤和动力煤。镜质组反射率在高变质阶段的烟煤和无烟煤，能较好地反映煤化程度的规律，并综合反映了变质过程中镜质组分子结构的变化，其组成又在煤中占优势。所以，该指标可排除岩相差异的影响，与挥发分产率相比，更能确切地反映煤的变质规律。在我国使用恒湿无灰基高位发热量来划分褐煤和长焰煤（低煤化程度烟煤）；使用透光率（P_M，%）作为划分褐煤与长焰煤的指标。

此外，煤中氢含量随煤化程度增高而减少，能反映煤化程度的高低，我国现行无烟煤分类使用干燥无灰基氢含量作为划分小类的一个依据。

二、反映煤黏结性、结焦性的指标

煤的黏结性和结焦性是煤热加工过程中表现出来的重要工艺性质，被各国普遍用作煤炭分类的重要指标。但是，可以反映煤黏结性和结焦性的指标很多，如黏结指数、罗加指数、胶质层最大厚度、坩埚膨胀序数、奥亚膨胀度、葛金焦型等，而且，各种指标都有自己的优缺点，在指标的选择上各国并不一致，这主要取决于各国煤炭的实际情况。

坩埚膨胀序数指标测定方法简单，在一定程度上反映了煤的黏结性，煤质变化不太大时，较为可靠，但其测定结果根据焦饼外形决定，主观性强，且过于粗略。此指标在法国、意大利、德国等国家普遍使用。

葛金焦型与挥发分较为接近，而对黏结性不同的煤都能加以区分，但其测定方法较为复杂，并且人为因素较大。此指标在英国使用。

奥阿膨胀度测试结果的重现性好，对强黏煤的区分能力较好，但对黏结性弱的煤区分能力差，并且设备加工较困难。

罗加指数对弱黏结煤和中等黏结煤的区分能力强，且测定方法简单快速，所需煤样少，易于推广。

目前，我国使用黏结指数（$G_{R.I.}$）、胶质层最大厚度（Y）和奥阿膨胀度（b，%）来表示煤的黏结性，对弱黏结煤、中等黏结性煤使用黏结指数来区分，对于强黏结煤（$G_{R.I.} >$ 65）再使用胶质层最大厚度和奥亚膨胀度加以区分，这就充分利用了它们各自的优点。

第二节　中国煤炭分类

一、中国煤炭分类方案

我国的第一套煤炭工业分类方案是 1956 年 12 月由中科院、煤炭部以及冶金部等单位共同研究制定，并于 1958 年 4 月经国家技术委员会正式颁布试行。这个分类方案使用干燥无灰基挥发分（V_{daf}）和胶质层最大厚度（Y）作为分类指标，将煤分成十大类、二十四小类。这个分类方案在 20 多年的使用过程中，对于指导我国国民经济各部门正确合理地使用煤炭资源，对于煤田地质勘探工作中正确划分煤炭类别（牌号），合理地计算煤炭储量都起了重要作用，但是这个分类方案也存在许多不足之处。

1973 年中国国家标准局下达了研究新的煤炭分类国家标准的任务。1974 年开始，以煤炭部、冶金部牵头组织煤炭、地质、焦化厂、科研院所、大专院校共 40 多个单位共同研究，历时 10 多年的试验、研究、统计、讨论，于 1985 年通过了《中国煤炭分类》国家标准

（GB/T 5751—86），1986 年 1 月由国家标准局予以公布，定于 1986 年 10 月 1 日起试行三年，1989 年 10 月 1 日正式实施。此后对 GB/T 5751—86 中国煤炭分类标准进行了进一步的修改，于 2009 年 6 月 1 日发布了《中国煤炭分类》国家标准（GB/T 5751—2009），并规定 2010 年 1 月 1 日起正式实施。

　　中国煤炭分类方案（GB 5751—86）颁布后，在全国煤炭生产单位和用煤单位推广应用多年，实践证明新煤炭分类更适合中国煤炭资源状况，对于指导煤炭的勘探、开发、生产、加工和利用发挥了重要作用。随着国内外煤炭贸易量和信息交流的增加，该分类方案显得问题与困难较多。出现了不少产销间对煤类、煤质的争议以及以次充好单纯追求利润的掺假销售等问题，同时，从保护环境的角度出发，也要求煤的分类能提供可能造成对环境影响的信息，促进煤的洁净利用。随着计算机管理和信息技术的应用和发展，煤炭编码系统的建立更具有积极的意义，为了便于煤炭生产、商贸及应用单位准确无误地交流煤炭质量信息，促进经济发展，并和正在制定的新的国际煤炭分类接轨，煤科院北京煤化所经多年研究，于 1997 年提出了新的中国煤炭分类编码系统（GB/T 16772—1997）并与现行煤分类方案（GB 5751—86）并行。

　　中国煤炭编码系统（GB/T 16772—1997）等效采用了 ISO 2950—1974 国际褐煤分类和 AS 2096—1987 澳大利亚煤炭编码系统，并参照 1988 年联合国欧洲经济委员会（UN-ECE）提出的"中、高煤阶煤国际编码系统"和 1992 年 ECE 提出的"煤层煤分类"的主要技术内容，同时结合我国国情制定的。它是中国煤炭分类（GB 5751—86）和中国煤层煤分类（GB/T 17607—1998）国家标准的补充。

　　随着国内国际煤炭需求量的增加，为便于与国际上煤炭资源、储量统计及质量评价系统接轨，有利于国际间交流煤炭资源、储量信息及统一统计口径，煤科院北京煤化所非等效采用联合国欧洲经济委员会（UN-ECE）"煤层煤分类"（1995）的主要技术内容结合我国实际国情制定了中国煤层煤的分类标准（GB/T 17607—1998）并于 1998 年提出，该标准在参数的遴选和命名表述上贯彻了"科学、简明和可行"的原则，是考虑煤质、成因因素的分类系统，目的是要在国际与国内对腐殖煤资源的质量及储量交流信息和进行评价。

　　综上所述，"中国煤炭分类"、"中国煤炭编码系统"和"中国煤层煤分类"三个标准共同构成了中国煤炭分类的完整体系，详细比较见表 6-2。前两者属于实用分类，后者属于科学/成因分类，三者互为补充，同时执行。煤炭分类在实际应用中应根据需要不断扩展、补充和修改，使其更加简便、有效和实用，以利于推广应用。

表 6-2　中国煤炭分类的完整体系

项目	技术分类/商业编码	科学/成因分类
国家标准	技术分类：GB 5751—2009 中国煤炭分类； 商业编码：GB/T 16772—1997 中国煤炭编码系统	GB/T 17607—1998 中国煤层煤分类
应用范围	1. 加工煤（筛分煤、洗选煤、各粒煤级）； 2. 非单一煤层煤或配煤； 3. 商品煤； 4. 指导煤炭利用	1. 煤视为有机沉积岩（显微组分和矿物质）； 2. 煤层煤； 3. 国际、国内煤炭资源储量统一计算基础
目的	1. 技术分类：以利用为目的（燃烧、转化）； 2. 商业编码：国内贸易与进出口贸易； 3. 煤利用过程较详细的性质与行为特征； 4. 对商品煤给出质量评价或类别	1. 科学/成因为目的； 2. 计算资源量与储量的统一基础； 3. 统一不同国家资源量、储量的统计与计算； 4. 对煤层煤质量评价
方法	1. 人为制定分类编码系统； 2. 数码或商业类别（牌号）； 3. 有限的参数，有时是不分类界； 4. 基于煤的化学性质或部分煤岩特性	1. 自然系统； 2. 定性描述类别； 3. 有类别界限； 4. 分类参数主要基于煤岩特征

二、中国煤炭分类标准

《中国煤炭分类》国家标准（GB/T 5751—2009）自 2010 年 1 月 1 日起正式实施。

1. 中国煤炭分类体系

中国煤炭分类体系采用两类分类参数，即用于表征煤化程度的参数和用于表征煤工艺性能的参数。用于表征煤化程度的参数有干燥无灰基挥发分 V_{daf}、干燥无灰基氢含量 $w(H)_{daf}$、恒湿无灰基高位发热量 $Q_{gr,maf}$ 及低煤阶煤透光率 P_M 四个指标；用于表征煤工艺性能的参数有烟煤的黏结指数 $G_{R.I.}$（简记 G）、烟煤的焦质层最大厚度 Y 及奥阿膨胀度 b 三个指标。依据这些指标对中国煤炭进行分类。

中国煤炭分类体系包括五个表和一个图，五个表是：无烟煤、烟煤及褐煤分类表，无烟煤亚类的划分表，烟煤的分类表，褐煤亚类的划分表和中国煤炭分类简表，并有一个附图即中国煤炭分类图。

① 新分类方案中首先根据煤化程度，以干燥无灰基挥发分 V_{daf} 将煤分成无烟煤、烟煤和褐煤三大类，即表 6-3 无烟煤、烟煤及褐煤分类表。当 $V_{daf} \leqslant 10.0\%$ 时，属无烟煤；当 V_{daf} $10.0\% \sim 37.0\%$ 时，为烟煤；当 $V_{daf} > 37.0\%$ 时，可能是烟煤，也可能是褐煤，区分的办法在后面的褐煤分类中具体阐述。

表 6-3　无烟煤、烟煤及褐煤分类表

类别	代号	编码	分类指标	
			$V_{daf}/\%$	$P_M/\%$
无烟煤	WY	01,02,03	$\leqslant 10.0$	—
烟煤	YM	11,12,13,14,15,16 21,22,23,24,25,26 31,32,33,34,35,36 41,42,43,44,45,46	$10.0 \sim 20.0$ $20.0 \sim 28.0$ $28.0 \sim 37.0$ > 37.0	—
褐煤	HM	51,52	$> 37.0$①	$\leqslant 50$②

① 凡 $V_{daf} > 37.0\%$，$G \leqslant 5$，再用透光率 P_M 来区分烟煤和褐煤（在地质勘查中，$V_{daf} > 37.0\%$，在不压饼的条件下测定的焦渣特征为 1~2 号的煤，再用 P_M 来区分烟煤和褐煤）。

② 凡 $V_{daf} > 37.0\%$，$P_M > 50\%$ 者为烟煤；$30\% < P_M \leqslant 50\%$ 的煤，如恒湿无灰基高位发热量 $Q_{gr,maf} > 24MJ/kg$，划为长焰煤，否则为褐煤。恒湿无灰基高位发热量 $Q_{gr,maf}$ 的计算方法见下式：

$$Q_{gr,maf} = Q_{gr,ad} \times \frac{100(100 - MHC)}{100(100 - M_{ad}) - A_{ad}(100 - MHC)}$$

式中　$Q_{gr,maf}$——煤样的恒湿无灰基高位发热量，J/g；

　　　$Q_{gr,ad}$——一般分析试验煤样的恒容高位发热量（测试方法见 GB/T 213），J/g；

　　　M_{ad}——一般分析试验煤样水分的质量分数（测试方法见 GB/T 212），%；

　　　MHC——煤样最高内在水分的质量分数（测试方法见 GB/T 4632），%。

② 无烟煤亚类的划分采用干燥无灰基挥发分 V_{daf} 和干燥无灰基氢含量 $w(H)_{daf}$ 作为分类指标，将其分为三个亚类，即无烟煤一号、二号和三号。详见表 6-4 无烟煤亚类的划分。当 V_{daf} 划分的亚类与 $w(H)_{daf}$ 划分的亚类不一致时，以 $w(H)_{daf}$ 划分的为准。

③ 烟煤类别的划分，需同时考虑烟煤的煤化程度和工艺性能（主要是黏结性）。烟煤煤化程度的参数以干燥无灰基挥发分 V_{daf} 作为指标；烟煤黏结性的参数以黏结指数 G 作为主要指标，并以焦质层最大厚度 Y 或奥阿膨胀度 b 作为辅助指标，当使用 Y 值和 b 值划分的类别有矛盾时，以 Y 值划分的类别为准。据此将烟煤分成 12 个类别，即贫煤、贫瘦煤、瘦煤、焦煤、肥煤、1/3 焦煤、气肥煤、气煤、1/2 中黏煤、弱黏煤、不黏煤、长焰煤，详见表 6-5 烟煤的分类。

表 6-4　无烟煤亚类的划分

类别	代号	编码	分类指标	
			$V_{daf}/\%$	$w(H)_{daf}$[①]$/\%$
无烟煤一号	WY1	01	$\leqslant 3.5$	$\leqslant 2.0$
无烟煤二号	WY2	02	$3.5\sim 6.5$	$2.0\sim 3.0$
无烟煤三号	WY3	03	$6.5\sim 10.0$	>3.0

　　① 在已确定无烟煤小类的生产矿、厂的日常工作中，可以只按 V_{daf} 进行分类；在地质勘探中，为新区确定亚类或生产矿、厂和其他单位需要重新核定亚类时，应同时测定 V_{daf} 和 $w(H)_{daf}$，按上表分亚类。如两种结果有矛盾，以按 $w(H)_{daf}$ 划亚类的结果为准。

表 6-5　烟煤的分类

类别	代号	编码	分类指标			
			$V_{daf}/\%$	G	Y/mm	b[②]$/\%$
贫煤	PM	11	$10.0\sim 20.0$	$\leqslant 5$		
贫瘦煤	PS	12	$10.0\sim 20.0$	$5\sim 20$		
瘦煤	SM	13	$10.0\sim 20.0$	$20\sim 50$		
		14	$10.0\sim 20.0$	$50\sim 65$		
焦煤	JM	15	$10.0\sim 20.0$	>65[①]	$\leqslant 25.0$	$\leqslant 150$
		24	$20.0\sim 28.0$	$50\sim 65$		
		25	$20.0\sim 28.0$	>65[①]	$\leqslant 25.0$	$\leqslant 150$
肥煤	FM	16	$10.0\sim 20.0$	(>85)[①]	>25.0	>150
		26	$20.0\sim 28.0$	(>85)[①]	>25.0	>150
		36	$28.0\sim 37.0$	(>85)[①]	>25.0	>220
1/3焦煤	1/3JM	35	$28.0\sim 37.0$	>65[①]	$\leqslant 25.0$	$\leqslant 220$
气肥煤	QF	46	>37.0	(>85)[①]	>25.0	>220
气煤	QM	34	$28.0\sim 37.0$	$50\sim 65$		
		43	>37.0	$35\sim 50$		
		44	>37.0	$50\sim 65$	$\leqslant 25.0$	$\leqslant 220$
		45	>37.0	>65[①]		
1/2 中黏煤	1/2ZN	23	$20.0\sim 28.0$	$30\sim 50$		
		33	$28.0\sim 37.0$	$30\sim 50$		
弱黏煤	RN	22	$20.0\sim 28.0$	$5\sim 30$		
		32	$28.0\sim 37.0$	$5\sim 30$		
不黏煤	BN	21	$20.0\sim 28.0$	$\leqslant 5$		
		31	$28.0\sim 37.0$	$\leqslant 5$		
长焰煤	CY	41	>37.0	$\leqslant 5$		
		42	>37.0	$5\sim 35$		

　　① 当烟煤的黏结指数测值 $G\leqslant 85$ 时，用干燥无灰基挥发分 V_{daf} 和黏结指数 G 来划分煤类。当黏结指数测值 $G>85$ 时，则用干燥无灰基挥发分 V_{daf} 和胶质层最大厚度 Y，或用干燥无灰基挥发分 V_{daf} 和奥亚膨胀度 b 来划分煤类。在 $G>85$ 的情况下，当 $Y>25.00mm$ 时，根据 V_{daf} 的大小可划分为肥煤或气肥煤；当 $Y\leqslant 25.00mm$，则根据 V_{daf} 的大小可划分为焦煤、1/3焦煤或气煤。

　　② 当 $G>85$ 时，用 Y 和 b 并列作为分类指标。当 $V_{daf}\leqslant 28.0\%$ 时，$b>150\%$ 的为肥煤；当 $V_{daf}>28.0\%$ 时，$b>220\%$ 的为肥煤或气肥煤。如按 b 值和 Y 值划分的类别有矛盾时，以 Y 值划分的类别为准。

　　对于烟煤的划分，首先根据 V_{daf} 分为 4 组，分别用 1～4 的数码来表示，依次为低挥发分烟煤（V_{daf} 10.0%～20.0%）、中挥发分烟煤（V_{daf} 20.0%～28.0%）、中高挥发分烟煤（V_{daf} 28.0%～37.0%）和高挥发分烟煤（$V_{daf}>37.0\%$），数码越大，表示煤化程度越低。

其次，每组再根据 G 分为 6 个，分别用 1～6 的数码来表示，依次为不黏结或微黏结煤（G ≤5）、弱黏结煤（$G_{R.I.}$ 5～20）、中等偏弱黏结煤（$G_{R.I.}$ 20～50）、中等偏强黏结煤（$G_{R.I.}$ 50～65）、强黏结煤（$G_{R.I.}$ >65），在强黏结煤中，如果 $G_{R.I.}$ >85 且 Y>25mm 的煤，则为特强黏结煤。数码越大，煤的黏结性越强（个别组，$G_{R.I.}$ >30 或 $G_{R.I.}$ >35 仍用 2 表示）。可见，根据 V_{daf}、$G_{R.I.}$、Y 和 b 可将烟煤划分成 24 个单元（根据 V_{daf} 分成 4 个，根据 $G_{R.I.}$ 分成 6 个），每个单元都对应有一个两位数的数码，该数码就是烟煤分类表中，"编码"一栏的数值，其中，十位上的数值（1～4）表示煤化程度，个位上的数值（1～6）表示黏结性。

在 24 个单元中，按照同类煤的性质基本相似、不同类煤的性质有较大差异的原则进行归类，共分成 12 个类别，这 12 个类别就是烟煤的 12 个大类。在对 12 个大类命名时，考虑到新、旧分类的延续性和习惯叫法，仍保留了长焰煤、不黏煤、弱黏煤、气煤、肥煤、焦煤、瘦煤、贫煤八个煤类，同时又增加了 1/2 中黏煤、气肥煤、1/3 焦煤、贫瘦煤四个过渡性煤类，这样就能使同一类煤的性质基本相似。如 1/2 中黏煤就是由原分类中一部分黏结性较好的弱黏煤、一部分黏结性较差的肥焦煤和肥气煤组成。气肥煤在原分类中属肥煤大类，但是它的结焦性比典型肥煤差得多，所以，将它拿出来单独列为一类，这就克服了原分类中同类煤性质差异较大的缺陷，使分类更趋合理。1/3 焦煤是由原分类中一部分黏结性较好的肥气煤和肥焦煤组成，结焦性较好。贫瘦煤是指黏结性较差的瘦煤，可以和典型瘦煤加以区别。

需要指出的是，当 G>85 时，则用干燥无灰基挥发分 V_{daf} 和胶质层最大厚度 Y，或干燥无灰基挥发分 V_{daf} 和奥阿膨胀度 b 来划分煤类。当 Y>25.00mm 时，根据 V_{daf} 的大小可划分为肥煤或气肥煤；当 Y≤25.00mm 时，则根据 V_{daf} 的大小可划分为焦煤、1/3 焦煤或气煤；按 b 值划分类别时，当 V_{daf}≤28.0%，b>150% 的为肥煤；V_{daf}>28.0%，b>220% 的为肥煤或气肥煤。当使用 Y 值和 b 值划分有矛盾时，以 Y 值划分为准。

④ 褐煤亚类的划分采用煤化程度指标透光率 P_M 为参数，根据 P_M 将褐煤分为两小类即褐煤一号和二号，详见表 6-6 褐煤亚类的划分表。

表 6-6　褐煤亚类的划分表

类别	代号	编码	分类指标	
			P_M/%	$Q_{gr,maf}$[①]/(MJ/kg)
褐煤一号	HM1	51	≤30	—
褐煤二号	HM2	52	30～50	≤24

① 凡 V_{daf}>37.0%，P_M30%～50% 的煤，如恒湿无灰基高位发热量 $Q_{gr,maf}$>24MJ/kg，则划为长焰煤。

表 6-6 中还采用恒湿无灰基高位发热量作为辅助指标区分低煤化程度烟煤（长焰煤）和褐煤。对于 V_{daf}>37.0%，$G_{R.I.}$≤5 的煤，可能是长焰煤，也可能是褐煤，需用透光率 P_M 和恒湿无灰基高位发热量（$Q_{gr,maf}$）作为分类指标加以区分。如果 P_M>50%，则为长焰煤；如果 P_M30%～50%，而且 $Q_{gr,maf}$>24MJ/kg，则为长焰煤；如果 P_M30%～50%，但 $Q_{gr,maf}$≤24MJ/kg，则为褐煤；如果 P_M≤30%，肯定为褐煤。

⑤ 根据表 6-4～表 6-6 的分类，为便于煤田地质勘探部门和生产矿井能够简易快速地确定煤的大类别，归纳成表 6-7 的形式，即中国煤炭分类简表。

以上介绍了中国煤炭分类标准，可见该分类将煤共分成十四大类、十七小类。十四大类包括：烟煤的 12 大类、无烟煤和褐煤。十七小类是：烟煤的 12 个煤类、无烟煤的三个小类和褐煤的两个小类，详见图 6-1。

表 6-7 中国煤炭分类简表

类别	代号	编码	分类指标					
			$V_{daf}/\%$	G	Y/mm	$b/\%$	$P_M^{②}/\%$	$Q_{gr,maf}^{③}/(MJ/kg)$
无烟煤	WY	01,02,03	≤10.0					
贫煤	PM	11	10.0～20.0	≤5				
贫瘦煤	PS	12	10.0～20.0	5～20				
瘦煤	SM	13,14	10.0～20.0	20～65				
焦煤	JM	24 15,25	20.0～28.0 10.0～28.0	50～65 >65①	≤25.0	≤150		
肥煤	FM	16,26,36	10.0～37.0	(>85)①	>25.0			
1/3焦煤	1/3JM	35	28.0～37.0	>65①	≤25.0	≤220		
气肥煤	QF	46	>37.0	(>85)①	>25.0	>220		
气煤	QM	34 42,44,45	28.0～37.0 >37.0	50～65 >35	≤25.0	≤220		
1/2中黏煤	1/2ZN	23,33	20.0～37.0	30～50				
弱黏煤	RN	22,32	20.0～37.0	5～30				
不黏煤	BN	21,31	20.0～37.0	≤5				
长焰煤	CY	41,42	>37.0	≤35			>50	
褐煤	HM	51 52	>37.0 >37.0				≤30 30～50	≤24

① 在 $G>85$ 的情况下，用 Y 值或 b 值来区分肥煤、气肥煤与其他煤类，当 $Y>25.00mm$ 时，根据 V_{daf} 的大小可划分为肥煤或气肥煤；当 $Y≤25.00mm$ 时，则根据 V_{daf} 的大小可划分为焦煤、1/3焦煤或气煤。

按 b 值划分类别时，当 $V_{daf}≤28.0\%$，$b>150\%$ 的为肥煤；$V_{daf}>28.0\%$，$b>220\%$ 的为肥煤或气肥煤。若按 b 值和 Y 值划分的类别有矛盾时，以 Y 值划分的类别为准。

② 对 $V_{daf}>37.0\%$，$G≤5$ 的煤，再以透光率 P_M 来区分其为长焰煤或褐煤。

③ 对 $V_{daf}>37.0\%$，$P_M30\%～50\%$ 的煤，再测 $Q_{gr,maf}$，如其值为大于 24MJ/kg，应划为长焰煤。否则为褐煤。

2. 中国煤炭分类的几点说明

（1）煤炭分类用煤样的要求　判定煤炭类别时要求所选煤样为单种煤（单一煤层煤样或相同煤化程度煤组成的煤样），对不同煤化程度的混合煤或配煤不应作煤炭类别的判定。用于判定煤炭类别的煤样可以是勘查煤样、煤层煤样、生产煤样或商品煤样。

（2）分类用煤样的制备　分类用煤样的制备按 GB 474 的规定进行。

（3）分类用煤样的灰分　分类用煤样的干燥基灰分产率应小于或等于10%。对于干燥基灰分产率大于10%的煤样，在测试分类参数前应采用重液方法进行减灰后再分类，所用重液的密度宜使煤样得到最高的回收率，并使减灰后煤样的灰分在5%～10%之间。减灰的方法可按 GB 474 中附录 D（煤样的浮选方法）进行。对易泥化的低煤化度褐煤，可采用灰分尽量低的原煤。

（4）煤类的代号　各类煤的代号用煤炭名称前两个汉字的汉语拼音首字母组成。如褐煤的汉语拼音为 He Mei，则代表符号为"HM"；弱黏煤的汉语拼音为 Ruo Nian Mei，则代表符号为"RN"。

（5）煤类的编码　各类煤的编码由两位阿拉伯数字组成。十位上的数字按煤的挥发分分组，无烟煤为 0（$V_{daf}≤10\%$），烟煤为 1～4（即 $V_{daf}10.0\%～20.0\%$，20.0%～28.0%，28.0%～37.0%和>37.0%），褐煤为 5（$V_{daf}>37.0\%$）。十位上的数字越大，表示煤化程度越低。个位上数字表示的意义与煤类有关，不同的煤类意义不同。无烟煤类为 1～3，表

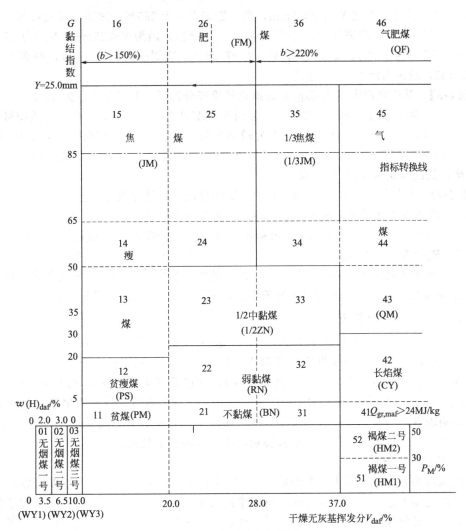

图 6-1　中国煤炭分类图

注：1. 分类用煤样的干燥基灰分产率应小于或等于10%，干燥基灰分产率大于10%的煤样应采用重液方法进行减灰后再分类；对易泥化的低煤化程度褐煤，可采用灰分尽可能低的原煤。

2. $G=85$ 为指标转换线，当 $G>85$ 时，用 Y 值和 b 值并列作为分类指标，以划分肥煤或气肥煤与其他煤类的指标。$Y>25.00\text{mm}$ 者，划分为肥煤或气肥煤；当 $V_{daf}\leqslant28.0\%$ 时，$b\geqslant150\%$ 的为肥煤；当 $V_{daf}>28.0\%$ 时，$b>220\%$ 的为肥煤或气肥煤。如按 b 值和 Y 值的划分有矛盾时，以 Y 值划分的类别为准。

3. 无烟煤划分亚类按 V_{daf} 和 $w(H)_{daf}$ 划分结果有矛盾时，以 $w(H)_{daf}$ 划分为亚类为准。

4. $V_{daf}>37.0\%$ 时，$P_M>50\%$ 者为烟煤，$P_M\leqslant30\%$ 者为褐煤，$P_M 30\%\sim50\%$ 时，以 $Q_{gr,maf}$ 值 $>24\text{MJ/kg}$ 者为长焰煤，否则为褐煤

示煤化程度，由1至3煤化程度依次降低；烟煤类为1~6，表示黏结性，由1至6黏结性依次增强；褐煤类为1~2，表示煤化程度，数字大表示煤化程度高。

3. 中国煤炭分类标准（GB 5751—2009）**举例**

【例6-1】　某煤样用密度1.90kg/L的氯化锌重液分选后，其浮煤挥发分 V_{daf} 为6.70%，元素分析 $w(H)_{daf}$ 为0.54%，试确定其煤质牌号？

解　根据 V_{daf} 为6.70%，应划分为03号无烟煤，根据 $w(H)_{daf}$ 为0.54%，应划分为01号无烟煤，两者矛盾时应以氢含量划分为准，最终确定为01号无烟煤。

【例6-2】　某烟煤在密度1.4kg/L的氯化锌重液中分选出的浮煤 V_{daf} 为27.29%，黏结

指数 G 为 95，胶质层厚度 Y 为 23.5mm，奥阿膨胀度 b 为 255%，试确定煤质牌号？

解 根据 $G>85$，应采用 Y 或 b 作为辅助分类指标，因为 $Y<25$mm，V_{daf} 为 27.29%，应划分为焦煤 25 号，因为 $b>150\%$，V_{daf} 为 27.29%，应划分为肥煤 26 号，两者矛盾时应以 Y 值为准，最终确定为 25 号焦煤。

【例 6-3】 某烟煤用密度 1.4kg/L 的氯化锌重液分选后，其浮煤 V_{daf} 为 38.5%，黏结指数 G 为 95，奥阿膨胀度 b 值为 195%，胶质层厚度 Y 值为 28.0mm，试确定煤质牌号？

解 根据 $G>85$，应采用 Y 或 b 作为辅助分类指标，因为 $Y>25$mm，V_{daf} 为 38.5%，应划分为 46 号气肥煤，因为 $b<220\%$，V_{daf} 为 38.5%，应划分为 45 号气煤。两者矛盾时以 Y 值为准，最终确定为 46 号气肥煤。

【例 6-4】 某年轻煤在密度 1.4kg/L 的重液中分选后，其浮煤挥发分 V_{daf} 为 49.52%，G 值为 0，目视比色透光率 P_M 为 47.5%，$Q_{gr,maf}$ 为 25.01MJ/kg，确定煤质牌号？

解 根据 $V_{daf}>37\%$，G 值为 0，可初步确定该煤为长焰煤 41 号或褐煤，此时，可根据 P_M 确定，$P_M>50\%$ 一定是长焰煤，$P_M\leqslant30\%$，一定是褐煤，而 P_M 30%～50% 时，可能是长焰煤，也可能是褐煤，该煤即是这种情况。这时，就应根据 $Q_{gr,maf}$ 进行划分，$Q_{gr,maf}\leqslant24$MJ/kg 为褐煤，$Q_{gr,maf}>24$MJ/kg 为长焰煤，所以最终确定为 41 号长焰煤。

三、中国煤炭编码系统

中国煤炭编码系统（GB/T 16772—1997）是一个不分类别，只依据煤质结果进行编码的系统。此编码系统适用于各煤阶的腐殖煤（煤的恒湿无灰基高位发热量<24MJ/kg 定为低煤阶煤；≥24MJ/kg 的煤称为中、高煤阶煤），不包括腐泥煤、泥炭（$M_t>75\%$）、碳质页岩（$A_d>50\%$）和石墨 [$w(H)_{daf}<0.8\%$]。编码系统按煤阶、煤的主要工艺性质及煤对环境的影响因素进行编码。参数选择与编码方法贯穿"实用、可行与简明的原则"，取消了一些学科性参数与分类辅助指标，不分类别，不与煤种比价挂钩。

1. 编码参数和方法

中国煤炭编码系统采用了 8 个参数 12 位数码组成编码系统，适用于各煤阶煤，并按照煤阶、煤的主要工艺性质及对环境的影响因素进行编码。在确定煤阶参数时，协调了分类指标选择上的意见分歧，既考虑了分类的科学性，又注重用煤的实用性，还兼顾到与国际标准接轨的需要。考虑到低煤阶煤和中、高煤阶煤在利用方向和煤演化性质上的差异，必须选用不同的煤阶与工艺参数来进行编码。为此采用镜质组平均随机反射率 $\overline{R}_{ran}$、发热量 $Q_{gr,daf}$（对于低煤阶煤用 $Q_{gr,maf}$）、挥发分 V_{daf} 和全水分 M_t（对于低煤阶煤）4 个参数作为煤阶参数；采用黏结指数 $G_{R.I.}$（对于高、中煤阶煤）、焦油产率 $T_{ar,daf}$（对于低煤阶煤）、发热量和挥发分 4 个参数作为工艺指标；采用灰分产率 A_d 和全硫 $w(S)_{t,d}$ 2 个参数作为煤对环境影响的参数。其中发热量和挥发分 2 个参数既是煤阶参数又是重要的工艺参数。

对煤进行编码时，首先要确定煤阶，根据煤阶选用不同的参数进行编码。对于低煤阶煤，要依据煤的恒湿无灰基高位发热量 $Q_{gr,maf}$ 的数值，其计算公式为：

$$Q_{gr,maf}=Q_{gr,ad}\times\frac{100-MHC}{100-\left[M_{ad}+\dfrac{A_{ad}(100-MHC)}{100}\right]} \tag{6-1}$$

式中　$Q_{gr,maf}$——煤样的恒湿无灰基高位发热量，MJ/kg；

$Q_{gr,ad}$——一般分析试验煤样的恒容高位发热量，MJ/kg；

M_{ad}——一般分析试验煤样水分的质量分数，%；

A_{ad}——空气干燥基煤样灰分的质量分数，%；

MHC——煤样最高内在水分的质量分数，%。

为了使煤炭生产企业、销售部门与用户根据各种煤炭利用工艺的技术要求，能明确无误地交流煤炭质量信息，保证各煤阶煤分类编码系统能适用于不同成因、成煤时代，以及既适用于单一煤层，又适用于多煤层混煤或洗煤，同时考虑灰分与硫分对环境的影响，依次用下列参数进行编码。

① 镜质组平均随机反射率：$\overline{R}_r$，%，两位数。

② 干燥无灰基高位发热量：$Q_{gr,daf}$，MJ/kg，两位数；对于低煤阶煤，采用恒湿无灰基高位发热量：$Q_{gr,maf}$，MJ/kg，两位数。

③ 干燥无灰基挥发分：V_{daf}，%，两位数。

④ 黏结指数：$G_{R.I.}$，简记 G，两位数（对中、高煤阶煤）。

⑤ 全水分：M_t，%，一位数（对低煤阶煤）。

⑥ 焦油产率：$T_{ar,daf}$，%，一位数（对低煤阶煤）。

⑦ 干燥基灰分：A_d，%，两位数。

⑧ 干燥基全硫：$w(S)_{t,d}$，%，两位数。

对于各煤阶煤的编码规定及顺序如下：

① 第一位及第二位数码表示 0.1% 范围的镜质组平均随机反射率下限值乘以 10 后取整；

② 第三位及第四位数码表示 1MJ/kg 范围干燥无灰基高位发热量下限值，取整；对低煤阶煤，采用恒湿无灰基高位发热量 $Q_{gr,maf}$，两位数，表示 1MJ/kg 范围内下限值，取整；

③ 第五位及第六位数码表示干燥无灰基挥发分以 1% 范围的下限值，取整；

④ 第七位及第八位数码表示黏结指数；用 $G_{R.I.}$ 值除 10 的下限值取整，如从 0 到小于 10，记作 00；10 以上到小于 20 记作 01；20 以上到小于 30，记作 02；依次类推；90 以上到小于 100，记作 09；100 以上记作 10；

⑤ 对于低煤阶煤，第七位表示全水分，从 0 到小于 20%（质量分数）时，记作 1；20% 以上除以 10 的 M_t 的下限值，取整；

⑥ 对于低煤阶煤，第八位表示焦油产率 $T_{ar,daf}$，%，一位数；当 $T_{ar,daf}$ 小于 10% 时，记作 1，大于 10% 到小于 15%，记作 2，大于 15% 到小于 20%，记作 3，即以 5% 为间隔，依次类推；

⑦ 第九位及第十位数码表示 1% 范围取整后干燥基灰分的下限值；

⑧ 第十一位及第十二位数码表示 0.1% 范围干燥基全硫含量乘以 10 后下限值取整。

编码顺序按煤阶参数、工艺性质参数和环境因素指标编排。中、高煤阶煤的编码顺序是 $R\,Q\,V\,G\,A\,S$；低煤阶煤的编码顺序是 $R\,Q\,V\,M\,T\,A\,S$。

需要指出的是各参数必须按规定顺序排列，如其中某个参数没有实测值，需在编码的相应位置注以 "×"（一位）或 "××"（两位）。

中国煤炭编码系统（GB/T 16772—1997）的详细内容如表 6-8 所示。

2. 编码举例

(1) 广西某地低煤阶　　　　　　　　　编码

$\overline{R}_r = 0.34\%$　　　　　　　　　　03

$Q_{gr,maf} = 13.9MJ/kg$　　　　　　　　13

$V_{daf} = 54.01\%$　　　　　　　　　　54

$M_t = 51.02\%$　　　　　　　　　　　5

$T_{ar,daf} = 10.90\%$　　　　　　　　　2

$A_d = 28.66\%$　　　　　　　　　　　28

$w(S_t)_d = 3.46\%$　　　　　　　　　　34

该煤的编码为：03 13 54 5 2 28 34。

表 6-8　中国煤炭编码系统总表

镜质组反射率 $\overline{R}_r$		高位发热量 $Q_{gr,daf}$（中、高煤阶煤）		高位发热量 $Q_{gr,maf}$（低煤阶煤）		挥发分 V_{daf}	
编码	%	编码	MJ/kg	编码	MJ/kg	编码	%
02	0.2～0.29	24	24～25	11	11～12	01	1～2
03	0.3～0.39	25	25～26	12	12～13	02	2～3
04	0.4～0.49	—	—	13	13～14	—	—
—	—	35	35～36	—	—	09	9～10
19	1.9～1.99	—	—	22	22～23	10	10～11
—	—	39	≥39	23	23～24	49	49～50
50	≥5.0					—	—

黏结指数 G（中、高煤阶煤）		全水分 M_t（低煤阶煤）		焦油产率 $T_{ar,daf}$（低煤阶煤）		灰分 A_d		硫分 $w(S_t)_d$	
编码	G 值	编码	%	编码	%	编码	%	编码	%
00	0～9	1	<20	1	<10	00	0～1	00	1～0.1
01	1～19	2	20～30	2	10～15	01	1～2	01	0.1～0.2
02	20～29	3	30～40	3	15～20	02	2～3	02	0.2～0.3
—	—	4	40～50	4	20～25	—	—	—	—
09	90～99	5	50～60	5	≥25	29	29～30	31	3.1～3.2
10	≥100	6	60～70			30	30～31	32	3.2～3.3

（2）河北某地焦煤（中煤阶煤）　　　　　　编码

$\overline{R}_r = 1.24\%$　　　　　　　　　　12

$Q_{gr,daf} = 36.0\text{MJ/kg}$　　　　　　　36

$V_{daf} = 24.46\%$　　　　　　　　　　24

$G_{R.I.} = 88$　　　　　　　　　　　　08

$A_d = 14.49\%$　　　　　　　　　　　14

$w(S_t)_d = 0.59\%$　　　　　　　　　05

该煤的编码为：12 36 24 08 14 05。

（3）京西某矿无烟煤（高煤阶煤）　　　　编码

$\overline{R}_r = 7.93\%$　　　　　　　　　　50

$Q_{gr,daf} = 33.1\text{MJ/kg}$　　　　　　33

$V_{daf} = 3.47\%$　　　　　　　　　　03

$G_{R.I.}$ 未测　　　　　　　　　　　××

$A_d = 5.55\%$　　　　　　　　　　　05

$w(S_t)_d = 0.25\%$　　　　　　　　02

该煤的编码为：50 33 03 ×× 05 02。

四、中国煤层煤分类

随着国内和国际间煤炭需求量的增加，需要一个统一的煤层煤分类，以准确无误地交流煤炭储量和质量信息，以及统一煤炭资源、储量评价的统计口径。制定中国煤层煤分类国家标准的目的是要提供一个与国际接轨的统一尺度，来评价和计量煤炭资源量与储量。煤层煤（科学/成因）分类并不是一种纯学科、理论式的分类，而是将煤层煤看做原生地质岩体的一种按自然属性的分类，可直接应用于煤层煤的利用领域和煤的开采、加工与利用。

1. 煤层煤分类的参数

按照近代对煤知识的了解，有三个相对独立的参数，即表示煤化程度的煤阶、煤的显微组分组成和品位被用来对煤进行分类。

（1）煤阶　煤阶是煤最基本的性质，说明煤化程度的深浅。在工业应用上，挥发分是最常用的煤阶指标。作为煤的科学成因分类，对于中、高煤阶煤，以镜质组平均随机反射率作为分类参数，这是因为镜质组反射率不受煤岩显微组分的影响，成为度量煤阶的较好参数。对于低煤阶煤，以恒湿无灰基高位发热量作为分类参数则更为合适一些。

（2）显微组分组成　分类依据是按照煤中有机成分在显微镜下的颜色、突起、反射力、结构、形态特征、成因以及物理、化学性质和工艺性质的差异而加以确定，以煤的显微组分组成中无矿物质基镜质组含量表示。镜质组的符号是 V，考虑到可能与挥发分的符号产生混淆，以 V_t 表示镜质组含量。

（3）品位　通常以煤中矿物质杂质含量来表征煤的品位。由于国内煤质化验日常分析中，很少对矿物质含量进行直接检测，习惯上用灰分来替代煤中的矿物质含量，因而 GB/T 17607—1998 规定，以干燥基灰分来表征煤的品位。

2. 煤层煤分类方法与类别

（1）按煤阶分类　用恒湿无灰基高位发热量 $Q_{gr,maf}=24\,MJ/kg$ 为界来区分低煤阶煤（$<24\,MJ/kg$）与中煤阶煤（$\geqslant24\,MJ/kg$）；用镜质组平均随机反射率 $\overline{R}_r=2.0\%$ 为界来区分中煤阶煤（$\overline{R}_r<2.0\%$）与高煤阶煤（$\overline{R}_r\geqslant2.0\%$）；规定 $\overline{R}_r\geqslant0.6\%$ 的煤必须按 $\overline{R}_r$ 来分类；$\overline{R}_r<0.6\%$ 的煤必须按 $Q_{gr,maf}$ 来分类；在区分中煤阶煤与低煤阶煤时，计算恒湿无灰基高位发热量用最高内在水分（HMC）作恒湿基计算基准；划分低煤阶煤小类时，用煤中全水分（M_t）作为计算恒湿无灰基高位发热量的基准，结果按照式（6-2）计算：

$$Q_{gr,maf}=Q_{gr,ad}\times\frac{100-M_t}{100-\left[M_{ad}+\dfrac{A_{ad}(100-M_t)}{100}\right]} \tag{6-2}$$

式中　$Q_{gr,maf}$——恒湿无灰基高位发热量，MJ/kg；

　　　$Q_{gr,ad}$——空气干燥基高位发热量，MJ/kg；

　　　M_t——煤中全水分，%；

　　　M_{ad}——空气干燥基水分，%；

　　　A_{ad}——空气干燥基灰分，%。

① 低煤阶煤的分类。以 $Q_{gr,maf}$ 为参数将低阶煤分为次烟煤、高阶褐煤和低阶褐煤三个小类，分类标准见表6-9。

表 6-9　低煤阶煤的分类

小类称谓	分类标准
低煤阶褐煤	$<15\,MJ/kg$
高煤阶褐煤	$15\,MJ/kg\leqslant Q_{gr,maf}<20\,MJ/kg$
次烟煤	$20\,MJ/kg\leqslant Q_{gr,maf}<24\,MJ/kg$

② 中煤阶煤的分类。当煤的 $Q_{gr,maf}\geqslant24\,MJ/kg$ 时，属于中煤阶煤或高煤阶煤，中煤阶煤（烟煤）阶段，以镜质组随机平均反射率 $\overline{R}_r=0.6\%$、1.0%、1.4% 及 2.0% 为分界点，将其划分为低阶烟煤、中阶烟煤、高阶烟煤、超高阶烟煤四个小类，见表6-10。

表 6-10 中煤阶煤的分类

小类称谓	分类标准
低煤阶烟煤	$<0.6\%$
中煤阶烟煤	$0.6\%\leqslant\overline{R}_r<1.0\%$
高煤阶烟煤	$1.0\%\leqslant\overline{R}_r<1.4\%$
超高煤阶烟煤	$1.4\%\leqslant\overline{R}_r<2.0\%$

③ 高煤阶煤的分类。当煤的 $Q_{gr,maf}\geqslant24MJ/kg$ 时，以镜质组随机平均反射率 $\overline{R}_r\geqslant$ 2.0%的煤归属于高煤阶煤（无烟煤）。该阶段根据 $\overline{R}_r$ 的不同可划分为低阶无烟煤、中阶无烟煤、高阶无烟煤三个小类，分类标准见表 6-11。

表 6-11 高煤阶煤的分类

小类称谓	分类标准
低煤阶无烟煤	$2.0\%\leqslant\overline{R}_r<3.5\%$
中煤阶无烟煤	$3.5\%\leqslant\overline{R}_r<5.0\%$
高煤阶无烟煤	$5.0\%\leqslant\overline{R}_r<8.0\%$

（2）按煤的显微组分组成分类 煤岩显微组分组成以无矿物质基镜质组含量表示。根据 $V_{t,mmf}$ 的不同范围将煤分为低镜质组煤、中镜质组煤、较高镜质组煤和高镜质组煤四个类别，标准见表 6-12。

表 6-12 煤的显微组分组成分类

镜质组类别	镜质组含量 $V_{t,mmf}$/%	镜质组类别	镜质组含量 $V_{t,mmf}$/%
低镜质组煤	<40	较高镜质组煤	$60\leqslant V_{t,mmf}<80$
中镜质组煤	$40\leqslant V_{t,mmf}<60$	高镜质组煤	$\geqslant80$

（3）按煤的品位分类 煤的品位以干燥基灰分表征。根据 A_d 的不同将煤分为低灰分煤、较低灰分煤、中灰分煤、较高灰分煤及高灰分煤五个类别，见表 6-13。

表 6-13 灰分产率分类

灰分类别	A_d（质量分数）/%	灰分类别	A_d（质量分数）/%
低灰分煤	<10.0	较高灰分煤	$30.0\leqslant A_d<40.0$
较低灰分煤	$10.0\leqslant A_d<20.0$	高灰分煤	$40.0\leqslant A_d<50.0$
中灰分煤	$20.0\leqslant A_d<30.0$		

3. 煤层煤分类的称谓与命名表述

在冠名时以褐煤、次烟煤、烟煤和无烟煤作煤类别的主体词。前缀属性为形容词，顺序以品位、显微组分组成及煤阶依次排列。示例如下：

A_d/%	$V_{t,mmf}$/%	$\overline{R}_r$/%	$Q_{gr,maf}$/(MJ/kg)	命名表述
16.71	82	0.30	16.8	较低灰分、高镜质组、高阶褐煤
8.50	65	0.58	23.8	低灰分、较高镜质组、次烟煤
22.00	50	0.70		中灰分、中等镜质组、中阶烟煤
10.01	60	1.04		较低灰分、较高镜质组、高阶烟煤
3.00	95	2.70		低灰分、高镜质组、低阶无烟煤

4. 煤层煤分类的分类图

图 6-2 是中国煤层煤分类图，它以"科学、简明、可行"的原则，对煤进行分类与命名，可以直观地表示出煤的煤阶、显微组分组成和品位。

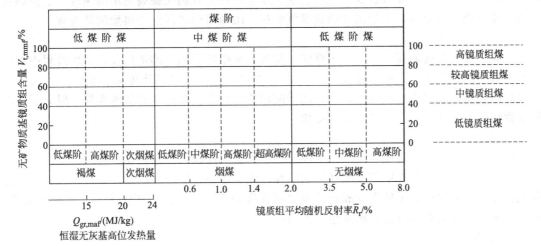

(a) 按煤阶和煤的显微组分组成分类

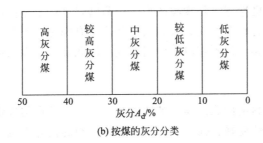

(b) 按煤的灰分分类

图 6-2　中国煤层煤分类图

五、各种煤的特性及用途

煤的工业用途与煤的物理性质、化学性质、工艺性质等关系密切。

1. 无烟煤（WY）

煤化程度最高的一类煤，其特点是挥发分产率低，固定碳含量高，光泽强，硬度高（纯煤真相对密度达到 1.35~1.90），燃点高（一般达 360~420℃），无黏结性，燃烧时不冒烟。

无烟煤按其挥发分产率及用途分为三个小类，01 号年老无烟煤适于作炭素材料及民用煤球；02 号典型无烟煤是生产合成煤气的主要原料；03 号年轻无烟煤因其热值高、可磨性好而适于作高炉喷吹燃料。这 3 类无烟煤都是较好的民用燃料。北京、晋城和阳泉三矿区的无烟煤分别为 01 号、02 号和 03 号无烟煤的代表。

用无烟煤配合炼焦时，需经过细粉碎。一般不提倡将无烟煤作为炼焦配料使用。

2. 贫煤（PM）

烟煤中煤化程度最高、挥发分最低而接近无烟煤的一类煤，国外也有称之为半无烟煤。表现为燃烧时火焰短，燃点高，热值高，不黏结或弱黏结，加热后不产生胶质体。主要用作动力、民用和工业锅炉的燃料，低灰低硫的贫煤也可用作高炉喷吹的燃料，作为电厂燃料使用时，与高挥发分煤配合燃烧更能充分发挥热值高而又耐烧的优点。我国潞安矿区是生产贫煤的典型代表。

3. 贫瘦煤（PS）

烟煤中煤化程度较高、挥发分较低的一类煤，是炼焦煤中变质程度最高的一种，受热后只产生少量胶质体，黏结性比典型瘦煤差，其性质介于贫煤和瘦煤之间。单独炼焦时，生成的粉焦多，配煤炼焦时配入较少比例就能起到瘦化作用，有利于提高焦炭的块度。这种煤主要用于动力或民用燃料，少量用于制造煤气燃料。山西西山矿区生产典型的贫瘦煤。

4. 瘦煤（SM）

烟煤中煤化程度较高、挥发分较低的一类煤，是中等黏结性的炼焦煤，炼焦过程中能产生相当数量的胶质体，Y 值一般在 6～10mm。单独炼焦时能得到块度大、裂纹少、抗碎强度较好的焦炭，但耐磨强度较差，主要用于配煤炼焦使用。高硫、高灰的瘦煤一般只用作电厂及锅炉燃料。峰峰四矿生产典型的瘦煤。

5. 焦煤（JM）

烟煤中煤化程度中等或偏高的一类煤，是一种结焦性较强的炼焦煤，加热时能产生热稳定性较好的胶质体，具有中等或较强的黏结性。焦煤是一种优质的炼焦用煤，单独炼焦时能得到块度大、裂纹少、抗碎强度和耐磨强度都很高的焦炭，但膨胀压力大，有时推焦困难。峰峰五矿、淮北后石台及古交矿井生产典型的焦煤。

6. 肥煤（FM）

煤化程度中等的烟煤，热解时能产生大量胶质体，有较强的黏结性，可黏结煤中的一些惰性物质。单独炼焦时能生成熔融性好、强度高的焦炭，耐磨强度优于相同挥发分的焦煤炼出的焦炭，但是单独炼焦时焦炭有较多的横裂纹，焦根部位常有蜂焦，因而其强度和耐磨性比焦煤稍差，是配煤炼焦的基础煤，但不宜单独使用。我国河北开滦、山东枣庄是生产肥煤的主要矿区。

7. 1/3 焦煤（1/3JM）

是一种中等偏高挥发分的强黏结性炼焦煤，其性质介于焦煤、肥煤与气煤之间，属于过渡煤类。单独炼焦时能生成熔融性良好、强度较高的焦炭，焦炭的抗碎强度接近肥煤，耐磨强度明显高于气肥煤和气煤。它既能单独炼焦供中型高炉使用，同时也是炼焦配煤的好原料，炼焦时它的配入量可在较宽范围内波动都能获得高强度的焦炭。安徽淮南、四川永荣等矿区产 1/3 焦煤。

8. 气肥煤（QF）

煤化程度与气煤接近的一类烟煤，是一种挥发分产率和胶质层厚度都很高的强黏结性炼焦煤，结焦性优于气煤而劣于肥煤，单独炼焦时能产生大量的煤气和胶质体，但因其气体析出过多，不能生成强度高的焦炭。气肥煤最适宜高温干馏制煤气，用于配煤炼焦可增加化学产品的回收率。我国江西乐平和浙江长广煤田为典型的气肥煤生产矿区。

9. 气煤（QM）

煤化程度较低、挥发分较高的烟煤，结焦性较好，热解时能生成一定量的胶质体，黏结性从弱到中等都有；胶质体的热稳定性较差，单独炼焦时产生的焦炭细长、易碎，同时有较多纵向裂纹，焦炭强度和耐磨性均低于其他炼焦煤。在炼焦中能产生较多的煤气、焦油和其他化学产品，多作为配煤炼焦使用，有些气煤也可用于高温干馏制造城市煤气。我国抚顺老虎台、山西平朔等矿区生产典型气煤。

10. 1/2 中黏煤（1/2ZN）

煤化程度较低，挥发范围较宽，受热后形成的胶质体较少，是黏结性介于气煤与弱黏煤之间的一种过渡性煤类。一部分煤黏结性稍好，在单独煤焦时能结成一定强度的焦炭，可用于配煤炼焦；另一部分黏结性较弱，单独炼焦时焦炭强度差，粉焦率高。主要用于气化原料或动力用煤的燃料，炼焦时也可适量配入。目前我国这类煤的资源很少。

11. 弱黏煤（RN）

煤化程度较低，挥发分范围较宽，受热后形成的胶质体很少，煤岩显微组分中有较多的丝质组和半丝质组，是一种黏结性较弱的非炼焦用烟煤。炼焦时有的能结成强度差的小块焦，有的只有少部分能凝结成碎屑焦，粉焦率高。一般适宜作气化原料及动力燃料使用。山西大同是典型的弱黏煤矿区。

12. 不黏煤（BN）

是一种在成煤初期就遭受相当程度氧化作用后生成的以丝质组为主的非炼焦用烟煤，煤化程度低，隔绝空气加热时不产生胶质体，因而无黏结性。煤中水分含量高，纯煤发热量较低，仅高于一般褐煤而低于所有烟煤，有的含一定量再生腐殖酸，煤中氧含量多在10%～15%。主要用作发电和气化用煤，也可作动力用煤及民用燃料。我国东胜、神府矿区和靖远、哈密等矿区都是典型的不黏煤产地。

13. 长焰煤（CY）

煤化程度最低、挥发分最低的一类非炼焦烟煤，有的还含有一定量的腐殖酸，由于其燃烧时火焰较长而被称为长焰煤。煤的燃点低，纯煤热值也不高，储存时易风化碎裂。受热后一般不结焦，有的长焰煤加热时能产生一定量的胶质体，结成细小的长条形焦炭，但焦炭强度低，易破碎，粉焦率高。长焰煤一般不用于炼焦，多用作电厂、机车燃料及工业窑炉燃料，也可用作气化用煤。辽宁省阜新及内蒙古准格尔矿区是长焰煤基地。

14. 褐煤（HM）

煤化程度最低的一类煤，外观呈褐色到黑色，光泽暗淡或呈沥青光泽，块状或土状的都有，其特点是水分大、孔隙大、密度小、挥发分高、不黏结，含有不同数量的腐殖酸。煤中氢含量高达15%～30%，化学反应性强，热稳定性差。块煤加热时破碎严重，存放在空气中容易风化，碎裂成小块甚至粉末，使发热量降低，煤灰中常有较多的氧化钙，熔点大都较低。根据目视比色法透光率（P_M）分成年老褐煤（P_M30%～50%）和年轻褐煤（$P_M \leqslant$ 30%）。

褐煤大多用作发电厂锅炉的燃料，也可用作化工原料，有些褐煤可用来制造磺化煤或活性炭，有些褐煤可用作提取褐煤蜡的原料，腐殖酸含量高的年轻褐煤可用来提取腐殖酸，生产腐殖酸铵等有机肥料，用于农田和果园，能起到增产的作用。我国内蒙古霍林河及云南小龙潭矿区是典型的褐煤产地。

第三节　国际煤分类

由于各国煤炭资源特点不同和科学技术水平的差异，世界各主要产煤国家都根据本国的资源特点制定出不同的煤炭分类方法，因而在国际煤炭贸易和信息交流中造成了许多困难。国际煤炭分类就是为了在国际间对煤炭分类方法有共同的认识，以利于科学技术交流和国际煤炭贸易的发展，由世界上的主要产煤国和用煤国共同提出的一种煤炭分类方法。

1949年，由联合国欧洲经济委员会煤炭委员会在日内瓦成立了煤炭分类工作组，参加研究工作的有欧洲和美国等10多个国家和地区，各国通过互相交换现行分类、取样及相关分析方法，并交换煤样进行试验，达成共识，于1953年通过了煤炭国际分类方案。经过两年试用，1956年正式颁布了硬煤国际分类方案。

因欧洲各国褐煤资源较多，而硬煤国际分类方案没有对褐煤进行分类，后来欧洲经济委员会于1957年提出了褐煤国际分类方案，1974年国际标准化组织修改后向各国推荐使用。

表 6-14 硬煤国际分类表

（于 1956 年 3 月日内瓦国际煤炭分类会议中修订）

组别（根据黏结性确定的）			类型代号										亚组别（根据结焦性确定的）		
组别号数	确定组别的指标（任选一种）		第一个数字表示根据挥发分（煤中挥发分＜33%）或发热量（煤中挥发分＞33%）确定煤的类别 第二个数字表示根据黏结性确定煤的组别 第三个数字表示根据煤的结焦性确定煤的亚组别										亚组别号数	膨胀性试验	蓄金试验
	自由膨胀序数	罗加指数													
3	4½~9	>45				435	535	635					5	>140	>G₆
						434	534	634					4	50~110	G₅~G₆
					334	433	533	633	733				3	0~50	G₁~G₄
				332a / 332b		432	532	632	732	832			2	≤0	E~G
2	2½~4	20~45			323		423	523	623	723	823			3	0~50	G₁~G₄
					322		422	522	622	722	822		2	≤0	E~G
					321		421	521	621	721	821		1	仅收缩	B~D
1	1~2	5~20		212	312		412	512	612	712	812			2	≤0	E~G
				211	311		411	511	611	711	811		1	仅收缩	B~D
0	0~1/2	0~5		100 A / B	200	300	400	500	600	700	800	900	0	无黏结性	A
类别号数		0	000	1	2	3	4	5	6	7	8	9	各类煤发热大致范围/%		
确定类别的指标	挥发分（干煤无灰基）Vdaf/%	0~3		3~10（A：3~6.5，B：6.5~10）	10~14	14~20（14~16，16~20）	20~28	28~33	>33	>33	>33	>33	类别 6：33~41 7：33~44 8：35~50 9：42~50		
	（恒湿无灰基）发热量（30℃，湿度96%）/（MJ/kg）	—							>32.40	30.10~32.40 / 30.10	25.50~30.10 / 30.10	23.84~25.50 / 25.50			

以挥发分指数（煤中挥发分＜33%）或发热量指数（煤中挥发分＞33%）确定

注：1. 如果煤中灰分过高，为了使分类更好，在实验验前应用比重液方法（或用其他方法）进行脱灰，比重液的选择应能得到最高的回收率和使煤中灰分达到5%～10%。

2. 332a Vdaf 14%～16%；332b Vdaf 16%～20%。

一、硬煤的国际分类

硬煤指恒湿无灰基高位发热量（$Q_{gr,maf}$）大于 24MJ/kg 的煤，是烟煤和无烟煤的统称。硬煤国际分类见表 6-14，该方案使用的指标有：表征煤化程度的挥发分和发热量；表征黏结性的坩埚膨胀序数或罗加指数；表征结焦性的奥亚膨胀度或葛金焦型。

应用时，首先以表示煤的变质程度的干燥无灰基挥发分（V_{daf}）作为第一分类指标，当 $V_{daf} > 33.0\%$ 后，用恒湿（30℃，相对湿度 96%）无灰基高位发热量（$Q_{gr,maf}$）作为辅助指标，将煤划分为 0~9 共 10 个类别；然后在每一类中又以表示煤的黏结性的坩埚膨胀序数或罗加指数作为第二指标，划分成 0~3 共 4 个组别；最后在每一组中再以表示煤的结焦性的奥阿膨胀度或格金焦型作为第三指标，划分为 0~5 共 6 个亚组。以此为标准将硬煤划分为 62 个煤种，其中烟煤 59 种、无烟煤 3 种。

由此可见，国际硬煤分类均由一个三位阿拉伯数字来表示煤的种类，其中百位数字代表煤的类别，十位上的数字代表煤的组别，个位上的数字代表煤的亚组别。百位上的数字越大，煤化程度越低；十位上的数字越大，煤的黏结性越好；个位上的数字越大，煤的结焦性越好。

在国际硬煤分类中为了便于煤炭贸易和统计，又把煤质特征相近的煤种进行了合并，共形成 11 个统计组（见表 6-15），分别用罗马数字 Ⅰ 至 Ⅶ 来表示，其中 Ⅴ 组又分为 V_A、V_B、V_C 和 V_D；Ⅵ组分为 $Ⅵ_A$ 和 $Ⅵ_B$。

表 6-15　国际硬煤分类统计组别

统计组别	大致相当于中国煤分类的大类别	统计组内包含的煤种
Ⅰ	无烟煤	000,100A,100B
Ⅱ	贫煤	200
Ⅲ	贫煤、不黏煤	211,300,311,400,411
Ⅳ	瘦煤、焦煤	212,312,321,322,323,332a,412,421,422,423
V_A	焦煤、瘦煤	332b,333,334
V_B	焦煤、肥煤	432,433,434,435
V_C	肥煤	534,535,634,635
V_D	气煤	532,533,632,633,732,733,832
$Ⅵ_A$	气煤	522,523,622,623,722,723,822,823
$Ⅵ_B$	弱黏煤、气煤	512,521,612,621,712,721,812,821
Ⅶ	长焰、不黏煤	500,511,600,611,700,711,800,811,900

国际硬煤分类的制定，满足了当时煤主要用于燃烧和焦化的目的，但仍存在诸多不足，包括未能对所有煤阶煤进行分类；没有考虑煤的气化、液化性能；没有煤炭品位的参数；没有煤影响环境的参数；容易发生分组、亚组的矛盾等。

二、褐煤的国际分类（ISO 2950—1974）

褐煤是指恒湿无灰基高位发热量（$Q_{gr,maf}$）小于 24MJ/kg 的煤，以此界限与硬煤区分。褐煤国际分类是作为硬煤国际分类的补充而制定的，该分类方案首先根据新采煤样的无灰基全水分含量（$M_{t,af}$），将煤分成 6 类，然后根据干燥无灰基焦油产率（$T_{ar,daf}$）将煤分成 5 组，共形成 30 个牌号，各牌号均以 2 位阿拉伯数字表示，详见表 6-16。

表 6-16 国际褐煤分类表

组别	$T_{ar,daf}/\%$	分类标号					
4	＞25	14	24	34	44	54	64
3	20～25	13	23	33	43	53	63
2	15～20	12	22	32	42	52	62
1	10～15	11	21	31	41	51	61
0	≤10	10	20	30	40	50	60
类 别		1	2	3	4	5	6
$M_{t,af}/\%$		≤20	20～30	30～40	40～50	50～60	60～70

注：1. 焦油率采用铝甑法测定；

2. 全水分指新采出煤的无灰基水分含量。

三、最新国际煤分类标准（ISO 11760：2005）

煤炭分类体系的建立及煤炭分类指标的变化对煤炭资源的储量及统计规范有重要意义，并直接关系到煤炭资源的配置和优化。国际标准化组织在 1991 年前，没有煤炭分类国际标准制定的相关组织，到 1993 年国际标准化组织（ISO）煤炭委员会（TC27）就成立了第 18 工作组，专门从事国际煤分类的制定工作，参加的国家有澳大利亚、加拿大、中国、捷克、法国、德国、波兰、瑞典、南非、荷兰、日本、葡萄牙、英国和美国共 14 个国家。目的是提出一个简明的分类系统，便于煤炭的重要性质及参数可以在国际间相互比较，同时正确无误地评估世界各地区的煤炭资源。历经多次讨论与投票，于 2005 年 2 月正式出版了 ISO 11760：2005 国际煤分类标准。

1. 国际煤分类标准介绍

国际煤分类标准采用镜质组随机反射率作为煤阶指标，并在低煤阶煤阶段以煤层煤水分作为煤阶辅助指标；采用镜质组含量作为煤岩相组成指标；以干基灰分产率作为煤的品位指标。结合命名及术语表述，来对世界煤炭进行分类。

（1）煤阶 最新国际煤分类标准中，采用镜质组随机反射率作为煤阶指标表征煤的变质程度，将煤分为低煤阶煤、中煤阶煤和高煤阶煤三个大类，详见表 6-17。

表 6-17 低、中、高煤阶煤的分类

煤 阶	分 类 标 准
低煤阶煤（褐煤、次烟煤）	床层水分≤75％且 $\overline{R}_r<0.5\%$
中煤阶煤（烟煤）	$0.5\%≤\overline{R}_r<2.0\%$
高煤阶煤（无烟煤）	$2.0\%≤\overline{R}_r<6.0\%$（或 $\overline{R}_{v,max}<8.0\%$）

注：床层水分为煤在矿层中的水分含量；$\overline{R}_r$—镜质组平均随机反射率；$\overline{R}_{v,max}$—镜质组平均最大反射率。

在低煤阶煤阶段，引入煤层煤水分作为区分煤和泥炭，以及褐煤内小类的分类指标。煤层煤水分＞75％时属于泥炭而不归属为煤，不属于国际煤分类的范畴，详见表 6-18。当 35％＜无灰基煤层煤水分≤75％的煤，镜质组随机平均反射率＜0.4％时属于低煤阶煤 C，即褐煤 C；当无灰基煤层煤水分≤35％，煤的镜质组随机平均反射率＜0.4％时属于低煤阶煤 B，即褐煤 B。当 0.4％≤镜质组随机平均反射率＜0.5％的煤，归属于低煤阶煤 A，或称为"次烟煤"，这也是褐煤与次烟煤的分界点。按最新国际煤分类规定，次烟煤属于低煤阶煤。

在次烟煤之后，均以镜质组随机平均反射率作为煤阶的分类指标。镜质组随机平均反射率 0.5％是低煤阶煤（次烟煤）与中煤阶煤（烟煤）的分界点；以镜质组随机平均反射

2.0％作为烟煤与无烟煤，即中煤阶煤与高煤阶煤的分界点。

表 6-18 低煤阶煤的次级分类

次 级 分 类	分 类 标 准
低煤阶煤 C(褐煤 C)	$\overline{R}_r<0.4\%$且 35％＜床层水分＜75％(无灰基)
低煤阶煤 B(褐煤 B)	$\overline{R}_r<0.4\%$且床层水分≤35％(无灰基)
低煤阶煤 A(次烟煤)	$0.4\%\leqslant\overline{R}_r<0.5\%$

中煤阶煤阶段，以镜质组随机平均反射率0.5％、0.6％、1.0％、1.4％及2.0％为分界点，依次定义为中煤阶煤 D，即烟煤 D；中煤阶煤 C，即烟煤 C；中煤阶煤 B，即烟煤 B；中煤阶煤 A，即烟煤 A。在相同煤阶中，依据煤化程度由高到低，依次用大写英文字母 A、B、C、D 表示，详见表6-19。

表 6-19 中煤阶煤的次级分类

次 级 分 类	分 类 标 准
中煤阶煤 D(烟煤 D)	$0.5\%\leqslant\overline{R}_r<0.6\%$
中煤阶煤 C(烟煤 C)	$0.6\%\leqslant\overline{R}_r<1.0\%$
中煤阶煤 B(烟煤 B)	$1.0\%\leqslant\overline{R}_r<1.4\%$
中煤阶煤 A(烟煤 A)	$1.4\%\leqslant\overline{R}_r<2.0\%$

高煤阶煤阶段，以镜质组随机平均反射率大于、等于 2.0％且小于 3.0％的煤归属于高煤阶煤 C，即无烟煤 C，高煤阶煤 B（无烟煤 B）与高煤阶煤 A（无烟煤 A）的分界点是镜质组随机平均反射率 4.0％。以镜质组随机平均反射率＜6.0％或镜质组平均最大反射率＜8.0％作为无烟煤的上限，超过这一界值的煤，意味着将不属于"煤"的范畴，详见表6-20。

表 6-20 高煤阶煤的次级分类

次 级 分 类	分 类 标 准
高煤阶煤 C(无烟煤 C)	$2.0\%\leqslant\overline{R}_r<3.0\%$
高煤阶煤 B(无烟煤 B)	$3.0\%\leqslant\overline{R}_r<4.0\%$
高煤阶煤 A(无烟煤 A)	$4.0\%\leqslant\overline{R}_r<6.0\%$(或$\overline{R}_{v,max}<8.0\%$)

由于中国现存大量镜质组平均最大反射率 $\overline{R}_{v,max}>8.0\%$ 的高变质无烟煤，都有在国内工矿企业实际使用的特殊情况，用加注的方式说明：在中国，由于煤受接触变质影响，其镜质组平均最大反射率 $\overline{R}_{v,max}$ 可能高达 10.5％，仍属无烟煤。这就避免了一大批较高变质的中国无烟煤，在我国实际应用中一直在使用，却被国际煤分类标准划出"煤"范畴的尴尬境地。

（2）岩相组成 最新国际煤分类标准中，采用镜质组含量作为煤岩相组成指标。以煤中镜质组含量小于40％；大于或等于40％而小于60％；大于或等于60％而小于80％；大于或等于80％，依次称为低镜质组含量、中等镜质组含量、中高镜质组含量及高镜质组含量四个类别，详见表6-21。

（3）灰分产率 最新国际煤分类标准中将煤的品位按煤中干燥基灰分产率作为分类指标，以灰分产率小于 5.0％；大于或等于 5.0％而小于 10.0％；大于或等于 10.0％而小于 20.0％；大于或等于 20.0％而小于 30.0％；大于或等于 30.0％而小于 50.0％的煤分成五档。依次称为极低灰煤、低灰煤、中灰煤、中高灰煤、高灰煤。当干基灰分产率大于或等于50.0%时，不属于煤的范畴，详见表6-22。

表 6-21 岩相组成分类

镜质组类别	镜质组含量 $V_{t,af}$（体积分数）/%
低镜质组	<40
中等镜质组	$40 \leqslant V_{t,af} < 60$
中高镜质组	$60 \leqslant V_{t,af} < 80$
高镜质组	≥80

表 6-22 灰分产率分类

灰分类别	A_d（质量分数）/%	灰分类别	A_d（质量分数）/%
极低灰煤	<5.0	中高灰煤	$20.0 \leqslant A_d < 30.0$
低灰煤	$5.0 \leqslant A_d < 10.0$	高灰煤	$30.0 \leqslant A_d < 50.0$
中灰煤	$10.0 \leqslant A_d < 20.0$		

由此可见，国际煤分类标准以镜质组随机反射率作为煤阶指标将煤分为低煤阶煤、中煤阶煤和高煤阶煤三个大类的基础上，又将三大类的煤分为褐煤 C、褐煤 B、次烟煤、烟煤 D、烟煤 C、烟煤 B、烟煤 A、无烟煤 C、无烟煤 B 和无烟煤 A 共 10 个亚类；并以煤的镜质组含量所表示的显微组分将煤分为低镜质组含量煤、中等镜质组含量煤、中高镜质组含量煤和高镜质组含量煤 4 类；再按以干基灰分产率表示的煤中无机物含量将煤分为特低灰煤、低灰煤、中灰煤、中高灰煤和高灰煤 5 类。图 6-3 为 ISO 11760：2005 提出的国际煤分类图。

（4）煤样性质 煤分类在一定程度上可以用来对煤样进行表征。分类是针对特定煤样进行的，因此其并不能全面代表煤样矿层的性质，就像根据镜质组反射率分类所产生的后果一样，混合物的煤阶依赖于其中不同组分的反射率；岩相组成和灰分产率反映了采样、制备以及混合的综合结果。故在国际煤分类中要求说明煤样的性质，一个要求分类的煤样，要标明是全煤层煤样还是原煤样抑或现场采制的煤样、是洗选后的煤样还是原煤样、煤的粒级、是否为配合煤等。

（5）分析误差 镜质组随机平均反射率、镜质组含量及灰分产率者三个参数的实验室间测定值的再现性允许误差见表6-23。

表 6-23 最新国际煤分类标准的分析误差

参 数	再现性允许误差/%	引用国际标准
镜质组随机平均反射率 $\overline{R}_r$/%	0.08	ISO 7404-5
镜质组含量（体积分数）/%	9	ISO 7404-3
灰分产率，A_d/%		ISO 1171
<10%	0.3	
≥10%	平均为3	

2. 国际煤分类标准与中国标准的异同

分析国际煤炭分类的指标体系与主要内容，可以认为它是一个科学性的分类，而不是一个实用性的分类，与中国煤层煤分类一样，都是以煤阶、岩相组成和品位三个独立变量作为分类指标，但在细节之处还有诸多差异。最新的中国煤炭分类虽然增加了对属于"煤"及其定义的描述，增加了用以说明分类体系的性质和用途，增加了对煤炭分类用煤样的要求，但

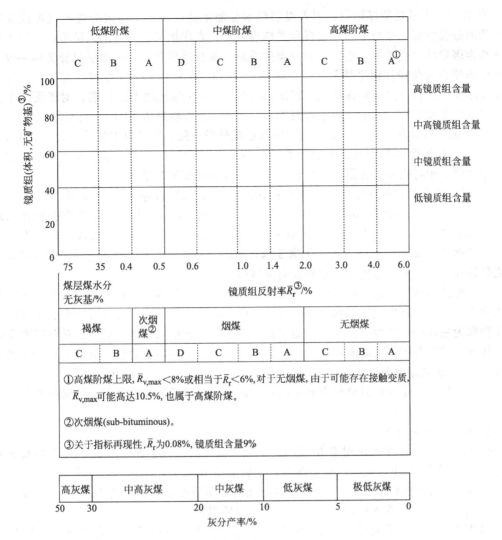

图 6-3 国际煤分类图 (ISO 11760：2005)

仍然属于实用性分类。

（1）煤的定义 ISO 认为，干基灰分 $A_d < 50\%$，全水分 $M_t < 75\%$ 以及镜质组平均最大反射率 $\overline{R}_{v,max} < 8.0\%$ 的可以界定为煤。煤层煤水分 $> 75\%$ 时属于泥炭而不归属为煤，不属于国际煤分类的范畴。以镜质组随机平均反射率 $\overline{R}_r < 6.0\%$ 或镜质组平均最大反射率 $\overline{R}_{v,max} < 8.0\%$ 作为无烟煤的上限，超过这一界值的煤，意味着将不属于"煤"的范畴。

GB/T 5751—2009《中国煤炭分类》认为，煤炭是由植物遗体经煤化作用转化而成的富含碳的固体可燃有机沉积岩，含有一定的矿物质，相应的灰分产率小于或等于 50%（干基质量分数）。通常在地质煤化作用进程中，当全水分降到 75%（质量分数）时，泥炭转化为煤；而在正常煤化进程中，无干扰煤层转化为石墨的上限定为镜质体平均随机反射率 $\overline{R}_r$ 为 6.0%，或者用镜质体平均最大反射率为 $\overline{R}_{v,max}$ 为 8.0% 为其上限更好。对于跃变的接触变质煤层，$\overline{R}_{v,max}$ 的上限可以超过 10%，国际煤分类 ISO 11760：2005 中的注释体现了中国煤炭分类与国际煤分类的接轨和一致性。但目前国内用于煤炭储量计算时所统计的煤炭灰分上限为 40%。

（2）分类指标体系

① 煤阶。在低煤阶煤阶段，引入煤层煤水分而不是发热量作为区分煤和泥炭以及褐煤内小类的分类指标，这与中国煤层煤分类略有差异。在次烟煤之后，均以镜质组随机平均反射率作为煤阶的分类指标。进入中煤阶煤阶段后，其分类界点与中国煤层煤分类相一致。但由于中国现存大量镜质组平均最大反射率 $\overline{R}_{v,\max} > 8.0\%$ 的高变质无烟煤，且都在国内工矿企业实际使用。针对这一特殊情况，ISO 11760：2005 用加注的方式说明：对于无烟煤，由于煤受接触变质影响，其镜质组平均最大反射率 $\overline{R}_{v,\max}$ 可能高达 10.5%，仍属无烟煤。

② 组成。煤岩相组成的分界点与中国煤层煤分类一致，即以煤中镜质组含量小于 40%；大于、等于 40% 而小于 60%；大于、等于 60% 而小于 80%；大于、等于 80%，依次称为低镜质组含量、中等镜质组含量、中高镜质组含量及高镜质组含量四个类别。

③ 灰分产率。国际煤分类以灰分产率小于 5.0%；大于或等于 5.0% 而小于 10.0%；大于或等于 10.0% 而小于 20.0%；大于或等于 20.0% 而小于 30.0%；大于或等于 30.0% 而小于 50.0% 的煤分成五挡，依次称为极低灰煤、低灰煤、中灰煤、中高灰煤、高灰煤。当干基灰分产率大于或等于 50.0% 时，不属于煤的范畴。ISO 11760：2005 与中国煤层煤分类不同之处是在低灰煤和极低灰煤的划界和高灰煤的范围上。

（3）称谓与命名表述　煤炭分类就是识别和掌握煤炭的本质属性，称谓与命名表述在煤分类中意义重大。和中国煤层煤分类的称谓与命名表述相似，冠名时低煤阶煤、中煤阶煤或高煤阶煤为主体词，译为中文时，前缀属性为形容词，顺序以显微组分组、灰分产率及煤阶依次排列，并将煤的其他品质加注在后括号内。例如：低镜质组含量、低灰中煤阶煤 B（煤层煤样）；高镜质组含量、极低灰高煤阶煤 C（20mm×10mm，洗选煤）等。

为了更好地在煤炭资源评价方面与国际接轨，我国已经逐步按照国际煤炭分类的指标体系统计和评价我国的煤炭资源。

3. 国际煤分类举例

① 某煤样镜质组平均反射率 $\overline{R}_r$ 为 1.3，无灰基镜质组体积含量为 33%，干燥基灰分产率为 8.0%，则这种煤为低镜质组、低灰、中煤阶煤 B。

② 某煤样镜质组平均反射率 $\overline{R}_r$ 为 07，无灰基镜质组体积含量为 50%，干燥基灰分产率为 15.0%，则这种煤为中镜质组、中灰、中煤阶煤 C。

③ 某煤样镜质组平均反射率 $\overline{R}_r$ 为 0.38，无灰基镜质组体积含量为 42%，干燥基灰分产率为 2.6%，床层水分为 28%，则这种煤为中镜质组、极低灰、低煤阶煤 B。

第四节　煤 质 评 价

煤质评价是指根据煤质化验结果，正确地评定煤炭质量及其工业利用价值。正确评价煤质，可以了解煤的组成和性质，为矿井建设、煤炭开采、运输和加工利用及煤炭贸易提供技术依据，从而更加合理地利用煤炭资源。

一、煤质评价的阶段与任务

煤质评价工作贯穿于煤田普查、地质勘探、煤矿开采到煤炭加工、利用的整个过程，在不同时期，煤质评价工作的内容、任务也不同，煤田地质部门从煤田普查、勘探、开采及加工利用的进程出发，将煤质评价分为三个阶段。

1. 煤质初步评价阶段

煤质初步评价阶段相当于煤田普查时期对煤质进行的研究和评价。这一阶段主要研究成煤的原始物质、煤岩组成和煤的成因类型，比较全面地分析煤的物理性质和化学性质。需要测定的指标有：煤的工业分析、元素分析、煤中全水分、最高内在水分、煤的发热量、煤灰成分、煤灰熔融性、各种黏结性及结焦性指标、煤的抗碎强度、煤的密度、腐殖酸含量、苯抽出率、透光率等。通过对上述指标的综合分析及研究，了解可采煤层的煤质特征，初步确定煤的种类和加工利用方向。

2. 煤质详细评价阶段

煤质详细评价阶段相当于煤田地质详查和精查阶段对煤质的研究和评价。这一阶段煤质分析、化验项目更加全面，除了煤质初步评价阶段所测的各项指标外，还需测定煤的热稳定性、反应性、可磨性、可选性及沉矸质量、低温干馏试验、200kg焦炉试验等工艺性质。该阶段煤质评价的重点是查明勘探区内可采煤层的煤质特征及变化规律，确定煤的种类，研究煤的变质因素和煤类分布规律，对可采煤层的加工、利用方向做出评价。了解沉矸及灰渣的质量，为煤灰渣的综合利用指明方向。

3. 煤质最终评价

煤质最终评价相当于煤田开采和煤加工利用阶段对煤质进行的研究和评价。这一阶段煤的加工利用方向及加工利用工艺流程已经确定，因此煤质研究工作主要是根据开采和加工利用的需要，进行定期或随机取样分析，测定某些煤质指标，了解煤质的变化，检查并控制煤的质量是否符合要求。比如，为了了解煤质是否发生变化，可采取生产煤样（一年一次）。为了了解某一煤层在某一区域（岩浆侵入体，河流冲蚀带）煤质的变化情况，可随机取样分析，并根据分析、化验结果，研究煤质变化的规律性。另外，为了确定售出的煤是否满足用户需求，也需取样分析，测定煤质指标是否达到用户要求。

二、煤质评价的内容

为了充分反映煤的性质和质量，需要测定各种煤质指标，以便对煤质作出各方面的评价，其内容可归纳为地质、工艺技术和经济与环保三个方面的评价。

1. 地质评价

地质评价一般是在煤质初步评价阶段和煤质详细评价阶段由地质工作者进行。地质工作者在煤田普查和勘探时期的各个阶段按照规程要求采取煤样并进行分析化验，通过对煤质指标的分析研究，阐明煤质变化的规律，揭示影响煤质变化的地质因素。如了解成煤的原始物质，掌握煤化程度，判断沼泽水介质的性质及植物遗体的聚积环境，确定煤是否遭受风化、氧化，以及风氧化带的界限等。

2. 工艺技术评价

工艺技术评价包括两方面内容：一方面是根据测得煤的工艺性质指标，结合各种工业部门对煤质的要求，确定煤的加工利用方向；另一方面是在已知煤质特征和加工利用方式的条件下，进一步研究如何通过工艺技术途径或改变工艺操作条件来改善煤的性质，提高煤的使用价值。这些工艺措施包括煤的干燥、预热、配煤、洗选、成型、制水煤浆，以及改变加工的炉型、方式或操作条件等。例如根据各种煤的煤质特征，选择最佳的配煤比例，炼制优质焦炭；根据煤岩组成、煤质特征，选择洗选工艺和设备；为了使劣质煤得到有效利用，对传统锅炉进行改造，研制使用劣质煤的工业锅炉（沸腾炉）。

3. 经济与环保方面的评价

从经济的角度研究如何才能最合理地利用煤炭资源，最大限度地提高产品的附加值，以获得最好的经济效益。这方面的内容既包括煤炭开采、产销、运输方面的评价，如研究开采方法、开采机械、矿井运输等，以保证矿井生产煤炭质量的稳定、产销平衡和避免长距离运输对煤质造成的影响；也包括煤炭综合利用途径，如煤灰的利用、煤中稀有元素（锗、镓、铀、钒等）的提取、高硫煤中硫的回收。环保方面着重研究如何确保在煤炭开采和加工利用过程中贯彻国家的方针政策，有序开发，保证合理有效地利用煤炭资源。如因开采导致地面沉降，应限量开采并采取措施防止下沉，必要时甚至不准开采；开发新技术，减小劣质煤燃烧对大气造成的污染。

三、煤质评价方法

煤质评价以各项煤质化验结果为依据，这些表征煤质特征的资料是利用化学方法、煤岩学方法、工艺试验、物理及物理化学方法取得的。所以，评价煤质的方法主要有以下几个。

1. 化学方法

化学方法是从化学角度出发研究煤的组成、化学性质和工艺性质。即利用工业分析和元素分析的方法对煤质进行评价。这种方法是最常用的煤质评价方法。不足之处是以煤的平均煤样作为分析基础，没有考虑各种煤岩组分对煤质的影响。

2. 煤岩方法

煤岩方法是通过对煤岩组成和性质的分析及显微煤岩定量统计，来评定煤的化学性质和工艺性质。这种评定方法不破坏煤的原始结构，可以弥补化学评定方法的不足。

3. 工艺方法

工艺方法是通过对煤进行工艺加工的研究来确定煤的利用方向。运用这种方法时，要求模拟工业加工利用的各种条件，如煤的粒度、加热方式、加热最终温度、加热速度等，使结果更具有实用价值。

4. 物理及物理化学方法

物理及物理化学方法是通过对煤的密度、硬度、脆度、裂隙、可磨性、电性质、磁性质等物理性质及孔隙率、表面积、润湿性、吸附性等物理化学性质的测定来研究煤，从而对煤质进行评价的方法。

若要正确评价煤质，需要综合采用上述各种方法，进行全面分析。掌握大量煤质化验资料，特别是煤的工业分析、元素分析、工艺性质、可选性及煤岩分析资料对煤质评价有着重要作用。根据这些数据并结合地质情况，确定煤的种类，分析煤质特性及其变化规律，提出煤的加工利用方向。同时还需了解各种工业部门对煤质的具体要求，才能最终对煤质作出正确合理的评价。

一般而言，对某一煤炭品种进行煤质评价时，首先应根据煤质化验结果中的 V_{daf}、$G_{R.I.}$、Y、$b(\%)$、$w(H)_{daf}$、P_M（%）、$Q_{gr,maf}$ 及 $w(C)_{daf}$ 等指标，确定煤的种类（煤质牌号）。如果是无烟煤，若其灰分、硫分不太高时，可用作气化原料或燃料，但需进一步测定其发热量、机械强度、热稳定性、反应性、结渣性、灰熔点、灰黏度、灰成分等气化工艺性质指标是否符合工业部门对煤质的要求。如果是低灰优质无烟煤，可考虑用作活性炭、电极糊等炭素材料，但需根据它们对煤质的具体要求，再做相关分析；对于灰、硫较高的（无烟煤的）原煤，还要测定其可选性、精煤回收率及洗选脱硫率等指标，根据测定结果再决定其用途。

对于中等煤化程度的烟煤优先考虑用作炼焦煤，但需进一步测定单种煤的黏结性、结焦性、与其他煤的相容性、可选性、精煤灰分与收率、硫、磷含量等指标，是否符合炼焦煤的要求。如果是灰、硫含量高，可选性差的高变质程度烟煤（瘦煤、贫煤）可考虑用作动力用煤，再测定发热量、热稳定性、结渣性、灰熔点等指标是否达标。如果是低变质程度的烟煤，可测定其焦油产率等相应指标，以确定是否适用于低温干馏、液化或气化原料。如果考虑作为水煤浆原料，则应测定其表面性质、煤岩显微成分、最高内在水分和 O/C 原子比等指标，进一步确定其制浆性的好坏，最终给出被评价烟煤最合适的工业用途。

对于褐煤的煤质评价，可测定其焦油产率、腐殖酸含量、苯抽出物及煤中稀有元素的种类与含量等指标。如果褐煤的苯（或苯-醇）抽出物含量高时，可用作提取褐煤蜡（蒙旦蜡）；当腐殖酸含量高时，可用于制取腐殖酸的原料；当褐煤中的稀有元素含量达到一定品位具有工业提取价值时，可考虑从煤灰中提取相应的稀有元素。此外，褐煤还可考虑作为低温干馏、液化、气化、型焦等原料，为此应分析检测相应的指标，最终对煤质及用途加以正确的评价。

众所周知，要全面检测煤样需要花费大量的人力和物力，在经济上也难以做到。实际中对于正常生产的各个工业部门，对煤质评价相对简单且针对性强。如对于焦化厂而言，为了进行矿山调查或开辟新的用煤基地，需主要了解及测定煤的灰分、硫分、可选性、煤的黏结性和结焦性，单种煤的焦炭质量及其相容性等指标。但若在分析中遇到煤质指标较好而实际黏结性、结焦性相差甚远的"异常煤"，还应从煤岩成分或煤的还原程度等方面进行煤质分析，找出其"异常"的真正原因，从而对该煤种作出恰如其分的正确评价。因此煤质评价的方法有一个从实际出发、因地制宜、因煤制宜的问题，存在相对来说投入较少而收效较好的评价体系，这也是一个值得研究的系统工程。

复习思考题

1. 简单比较不同国家煤炭分类的指标体系、煤炭主要类别名称和分类数。

2. 中国煤分类的完整体系由哪些部分构成？

3. 《中国煤炭分类》标准使用了哪些分类指标？它们是如何划分煤炭类别的？

4. 《中国煤炭分类》标准将煤分为哪些大类？多少个小类？

5. 烟煤的 12 个类别各是什么？

6. 《中国煤炭分类》标准中褐煤、烟煤、无烟煤的数码编号中个位数字和十位数字各代表什么意义？

7. 《中国煤炭编码系统》使用了哪些参数？如何编码？举例说明。

8. 《中国煤炭编码系统》有何积极意义？

9. 《中国煤层煤分类》使用了哪些参数？这些参数如何表征？

10. 简述煤层煤分类的方法与类别。举例说明煤层煤分类的称谓与命名表述。

11. 简述无烟煤的煤质特征及利用途径。

12. 什么是硬煤？国际硬煤分类方案中使用了哪些指标？如何分类？

13. 国际硬煤分类的三位数码编号各代表什么含义？

14. 国际硬煤分类中共形成了多少个统计组？每个统计组内包含了多少煤种？这些统计组分别与中国煤分类的哪些大类别大致相当？

15. 在国际褐煤分类中，褐煤是如何界定的？

16. 国际褐煤分类采用了哪些指标？将褐煤分成几类？煤类分成多少个组？共形成了多少个牌号？

17. 简述国际煤炭分类标准的主要内容。

18. 简述国际煤炭分类标准与中国煤层煤分类标准的异同之处。

19. 什么是煤质评价？煤质评价分为哪几个阶段？

20. 煤质评价的内容主要包括哪些方面？煤质评价的方法有哪些？

21. 根据煤质化验数据，判定下列煤的类别。

① $V_{daf}=4.53\%$，$w(H)_{daf}=1.98\%$；

② $V_{daf}=14.52\%$，$G_{R.I.}=12$；

③ $V_{daf}=27.5\%$，$G_{R.I.}=86$，$Y=26.5mm$，$b=145\%$；

④ $V_{daf}=35.45\%$，$G_{R.I.}=10$；

⑤ $V_{daf}=41.36\%$，$G_{R.I.}=4$，$P_M=42.3\%$，$Q_{gr,maf}=26.15MJ/kg$。

22. 某低煤阶煤的煤质化验数据为：$\overline{R}_{ran}=0.34\%$，$Q_{gr,maf}=22.3MJ/Kg$，$V_{daf}=47.51\%$，$M_t=24.58\%$，$T_{ar,daf}=11.80\%$，$A_d=9.32\%$，$w(S_t)_d=0.64\%$，试对该煤进行编码。

23. 查阅相关的煤炭手册或网络，获得某种煤样的分析结果数据，从而依据中国煤炭分类、中国煤炭编码系统和中国煤层煤分类标准分别确定其类别并表示之。

24. 按照最新国际煤分类标准（ISO 11760：2005）的要求，对以下煤进行分类。

① 某煤样镜质组平均反射率 $\overline{R}_r$ 为 1.5，无灰基镜质组体积含量为 62%，干燥基灰分产率为 10.0%；

② 某煤样镜质组平均反射率 $\overline{R}_r$ 为 0.52，无灰基镜质组体积含量为 65%，干燥基灰分产率为 8.0%；

③ 某煤样镜质组平均反射率 $\overline{R}_r$ 为 2.7，无灰基镜质组体积含量为 95%，干燥基灰分产率为 3.0%；

④ 某煤样镜质组平均反射率 $\overline{R}_r$ 为 0.38，无灰基镜质组体积含量为 35%，干燥基灰分产率为 2.6%，床层水分为 63%；

⑤ 某煤样镜质组平均反射率 $\overline{R}_r$ 为 0.62，无灰基镜质组体积含量为 28%，干燥基灰分产率为 9.0%，床层水分为 63%。

第七章 煤有机质的化学结构

有机质的化学结构是煤化学的核心问题之一，受到广泛的重视。所谓煤有机质的化学结构是指在煤的有机分子中，原子相互连接的次序和方式，又称煤的分子结构，简称煤结构。为了研究煤结构，人们采用了各种各样的方法，这些方法归纳起来可以分为以下三类：

① 物理研究方法，如 X 射线衍射、红外光谱、核磁共振波谱以及利用物理常数进行统计结构解析等；

② 物理化学研究方法，如溶剂抽提和吸附性能研究等；

③ 化学研究方法，如氧化、加氢、卤化、解聚、热解、烷基化和官能团分析等。

由于煤炭组成的复杂性、多样性和不均一性，即使在同一小块煤中，也不存在一个统一的化学结构。因此，迄今为止尚无法分离出或鉴定出构成煤的全部化合物。对煤化学结构的研究，通常采用统计平均的概念。同时为了形象描述煤的化学结构，提出了各种煤的分子模型，但与煤的真实有机化学结构还有很大的差距。

煤结构的研究一般采用镜质组为研究对象，这是因为镜质组的含量一般占大部分，同时其结构和性质在煤化过程中变化也比较均匀。

第一节 煤的化学结构

一、煤的基本结构单元

经长期采用各种方法研究煤化学结构的结果表明，煤分子具有高聚物的特性。然而煤又不像一般的聚合物，是由相同化学结构的单体聚合而成，煤是由不同的分子量、分子结构相似但又不完全相同的一系列"相似化合物"组成的混合物。因此，构成煤的大分子聚合物的"相似化合物"不称为"单体"，而被称为"基本结构单元"。基本结构单元包括规则部分和不规则部分。规则部分为结构单元的核心部分，由几个或十几个苯环、脂环、氢化芳香环及杂环（含氮、氧、硫）所组成；不规则部分是连接在核周围的烷基侧链和各种官能团。随着煤化程度的增大，构成核的环数逐渐增多，而连接在核周围的侧链不断变短，官能团数量也不断减少。如图 7-1 所示为典型的褐煤、次烟煤、高挥发烟煤、低挥发烟煤和无烟煤的基本结构单元或部分结构模型。大量的基本结构单元通过桥键连接形成了煤的大分子结构。

1. 基本结构单元的核

基本结构单元的核是缩合环结构（也称芳香环或芳香核），其确切结构迄今为止还不清楚，因此常常采用"结构参数"来综合性地描述煤的基本结构单元的平均结构特征。煤的主要结构参数定义如下。

(1) 芳碳率 $f_a = \dfrac{N_a(C)}{N(C)}$，指煤的基本结构单元中，属于芳香族结构的碳原子数 $N_a(C)$ 与总的碳原子数 $N(C)$ 之比。

(2) 芳氢率 $f_{H_a} = \dfrac{N_a(H)}{N(H)}$，指煤的基本结构单元中，属于芳香族结构的氢原子数 $N_a(H)$ 与总的氢原子数 $N(H)$ 之比。

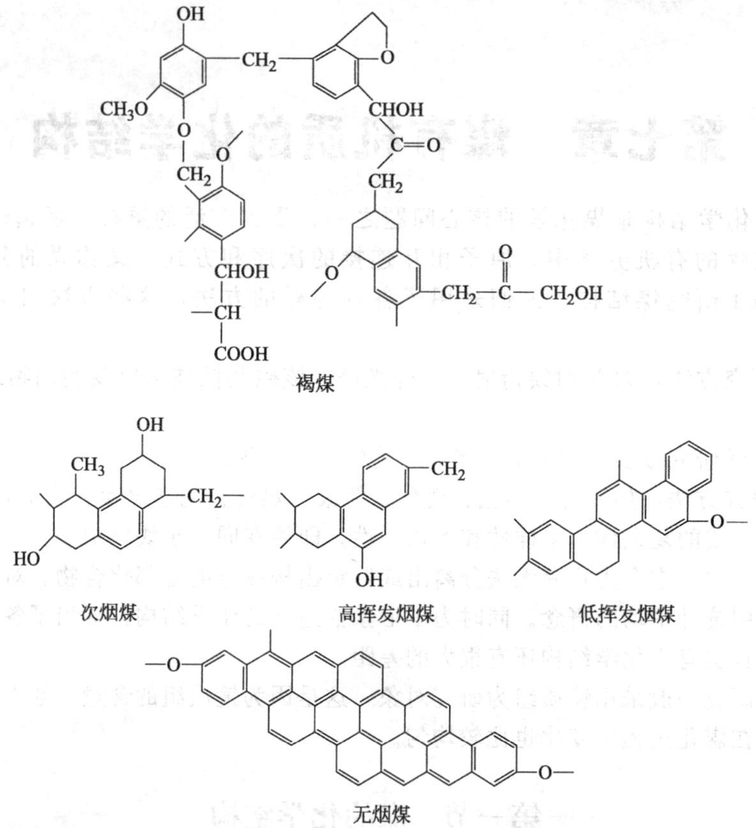

图 7-1 不同煤的结构单元模型

（3）芳环率 $f_{R_a} = \dfrac{N_a(R)}{N(R)}$，指煤的基本结构单元中，芳香环数 $N_a(R)$ 与总环数 $N(R)$ 之比。

（4）环缩合度指数 $2\left(\dfrac{N(R)-1}{N(C)}\right)$，指基本结构单元中的环形成缩合环的程度；$N(R)$ 表示基本结构单元中的缩合环数；$N(C)$ 表示基本结构单元中碳原子的个数。

（5）环指数 $2\dfrac{N(R')}{N(C)}$，指基本结构单元中平均每个碳原子所占环数，即单碳环数。$N(R')$ 为每一结构单元的总环数。

（6）芳环紧密度 $4\left(\dfrac{N(R_1)+\dfrac{1}{2}}{N(C)}\right)-1$，一定数量的芳香族碳原子能形成尽可能多的芳香环的能力。

（7）芳族大小 $N(C_{au})$ 芳香核的大小，即基本结构单元中的芳香族碳原子数。

（8）聚合强度 b 煤的大分子中每一个平均结构单元的桥键数。

（9）聚合度 p 每一个煤大分子中结构单元的平均个数。

这些主要的结构参数分别描述了煤结构的芳香度、环缩合度和分子大小，其分类、符号与极值如表 7-1 所示。

不同煤化度煤的芳碳率、芳氢率和其他有关结构参数列于表 7-2。由表可见，煤的芳碳率和芳氢率随煤化程度的增加而增大，但在煤中 $w(C)$ 至 90% 以前变化不大。芳碳率波动于 0.7~0.8，而芳氢率波动于 0.3~0.4，说明只有无烟煤是高度芳构化的。NMR（核磁共振）和 FTIR（傅里叶变换红外光谱）两种方法的测定结果除个别数据偏差较大外，大部分彼此是一致的。对烟煤而言，芳碳率不到 0.8，芳氢率大致为 0.33 左右。从 $N_a(H_{ar})/N_a(C_{ar})$ 可知，约有 2/3 的芳碳原子处于缩合环位置，其上无氢原子。$N_a(H_{al})/N_a(C_{al})$ 平均值为 2，这是存在脂环的证据之一。

表 7-1 煤的主要结构参数

参数类型	结构参数	符 号	极 值
芳香度	芳碳率	$f_a=N_a(C)/N(C)$	0—非芳烃 1—净芳烃
	芳氢率	$f_{Ha}=N_a(H)/N(H)$	
	芳环率	$f_{Ra}=N_a(R)/N(H)$	
环缩合度	环缩合度指数	$2\left(\dfrac{N_a(R)-1}{N(C)}\right)$	0—苯 1—石墨
	结构单元的环指数（单碳环数）	$2\dfrac{N_a(R')}{N(C)}$	0—脂肪烃 1—石墨
	芳环的紧密度	$4\left(\dfrac{N_a(R_1)+\frac{1}{2}}{N(C)}\right)-1$	0—Cata 型稠环芳烃 >0—Peri 型稠环芳烃
分子大小	芳族的大小	$N(C_{au})$（结构单元中芳碳数）	
	对应于每一平均结构单元的桥键数（聚合强度）	b	0—单体 <1—链型聚合物 >1—网络型聚合物
	聚合度（每一分子中结构单元的平均数）	p	—

表 7-2 不同煤化度煤的芳碳率 f_a、芳氢率 f_{H_a} 和其他有关结构参数

煤中 $w(C)$/%	芳碳率		芳氢率		$N_a(H_{ar})/N_a(C_{ar})$	$N_a(H_{al})/N_a(C_{al})$[2]	R_{min}（平均）
	NMR	FTIR[1]	NMR	FTIR			
75.0	0.69	0.72	0.29	0.31	0.33	1.48	2
76.6	0.75	0.75	0.34	0.33	0.36	1.78	2
77.0	0.71	0.65	0.33	0.24	0.34	1.89	2
77.9	0.38	0.49	0.16	0.14	0.42	1.32	1
79.4	0.77	0.77	0.31	0.31	0.31	1.91	3
81.0	0.70	0.69	0.31	0.34	0.34	1.45	2
81.3	0.77	0.74	0.30	0.36	0.35	2.11	3
82.0	0.78	0.73	0.36	0.32	0.34	2.14	3
82.0	0.74	0.76	0.33	0.31	0.33	1.74	3
82.7	0.79	0.73	0.32	0.29	0.31	2.34	3
82.9	0.75	0.79	0.32	0.39	0.38	1.59	3
83.4	0.78	0.69	0.33	0.29	0.32	2.31	3
83.5	0.77	0.74	0.34	0.29	0.36	2.42	3
8.38	0.54	0.56	0.18	0.16	0.31	1.69	1
85.1	0.77	0.80	0.43	0.45	0.36	1.38	3
86.5	0.76	0.78	0.33	0.42	0.36	1.75	3
90.3	0.86	0.84	0.53	0.50	0.35	1.91	6
93.0	0.95	—	0.68		0.23	2.06	30

① 傅里叶变换红外光谱。
② 脂肪氢、碳原子比。

其他方法测得不同煤种的芳碳率结果如表 7-3 所示，表内大部分测定结果与上述大致相似。只是氧化法的结果显著偏低，是由于方法本身的缺点造成的。

表 7-3 各种不同方法测得的芳碳率

方法	煤中 $w(C)/\%$			
	80	85	90	95
X 射线	0.55~0.95			
密度(德莱登)/(g/cm³)	0.75	0.74	0.78	0.99
燃烧热(德莱登)	0.82	0.81	0.85	1.00
密度(克勒维伦)/(g/cm³)	0.72	0.75	0.79	0.96
红外光谱	不大于 0.72	不大于 0.82	不大于 0.96	
核磁共振(万德哈特)	0.79[$w(C)$72.5%]	0.77[$w(C)$82.5%]		>0.98[$w(C)$92.8%]
核磁共振(怀特赫尔斯特)	次烟煤和高挥发分烟煤 0.61~0.66,无烟煤 1.00			
KMnO₄ 氧化(彭恩)	0.42	不小于 0.39~0.46		
次氧化酸钠氧化(马跃)	约 0.40			
氟化(休斯敦)	0.69[$w(C)$77.6%]			

在 20 世纪 50 年代以前，一般认为烟煤的缩合环数≥10。60 年代，以 Krevelen 为代表的观点认为，从褐煤到低挥发分烟煤，其基本结构单元约包含 20 个碳原子，即 4~5 个环。到 70 年代以后，发现煤中 $w(C)$ 在 70%~83% 之间时，平均环数为 2；$w(C)$ 在83%~90%时，平均环数增至 3~5 个；$w(C)$ 为 95%时，环数激增至 40 以上。所以，只有无烟煤才具有高度缩合的芳环结构。用各种不同方法求得的基本结构单元的缩合环数见表 7-4。

表 7-4 煤结构单元的缩合环数

研究方法	煤中 $w(C)/\%$				发表年份
	80	85	90	95	
1. X 射线衍射(希尔施)	4~5	4~5	≥7	30	1954
2. X 射线衍射(纳尔逊)	≤4	≤4	≤4	—	—
3. 折射率(克勒维伦)	6	9	16	31	20 世纪 50 年代
4. NMR 和 FTIR(盖斯坦)	2	3	6	>30	1982
5. 磁化优选法(本田)	2	3	5		
6. 氧解(丁格利)	2 2~3	2	3~5 4.0	>40	1973
7. 水解(大内公耳)	[$w(C)$ 80%~85%]	—	[$w(C)$87.4%]		1979
8. 氧解(坂部)	—	1~5(平均 3)	—		

由表 7-4 可见，NMR 和 FTIR 测得的结果与磁化优选法、化学方法比较一致，值得重视。总之，基本结构单元的核主要由不同缩合程度的芳香环构成，也含有少量的氢化芳香环和氮、硫杂环。低煤化度煤基本结构单元的核以苯环、萘环和菲环为主；中等煤化度烟煤基本结构单元的核则以菲环、蒽环和芘环为主；在无烟煤阶段，基本结构单元核的芳香环数急剧增加，逐渐走向石墨结构。

2. 基本结构单元的官能团和烷基侧链

煤基本结构单元的不规则部分为缩合环外围连接的烷基侧链和含氧（以及少量含硫、含氮）官能团。通常它们的数量随着煤化程度增加而减少。

（1）烷基侧链　煤的红外光谱、核磁共振、氧化和热裂解的研究都已确认煤的结构单元上连接有烷基侧链。日本学者腾井修治将煤在比较缓和的条件下（150℃、氧气）氧化，把煤中的烷基氧化为羧基，然后通过元素分析和红外光谱测定，求得不同煤中的烷基侧链的平均长度见表 7-5。

表 7-5　煤中烷基侧链的平均长度

煤中 $w(C)/\%$	65.1	74.2	80.4	84.3	90.4
烷基侧链平均碳原子数	5.0	2.3	2.2	1.8	1.1

由表可见，烷基侧链随煤化程度增加开始很快缩短，然后渐趋平缓。对低煤化度褐煤的烷基侧链长达 5 个碳原子，高煤化度褐煤和低煤化度烟煤的烷基碳原子数平均为 2 左右，无烟煤则减少到 1，即主要含甲基。此外，烷基碳占总碳的比例也随煤化程度增加而减少，煤中 $w(C)$ 为 70% 时，烷基碳占总碳的 8% 左右；80% 时约占 6%；$w(C)$ 为 90% 时，只有 3.5% 左右。

（2）含氧官能团　煤分子中氧的存在形式可分为两类，一类是含氧官能团，如羧基（—COOH）、酚羟基（—OH）、羰基（C=O）、甲氧基（—OCH₃）和醌基等，煤化程度越低，这一部分的比例越大；另一类是醚键和呋喃环，它们在年老煤中占优势。煤中含氧官能团的分布随煤化程度的变化见图 7-2。

由图可见，煤中的含氧官能团随煤化程度增加而降低。其中甲氧基首先消失，在年老褐煤中就几乎不存在了，接着是羧基，在中等煤化程度的烟煤中基本消失，而羟基尤其是羰基在数量上减少的幅度不大，在整个烟煤阶段都存在，即使在无烟煤中也还存在。图中其余含氧主要指醚键和杂环氧，它们所占的比例对中等变质程度的煤是很大的。

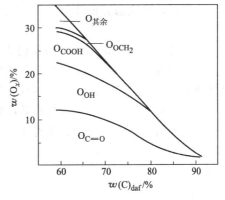

图 7-2　煤中含氧官能团的分布和煤化程度的关系

（3）含硫和含氮官能团　硫的性质与氧相似，所以煤中的含硫官能团种类与含氧官能团类似。由于硫含量比氧含量低，加上分析测定方面的困难，故煤中硫的分布尚未完全清楚。煤中有机硫的主要存在形式是噻吩，还有硫醇、硫醚、二硫醚、硫醌、巯基（SH）及杂环硫等。

煤中含氮量多在 1%～2%，50%～75% 的氮以六元杂环、吡啶环或喹啉环形式存在，此外还有氨基、亚氨基、氰基和五元杂环吡咯和咔唑等。

3. 桥键

桥键是连接结构单元的化学键，确定桥键的类型和数量对了解煤化学结构和性质很重要。这些键处于煤分子中的薄弱环节，受热作用和化学作用易裂解而与某些官能团或烷基侧链交织在一起，所以至今未有可靠的定量数据。但定性的研究结果表明，桥键一般有以下四类。

① 次甲基键：—CH₂—，—CH₂—CH₂—，—CH₂—CH₂—CH₂—等。

② 醚键和硫醚键：—O—，—S—，—S—S—等。

③ 次甲基醚键：—CH₂—O—，—CH₂—S—等。

④ 芳香碳-碳键：C_{ar}—C_{ar}。

桥键在煤中不是平均分布的，在低煤化程度煤中，主要存在前三种，尤以长的次甲基键和次甲基醚键为多；中等煤化度煤中桥键数目最少，主要为—CH₂—和—O—；至无烟煤阶段桥键又有所增多，主要以 C_{ar}—C_{ar} 为主。

二、煤中低分子化合物

用苯、乙醇和丙酮等低沸点溶剂在沸点温度下对煤进行抽提时，可得到相对分子质量在500 左右或 500 以下的溶剂抽提物。它们的性质与煤的主体有机质性质有很大的不同，通常称它们为煤中的低分子化合物。

低分子化合物来源于成煤植物成分（如树脂、树蜡、萜烯和甾醇等）以及成煤过程中形成的未参加聚合的化合物。低分子化合物大体上是均匀嵌布在煤的整体结构中的。有人认为是吸附在煤的孔隙中，也有人认为是形成固溶体。这些低分子化合物与煤大分子的结合力有氢键力、范德华力、电子给予-接受结合力等。以上几种结合力相互叠加，再加上孔隙结构的空间阻碍，导致部分低分子化合物很难抽提，甚至在不发生化学变化的条件下根本不能完全抽提出来。

煤中低分子化合物的含量到目前为止还不确定，但一般认为其含量随煤化度加深而减少。在褐煤和高挥发分烟煤中的低分子化合物含量可达煤有机质的 10%～23%。煤中低分子化合物虽然数量不多，但它的存在对煤的性质，如黏结性能、液化性能等影响很大。

低分子化合物主要可分为两大类：烃类和含氧化合物。烃类主要是正构烷烃，与煤的主体芳环结构很不一致。烃类分布范围很广，从 C_1 到 C_{30} 以上。此外还有少量环烷烃、长链烯烃以及 1 到 6 环的芳烃（以 1～2 环为主）等。含氧化合物有长链脂肪酸、醇和酮、甾醇类等。

第二节 物理方法研究煤

物理研究方法主要是利用高性能的现代分析仪器对煤结构进行测定和分析，从而获取煤结构的信息。由于现代仪器装备水平和技术的不断进步，并且在检测上对煤分子结构的破坏最小，近期对煤结构研究方法主要依靠物理研究方法取得。表 7-6 列举了各种现代仪器用于煤结构研究及其提供的信息情况。

一、红外光谱对煤结构的研究

在红外区域出现的分子振动光谱，其吸收峰的位置和强度取决于分子中各基团的振动形式和相邻基团的影响。因此，只要掌握了各种基团的振动频率，即吸收峰的位置，以及吸收峰位置移动的规律，即位移规律，就可以进行光谱解析，从而反映出试样的结构信息。结构复杂的煤由于其特征光谱吸收带部分地或完全地相互重叠，给煤的红外光谱的解析工作带来了极大的困难，但相应于一些特定原子基团的吸收带一般是可以辨认的。因此，通对煤和煤衍生物（腐殖酸、氢化产物、溶剂抽提物等）的红外光谱吸收带及其强度变化的解析，还是能够解答一些有关煤分子结构的问题。煤的各种官能团和结构的特征吸收峰，详见表 7-7。

图 7-3 为不同煤化度［以碳含量 $w(C)/\%$ 表示］煤的红外光谱图，图 7-3 中 1～7 峰分别是煤中各基团在谱线上的对应峰。

表 7-6　各种现代仪器用于煤结构研究及其提供的信息情况

方法	提供的信息
密度测定 比表面积测定 小角 X 射线散射(SAXS) 计算机断层扫描(CT) 核磁共振成像	孔容、孔结构、气体吸附与扩散、反应特性
电子透射/扫描显微镜(TEM/SEM) 扫描隧道显微镜(STM) 原子力显微镜(AFM)	形貌、表面结构、孔结构、微晶石墨结构
X 射线衍射(XRD) 紫外可见光谱(UV-Vis) 红外光谱(IR) 拉曼光谱(Raman) 核磁共振谱(NMR) 质磁共振谱(ESR)	微晶结构、芳香结构的大小与排列、键长、原子分布 芳香结构大小 官能团、脂肪和芳香结构、芳香度 C、H 原子分布,芳香度,缩合芳香结构 自由基浓度、未成对电子分布
X 射线电子能谱(XPS) X 射线吸收近边结构谱(XANES)	原子的价态与成键、杂原子组分
Mössbauer 谱(MES)	含铁矿物
原子发射/吸收光谱 X 射线能谱(EDS)	矿物质成分
质谱(MS)	碳原子数分布、碳氢化合物类型、分子量
电学方法(电阻率)	半导体特性、芳香结构大小
磁学方法(磁化率)	自由基浓度
光学方法(折射率、反射率)	煤化程度、芳香层大小与排列

表 7-7　煤的红外光谱各吸收峰的归属

波数/cm^{-1}	波长/μm	对应的基团
>5000	<2.0	振动峰的倍频或组频
3300	3.0	氢键缔合的—OH(或—NH),酚类
3030	3.30	芳环 CH
2950(肩)	3.38	—CH$_3$
2920	3.42	环烷烃或脂肪烃—CH$_3$
2860	3.50	
2780~2350	3.6~4.25	羧基
1900	5.25	芳香烃,主要是1,2-二取代和1,2,4-三取代
1780	5.6	羰基 $>C\!=\!O$
1700	5.9	
1610	6.2	$>C\!=\!O\cdots HO$—为氢键缔合的羰基;具有—O—取代的芳烃 C —C
1590~1470	6.3~6.8	大部分的芳烃
1460	6.85	—CH$_2$ 和—CH$_3$,或无机碳酸盐
1375	7.27	—CH$_3$
1330~1110	7.5~9.0	酚、醇、醚、酯的 C—O
1040~910	9.6~11.0	灰分,如高岭土
860	11.6	1,2,4-;1,2,4,5-(1,2,3,4,5)取代芳烃 CH
833(弱)	12.0(弱)	1,4-取代芳烃 CH
815	12.3	1,2,4-(1,2,3,4-)取代芳烃 CH
750	13.3	1,2-取代芳烃
700	14.3(弱)	单取代或 1,3-取代芳烃 CH,灰分

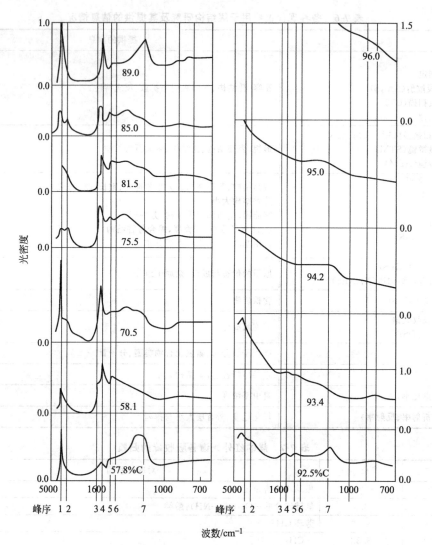

光密度

峰序 1 2　3 4 5 6　7　　　　峰序 1 2　3 4 5 6　7

波数/cm⁻¹

图 7-3　不同煤化度煤的红外光谱

峰 1—OH，NH；峰 2—CH（脂肪的）；峰 3—C＝O；峰 4—C＝C—C＝C（芳香的）；
峰 5—CH₂，CH₃；峰 6—CH₃；峰 7—C—O—C，C—O

分析图 7-3 可以得出如下定性结论。

① 波数在 3300cm⁻¹ 左右的吸收峰，一般归属为羟基吸收峰。由于煤中羟基一般都是氢键化的，故谱峰的位置由 3300cm⁻¹ 移到 3450cm⁻¹。此外，随着煤化度加深，该吸收峰逐渐减弱，表明羟基数量减少。

② 在 2920cm⁻¹、1450cm⁻¹ 和 1380cm⁻¹ 处的红外吸收峰可归属为脂肪烃和环烷烃基团上氢的吸收峰。随着煤化度加深，这些吸收峰逐渐增强。但随着煤化程度进一步增加（C 含量 81.5％以上），峰强度又迅速减弱。

③ 在 3030～3050cm⁻¹ 处的吸收峰是由芳香环的 CH 伸缩振动产生的，在 870cm⁻¹、820cm⁻¹ 和 750cm⁻¹ 处为芳香环中氢的吸收峰。这些峰的强度反映了芳香核缩聚程度。对于低煤化度煤，在 3030cm⁻¹ 处吸收峰很弱，随着煤化度加深，该吸收峰逐渐增强。

④ 在 1600cm⁻¹ 处的强吸收峰，目前对其归属仍存在争议。对于该吸收峰的解释仍无定论。有人将其归属为芳香环 C＝C 双键的红外吸收峰；也有人提出，煤中的含氧官能团对此

吸收带也有贡献。还有研究者认为，该峰与制样中所用的 KBr 中的水有关。而 Tschamler 和 Ruiter 等人认为该峰主要是芳香环 C ═ C 双键产生，并受到煤中含氧官能团的影响而增强。由于低煤阶煤含氧官能团能量高，因此该吸收峰随煤化度降低而逐渐增强。

⑤ 在 $1000 \sim 1300 cm^{-1}$ 处呈现醚吸收峰。红外光谱还确证煤中不含有脂肪族的烯键 C ═ C 和炔键 C ≡ C，而在烟煤中（碳含量＞80%）只有很少或不含有羧基和甲氧基官能团。

二、X 射线衍射对煤结构的研究

用 X 射线衍射分析法研究物质的晶体结构时，衍射方向与晶胞的形状和大小有关，衍射强度则与原子在晶胞中的排列方式有关。因此，它能很好地分析石墨等晶体。煤并不是晶体，但 X 射线衍射分析亦能揭示出煤中碳原子排列的有序性。早期从事煤结构 X 射线分析的著名学者有 Tuner，Corritz，Schoon 和 Gibson 等，这一时期的研究主要侧重于高角区。通过对石墨和不同煤度的煤样进行 X 射线衍射分析实验，结果发现，石墨共有 9 个明显的特征衍射峰，表明它是晶体排列的结构（见图 7-4）。而煤化度低的泥炭、褐煤仅出现非常弥散的衍射峰；随着煤化度加深，在烟煤阶段，可观察到与石墨在（002）和（100）晶面非常类似的特征衍射峰。在无烟煤阶段，除（002）和（100）晶面的两个峰外，还可观察到与石墨对应的（104）和（110）晶面的特征衍射，呈现出明显的三维有序结构。煤中这部分三维有序的结构称为微晶，它是由若干芳香环层片以不同的平行程度堆砌而成。在煤的 X 射线衍射谱图中，（100）和（110）晶面的特征衍射峰归因于芳香环的缩合程度，即芳香环碳

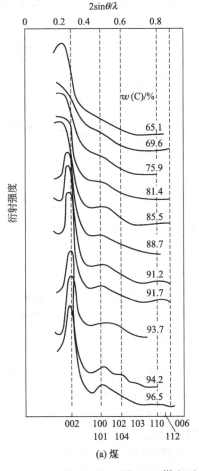

(a) 煤

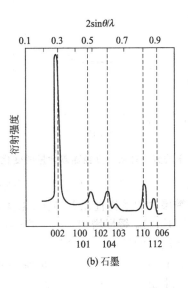

(b) 石墨

图 7-4　煤和石墨的 X 射线衍射谱

网层片的大小；（002）和（104）晶面的衍射峰归因于芳香环碳网层片在空间排列的定向程度，即层片的堆砌高度。

该实验结果表明煤中确实存在着一部分有序碳，并且煤中碳原子排列的有序性随煤化度而变化。

采用 X 射线衍射的实验结果，根据布拉格方程式，可以推算出微晶的结构参数：芳香环层片的直径 L_a、芳香环层片的堆砌高度 L_c 和芳香环层片间的距离 d_{hkl}。

$$L_a = \frac{K_1\lambda}{\beta_{100}\cos\theta_{100}} \tag{7-1}$$

$$L_c = \frac{K_2\lambda}{\beta_{002}\cos\theta_{002}} \tag{7-2}$$

$$d_{hkl} = \frac{\lambda}{\sin\theta_{hkl}}$$

$$\tag{7-3}$$

式中　λ——X 射线的波长，μm；

hkl——晶面指数；

θ_{hkl}——hkl 峰对应的布拉格角，（°）；

β_{hkl}——hkl 纯衍射峰宽度，rad，$\beta=$ 衍射峰面积/峰高；

K_1，K_2——微晶形状因子，$K_1=1.84$，$K_2=0.94$。

英国的赫希（P. B. Hirsch）于 1958 年测定了镜煤的微晶结构参数随煤化度的变化，如图 7-5、图 7-6 所示。我国也对各种煤样进行了 X 射线衍射研究，如表 7-8 所示。

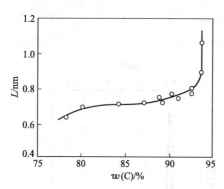

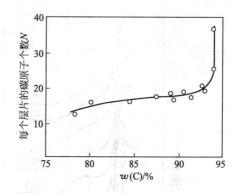

图 7-5　平均芳香环层片直径随碳含量的变化　　图 7-6　芳香环层片平均碳原子个数随碳含量的变化

根据以上研究结果，可以得出如下规律。

① 芳香层片的平均直径 L_a 随煤化度加深而增大。由图 7-5 可见，煤的碳含量从 80% 增加到 91.5% 时，L_a 缓慢增加；到无烟煤以后（碳含量大于 91.5%），L_a 急剧增大。

② 芳香层片的堆砌高度亦随煤化度加深而增大。由表 7-8 可见，对于低煤化度烟煤，L_c 仅为 1.2nm 左右，芳香层片的堆砌层数为 3～4 层；随着煤化度加深，堆砌层数和高度逐渐增大，到无烟煤阶段，L_c 可达 2.0nm 以上，堆砌层数为 5～7 层。

③ 层间距 d 随煤化度加深而逐渐减小。由表 7-8 可以看出，平行堆砌芳香层片的层间距 d_{002} 最大时（对低煤化度煤）可达 3.8×10^{-1}nm 以上；随煤化度加深，d_{002} 逐渐减小到 $(3.4\sim3.5)\times10^{-1}$nm，其极限值为理想石墨的层间距（$3.354\times10^{-1}$nm）。这说明煤中微晶的晶体结构很不完善，但有向石墨晶体结构转变的趋势。

④ 芳香层片的芳香环数和碳原子数随煤化度加深而增大。从煤的 X 射线衍射结构参数可以推算出微晶中每一个芳香层片中的芳香环数和碳原子数。碳含量为 90% 的煤，每层环

数为 4，碳原子数为 18。随煤化度继续加深，环数急剧增加，到无烟煤时达到 12 个环。

表 7-8　部分中国煤样的 X 射线衍射结果

样品编号	煤种牌号	样品种类	d/nm (002)	d/nm (110)	L_c/nm	L_a/nm	$w(C)_{daf}$/%	$w(H)_{daf}$/%	挥发分 V_{daf}/%
74-1	超无烟煤	煤层煤样	3.3634×10^{-1}	2.0561×10^{-1}	185.65×10^{-1}	57.68×10^{-1}	98.80	0.17	2.37
71-883	早古生代无烟煤	煤层煤样	3.4957×10^{-1}	2.0767×10^{-1}	20.58×10^{-1}	56.47×10^{-1}	95.56	0.77	3.87
标-21	无烟煤	煤层煤样	3.4984×10^{-1}	2.0997×10^{-1}	21.68×10^{-1}	29.13×10^{-1}	89.65	3.52	11.90
		镜煤样	3.5119×10^{-1}	2.1175×10^{-1}	22.64×10^{-1}	36.36×10^{-1}	91.55	3.80	8.74
		丝炭样	3.5617×10^{-1}	2.0858×10^{-1}	16.97×10^{-1}	38.36×10^{-1}	91.81	3.02	
标-8	贫煤	煤层煤样	3.5147×10^{-1}	2.1270×10^{-1}	28.13×10^{-1}	89.06×10^{-1}	89.06	3.80	12.50
		镜煤样	3.5201×10^{-1}	2.1184×10^{-1}	33.56×10^{-1}	91.07×10^{-1}	91.07	4.23	12.65
		丝炭样	3.6332×10^{-1}	2.0987×10^{-1}	34.13×10^{-1}	91.18×10^{-1}	91.18	2.85	
标-11	瘦煤	煤层煤样	3.5201×10^{-1}	2.1649×10^{-1}	25.58×10^{-1}	85.59×10^{-1}	85.59	4.19	17.01
		镜煤样	3.5561×10^{-1}	2.1679×10^{-1}	25.96×10^{-1}	90.31×10^{-1}	90.31	4.70	17.98
		丝炭样	3.6508×10^{-1}	2.1250×10^{-1}	25.73×10^{-1}	90.00×10^{-1}	90.00	3.58	
标-27	焦煤	煤层煤样	3.5505×10^{-1}	2.1769×10^{-1}	16.12×10^{-1}	24.14×10^{-1}	86.59	4.41	20.69
		镜煤样	3.5673×10^{-1}	2.1250×10^{-1}	18.85×10^{-1}	25.39×10^{-1}	87.86	4.71	22.94
		丝炭样	3.6597×10^{-1}	2.1769×10^{-1}	14.07×10^{-1}	25.65×10^{-1}	92.48	2.82	
标-26	肥煤	煤层煤样	3.6508×10^{-1}	2.1910×10^{-1}	15.06×10^{-1}	20.67×10^{-1}	88.44	4.94	28.92
		镜煤样	3.6508×10^{-1}	2.2054×10^{-1}	16.33×10^{-1}	21.69×10^{-1}	86.18	5.18	33.20
		丝炭样	3.6686×10^{-1}	2.1356×10^{-1}	13.69×10^{-1}	22.94×10^{-1}	89.03	3.51	
标-24	气煤	煤层煤样	3.6806×10^{-1}		13.29×10^{-1}		84.96	5.00	32.31
		镜煤样	3.8338×10^{-1}		10.17×10^{-1}		85.73	5.36	37.08
		丝炭样	3.7447×10^{-1}		11.95×10^{-1}		86.02	3.95	

⑤ 各种煤岩成分的微晶尺寸随煤化度有类似的变化规律。但对碳含量相近的不同宏观煤岩成分而言，丝炭与镜煤相比，层片的直径较大，但层间距 d_{002} 也较大，层片堆砌高度却较小。

三、核磁共振对煤结构的研究

1. ^{1}H NMR 谱研究

在物理分析方法中，核磁共振谱是一种很有力的研究手段，1955 年，英国纽曼（P. C. Newman）等人首先将 ^{1}H NMR 用于煤的研究，此后迅速得到了广泛的应用。^{1}H NMR 能详细给出煤及其衍生物中氢分布的信息：芳香氢的化学位移 δ 处于（6～10）×10^{-6}；芳香环侧链 α 位碳原子相连的氢原子 H_α 的化学位移 δ 为（2～4）×10^{-6}；与芳香环侧链 β 位以远的碳原子相连的氢原子 H_0 的化学位移 δ 为（0.2～2）×10^{-6}。

^{1}H NMR 谱需要在溶液状态下测定，所以都用煤的抽提物。图 7-7 是一种低煤化度烟煤吡啶抽提物的 ^{1}HNMR 谱图。

由图 7-7 可见，在低煤化度烟煤中，与芳香环侧链 β 位以远的碳原子相连的氢 H_0 的吸收峰强度远大于芳香氢。说明低煤化度烟煤的侧链较多、较长，芳香环的缩合度还不够高。

表 7-9 列举了不同煤化度煤的吡啶抽提物的氢分布和平均结构单元的结构参数。

由表 7-9 可见，随着煤化度的增加，煤的氢分布呈现有规律的变化：芳香氢和与芳香环侧链 α 位碳原子相连的氢逐步增加，而 β 位以远的氢分布逐渐减少。说明煤的结构随煤化度规律性地变化。煤化度增加，芳香结构增大，芳香环上的侧链缩短。结构参数的变化也表现了同样的规律。

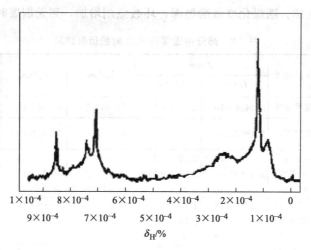

$\delta_H/\%$

图 7-7 低煤化度烟煤吡啶抽提物的 ¹H NMR 谱

表 7-9 不同煤化度煤的吡啶抽提物的氢分布和结构参数

煤 $w(C)_{daf}$ /%	抽提产率 /%	氢分布			结构参数		
		H_{ar}	H_{α}	H_0	f_a	σ	H_{aru}/C_{ar}
61.5	13.8	0.07	0.12	0.75	0.41	0.74	0.93
70.3	16.6	0.18	0.20	0.56	0.61	0.55	0.69
75.5	15.8	0.21	0.20	0.53	0.62	0.52	0.72
76.3	6.7	0.20	0.30	0.44	0.64	0.59	0.76
76.7	16.7	0.10	0.21	0.64	0.53	0.67	0.60
80.7		0.27	0.22	0.45	0.70	0.45	0.65
82.6	21.4	0.35	0.26	0.36	0.73	0.37	0.68
84.0	18.5	0.30	0.25	0.43	0.69	0.41	0.67
85.1	20.9	0.27	0.29	0.39	0.72	0.47	0.59
86.1	19.3	0.32	0.28	0.37	0.73	0.37	0.57
90.0	2.8	0.55	0.31	0.13	0.85	0.27	0.63
90.4	2.5	0.50	0.30	0.19	0.83	0.26	0.57

2. ¹³C NMR 谱研究

¹³C NMR 谱在煤的应用中有如下优点：

① ¹³C NMR 的分辨率优于 ¹HNMR，前者的化学位移范围宽达 300×10^{-6}，后者仅为 20×10^{-6}；

② ¹³C NMR 谱能够提供大分子骨架信息；

③ ¹³C NMR 可观察不与质子相连的基团，如 C═O、C≡N 等基团中的 C 信息，¹H NMR 则无法反映出相关信息。

¹³C NMR 谱可以用来直接取得煤的碳骨架的信息。¹³C NMR 可以用液体样品，也可以用固体样品测定。用煤直接测定时，就可以消除由于溶剂抽提的溶剂作用，以及不能完全提取而带来的误差。但 ¹³C NMR 信噪比低，灵敏度低，必须采用傅里叶变换（FT）、交叉极化（CP）和魔角旋转（MAS）等方法来提高其灵敏度。图 7-8 为不同煤化度煤的 CP/MAS ¹³C NMR 谱图，这是交叉极化和魔角旋转方法同时用于 ¹³C NMR 时所得谱图。图 7-8 中，

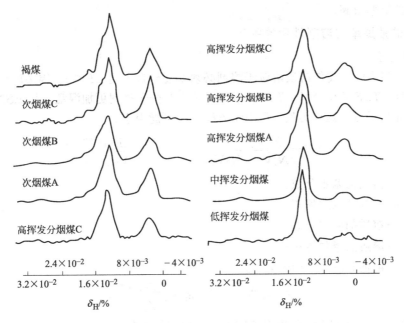

图 7-8 不同煤化度煤的 CP/MAS ^{13}C NMR 谱图

在 $140×10^{-6}$ 附近的峰为芳香族碳；在 $(20\sim40)×10^{-6}$ 之间的峰为脂肪族碳。因此，图 7-8 表明，随着煤化度提高，芳香族碳有增加的趋势，而脂肪族的碳则明显减少。

第三节　物理化学方法研究煤

最常见的是溶剂抽提法对煤结构的研究，早在 20 世纪初费雪尔（Fischer）、彭恩（Bonn）和惠勒（Wheeler）等相继采用溶剂抽提法，试图从炼焦煤中分离出结焦要素（coking principle）。随后，大量的研究工作转向通过研究溶剂抽提物来阐明煤的结构。另外，溶剂抽提还与煤的液化和脱灰有关，所以有关这方面的研究至今仍受到广泛重视。

一、煤溶剂抽提法的分类

根据溶剂种类、抽提温度和压力等条件的不同，煤的溶剂抽提可分为以下五类。

（1）普通抽提　抽提温度在 100℃ 以下，用普通的低沸点有机溶剂，如苯、氯仿和乙醇等抽提。此种抽提的抽出物很少，烟煤的抽提物产率通常 1%～2%。抽出物是由树脂和树蜡所组成的低分子有机化合物，不是煤的代表性结构成分。

（2）特定抽提　抽提温度为 200℃ 以下，采用具有电子给予体性质的亲核性溶剂，如吡啶类、酚类和胺类等的抽提。抽提物产率可达 20%～40%，甚至超过 50%。因为此法的抽提物产率高，抽提中基本上无化学变化，故对煤的结构研究特别重要。

（3）热解抽提　抽提温度在 300℃ 以上，以多环芳烃为溶剂，如菲、蒽、喹啉和焦油馏分等的抽提。抽提产率一般在 60% 以上，少数煤甚至高达 90%。溶剂分解液化法即由此开发而成。

（4）超临界抽提　以甲苯、二甲苯、异丙醇或水为溶剂在超过溶剂临界点的条件下抽提煤。抽提温度一般在 400℃ 左右，抽提率可达 30% 以上。它已发展成为一种煤液化工艺。

（5）加氢抽提　抽提温度在 300℃ 以上，采用供氢溶剂，如四氢萘、9,10-二氢菲等，或采用非供氢溶剂但在氢气存在下进行抽提。抽提中伴有热解和加氢反应，是典型的煤液化方法，因此抽提率很高。

二、煤的抽提率与溶剂性质的关系

1. 溶解机理

根据化学热力学，要使溶质溶解于溶剂必须要混合自由能 $\Delta F < 0$。因 $\Delta F = \Delta H - T\Delta S$，所以要求 $\Delta H - T\Delta S < 0$，$\Delta H < T\Delta S$。溶解过程引起分子排列更加混乱，故 $\Delta S > 0$，因而溶解热 ΔH 总是大于零。这样为使 $\Delta F < 0$，ΔH 应尽可能得小。

$$\Delta H = \frac{N_1 \overline{V}_1 N_2 \overline{V}_2}{N_1 \overline{V}_1 + N_2 \overline{V}_2}\left[\left(\frac{\Delta E_1}{\overline{V}_1}\right)^{1/2} - \left(\frac{\Delta E_2}{\overline{V}_2}\right)^{1/2}\right]$$

式中　N_1——溶剂的摩尔分数；

$\overline{V}_1$——溶剂的摩尔体积；

N_2——溶质的摩尔分数；

$\overline{V}_2$——溶质的摩尔体积；

ΔE_1，ΔE_2——溶剂和溶质的内聚能，J。

$$\delta_1 = \left(\frac{\Delta E_1}{\overline{V}_1}\right)^{1/2}, \quad \delta_2 = \left(\frac{\Delta E_2}{\overline{V}_2}\right)^{1/2}$$

式中　δ_1，δ_2——溶剂和溶质的内聚能密度，又称溶解度参数，$(J/cm^3)^{1/2}$。

从上式可知，为使 ΔH 尽可能得小，δ_1 和 δ_2 应尽量地接近。

2. 煤和溶剂的溶解度参数

煤的溶解度参数 δ_c 与煤化度有关，其关系如图 7-9 所示。图 7-9 中还附有几种常用溶剂的 δ_c 值以供比较。

煤中 $w(C)_{daf}$ 值为 70% 时，δ_c 约为 63 $(J/cm^3)^{1/2}$，随着煤化度增加，δ_c 逐渐降低；至煤中 $w(C)_{daf}$ 接近 90% 时，δ_c 达到最低点，约为 46 $(J/cm^3)^{1/2}$；当 $w(C)_{daf} > 90\%$ 时，δ_c 又略有回升。但已超出煤实际可能溶解的范围，故没有什么意义。

由图 7-9 可见，当煤和溶剂的 δ_c 接近时抽提率就高，即溶解度好的溶剂的 δ_c 必须 $\leqslant 1 (J/cm^3)^{1/2}$，反之，则抽提率就低。这说明上述溶解机理是正确的。年轻煤（低煤化度）的 δ_c 在 54$(J/cm^3)^{1/2}$ 左右，乙醇胺和乙二胺等胺类溶剂的 δ_c 接近，故胺类溶剂对低煤化度煤的抽提率高。吡啶的 δ_c 为 44.7$(J/cm^3)^{1/2}$，与中等煤化度煤的 δ_c 最接近，所以吡啶抽提率在这里出现最大值。苯和氯仿的 δ_c 远低于煤，所以抽提率很低。

可见，利用溶解度参数数据可以解释溶剂对煤的作用。不过实际的溶解过程非常复杂，溶解度参数并不是唯一的因素。

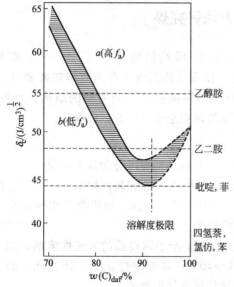

图 7-9　煤的溶解度参数 δ_c 与煤化度的关系

苯—37.6%；氯仿—38.0%；四氢萘—38.9%；

菲—43.9%；吡啶—44.7%；

乙二胺—48.5%；乙醇胺—54.3%

3. 溶剂的供电子性和受电子性

马泽克（Marzec）等研究了高挥发分烟煤于室温下在不同溶剂中的抽提率和溶剂供电

子性与受电子性之间的关系，结果列于表 7-10。

表 7-10 高挥发分烟煤的抽提率和溶剂供电子性与受电子性的关系

溶剂	抽提率 W_t(daf 煤)/%	DN[①]	AN[①]	DN－AN
正己烷	0.0	0	0	0
水	0.0	33.0	54.8	－21.8
硝基甲烷	0.0	2.7	20.5	－17.8
异丙醇	0.0	20.0	33.5	－13.5
醋酸	0.9	－	52.9	－
甲醇	0.1	19.0	41.3	－22.3
苯	0.1	0.1	8.2	－8.1
乙醇	0.2	20.5	37.1	－16.6
氯仿	0.35	－	23.1	－
丙酮	1.7	17.0	12.5	＋4.5
四氢呋喃	8.0	20.0	8.0	＋12.0
乙醚	11.4	19.2	3.9	＋15.3
吡啶	12.5	33.1	14.2	＋18.9
二甲基甲胺	15.2	26.6	16.0	＋10.6
乙二胺	22.4	55.0	20.9	＋34.1
甲基吡咯烷酮	35.0	27.3	13.3	＋14.0

① DN 和 AN 分别为表征溶剂供电子和受电子能力的指标。

由表 7-10 可见，抽提率大致随溶剂的（DN－AN）值增加而增加；而且胺类溶剂性能最佳。

4. 相似相溶规律

关于物质的溶解有一条知名的经验规则，即"相似者相溶"，即结构相似，相对分子质量相似的相溶。根据此规则，非极性溶质易溶于非极性溶剂中，而极性溶质易溶于极性溶剂中。但是，非极性溶质在某些极性溶剂中的溶解度也常比极性溶剂中的大。这可解释为，虽然在极性溶剂中破坏溶剂-溶剂间相互作用所需的能量可能相当大。但是，非极性溶质和极性溶剂相互作用所得到的能量更大，抵消了破坏溶剂-溶剂间相互作用所需的能量损失，而导致有较高的溶解度。因为煤具有芳香性，所以芳香烃，尤其是杂环烃和酚类对煤的抽提率高，非芳香烃的抽提率低。

总之，溶剂对煤的作用，随溶剂、煤种和抽提条件的不同而异。普通抽提和特定抽提中一般无化学反应发生，热解抽提、超临界抽提和加氢抽提则伴随有化学反应。另外，煤在苯酚中有催化剂存在时可发生解聚反应，煤在氢氧化钠水溶液或醇溶液中可发生水解反应等。

三、煤的溶剂抽提

1. 普通抽提

（1）褐煤的苯-乙醇抽提 以 1∶1 的苯和乙醇混合溶液在沸点下抽提褐煤，所得抽提物为沥青。它是由树脂、树蜡和少量地沥青构成的复杂混合物。再用丙酮抽提时，可溶物为树脂和地沥青，不溶物为树蜡。来源于褐煤的树蜡称为褐煤蜡。树脂中含有饱和的与不饱和的高级脂肪烃、萜烯类、羟基酸和甾族化合物等。褐煤蜡基本上由高级脂肪酸（$C_{14} \sim C_{32}$ 以上）和高级脂肪醇（$C_{20} \sim C_{30}$ 以上）的酯以及游离的脂肪酸、脂肪醇和长链烷烃等构成。它具有熔点高、化学稳定性高、导电性低、强度高等优点，应用范围非常广泛。

（2）氯仿抽提为研究煤的黏结机理，对煤的氯仿抽提已进行过大量研究。表 7-11 为原煤和经预处理后的煤用氯仿在其沸点温度下抽提所达到的抽提率。由表可见，原煤用氯仿抽提时，抽提率不到 1%，经过快速预热、钠-液氨处理和乙烯化后，抽提率明显增加。由于黏结性好的煤经过预热后，氯仿抽提率增高。煤经过快速预热后，氯仿抽提物组成分析见表7-12。抽提率在中等变质程度烟煤处出现最高点。抽提物的平均分子量在500左右，芳香度随煤化度增加而增加，其范围在0.6～0.8之间，抽提物的C/％与原煤相近或略高，但H/％均明显高于原煤。

表 7-11　煤的氯仿抽提率　　　　　　　　　单位：％

抽提对象	抽提率		抽提对象	抽提率	
	气煤(C,82.2%)	焦煤(C,88.0%)		气煤(C,82.2%)	焦煤(C,88.0%)
原煤	0.8	0.9	钠-液氨处理过的煤	3.2	11.2
预热煤(400℃)	3.7	—	乙烯化的煤	10.9	6.9
预热煤(450℃)	—	6.8			

表 7-12　预热煤氯仿抽提物的化学组成

原料煤(daf)/%			预热至400℃煤的氯仿抽提物					原煤氯仿抽提物	
V	C	H	$w(C)_{daf}$/%	$w(H)_{daf}$/%	$\overline{M}$	f_a	抽提率/%	f_a	抽提率/%
15.1	91.3	4.3	89.3	6.2	—	0.80	0.25		
19.2	89.8	4.7	93.1	5.1	509	0.82	1.09	—	—
23.5	88.9	5.0	88.3	6.2	508	0.78	3.64	0.73	0.20
28.5	87.9	5.5	87.8	6.6	547	0.73	6.12	0.69	0.57
34.5	84.0	5.5	84.6	6.9	494	0.73	4.42	0.60	0.48
38.3	80.4	5.7	83.5	7.1	480	0.62	2.28	0.58	0.72

2. 特定抽提

最常用的溶剂是吡啶、有机胺类和甲基吡咯烷酮等。这些溶剂在抽提时，虽然煤的有机质尚未发生热解反应，但从抽提物和抽余煤中很难完全分离出溶剂，说明少量溶剂分子已与煤的有机质发生了链反应。

（1）吡啶抽提　吡啶在沸点温度下对煤的抽提率和抽提物的碳、氢元素组成列于表7-13。由表可见，吡啶的抽提率明显高于普通的有机溶剂。在烟煤阶段，抽提率先随变质程度的增加而增加，在煤中碳含量为88％左右时达到最大值，然后随变质程度的进一步提高而迅速下降。抽提物的元素组成与原煤很接近。

表 7-13　煤的吡啶抽提率和抽提物的组成（daf）

原煤 $w(C)$/%	抽提率/%	抽提物组成/%		原煤 $w(C)$/%	抽提率/%	抽提物组成/%	
		C	H			C	H
81.7	28.3	—	—	87.1	37.1	87.4	5.9
82.8	30.1	83.6	5.7	89.0	37.9	88.3	5.6
84.3	32.3	—	—	90.9	0.6	—	—
84.7	31.4						

吡啶抽提物非常复杂，用不同溶剂分级可得许多级分，分离系统见图7-10。

由上表可知，煤的有机质中有相当大的部分可溶于吡啶。煤在吡啶中就像橡皮碰到油一样会发生溶胀现象，这正是具有交联结构的聚合物的共性。由于吡啶具有很强亲核性和形成氢键的能力，故与煤的有机质之间产生较强的分子力，一方面吡啶分子不断被煤所吸持，另一方面两个交联键之间的线性结构则向溶剂伸展，直到膨胀力与煤结构的弹性力平衡为止。

（2）其他溶剂的抽提

① 胺类溶剂。这类溶剂中含有氨基，故和吡啶一样对煤具有良好的溶解能力，对高挥发分煤尤为突出。

② 甲基吡咯烷酮。它既含有氮又含有氧。虽然供电子性不如吡啶高，但对煤的抽提率一般都高于吡啶，可以达到 35% 以上。

③ 混合溶剂。由于某些溶剂具有协同作用，所以一定比例混合时对煤的抽提率高于单独溶剂。近几年发现 CS_2 是一个较好的混合溶剂成分，可以大大提高前述溶剂对煤的抽提率，其中对 N-甲基吡咯烷

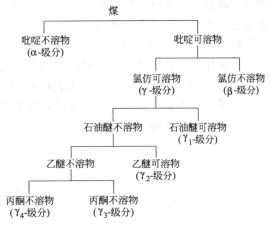

图 7-10　煤的吡啶抽提物的溶剂分级

酮的效果尤为明显。如 CS_2 和 N-甲基吡咯烷酮为 1:1（体积）时，室温下使用超声波抽提，日本新夕张煤的抽提率达到 55.9%，而单用 N-甲基吡咯烷酮时，只有 9.3%；对枣庄煤的抽提率可达 63%，其中吡啶可溶物为 28%，吡啶不溶物为 35%。其机理还不完全清楚，可能是由于 CS_2 有供电子性，可以取代可溶物分子而与煤的主体结构形成电子给予-接受键；或者 CS_2 的加入降低了溶剂和溶液的黏度，有利于溶解能力的提高和物质的扩散，故吡啶不溶物也能抽出。

3. 烟煤的超临界抽提

临界状态是物质固有的性质，物质的临界温度、临界压力是物性常数。如果状态温度和压力超过临界值，则液体和气体状态就没有区别了，物质的此种状态，称为超临界状态。在临界温度附近加压，流体具有与液体相近的密度，与液体状态无大差别，此状态的流体称为超临界气体，或称之为超临界流体。挥发性小的物质与具有超临界状态的溶剂相接触，能使物质的蒸气压增大，向超临界状态气体中气化和溶解。

超临界抽提可以和蒸馏、液液萃取进行比较。蒸馏是利用向气相蒸发产生的蒸气压大小的差异，蒸气压大的，即挥发度大的进入气相多，挥发度小的留在液相多，经过多级塔板蒸馏达到分离目的。液液萃取是利用分子间作用力大小的差异，溶解度不同，达到分离的目的。超临界抽提兼有蒸馏和液液萃取两个作用，在临界状态下物质的挥发度增大，分子间作用力增大，同时利用这两个作用，达到分离物质的目的。一般认为分子间作用力这一因素是主要的。对一定的气体来说，施加一定的压力在其临界温度时其密度最大，与溶质的分子间作用力增大，具备了作为溶剂的溶解能力。在温度一定的条件下，高压时超临界气体密度大，其溶解能力增大。因此选择超临界抽提过程温度应稍高于或接近所选择抽提气体的临界温度，所以称为超临界抽提。

超临界抽提技术是基于物质在超临界状态下提高了挥发能力，在适宜的条件下，其效应很大，挥发度可提高 1 万倍。因此，此法能在温度比其正常沸点低得多时抽提低挥发度物质。

此技术很适于抽提煤在 400℃ 左右加热时形成的液体，这些产物在此温度下难挥发出。假如升高温度提高其挥发度，它们又容易发生二次热解生成气体、液体以及带自由基碎片聚合成大分子，后者是不挥发的。只有液体部分即煤焦油可以挥发出。利用超临界抽提可以避免发生不希望的热解反应，因为它们是在低温（煤热分解温度）下进行的，可抽提出较多的抽出物。将此挥发物转移到另一个容器中降至较低压力，"溶剂"气体密度降低，使之"溶

解能力"降低，大部分挥发物析出。该气体被循环使用，而固体将沉淀下来被回收，可进一步加氢获得类似石油的液态产物。

溶剂选择的一般原则如下。

(1) 所用的超临界溶剂是高密度的烟煤一般在 400℃左右开始分解，所以抽提温度必须比 400℃高，这样所选择溶剂的临界温度应该在 300～400℃的范围。临界温度比 400℃低是为了保持其在临界状态，但也不能太低，因为气体在临界状态下有最大的密度，临界温度太低，偏离操作温度愈远，其密度也愈低，使其溶解能力降低。表 7-14 列举了几种溶剂的临界参数。

表 7-14　几种溶剂的临界参数

溶剂	临界温度/℃	临界压力/MPa	溶剂	临界温度/℃	临界压力/MPa
苯	289	4.9	二甲苯	343	3.5
甲苯	318	4.1	三甲苯	364	3.1

从表 7-14 可知，当工作压力为 10MPa 时，四种溶剂都处在临界压力以上。若工作温度为 400℃，根据前面讨论，三甲苯将是较好的溶剂。

(2) 溶剂容易得到　溶剂价廉易得，如果所用溶剂很难得到，即使抽提率很高，从经济上考虑可能不合算。相反，如果所用溶剂溶解能力稍差，但它价廉易得，从经济上考虑还是可行的。

(3) 溶剂要稳定　溶剂的稳定性一方面影响溶剂的回收和再利用，另一方面还影响产品的质量。如果溶剂在抽提过程中与抽出物或其他物质发生化学反应，可能使产品受污染，产品质量下降。所以在选择溶剂时，必须考虑其稳定性。甲苯在煤的抽提过程中是稳定的。

英国国家煤炭局（NCB）进行了烟煤超临界抽提研究工作。用甲苯作溶剂，抽提温度约 400℃，压力约 10MPa，抽提物产率约 1/3（占干煤）。剩余的煤作为固体回收，气体和液体产率很低。原料煤及抽提物性质见表 7-15 数据。

表 7-15　典型超临界抽提物、原料煤及残渣的分析（daf）

物质	原料煤	抽提物	残渣	物质	原料煤	抽提物	残渣
$w(C)/\%$	82.7	84.0	84.6	H/C（原子比）	0.72	0.98	0.63
$w(H)/\%$	5.0	6.9	4.4	OH/%	5.2	4.4	4.8
$w(O)/\%$	9.0	6.8	7.8	灰分（干基）/%	4.1	0.005	5.0
$w(N)/\%$	1.85	1.25	1.90	挥发分/%	37.4	—	25.0
$w(S)/\%$	1.55	0.95	1.45	相对分子质量	—	490	—

表 7-15 中所得抽提物是低熔点玻璃状固体，软化点为 50～70℃（与煤焦油中温沥青相近），完全不含灰分，是煤中富氢的那部分物质，是开链聚芳核结构，以醚键（—O—）或次甲基（—CH_2—）联结。超临界抽提过程不用氢气，而硫含量明显降低了，氧和氮含量少有降低，抽提物的平均分子量为 500。按其组成和性质说明很容易转化成烃油和化学品。煤的超临界抽提，比起多数煤转化过程，有许多优点如下。

① 不必供给高压气体，抽提介质像液体而不像气体那样被压缩，压缩能量低。

② 煤抽提物含氢高，相对分子质量比用蒽油抽提时得到的低，更容易转化为烃油和化学品。

③ 残渣为非黏结性的多孔固体，并有适量的挥发分，反应性好，是理想的气化原料，

并适宜作为流化燃烧电站的燃料。

④ 抽提时仅有固体和蒸气相，所以残渣易从溶剂分离，避免了通常煤液化所得高黏流体过滤困难的操作。

由于上述优点，所以超临界提取可以用在煤和油页岩等，代替一般抽提方法难以进行的过程。

第四节　统计结构解析法对煤结构的研究

采用统计方法从物性与物质结构的内在联系，求取描述结构参数的方法叫统计结构解析法（statistical constitution analysis）。荷兰煤化学家 D. W. Krevelen 首先将此法引入煤的结构研究，并创立了煤化学结构的统计解析法。其后，日本学者藤田资治又将其具体方法加以归纳，使之成为与化学方法、物理方法等并列的研究煤结构的重要方法之一。

一、统计结构解析法的原理

统计结构解析法是从煤结构的特点出发，运用统计的方法即求平均值的方法，根据煤的性质与结构的内在联系，在不使煤质发生破坏的前提下，求取平均结构单元的结构参数，来定量地描述煤的结构特征的方法。在分子的许多性质中，有的分子性质本身就是其组成原子的性质的汇合和继续，即加和性质，可以相对分子质量为代表；有的则是因为原子间键合方式的不同而产生原来原子所没有的新性质，即结构性质，可以反应性为代表。而大量的物性则是物质的加和性和结构性的综合反映，如表 7-16 所示。

表 7-16　分子的加和性和结构性

加和性 ↕ 结构性	分子量 折射率,摩尔体积 生成热,燃烧热 振动光谱 核磁共振 电子光谱(色) 反应性

煤的统计结构解析法研究，主要就是利用煤的加和性质来计算煤的结构参数，并根据煤的结构性质对计算结果进行校正。

对于煤的物性与结构的关系，D. W. Krevelen 采用了摩尔加和性函数（MF, additive molar function）来表示：

$$MF = N(C)\varphi_C + N(H)\varphi_H + N(O)\varphi_O + \cdots + \sum X_i \varphi_{X_i} \tag{7-4}$$

式中　　　　　　　MF——摩尔加和性函数；

　　　　　　　　　M——相对分子质量；

$N(C)$，$N(H)$，$N(O)$——C、H、O 原子的个数；

　　　　　　　　　X_i——每个平均结构单元中，第 i 种结构因素（如 C═O 基）的个数；

φ_C, φ_H, φ_O, φ_{X_i}——原子和结构因素分别对 MF 的贡献。

函数 MF 的重要性在于它可以推导出平均结构单元的结构参数，甚至在不知道煤的相对分子质量的情况下，也能这样做。

用碳原子个数 $N(C)$ 除以式(7-4) 两边，得到：

$$\frac{M}{N(C)}F = \varphi_C + \frac{N(H)}{N(C)}\varphi_H + \frac{N(O)}{N(C)}\varphi_O + L + \frac{\sum X_i}{N(C)}\varphi_{X_i} \tag{7-5}$$

引入煤的含碳量 $w(C)_{daf}$ （%），得到：

$$w(C)_{daf} = \frac{12C}{M} \times 100$$

移项得

$$\frac{M}{N(C)} = \frac{1200}{w(C)_{daf}} = M_c \tag{7-6}$$

式中，M_c 称为每一个碳原子对应的相对分子质量，称为单碳相对分子质量。若用芳碳原子数为 $N_a(C)$ 代表一个结构因素 X，$X/N(C)$ 则成为一个重要的结构参数——芳碳率 f_a。

此时，若用式(7-5)求 f_a，尚需确定在式(7-5)中 F 具体代表哪一个加和性函数。为此，必须考察芳香碳原子和饱和碳原子之间的差别。从有机化学可知，芳香族碳原子与饱和烃碳原子相比较，C—C 键较短，键能较大。而 C—C 键较短意味着单碳原子的体积较小。这种差别意味着可以用真密度 d 作为适宜的加和性函数。这是因为对液体和无定形固体而言，摩尔体积 V_M 是加和性质，且

$$V_M = \frac{M}{d} \tag{7-7}$$

这样就找到了可以用来求取结构参数，例如芳碳率的加和性函数。

在具体介绍统计结构解析法之前，先讨论结构参数的相关性及意义。本章第一节中煤的主要结构参数可以通过下列方法推导出来。对于饱和脂肪烃，$N(C)$、$N(H)$ 原子数之间的关系可写成：

$$N(H) = 2N(C) + 2 \tag{7-8}$$

式中，$N(C)$、$N(H)$ 分别表示每个结构单元中的碳、氢原子数。每含一个环，则氢原子数减少两个；而每有一个饱和碳原子被一个芳碳原子所取代，则氢原子减少一个。若分子中引入 R 个环，并含有 $N_a(C)$ 个芳碳原子，则式(7-8)变为：

$$N(H) = 2N(C) + 2 - 2R - N_a(C) \tag{7-9}$$

上式适合于不含双键和三键的所有烃类物质。用总碳原子数 $N(C)$ 除以式(7-9)两边，并用 $f_a = \dfrac{N_a(C)}{N(C)}$ 代入整理后得到：

$$2\left(\frac{R-1}{N(C)}\right) = 2 - f_a - \frac{N(H)}{N(C)} \tag{7-10}$$

式(7-10)表达了环缩合度指数与芳碳率之间的相互关系。

对具有聚合物特性的煤来说，若每一平均结构单元连接有 b 个桥键，每一个桥键要取代 2 个氢原子。如用式(7-9)描述煤的平均结构单元，则该式可改为：

$$N(H) = 2N(C) + 2 - 2R - N_a(C) - 2b \tag{7-11}$$

b 对描述聚合物的结构是一个很重要的参数，称之为聚合强度（见本章第一节）。聚合强度 b、聚合度 p 及基本结构单元间桥接而形成的附加环数 r 三者之间存在如下关系：

$$b = \frac{p-1}{p} + r \tag{7-12}$$

为了阐明上式的意义，以结构单元数 $p=5$ 为例，说明当结构单元之间桥键连接方式不同时，则有不同的 b 值和 r 值。图 7-11 表示了由五个结构单元构成的聚合物分子中结构单元的几种结合方式。图 7-11 中圆圈表示结构单元，直线和圆弧表示桥键。

由图 7-11 可知，对于链状或支链状结合方式，因不形成附加环，$r=0$；五个结构单元之间由四个桥键连接，则每个结构单元占有的桥键数 $b=4/5$。$b<l$ 是这些聚合物的特征。对于形成附加环的结合方式，$r>0$；无论附加环是单环还是多环，将有 $b \geqslant 1$。这是交联型或网络型聚合物的特征。

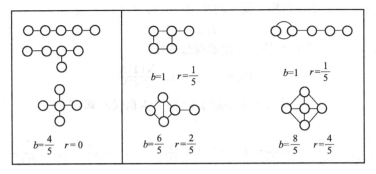

图 7-11　五个结构单元聚合物的几种结合方式

将式(7-12)代入式(7-11)，整理后得到

$$2\frac{R+r-\frac{1}{p}}{N(\mathrm{C})}=2-f_{\mathrm{a}}-\frac{N(\mathrm{H})}{N(\mathrm{C})} \tag{7-13}$$

式中，$R+r$ 是每一结构单元占有的总环数 R'，则式(7-13)可写成：

$$2\frac{R'-\frac{1}{p}}{N(\mathrm{C})}=2-f_{\mathrm{a}}-\frac{N(\mathrm{H})}{N(\mathrm{C})} \tag{7-14}$$

如果将整个聚合物分子看作是一个结构单元，则 $1/p=1$，则方程式(7-14)与方程式(7-10)具有相同的形式。

对平均结构单元而言，$1/p$ 可忽略不计，则式(7-14)可写成：

$$2\frac{R'}{N(\mathrm{C})}=2-f_{\mathrm{a}}-\frac{N(\mathrm{H})}{N(\mathrm{C})} \tag{7-15}$$

式(7-15)表达了单碳环数与芳碳率之间的相互关系。

二、煤化学结构的统计解析法研究

为了确定煤的结构参数，人们从多方面进行了研究与探索，积累了大量的文献资料。主要的确定方法有利用煤性质的加和性，如密度、折射率和燃烧热等的经典统计结构分析法；利用煤的 X 射线衍射、红外光谱和核磁共振波谱等物理（仪器）分析法和利用若干化学反应，如氟化、加氢和氧化等的化学分析法。传统的统计结构解析法虽不能得到煤的真实结构，但能在不破坏煤结构的基础上，得到煤结构的数学模型，因此仍具有很大的实用价值。

常用于统计结构解析法的煤的性质有真密度、挥发分含量、燃烧热和折射率等，相应的方法则称为密度法、挥发分法、燃烧热法和折射率法等。在此介绍密度法和挥发分法。

1. 密度法

密度法可分为计算法和图解法。

（1）计算法　液体的摩尔体积 V_{M} 可按 J. Traube 公式计算：

$$V_{\mathrm{M}}=\sum n_{i}V_{i}-K_{\mathrm{M}}=\frac{M_{\mathrm{r}}}{d} \tag{7-16}$$

式中　n_{i}——每一分子中第 i 种原子的个数；

　　V_{i}——第 i 种原子的摩尔体积；

　　M_{r}——相对分子质量；

　　d——真密度，$\mathrm{g/cm^3}$；

　　K_{M}——分子中双键、三键及环结构对分子摩尔体积的校正值。

由于烟煤的镜质组可视为过冷液体，另外从煤的红外光谱得知，煤中不存在脂肪族双键

及三键，故 K_M 仅决定于环结构。设平均结构单元有 R 个环，则

$$K_M = V_R R \tag{7-17}$$

式中，V_R 为环的体积校正值，可由经验公式给出

$$V_R = 9.1 - 3.65 \frac{N(H)}{N(C)} \tag{7-18}$$

将式(7-17)、式(7-18)以及煤中各原子的摩尔体积代入式(7-16)，并用碳原子数 C 除之，整理后得

$$\frac{V_M}{N(C)} = \frac{M_r}{d} \times \frac{1}{N(C)} = 9.9 + 3.1 \frac{N(H)}{N(C)} + 3.8 \frac{N(O)}{N(C)} + 1.5 \frac{N(N)}{N(C)} +$$

$$14 \frac{N(S)}{N(C)} - \frac{N(R)}{N(C)} \left(9.1 - 3.65 \frac{N(H)}{N(C)} \right) \tag{7-19}$$

再将单碳相对原子质量 $\dfrac{M}{N(C)} = \dfrac{1200}{w(C)_{daf}} = M_c$ 代入上式，由于煤中 N、S 原子数相对于 C 而言可忽略不计，令 $N(N)/N(C) = 0$，$N(S)/N(C) = 0$，上式可简化为：

$$\frac{1200}{w(C)_{daf}} \times \frac{1}{d} = 9.9 + 3.1 \frac{N(H)}{N(C)} + 3.8 \frac{N(O)}{N(C)} - \frac{N(R)}{N(C)} \left(9.1 - 3.65 \frac{N(H)}{N(C)} \right) \tag{7-20}$$

通过元素分析求出原子比及密度测定（液氮法）求出真密度 d，就可求得环数 R。将 R 代入式(7-10)，即可算出芳碳率 f_a。计算法虽然比较简单，但存在一定的误差。

(2) 图解法　由于通过计算法求得的大量已知芳烃的芳碳率皆与理论值不符，D. W. Krevelen 等人采用煤沥青馏分以及烷基萘、烷基蒽、烷基菲、二菲基苯和三菲基苯作为模型物，测定其密度，并计算出 M_c、H/C 和 f_a，然后作出对应于 H/C 原子比和 M_c 的等 f_a 线（如图 7-12 所示）。对于煤的解析，先通过实验测出 M_c、H/C，由图 7-12 即可查出 f_a 的值，并进而计算出环缩合度指数。Krevelen 等认为，图解法比计算法更准确。

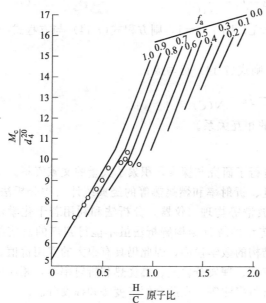

图 7-12　求取芳碳率 f_a 之图

2. 挥发分法

H. I. Riley 通过对大量的芳烃进行热解，实验假设全部稠环芳烃都转变成了残炭，并根据这一假设计算出挥发分，结果发现挥发分的计算值与实测值非常接近。Krevelen 认为煤的热解过程也与上述芳烃的热解相似，即煤的挥发分是由芳烃以外的物质转变而来的，进而提出了煤的挥发分计算公式：

$$V_{daf} = 100 \times \frac{M - 12.4 N_a(C)}{M} \tag{7-21}$$

若将上式右边的分子、分母同时除 $N(C)$，则上式可写为：

$$V_{daf} = 100 \times \frac{M - 12.4 f_a}{M_c} \tag{7-22}$$

代入 $M_c = \dfrac{1200}{w(C)_{daf}}$，这样通过测定 $w(C)_{daf}$ 和 V_{daf}，即可按下式求出芳碳率 f_a：

$$f_a = \frac{(100 - V_{daf}) \times 1200}{1240 w(C)_{daf}} \qquad (7-23)$$

Krevelen 将由式(7-23)求出的 f_a 与图解法求得的结果进行了比较，如表 7-17 所示。结果发现挥发分法求出的 f_a 值较低，这是由于部分芳香族碳热解析出所造成的。

表 7-17　挥发分法与密度图解法 f_a 值比较

$w(O)_{daf}/\%$	M_c	$V_{daf}/\%$	挥发分法求出的 f_a	密度图解法求出的 f_a
81.5	14.74	39	0.72	0.83
85.0	14.13	35	0.74	0.84
89.0	13.50	27	0.79	0.89
91.2	13.16	20	0.84	0.93
92.5	12.99	13.5	0.91	0.95
93.4	12.87	8.5	0.95	0.97
94.2	12.75	6	0.97	1.00
95.0	12.65	5	0.97	1.00
96.0	12.52	4	0.97	1.00

第五节　煤的结构模型

由于煤结构的高度复杂性，尽管所有的传统结构测定方法和近年来发展起来的计算机断层扫描（CT）、核磁共振成像、扫描隧道显微（STM）、原子显微镜（AFM）等新技术以及量子化学理论计算应用到煤结构的研究中，但到目前仍不能了解煤分子结构的全貌。于是从获得的煤结构的信息中，建立了煤分子结构模型来研究煤。

一、煤的大分子结构模型

建立煤的结构模型是研究煤的化学结构的重要方法。主要根据煤的各种结构参数进行推想和假设而建立，用以表示煤平均化学结构的分子图示，又常称为煤的化学结构模型。这些模型并不是煤的真实分子的结构，但是在解释煤的某方面性质时仍然得到了成功应用。

1. Fuchs 模型

Fuchs 模型是 20 世纪 60 年代以前煤的化学结构模型的代表。如图 7-13 所示，是由德国

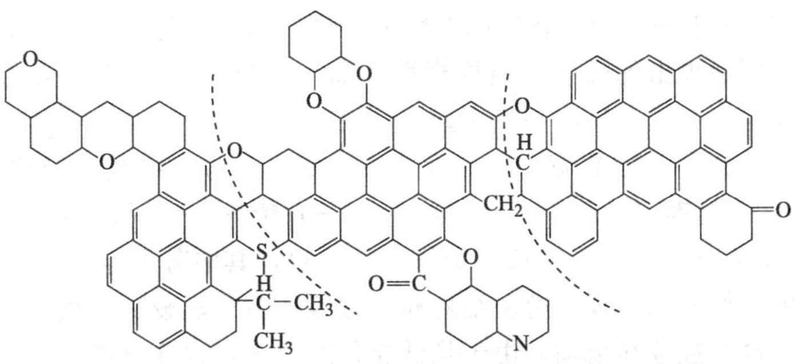

$C_{136}H_{96}O_9NS$　H/C=0.72

图 7-13　Fuchs 模型

W. Fuchs 提出，Krevelen 于 1957 年进行了修改，根据 IR 光谱、统计结构分析法（根据元素组成、密度、折射率等计算）推断出来的煤结构模型。该模型将煤描绘成由很大的蜂窝状缩合芳香环和在其周围任意分布着以含氧官能团为主的基团所组成。模型中煤结构单元的芳香缩合环很大，平均为 9 个，最大部分有 11 个苯环，芳环之间主要通过脂环相连。但模型中没有含氮等官能团结构，硫官能团结构的种类也不全面。所以该模型不能全面地反映煤结构特征。

2. Given 模型

Given 模型是英国的 P. H. Given 于 20 世纪 60 年代初采用 IR 光谱、^{1}H NMR 和 X 射线法，对碳质量分数为 82.1% 的镜质煤分析，测得其芳香氢和脂肪氢的比例、元素组成、分子量、—OH 量等信息，将单体单元（9,10-二氢蒽）与随机分布的取代基团结合，构造成共聚体，各共聚体再次聚合得到的 Given 模型。如图 7-14 所示，这是一种煤化程度较低的烟煤［w(C) 为 82.1%］结构，分子中没有大的缩合芳香环（主要是萘环），分子呈线性排列并具有无序的三维空间结构。该模型氮原子以杂环形式存在，含氧官能团有酚羟基和醌基，结构单元之间交联键的主要是邻位亚甲基。但此模型中没有含硫的结构，也没有醚键和两个碳原子以上的直链桥键。

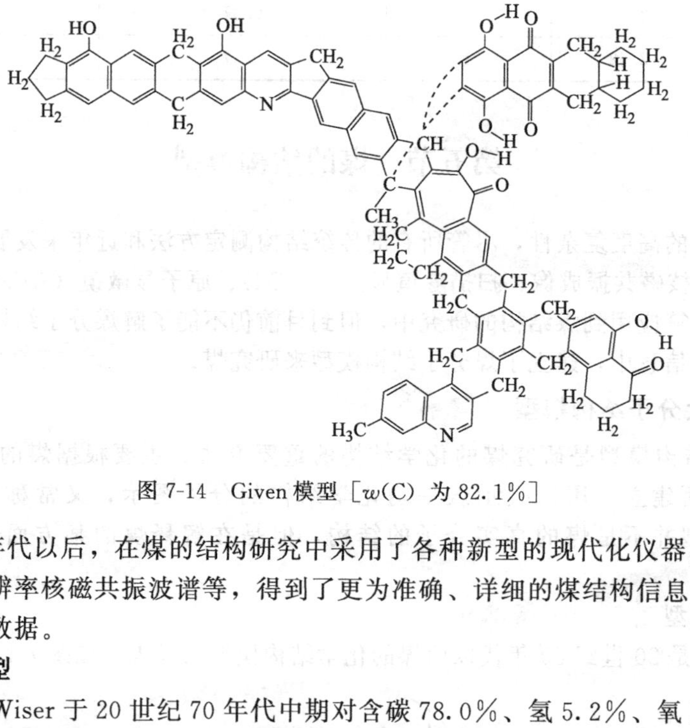

图 7-14 Given 模型［w(C) 为 82.1%］

20 世纪 60 年代以后，在煤的结构研究中采用了各种新型的现代化仪器，如傅里叶变换红外光谱和高分辨率核磁共振波谱等，得到了更为准确、详细的煤结构信息，为更合理的煤结构模型提供了数据。

3. Wiser 模型

美国 W. H. Wiser 于 20 世纪 70 年代中期对含碳 78.0%、氢 5.2%、氧 11.9% 的一种高挥发分烟煤进行分析而提出的煤化学结构模型。如图 7-15 所示，此模型也是针对年轻烟煤而言的，被认为是比较全面合理的一种模型。

该模型芳香环数分布范围较宽，包含了 1~5 个环的芳香结构，结构单元之间主要以 C_1~C_3 的脂肪桥键、醚键（—O—）和硫醚（—S—）键等弱键以及两芳环直接相连的芳基碳碳键（ArC—CAr）联结；元素组成与烟煤中的一致，其中芳香碳占 65%~75%；氢大多存在于脂肪结构中，如氢化芳环、烷基结构和桥键等，芳香氢较少；氧、硫和氮部分以杂环形式存在。模型中含有羟基和羰基，由于是低煤化度烟煤，也含有羧基；还含有硫醇和噻吩等基团。此模型首次把硫以硫连接键和官能团形式填充到煤的分子结构中，揭示了煤结构的现代概念，可以解释煤的加氢液化、热解、氧化、水解等许多化学反应。

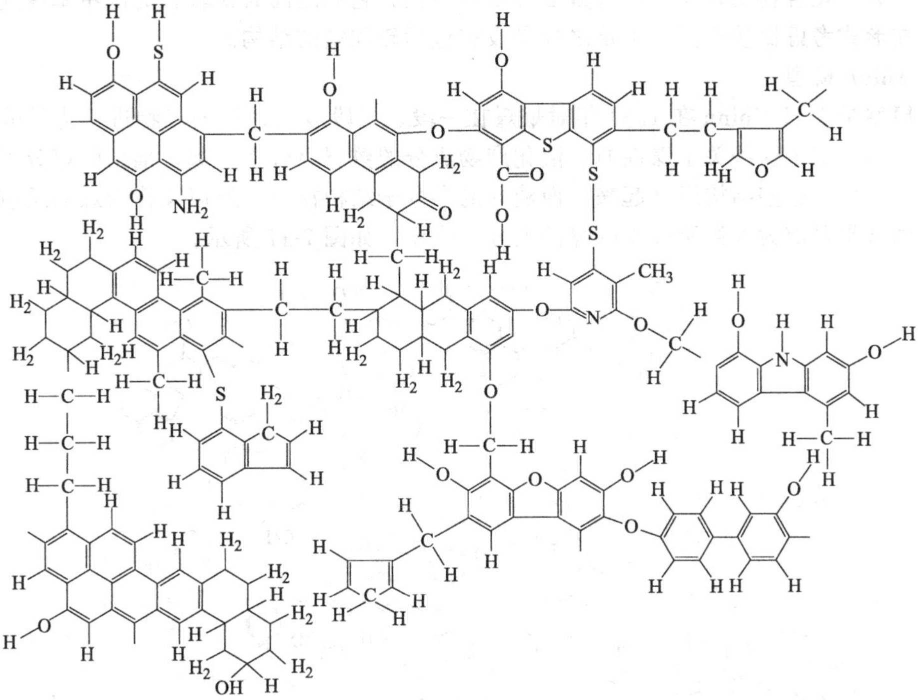

图 7-15 Wiser 模型 $[w(C)$ 为 78.0%$]$

4. 本田化学结构模型

如图 7-16 所示，该模型的特点是最早在有机结构部分设想存在着低分子化合物，考虑

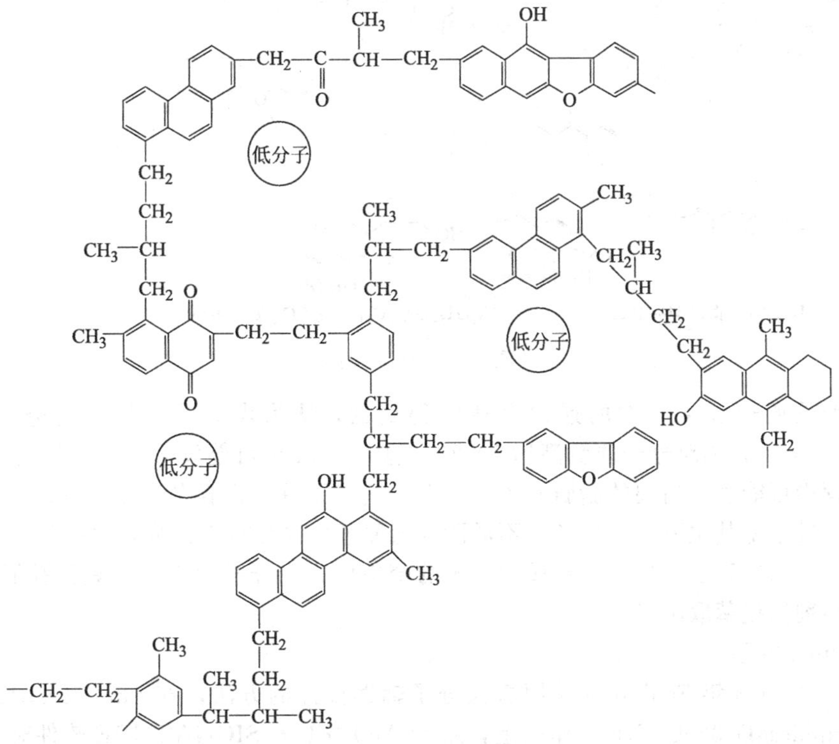

图 7-16 本田化学结构模型

到煤的低分子化合物的存在，缩合芳香环以非为主，它们之间有比较长的次甲基键连接，对氧的存在形式考虑比较全面。不足之处是没有包括硫和氮的结构。

5. Shinn 模型

该模型是 J. H. Shinn 在 1984 年对烟煤在一段、二段液化过程的产物进行化学分析，用反应化学的知识将这些关于煤性质和液化产物成分的数据组合在一起，推出的煤分子中重要组成结构，再将这些结构组合起来，而建立的煤分子结构模型，所以又称为煤的反应结构模型。此模型是目前为人们所接受的煤的大分子模型，如图 7-17 所示。

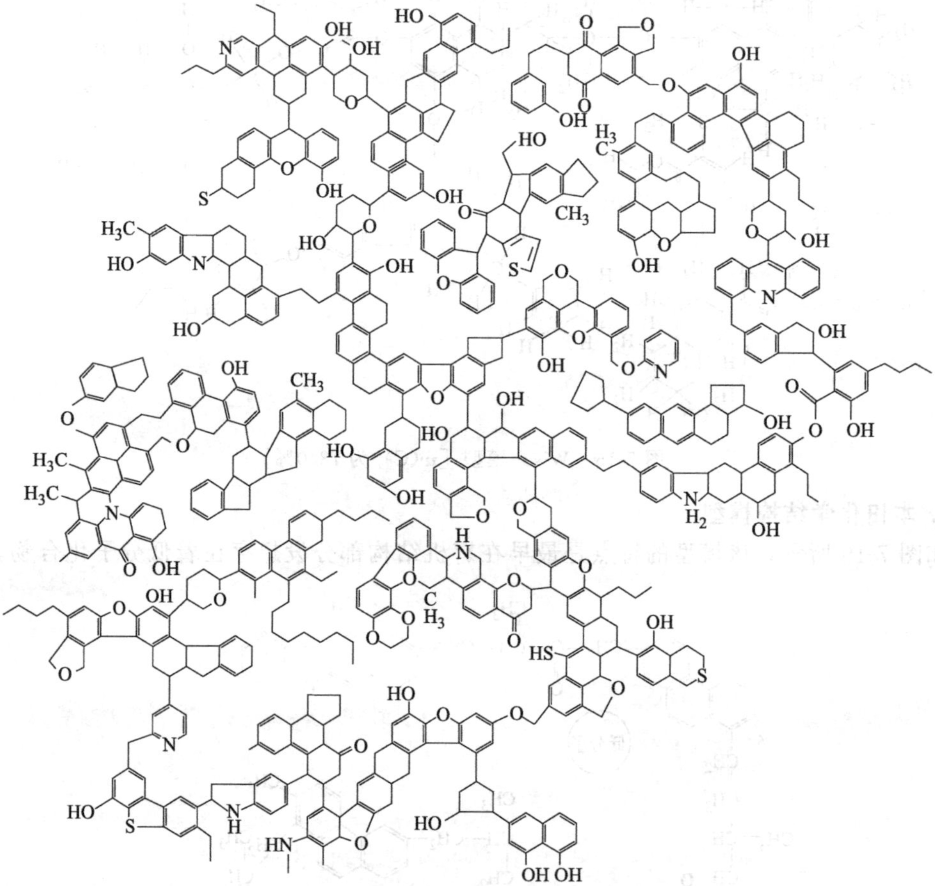

$C_{661}H_{561}N_4O_{74}S_6$ $M_G=10023$ $C_{100}H_{84.9}N_{0.6}O_{11.2}S_{0.9}$ $C_{Ar}/C_{tot}=0.69$

图 7-17   Shinn 模型

该模型是通过液化产物的逆向合成法得到的，认为煤大分子结构的分子式可写为 $C_{661}H_{561}N_4O_{74}S_6$，相对分子质量高达 10023，包含了 14 个可能发生聚合的结构单元和大量在加热过程中可能发生断裂的脂肪族桥键；有一些特征明显的结构单元，如缩合的喹啉、呋喃和吡喃；羟基是其主要的杂原子，不活泼的氮原子主要分布于芳香环中；芳环或结构芳环单元由较短的脂链和醚键相连，形成大分子的聚集体；小分子镶嵌于聚集体孔洞或空穴中，可以通过溶剂抽提萃取出来。

6. Faulon 模型

此模型是 1993 年 Faulon 等采用煤大分子辅助设计的方法，在 SunSparcIPC 工作站和 Silicon Graphics4D/320GTXB 工作站上，用 PCMODEL 和 SIGNATURE 软件对 Hatcher 等数据进行处理，提出的能量最低的煤大分子结构模型，如图 7-18 所示。

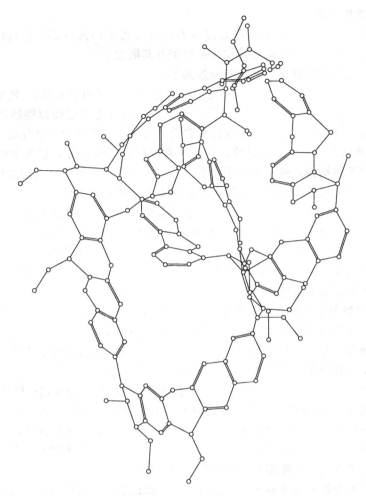

图 7-18　Faulon 模型

Faulon 等人提出的 CASE（计算机辅助结构解析）的具体步骤如下。

① 由元素分析和 ^{13}C NMR 的定量数据求出各官能团中 C、H、O 原子的数目。

② 分子水平上的定性数据由 Py/GC/MS 提供，可以确定大分子的碎片，每个碎片的结构由质谱确定，进而计算出每个碎片和碎片间键的特征；碎片和碎片间键的数量通过求解线性的特征方程来确定：

碎片特征＋碎片间键的特征＝大分子的特征

③ 用 SIGNATURE 软件中的异构体发生器随机构造三维立体模型，计算出可能的模型总数。

④ 运用样本设计中随机抽样法，建立模型的子集（样本）。

⑤ 分子式和分子量直接从 SIGNATURE 软件构造出的模型中算出，并计算出交联密度。

⑥ 结构的势能和非键能（范德华力、静电力和氢键力）等能量特征用 BIOGRAF 软件中的 DREIDING 力场算出，用共轭梯度法和最速下降算法进行极小化。

⑦ 采用 Carlson 的方法计算真密度、闭孔率和微孔率等物理特征。

这是一种集分子力学、量子力学、分子动力学、分子图形学和计算机科学为一体的具有探索性的结构模型。

7. 煤嵌布结构模型

2008 年，中国矿业大学秦志宏等通过对不同变质程度的两种煤所进行的 CS₂/NMP 混合溶剂萃取实验，提出了煤的嵌布结构理论模型及其概念。

煤的嵌布结构模型的概念，其主要描述如下。

① 煤是以大分子组分、中型分子组分（又可分为中Ⅰ型和中Ⅱ型）、较小分子组分和小分子组分之五种族组分共同组成的混合物，这五种族组分之间主要以镶嵌的分布方式相连接，可以通过 CS₂/NMP 混合溶剂为主的萃取反萃取法使它们彼此自然分离。

② 煤混合物以大分子组分为基质，它是一种凝胶化的族组分，以共价键和非共价键一起共同构成空间网络结构。各个大分子物质彼此之间都有空间缠绕，其缠绕作用的主要是侧链和官能团。大分子物质的核心是较致密的结构单元，构成了大分子空间网络的中心，而大分子物质的边沿则是较软的缠绕地带；大分子组分通常不可以被溶剂溶解。

③ 中型分子组分有两部分，即中Ⅰ型分子组分和中Ⅱ型分子组分，它们主要以细粒镶嵌的方式分布在上述基质中；中型分子组分比大分子组分有较多的侧链和官能团，而结构单元较少，一般难以被溶解，但可以在适当的溶剂中悬浮而分离出来；其中中Ⅰ型分子又比中Ⅱ型分子有更多的侧链和官能团，这是两者的主要差别所在。

④ 较小分子组分是可以被混合溶剂溶解的部分，反萃取时主要进入反萃取液中；它们也是凝胶化的，因为自身有较多的非共价键成键点，而易于结合到同样有较多成键点的大分子的边沿缠绕地带，起着大分子间的桥梁作用；同时，这些较小分子还起着类似于黏结剂的作用，即将中Ⅰ型和中Ⅱ型分子粘连于大分子基质之上，大分子的边沿缠绕地带是中型分子的嵌入区（IS 区），而较小分子作为大、中分子间的桥联同样分布于这一区域。

⑤ 小分子组分，即能够被大多数有机溶剂溶解的煤中的小分子化合物，主要以三种形态即游离态（游离于煤表面和大孔表面）、微孔嵌入态（吸附于煤的微孔之中）和网络嵌入态（圈于三维大分子网络结构之中）三种形态存在于上述各种类型的族组分之中。这部分小分子化合物在品种数量上可能很多，但质量百分含量并不高。

这是我国学者最新较系统地提出的煤化学结构理论模型，应用煤的嵌布结构理论模型能合理地解释若干萃取与反萃取过程及现象。

二、煤的分子间结构模型

煤的大分子结构模型反映了煤的化学组成与结构，煤的分子间结构模型反映了煤分子间的堆垛结构和孔隙结构，又常称为物理结构模型。其中，以 Hirsch 模型和两相模型最具代表性。

1. Hirsch 模型

1954 年 P. B. Hirsch 对煤的 X 射线衍射结果进行研究，认为煤中有紧密堆积的微晶、分散的微晶、直径小于 500nm 的孔隙，据此建立的 Hirsch 模型将不同煤化程度的煤划归为三种物理结构，如图 7-19 所示。

(1) 敞开式结构　属于低煤化度烟煤，其特征是芳香层片较小，不规则的"无定形结构"比例较大。芳香层片间由交联键联系，并或多或少在所有方向任意取向，形成多孔的立体结构。

(2) 液体结构　属于中等煤化度烟煤，其特征是芳香层片在一定程度上定向，并形成包含两个或两个以上层片的微晶。层片间的交联键数目大大减少，故活动性大。这种煤的孔隙率小，机械强度低，热解时易形成胶质体。

(3) 无烟煤结构　属于无烟煤，其特征是芳香层片增大，定向程度增大。由于缩聚反应的结果使煤体积收缩，因而形成大量微孔，故孔隙率高于前两种结构。

该模型比较直观地反映了煤的物理结构特征，解释了不少现象。不过"芳香层片"的含义不很确切，也没有反映煤分子构成的不均一性。

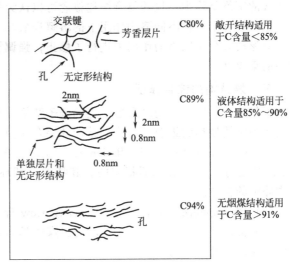

图 7-19　Hirsch 模型

2. 两相模型

1986 年，P. H. Given 等人根据 NMR 氢谱发现煤中质子的弛豫时间有快慢两种类型而提出的，如图 7-20 所示，两相模型又称为主-客模型。该模型认为，煤中大分子有机物多数是交联的大分子网络结构，为固定相；小分子因非共价键的作用陷在大分子网络结构中，则为流动相。煤的多聚芳香环是主体，相同煤种的主体是相似的，作为客体掺杂于主体之中的是流动相小分子，采用不同的溶剂萃取可以将主客体分离。在低煤阶煤中，非共价键的类型主要是离子键和氢键；在高煤阶煤中，π-π 电子相互作用和电荷转移力起主要作用。这一模型指出了煤中的分子既有共价键交联结合，也有以分子间力的物理结合。

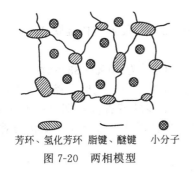

芳环、氢化芳环　脂键、醚键　小分子
图 7-20　两相模型

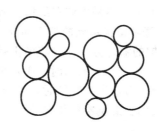

图 7-21　缔合模型

3. 缔合模型

1992 年，Nishioka 首先提出来了缔合模型，也叫单相模型。该模型是在对溶剂萃取实验结果进行分析后推出的，认为存在连续分子量分布的煤分子，煤中芳香族间的连接是静电型和其他类型的联结力，不存在共价键。煤的芳香族由于这些力堆积成更大的联合体，然后形成多孔的有机物质，如图 7-21 所示。

4. 复合结构模型

1998 年，秦匡宗等对低煤阶煤与我国胜利、辽河、江汉等油田的 11 种低熟烃源岩中有机质的物理化学结构与溶解性能进行了研究，同时对萃取物的性质和组成做了分析，提出煤的复合结构模型。

认为该模型中煤有机质主要由 4 部分组成：

① 以共价键为主的三维交联的大分子，形成不溶性的刚性网络结构；

② 相对分子质量在 1000 到几千之间，相当于沥青质和前沥质的大型分子和中型分子；

③ 相对分子质量在数百至 1000 之间，相当于非烃组分，具有较强极性的中小型分子；

④ 分子量小于数百的非极性分子，包括溶剂可萃取的各种饱和烃和芳烃。

第②、③部分通过物理缔合力与第①部分相结合，第④部分主要以游离态存在于前三部分构成的网络结构中。煤的复合结构概念可以认为是煤的两相结构模型与缔合结构模型的综合，很好解释了煤在不同溶剂作用下的溶解现象和实验结果；根据煤在不同溶剂中的溶解结果，对形成大分子网络的作用力进行了修正；强调了非共价键物理缔合力在形成三维网络结构中的重要性。

三、煤结构的综合模型

近年来，一些模型同时考虑了煤的分子结构又有其空间构造，可理解为煤的化学结构模型与物理结构模型的组合，称为煤结构的综合模型。如下所述。

（1）Oberlin 模型 1989 年 Oberlin 用高分辨透射电镜（TEM）研究煤结构并结合 Fuchs 模型与 Hirsch 模型后提出的。其特点是稠环个数较多，最大有 8 个苯环，它强调了煤中卟啉的存在。

（2）球（Sphere）模型 1990 年 Grigoriew 等人用 X 射线衍射径向分布函数法研究煤的结构后提出的。其最大特点是首次提出煤中具有 20 个苯环的稠环芳香结构，这一模型可以解释煤的电子光谱与颜色。

第六节 煤分子结构的近代概念

到目前为止，虽然没有彻底了解煤的分子结构，但对煤的分子结构有了基本的认识。近代总结了煤分子结构的概念如下。

1. 煤的主体是三维空间的非晶质的高分子物质

煤的大分子不是由许多结构相似但又不完全相同的结构单元通过桥键联结而成。

2. 煤基本结构单元的核心部分为缩合芳香环

煤结构的缩合芳香环数随煤化程度增加而增加，$w(C)_{daf}$ 为 70％～83％时，平均环数为 2；$w(C)_{daf}$ 为 83％～90％时，平均环数为 3～5；$w(C)_{daf}$ 为 90％以上时，缩合芳香环数急剧增多，当 $w(C)_{daf}$＞95％时，缩合芳香环数＞40。煤中碳的芳香度，烟煤一般≤0.8，无烟煤趋近于 1。煤基本结构单元的核心部分除了是缩合芳香环外，也有少量氢化芳香环、脂环和杂环。

3. 煤基本结构单元的外围为烷基侧链和各种官能团

烷基中主要是—CH_3 和—CH_2—CH_2—等，官能团主要是含氧的官能团，包括酚羟基、羰基、甲氧基和羧基等，此外还有少量含硫官能团和含氮官能团。

4. 基本结构单元之间的桥键

结构单元之间的桥键包括有不同长度的次甲基键、醚键、次甲基醚键和芳香碳-碳键等。不同煤化程度的煤，其桥键的类型和数量都不相同。

5. 煤中氧、氮和硫的存在形式

煤中氧的存在形式除含氧官能团外，还有醚键和杂环；硫的存在形式有巯基、硫醚和噻吩等；氮的存在形式有吡啶和吡咯环、氨基和亚氨基等。

6. 煤分子间的交联

煤分子间通过交联键缠绕在空间以一定方式排列，形成不同的立体结构。交联键有化学键、非化学键。化学键，如桥键；非化学键，如氢键、电子给予-接受力和范德华力等。因此煤的分子到底有多大，至今尚无定论，一般认为相对分子质量在数千范围。

7. 煤中的低分子化合物

在煤的高分子聚合物结构中还嵌布少量的低分子化合物，其相对分子质量小于 500 以及 500 左右的具有非芳香族结构的有机化合物。这些低分子化合物可溶于有机溶剂，加热可熔化，部分低分子化合物还可挥发。煤中低分子化合物的含量随煤化程度的增高而降低。这些低分子化合物对煤的性质尤其对煤化度低的褐煤影响较为明显。

8. 不同煤化程度煤的结构差异

低煤化程度的煤桥键、侧链和官能团较多，而芳香核的环数较小，低分子化合物较多，其结构无方向性，孔隙度和比表面积较大。中等变质程度的烟煤（肥煤和焦煤）桥键、侧链和官能团逐渐减少，芳香核的环数逐渐增多，结构单元间的平行定向程度有所提高，呈现各向异性。同时也使煤的结构变得较为致密，孔隙度减小，故煤的物理化学性质和工艺性质在此处发生转折。更高煤化程度的煤向高度缩合的石墨化结构发展，芳香碳－碳交联也有所增加，物理上出现各向异性，化学上具有明显的惰性。

复习思考题

1. 反映煤分子结构的参数有哪些？
2. 研究煤分子结构的方法有哪些？
3. 煤的溶剂抽提有什么意义？已有的抽提方法分为哪几种类型？
4. 如何理解煤的抽提机理？
5. 从煤的溶剂抽提得到了哪些有关煤结构的信息？有哪些证据可以证明这些煤结构信息？
6. 什么叫超临界抽提？它需要什么条件？有什么优点？煤烟的超临界抽提得到什么产物？
7. 煤分子结构单元是如何构成的？结构单元之间如何构成煤的大分子？
8. 煤分子结构现代概念是什么？
9. 随煤化程度的变化，煤分子结构呈现怎样的规律性变化？
10. 从煤的生成过程来分析，为什么煤的分子结构以芳香结构为主要特征？

第八章 化学方法研究煤

第一节 煤中的官能团分析

煤结构单元的外围部分除烷基侧链外，还有官能团，主要是含氧官能团和少量含氮、含硫官能团。由于煤中的氧含量及氧的存在形式对煤的性质影响很大。对低煤阶煤尤为重要，因此进行官能团分析时，通常把重点放在含氧官能团上。

一、含氧官能团

1. 主要含氧官能团的测定方法

（1）羧基（—COOH） 在泥炭、褐煤和风化煤中含有羧基，在烟煤中已几乎不存在。当含碳量大于 78% 时，羧基已不存在。羧基呈酸性，且比乙酸强。常用的测定方法是与乙酸钙反应，然后以标准碱溶液滴定生成的乙酸，反应式如下：

$$2RCOOH + Ca(CH_3COO)_2 \xrightarrow{1\sim2d} (RCOO)_2Ca\downarrow + 2CH_3COOH$$

（2）羟基（—OH） 一般认为煤有机质中羟基含量较多，且绝大多数煤只含酚羟基而醇羟基很少。它们存在于泥炭、褐煤和烟煤中，是烟煤的主要含氧官能团。常用的化学测定方法是将煤样与 $Ba(OH)_2$ 溶液反应。后者可与羧基和酚羟基反应，从而测得总酸性基团含量，再减去羧基含量即得酚羟基含量。反应示意式如下：

$$R\begin{matrix}COOH\\\\OH\end{matrix} + Ba(OH)_2 \xrightarrow{1\sim2d} R\begin{matrix}COO\\\\O\end{matrix}Ba\downarrow + 2H_2O$$

而醇羟基含量可采用乙酸酐乙酰化法测得总羟基含量，用差减法求得。含量以 mmol/g 表示（其他官能团表示法与此相同）。此外，还可用 $KOH\text{-}C_2H_5OH$ 溶液测定法和酯化法等来测定煤中的羟基。

（3）羰基（ $\diagdown C=O$ ）羰基无酸性，在煤中含量虽少，但分布很广。从泥炭到无烟煤都含有羰基，但在煤化度较高的煤中，羰基大部分以醌基形式存在。羰基比较简便的测定方法是使煤样与苯肼溶液反应，反应如下：

$$R=C=O + H_2N-NH-\text{〇} \xrightarrow[24h]{\text{吡啶中}115℃} R=C=N-N=NH-\text{〇}\downarrow + H_2O$$

过量的苯肼溶液可用菲咻溶液氧化，测定 N_2 的体积即可求出与羰基反应的苯肼量。也可测定煤在反应前后的氮含量，根据氮含量的增加计算出羰基含量，其反应式：

$$H_2N=NH-\text{〇} + O \longrightarrow \text{〇} + N_2 + H_2O$$

（4）甲氧基（—OCH$_3$）甲氧基仅存在于泥炭和软褐煤中，随煤化度增高甲氧基的消失比羧基还快。它能和 HI 反应生成 CH_3I，再用碘量法测定。反应式如下：

$$ROCH_3 + HI \longrightarrow ROH + CH_3I$$

$$CH_3I + 3Br_2 + 3H_2O \longrightarrow HIO_3 + 5HBr + CH_3Br$$

$$HIO_3 + 5HI \longrightarrow 3I_2 + 3H_2O$$

（5）醚键（—O—） 煤有机质中的氧相当一部分是以非活性氧状态（即不易起化学反

应和不易热分解的那部分氧）存在。严格讲这一部分氧不属于官能团，它以醚键的形式存在。其的测定方法未最终解决，可用 HI 水解，反应如下：

$$R\!-\!O\!-\!R' + HI \xrightarrow{130℃,8h} ROH + R'I$$

$$R'I + NaOH \longrightarrow R'OH + NaI$$

然后，测定每种增加的 OH 基或测定与煤结合的碘。这种方法不够精确，不能保证测出全部醚键。

（6）醌基 醌基有氧化性，还没有标准的测定方法，也难以测准。一般用 $SnCl_2$ 作还原剂进行测定。

2. 煤中含氧官能团随煤化度的变化

L. Blom 和 M. Ihnatowkz 测定了煤中含氧官能团的分布随煤化度的变化，如图 8-1 所示。

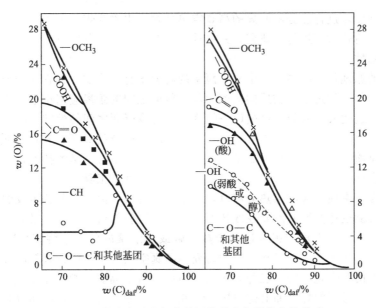

图 8-1 煤中各种含氧官能团的分布与煤化度的关系

由图 8-1 可见，煤中含氧官能团随煤化度增加而急剧降低，其中以羟基降低最多，其次是羰基和羧基。在煤化过程中，甲氧基首先消失，接着是羧基，它在典型烟煤中已不再存在。而羟基和羰基仅在数量上减少，即使在无烟煤中也还存在。图中非活性氧（醚键和杂环氧）所占的比例对中等变质程度煤而言相当可观，当碳含量达 92％时，所有的氧都以非活性氧存在。

二、煤中的含硫和含氮官能团

硫的性质与氧相似，所以每种的含硫官能团种类与含氧官能团种类差不多，包括硫醇（R—SH）、硫醚（R—S—R'）、二硫醚（R—S—S—R'）、硫醌（S⟨   ⟩S）及杂环硫（ ⟨ S ⟩ ）等。由于硫含量比氧含量低，加上分析测定方面的困难，故煤中有机硫的分布尚未完全弄清。现列出了几种美国煤有机硫的形态分布，如表 8-1 所示。

煤中有机硫的主要存在形式是噻吩，其次是硫醚醚键和巯基（—SH—）。

煤中含氮量多在 1％～2％，50％～70％的氮以吡啶环或喹啉环形式存在，此外还有氨基、亚氨基、氰基和五元杂环等。由于含氮结构非常稳定，故定量测定十分困难，至今尚未见到可信的定量结果。

表 8-1　几种美国煤有机硫的形态分布

煤种	有机 $w(S)/\%$	煤含硫结构/$(mol/g \times 10^{-5})$				
		脂肪 SH	芳香 SH	脂肪硫醚	芳香硫醚	噻吩
伊利诺斯 6 号	3.20	7.00	15.00	18.00	2.00	58.00
肯塔基 4 号	1.90	6.14	0.36	1.39	6.25	45.24
匹兹堡 8 号	1.85	5.66	1.95	3.49	1.39	45.32
西肯塔基	1.53	6.53	5.94	6.28	3.38	25.68
德克萨斯褐煤	0.80	1.63	5.25	4.25	6.00	7.88

第二节　煤的高真空热分解

在高真空下使煤进行热分解叫煤的高真空热分解，也称为煤的分子蒸馏。中国科学院山西煤炭化学研究所曾对其进行了研究，并设计和制造了不锈钢制的分子蒸馏装置，用来研究煤的结构和黏结性。

分子蒸馏的原理是：在高真空中从一薄层的高分子有机物质，将它的分子蒸馏出来，并冷凝在冷凝器上的一种过程。物质的蒸馏面与冷凝面之间的距离应当小于它的分子平均自由路径约为 5cm，这代表一般分子蒸馏设备的蒸馏面与冷凝面之间的标准距离。设计距离应小于此标准距离，一般为 3～5cm。这样一来，从蒸馏面离开的分子，在冷凝前（平均而言）不与其他分子碰撞，不与比蒸馏面温度更高的面相遇。所以分子蒸馏技术是控制大分子有机物热分解的好方法，在研究复杂的有机化合物方面是一种新工具。

因为在高真空中使一薄层煤热分解时，煤中含有的或者由于热分解生成的、相对分子质量比较低的物质能迅速蒸馏并附着在冷却面上，所以这些相对低分子质量的初次热解产物能迅速从加热面析出，在不再或很少进一步热分解或热缩聚的状态下将其冷凝取出。由此可知，对于煤的初次热解产物数量和性质的研究，高真空热分解是一种有效的方法。

中国科学院山西煤化所曾对三种有代表性的煤进行了高真空热分解研究。A 煤（$V_{daf}=33.6\%$）是黏结性最好的煤，而 B 煤（$V_{daf}=16.35\%$）和 C 煤（$V_{daf}=36.1\%$）则黏结性较差。试验所得冷凝蒸馏物是黄色树脂状固体，在空气中很快就变成深棕色。用苯-醇（1∶1）的混合液将其洗下，蒸去混合液，得到干的馏出物。再溶于 10 倍其体积的戊烷中，将其分为溶于戊烷和不溶于戊烷的两部分。前者是一种无定形的棕色粉末，后者是一种软的树脂状物。

A 煤馏出物中不溶于戊烷部分的质量平均为煤样重的 7.17％，B 煤的为 2.40％，而 C 煤的为 0.42％。研究表明，最好的黏结性煤经过高真空热分解，将其热分解产物除去后，黏结性消失。根据研究结果得知：强黏结性煤的高真空馏出物中，不溶于戊烷部分占煤样重的百分率比弱黏结性煤的大得多。

藤田等人对日本煤进行了高真空热分解的研究，其结果如图 8-2 所示。对于含碳 73％的低煤化度，馏出物的收率约为 3％，随着煤化度的加深，对于含碳 86％的煤（相当于肥煤），馏出物的收率增加到最大值为 16％。此后，馏出物的收率随着煤化度的增加而急剧减少，对于含碳 93％的煤，几乎为零。另外，煤气的收率对于含碳 73％的煤约为 23％，但随煤化度的加深而开始逐渐减少。对于含碳 87％的煤，煤气收率约为 13％，对于含碳 93％的煤，几乎为零。馏出物的平均分子量大致随煤化度的加深而增加，其值为 330～390。

图 8-3 是兰德勒尔（Ladner）提出的高真空馏出物的结构模型，它是煤的黏结组分，其特点是芳香环之间以脂环作为桥键。

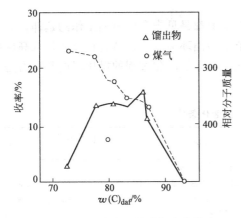

图 8-2　500℃高真空热分解产物收率
与煤化度的关系

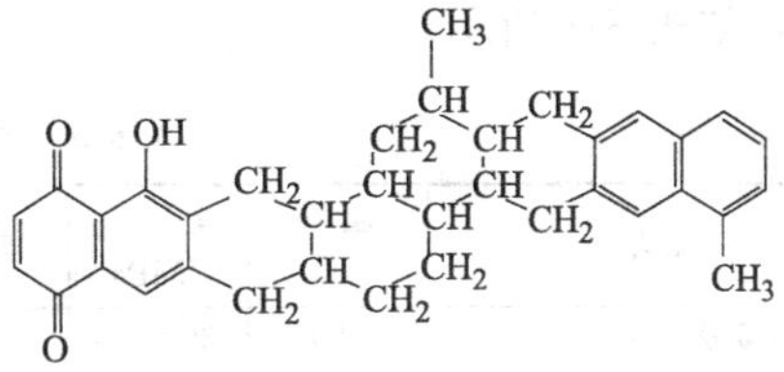

图 8-3　高真空馏出物的结构
模型（$C_{36}H_{36}O_8$，相对分子质量 516）

第三节　煤的加氢

煤加氢是煤十分重要的化学反应，是研究煤的化学结构与性质的主要方法之一，同时也是具有发展前途的煤转化技术。煤加氢液化分轻度加氢和深度加氢两种。煤加氢可制取洁净的液体燃料，煤加氢脱灰、脱硫制取溶剂精制煤，以及制取结构复杂和有特殊用途的化工产品，煤加氢还可改善煤质等。

煤和液体烃类在化学组成上的差别，在于煤的氢/碳原子比（H/C）比石脑油、汽油低很多。几种煤和几种其他燃料以及纯化合物的 H/C 原子比见表 8-2。由表可见，所有煤转化过程都要相对于原料煤大大提高产品的 H/C 原子比。因此需要对煤加氢，而加氢是个很困难的反应。所以煤的加氢除需要供氢溶剂外，还需要高压下的氢气及催化剂等。不仅费用高，工艺和设备也比较复杂。之外，还必须降低煤中的杂原子含量。煤液体中的含氧、硫和氮的化合物在精制过程中可使催化剂中毒，并对燃料性能有很大危害。煤中矿物质也必须除去，矿物质对液化过程中泵送和处理煤-油浆造成很大的困难，合成原油中的矿物质必须在精制和使用前除去。

表 8-2　若干普通燃料和纯化合物的 H/C 原子比

燃料或化合物	H/C（原子比）	燃料或化合物	H/C（原子比）	燃料或化合物	H/C（原子比）
甲烷	4.0	汽油	1.9	高挥发分 B 烟煤	0.8
天然气	3.5	石油原油	1.8	高挥发分 A 烟煤	0.8
乙烷	3.0	焦油砂	1.5	中挥发分烟煤	0.7
丙烷	2.7	甲苯	1.1	无烟煤	0.3
丁烷	2.5	苯	1.0		

对煤的直接加氢液化人们进行过很广泛的研究。早在 1869 年贝特洛首先发现煤与碘化氢反应，可以加氢转化为液体。1913 年德国贝吉乌斯（Friedrich Berguis）研究煤在高压下直接加氢获得成功，随后比尔等开发了耐硫中毒的金属硫化物催化剂，使贝吉乌斯法在德国首先实现了工业化。1944 年德国共建有 12 套加氢装置，年产油 400 万吨。在 20 世纪五六十年代，煤加氢工艺的开发工作几乎完全停顿，不过理论研究始终没有中断。1973 年西方受到能源危机的冲击，石油价格大幅度上涨，提高了煤在能源中的地位。煤加氢的理论研究

和技术开发再次得到世界各国的广泛重视。

现有的大多数煤液化方法具有共同的特征，基本上都是贝吉乌斯早期工作的延伸。大部分转化工作中，煤都先经过干燥和粉碎，再与煤衍生的循环油制浆。然后将煤浆打入高压反应器，在反应器中煤在高温和高压下加氢而被液化。大多数液化过程的操作温度和压力是类似的，如表 8-3 所示。

表 8-3　某些有代表性的液化条件

方法	温度/℃	氢压力/MPa	催化剂	方法	温度/℃	氢压力/MPa	催化剂
贝吉乌斯法	480	30～70	氧化铁	溶剂精炼煤法（SRC-Ⅱ）	460	13	无
SYNTHOIL 法	450	14～28	钼酸钴	道氏（Dow）煤液化法	460	14	乳化液
氢煤法（H-coal）	450	19	钼酸钴	CO-STEAM 法	450	20～30	无
供氢溶剂法（EDS）	450	10	无	科诺可氯化锌法	415	21	氯化锌

在温和条件下（低温、低压或短时间反应）或不使用催化剂时，液化产物通常是比较重的油类，仅适于用作锅炉燃料。在比较苛刻的条件下，重油进一步转化为可馏出的产品。但不论在哪种条件下，产品通常都需要进一步提质才适用于作燃料。

一、煤加氢液化的反应及原理

1. 煤加氢液化的主要反应

从煤结构概念出发，认为固体煤加氢转化为液体，就是煤结构中某些键断开，并同时加氢，产生液体产物和少量气态烃。煤加氢液化是一个极其复杂的反应过程，有平行反应，也有顺序反应。不可能用一个或几个反应式完整地进行描述。煤加氢液化的基本化学反应如下。

（1）热解反应　现在已公认，煤热解生成自由基，是加氢液化的第一步。根据对煤的结构研究和模型物质试验证明煤中易受热裂解的主要是以下桥键。

次甲基键：—CH_2—，—CH_2—CH_2—，—CH_2—CH_2—CH_2—等；

含氧桥键：—O—，—CH_2—O—等；

含硫桥键：—S—，—S—S—，—S—CH_2—等。

热解反应式可示意为：

$$R-CH_2-CH_2-R' \longrightarrow R-CH_2 \cdot + R'CH_2 \cdot$$

热解温度要求在煤的开始软化温度以上。热解生成的自由基在有足够的氢存在时便能得到饱和而稳定下来，生成低相对分子质量的液体，若没有氢供应，就会重新缩合。

（2）供氢反应　煤加氢时一般都用溶剂作介质，溶剂的供氢性能对反应影响很大。研究证明，反应初期使自由基稳定的氢主要来自溶剂而不是来自氢气。煤在热解过程中，生成的自由基从供氢溶剂中取得氢，而生成相对分子质量低的产品，稳定下来。

$$H（供氢溶剂）+R \cdot \longrightarrow RH$$

当供氢溶剂不足时，煤热解生成带有自由基的碎片缩聚而形成半焦。

$$n(R \cdot) \xrightarrow{\text{缩聚}} 半焦(R)_n$$

供氢反应可以认为是纯粹的热过程，供氢溶剂很可能迅速扩散到煤粒内部或将一部分煤溶解，在煤粒本身内部的溶剂和自由基之间发生氢转移反应。所以，供氢溶剂的作用在于进入煤粒和为煤体内部热解产生的自由基提供氢源。四氢萘或类似四氢萘的分子都是良好的供氢溶剂，因为自由基中间体都是比较稳定的苄基型自由基，产品失去四个氢原子后形成稳定的芳香烃。供氢溶剂给出氢后，又能从气相吸收氢，起到反复传递氢的作用。

（3）脱杂原子反应　从煤的元素组成可知，构成煤有机质的元素除 C 和 H 之外还有 O、

N 和 S 等元素。后三种元素也称为煤中的杂原子。煤的含氧量随煤化程度的增加而减少，年轻褐煤含氧量在 20% 以上，中等变质程度的烟煤含氧量在 5% 左右，无烟煤含氧更少。煤的含氮量变化不大，多在 1%～2% 之间。煤的硫含量与煤化度无直接关系，而与生成条件和产地有关。煤中总的硫含量在 1%～5% 之间。杂原子在加氢条件下与氢反应，生成 H_2O、H_2S、NH_3 等低分子化合物，使杂原子从煤中脱出。杂原子的脱除情况与液化转化率直接有关，同时对煤加氢液化产品的质量和环境保护十分重要，所以应特别地加以重视。

① 脱氧反应。在煤加氢反应中，发现开始氧的脱除与氢的消耗正好符合化学计量关系，如图 8-4 所示。可见反应初期氢几乎全部消耗于脱氧，以后氢耗量骤增是因为有大量气态烃和富氢液体生成。从煤的转化率和氧脱除率关系（见图 8-5）可见，开始转化率的脱除随氧的脱除率成直线关系增加。当氧脱除率达 60% 时，转化率已达 90%。另有 40% 的氧十分稳定，难以脱除。

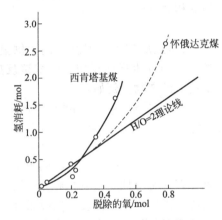

图 8-4　氢消耗与氧脱除的关系

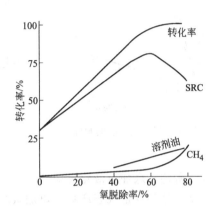

图 8-5　煤转化率与氧脱除率的关系

脱氧反应主要有以下几种。

醚键

$$RCH_2{-}O{-}CH_2{-}R' + 2H_2 \longrightarrow RCH_3 + R'CH_3 + H_2O$$

羧基

$$R{-}COOH + 4H_2 \longrightarrow RH + CH_4 + 2H_2O$$

羧基

$$\underset{R'}{\overset{R}{{>}}}C{=}O + \tfrac{1}{2}H_2 \longrightarrow \underset{R'}{\overset{R}{{>}}}C{-}OH \xrightarrow{H_2} \underset{R'}{\overset{R}{{>}}}CH_2 + H_2O$$

酚羟基　　　　$$ROH + H_2 \longrightarrow RH + H_2O$$

② 脱硫反应。脱硫和脱氧一样比较容易进行。有机硫中硫醚最易脱除，噻吩最难，一般要用催化剂。煤中硫化物加氢生成 H_2S 脱除。

③ 脱氮反应。脱氮反应要比脱氧、脱硫困难得多。在轻度加氢时氮含量几乎不减少，它需要激烈的反应条件和高活性催化剂。脱氮与脱硫不同的是，含氮杂环只有当旁边的苯环

全部饱和后才能破裂。如：

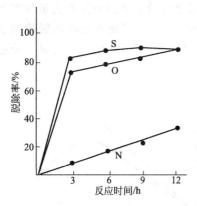

图 8-6 为氧、氮、硫的脱除率。从图 8-6 中可见，氮的脱除率低，氧和硫在反应初期就有约 80％被脱除。所以煤的加氢是煤脱硫、脱氧的一个有效方法。

④ 加氢裂解反应。它是煤加氢液化的主要反应，包括多环芳香结构饱和加氢、环断裂和脱烷基等。随着反应的进行，产品的相对分子质量逐步降低，结构从复杂到简单。

⑤ 缩聚反应。在加氢反应中如温度太高，供氢量不足或反应时间过长，会发生逆向反应，即缩聚反应。生成相对分子质量更大的产物，例如：

图 8-6 氧、氮、硫的脱除率

综上所述，煤加氢液化反应使煤的氢含量增加，氧、硫含量降低，生成相对分子质量较低的液化产品和少量气态产物。煤加氢时发生的各种反应，因原料煤的性质、反应温度、反应压力、氢量、溶剂和催化剂的种类等不同而异。因此，所得产物的产率、组成和性质也不同。如果氢分压很低，氢量又不足时，在生成含量较低的高分子化合物的同时，还可能发生脱氢反应，并伴随发生缩聚反应和生成半焦；如果氢分压较高，氢量富裕时，将促进煤裂解和氢化反应的进行，并能生成较多的低分子化合物。所以加氢时，除了原料煤的性质外，合理地选择反应条件是十分重要的。

2. 煤加氢液化反应历程

煤加氢液化反应包括一系列非常复杂的顺序反应和平行反应，说它有顺序反应是因反应产物的相对分子质量从高到低，结构从复杂到简单，出现先后大致有一个次序；说它有平行反应是因为，即使在反应初期，煤还刚开始转化就有少量最终产物出现，任何时候反应产品都不是单一的。对煤加氢液化反应历程做了大量研究，并提出了各种反应历程。综合起来可认为煤加氢反应历程如图 8-7 所示。由图可见，反应一开始是少数最活泼的键发生比较快的热断裂，产生较大的有机碎片，可划入前沥青烯。这种化合物含有数量相当大的以酚羟基形式存在的氧；第二阶段是比较牢固的键断裂形成较小的分子碎片，可划入沥青烯；最后一步是比较缓慢的反应，使沥青烯转化为油类。此外，有些油类在反应的初始阶段就很快地形成了。这些油类主要是被吸藏在气孔结构内部的烃类，当煤的大分子分解时它们被释放出来。

活化能的测定结果证实了这个观点，研究表明，煤的大分子遭到破坏包括两种不同的过程。初始阶段反应过程很可能包括了物理过程和非价键的断裂或破坏。比较缓慢的第二个过程的活化能仍然比较低。说明发生了比较弱的共价键的热断裂，形成了稳定的自由基。从煤转化得到的物料中有一部分（占重量的 10％～25％）是由以共价键结合的部分形成的，其余大部分是由煤的大分子的碎裂而产生的。从沥青烯向油类的转化是一个相当缓慢的过程，显然这个过程要使强得多的键断裂。要达到高的油类产率，需要更苛刻的反应条件（较高的温度和压力，较长的停留时间）。在沥青烯转化为油类的过程中可能发生的反应包括芳环的加氢、脱水、杂环开环失去杂原子和桥结构的断裂。

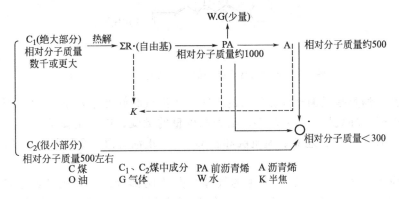

图 8-7　煤加氢反应历程

根据煤的加氢反应历程可以得出以下看法。

① 煤是复杂的有机化合物的混合物，其组成是不均一的，既含有少量溶液液化的成分，在反应初期加氢直接生成油；也存在少量很难甚至不能液化的成分。同时还有煤还原解聚反应。

② 尽管在反应初期有气体和轻油生成，但是数量极少，在比较温和的反应条件下更少。所以反应基本上以顺序反应为主。

③ 在加氢反应的初期由于醚键等桥键断裂生成沥青烯，沥青烯进一步加氢，可能使芳香环饱和及羧基、环内氧、环间氧脱除，使沥青烯转变成油。

④ 逆反应也可能发生，沥青烯和前沥青烯也可脱氢缩聚生成不溶的炭青质或半焦。

3. 煤加氢液化产物的组成和结构

煤加氢液化产品包括前沥青烯、沥青烯、各种油类和气体。

（1）前沥青烯　前沥青烯是可溶于吡啶不溶于苯的煤的轻度加氢产物，在溶剂精制煤中约占 36%。前沥青烯是一个复杂的混合物，平均分子量 1000 左右，特点是含有较多的酚羟基，分子间作用力大，常温下为固体。溶液中存在少量的前沥青烯，会使溶液黏度明显增加。采用不同溶剂可以把它分成若干级分，图 8-8 是一个级分平均结构。

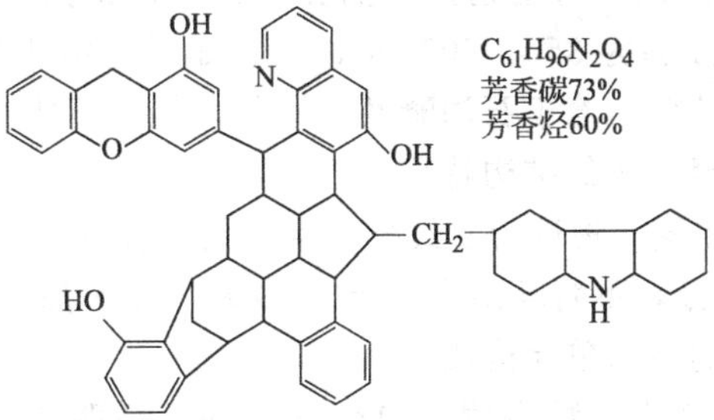

$C_{61}H_{96}N_2O_4$
芳香碳73%
芳香烃60%

图 8-8　前沥青烯中的一个级分的平均结构

（2）沥青烯　沥青烯是可溶于苯不溶于环己烷的煤的轻度加氢产物，与前沥青烯同属中间产品。在溶剂精制煤中约占 45%，分子量比前沥青烯小一半，在 500 左右。沥青烯也是混合物，可以分成若干级分，图 8-9 是一个富氢级分的平均结构。沥青烯和前沥青烯都是热不稳定物，长期受热会产生缩聚反应，氢压不足时尤其严重。

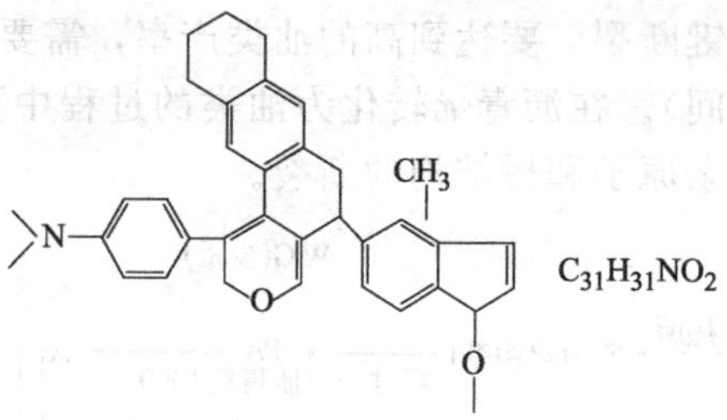

图 8-9　沥青烯富氢级分的平均结构（$C_{31}H_{31}NO_2$）

（3）油类　油类是煤加氢液化的目的产物，按沸点高低可分为轻油、中油和重油。轻油中主要是苯族烃和环烷烃，另有较多的酚类和少量的吡啶；中油主要是 2～3 个环的芳香烃和氢化芳烃，另含酚 15%左右、重吡啶和喹啉 5%；重油是由 3 个环和 3 个环以上的缩合芳香烃构成。

（4）反应中气体　煤加氢中产生的气体可分为两部分：一是脱杂原子产生的气体如 CO_2、CO、H_2O、H_2S 和 NH_3 等；二是低分子饱和烃 $C_1 \sim C_4$，一般 C_1、C_2 含量大于 C_3、C_4。

二、煤的深度加氢与轻度加氢

1. 煤的深度加氢

深度加氢是煤在激烈反应条件下与更多的氢进行反应，使煤中大部分有机质转化为液体产物和少量气态烃。深度加氢是制取液体燃料和化工原料的基本方法，也是研究煤结构的方法之一。该法通常在低于 450℃温度下和很高的氢压（70～100MPa）下进行；也有采用较低氢压（15MPa）的催化加氢方法。

煤的深度加氢在低于 450℃温度下进行，煤中大分子只发生部分破坏、解聚或裂解。在此条件下，可以认为煤的结构单元基本上保持不变。环状化合物基本上未发生破裂（至少不明显），脂肪族产物的碳骨架也未发生改变。因此，通过煤加氢产物的组成和结构的研究，可将煤的原始结构比较可靠地加以确定。

试验表明，煤的深度加氢产物组成中，沸点在 200℃以上的产物主要是由多环芳香族化合物组成。有时多环化合物具有脂肪族侧链。在高沸点产物中含有苊、芘及其同系物。它们都是四环或五环以上的稠环芳香族化合物。

J. P. Schahmachar 曾用肥煤（含碳 86.5%）在 325℃和 40MPa 的氢压下，用锡催化加氢，氢化煤油 75%溶于苯。此产物用选择性抽提的方法，将其分别溶于石油醚、乙醚和苯三部分，其相对分子质量分别为 350、600 和 1750。如果将溶于苯的相对分子质量为 1750 的部分进一步加氢，则可转变为溶于石油醚及乙醚的产物。显然这是个解聚过程，由此可推测煤的大分子具有高分子聚合物的结构特征。

Schahmachar 对上述加氢产物进行了红外光谱分析，发现以下规律。

① 苯抽出物的所有组分，不管相对分子质量多大，几乎都有相同的红外光谱。这说明煤的大分子是由同样类型的结构单元构成。

② 从三部分的红外光谱中，都表明有氢化菲存在，说明氢化煤中有菲族的结构基团。由此可知，以菲为主要成分的蒽油是煤的良好溶剂。

此外，还将溶于石油醚和乙醚的部分进一步分成一系列的窄馏分，测定各窄馏分的元素组成、相对分子质量、折射率及密度，以及相当于每个碳原子的环数 R/C，如图 8-10 所示。由图 8-10 可知，随着相对分子质量的增加单碳环数 R/C 越来越大，即芳香环的缩合程度加深。

中科院山西煤化所对以树皮为主的乐平煤进行加氢产物化学组成的研究，其结论是：从色谱分析表明，树皮体和镜质组加氢产物，其中性油主要由带脂肪族侧链的氢化芳香烃所组成，树皮体的脂肪结构比镜质组多；从红外光谱分析表明，树皮和镜质组的苯醇抽出物以及乙醚、苯、氯仿顺序抽提物的红外光谱，都有相似的谱带特征，这说明各组分在结构上的相似性。

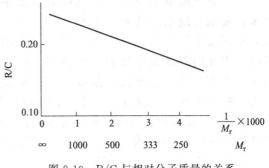

图 8-10　R/C 与相对分子质量的关系

通过对煤深度加氢的研究，得到关于煤结构的依据，煤的大分子具有聚合物的特征；煤是由结构相似的基本结构单元组成；随煤化度增高，基本结构单元的芳环缩合程度增加。

2. 煤的轻度加氢

煤加氢的另一种方法是轻度加氢。轻度加氢是在较温和的反应条件下，也就是在较低的氢压（8～10MPa）和较低的温度（不超过煤的分解温度）下，对煤进行加氢。轻度加氢与深度加氢不同，轻度加氢不能使煤的有机质氢解为液体产物。煤的外形没有发生改变，煤的元素组成变化也不大，只能使煤的分子结构发生不大的变化，使煤的许多物化性质和工艺性质却发生明显变化。如轻度加氢后煤的黏结性、在蒽油中的溶解度、焦油产率、挥发分产率等发生明显变化。煤的轻度加氢可改善煤的性质，因此，具有工业意义，也可用来了解煤的分子结构。

T. A. Кухариеко 研究了不同变质程度的烟煤的轻度加氢。煤加氢后，其黏结性增强、在蒽油中溶解度增加、焦油产率增加、元素组成和挥发分也发生一定变化，如图 8-11 所示。对于不同变质程度的烟煤，其变化幅度是不一样的。低、高变质程度的烟煤（长焰煤、贫煤）变化幅度较大，中变质程度的烟煤（肥煤）变化幅度小。煤轻度加氢结果，使低、高变质阶段煤的性质趋向中变质阶段煤的性质。肥煤的特点是具有最好的黏结性（胶质层厚度最大），在蒽油中有最大的溶解度。肥煤的特点是由其分子结构所决定的，肥煤的分子基本上是简单的二度空间结构（大分子平面网），结构单元之间连接键较少。因此，结构单元之间的活动性较大；而低、高变质阶

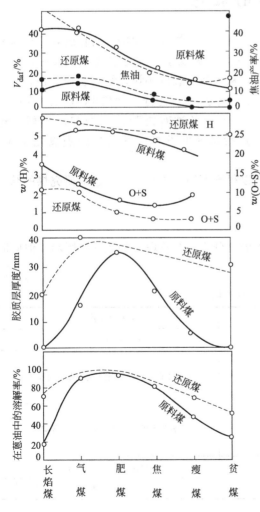

图 8-11　轻度加氢对煤性质的影响

段的烟煤，是三度空间结构，但其结合方式不同。低变质烟煤，靠桥键将结构单元连接起来，而成三度空间结构，因而使结构单元之间活动性较差。当轻度加氢后，桥键断裂，将三度空间转为二度空间，因而其活动性增强，容易裂解和溶解。高变质烟煤由于结构单元的缩合程度较高，侧链和官能团很少，大部分平面网之间主要靠分子间的引力（范德华力）相连接，形成二度空间结构。当轻度加氢时，削弱了平面网间的吸引力，将平面网互相拆开。因此，使煤变得易裂解和溶解。

王桃霞等以甲醇作为溶剂和萃取剂考察了在较温和的条件（140℃，氢气初压 0.7MPa，微波辐射 15min）下活性炭、Ni 和 Pd/C 催化剂对神府煤加氢反应的影响。结果表明：反应混合物在甲醇中的萃取率按非催化加氢＜活性炭催化的加氢＜Ni 催化的加氢＜Pd/C 催化的加氢的顺序递增；通过 GC/MS 和 FTIR 分析可看出在不同反应条件下萃取物和萃余物组成的变化。

煤轻度加氢的过程是煤结构简单化的过程，因此，使煤的许多性质发生了变化，且耗氢量少，可扩大煤的加工利用途径。不同变质程度的煤，加氢后其性质改变的程度不同，正反映了它们结构上的区别，对研究煤结构也很有意义。

第四节　煤 的 氧 化

煤的氧化过程是指煤同氧相互作用的过程。除燃烧外，煤在氧化中同时伴随着结构从复杂到简单的降解过程，该过程也称氧解。煤的氧化是常见现象，煤在空气中堆放一定时间后，可以看到与空气接触的表层煤逐渐失去光泽，从大块碎裂成小块，结构变得疏松，甚至可用手指把它捻碎，这是一种轻度氧化，因为在大气条件下进行，通常称风化。若把煤粉与臭氧、双氧水和硝酸等氧化剂反应，会很快生成各种有机芳香羧酸和脂肪酸，这是深度氧化。若煤中可燃物质与空气中的氧，进行迅速的发光、发热的剧烈氧化反应，即是燃烧。

用各种氧化剂对煤进行不同程度的氧化，可以得到不同的氧化产物，这对研究煤的结构和煤的工业应用都具有重要意义。

一、煤的氧化阶段

煤的氧化过程按其反应深度或主要产品的不同可分为 5 个阶段，如表 8-4 所示。但同时也有平行反应发生。

表 8-4　煤的氧化阶段

氧化阶段	主要氧化条件	主要反应产物
1	从常温到100℃,空气或氧气	表面碳氧配合物
2	100～250℃空气或氧气 100～200℃碱溶液中,空气或氧气 80～100℃硝酸	可溶于碱的高分子有机酸(再生腐殖酸)
3	200～300℃碱溶液中,空气或氧气 100℃碱性 $KMnO_4$ 氧化 100℃ H_2O_2	可溶于水的复杂有机酸(次生腐殖质)
4	与3相同,但增加氧化剂量和延长反应时间	可溶于水的苯羧酸
5	彻底氧化	二氧化碳和水

第一阶段属于煤的表面氧化，氧化过程发生在煤的表面（内、外表面）。首先形成碳氧

配合物，而碳氧配合物是不稳定化合物，易分解生成一氧化碳、二氧化碳和水等。由于配合物分解而煤被粉碎，增加表面积，氧又与煤表面接触，使其氧化作用反复循环进行。

第二阶段是煤的轻度氧化，氧化结果生成可溶于碱的再生腐殖酸。

第三阶段属于煤的深度氧化，生成可溶于水的较复杂的次生腐殖酸。

第四阶段氧化剂与第三阶段相同，但增加用量，延长反应时间，可生成溶于水的有机酸（如苯羧酸）。第二、第三、第四阶段为控制氧化，采用合适的氧化条件，可以控制氧解的深度。

第五阶段是最深的氧化，称为彻底氧化，即燃烧。生成 CO_2、H_2O 以及少量的 NO_x、SO_x 等化合物。

为简化起见，一般不考虑第五阶段，同时将第三阶段和第四阶段合并，这就成为三个阶段：

① 表面氧化阶段；

② 再生腐殖酸阶段；

③ 苯羧酸阶段。

第一、二阶段属轻度氧化，第三阶段为深度氧化。

由上可见，氧化过程中包括顺序反应和平行反应，如何提高反应的选择性显然是十分重要的。液相氧化与气相氧化相比，一般反应速度较快，选择性好，所以研究较多。根据氧化剂的不同，煤的液相氧化有硝酸氧化、碱溶液中高锰酸钾氧化、过氧化氢氧化和碱溶液中空气或氧气氧化等。

二、煤的轻度氧化

煤轻度氧化研究的对象主要是褐煤和烟煤。氧化结果可生成不溶于水，但能溶于碱溶液或某些有机溶剂的再生腐殖酸。其组成和性质与泥炭和褐煤中的原生腐殖酸相类似。为了与原生腐殖酸加以区别，故称再生腐殖酸。再生腐殖酸基本上保存了煤原有的结构特征，成为研究煤结构的重要方法。由于再生腐殖酸在工农业中有重要应用，因而轻度氧化已成为煤直接化学加工的一个方向。

用碱溶液从泥炭、褐煤和土壤等物质中抽提出的除去少量沥青和矿物质后的有机酸性物质称为腐殖酸。它不是单一的化合物，而是组成十分复杂多变的羟基羧酸混合物。腐殖酸的相对分子质量有高有低，按其质量的大小、溶解度和颜色的不同，一般分为三个组分。

① 黑腐酸，只溶于碱溶液。

② 棕腐酸，除溶于碱外，还可溶于丙酮和乙醇等有机溶剂。

③ 黄腐酸，除溶于碱溶液和上述有机溶剂外，还能溶于水。

这三种组分同样也是混合物，只不过是相对分子质量范围比腐殖酸小一些而已。图 8-12 为腐殖酸三个组分的分离流程。

迄今为止，腐殖酸的结构尚不十分清楚，大致结构特征是，腐殖酸的核心是芳香环和环烷烃，周围有—COOH、—OH 和 C＝O 等含氧官能团，环结构之间有桥键连接。腐殖酸中包含的环结构数目越多，其相对分子质量越高。腐殖质最简单的结构单元，其形象如图 8-13 所示。

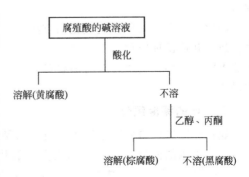

图 8-12 腐殖酸三个组分的分离流程

图 8-13　腐殖酸分子的基本结构单元示意

煤的轻度氧化过程，与煤的形成过程相反，可示意表示如下：

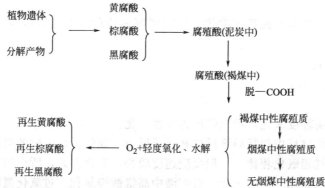

因此，用轻度氧化的方法，研究再生腐殖酸的组成结构，就可以获得相关煤结构的信息。腐殖酸类物质一般是指腐殖酸类及其派生出来物质的总称，它包括腐殖酸的各种盐类（钠、钾、铵等），各种配合物（配腐酸、腐殖酸-尿素等）以及各种衍生物（硝基腐殖酸、氯化腐殖酸、磺化腐殖酸等）。腐殖酸的主要性质如下。

① 腐殖酸的钠盐、钾盐、铵盐可溶于水。

② 腐殖酸是一种亲水的可逆胶体，加入酸或高浓度盐溶液可使腐殖酸溶液发生凝聚。

③ 腐殖酸具有弱酸性，所含羧基的酸性比乙酸强，故能分解乙酸钙，有一定的离子交换能力。

④ 腐殖酸与金属离子能配合和螯合，故能从水溶液中除去金属离子。

⑤ 可溶于水的腐殖酸盐能降低水的表面张力，降低泥浆的黏度和失水。

⑥ 腐殖酸具有氧化还原性，如可将 H_2S 氧化为硫，将 V^{4+} 氧化为 V^{5+}；黄腐酸能把 Fe^{3+} 还原为 Fe^{2+} 等。

⑦ 腐殖酸具有一定的生理活性，作为氢接受体可参与植物体内的能量代谢过程，对植物体内的各种酶有不同程度的促进或抑制作用，也能促进铁、镁、锰及锌等离子的吸收与转移等。

因此，工业上常用轻度氧化的方法，由褐煤或低变质烟煤（长焰煤、气煤）制取腐殖酸类物质，并广泛地应用于工农业和医药业上。另外，因为轻度氧化可破坏煤的黏结性，所以工业上对黏结性强的煤，有时需要对它们进行轻度氧化，以防止该类煤在炉内黏结挂料而影响操作。

三、煤的深度氧化

煤经轻度氧化得到腐殖酸类物质，如果继续氧化分解（在氧化第三、第四阶段条件下），可生成溶于水的低分子有机酸和大量二氧化碳。低分子有机酸类包括草酸、醋酸和苯羧酸（主要有苯的二羧酸、三羧酸、四羧酸、五羧酸和六羧酸等）。深度氧化是研究煤结构的重要方法，根据所得产物的结构特征，就可以推测出煤的基本结构特征。

煤的深度氧化通常是在碱性介质中进行，碱性介质的作用，是使氧化生成的酸转化成相应的盐而稳定下来。同时，由于碱的存在还能促使腐殖酸盐转变为溶液。因此可明显地减少反应产物的过度氧化，从而达到控制氧化的目的。常用的碱性介质是 NaOH、Na$_2$CO$_3$、Ca(OH)$_2$ 等。如果采用中性或酸性介质，则会使 CO$_2$ 增加，而水溶性酸降低。煤的深度氧化过程是分阶段进行的，氧化时首先生成腐殖酸，进一步氧化则生成各种低分子酸，如果一直氧化下去，则全部转变成 CO$_2$ 和 H$_2$O。氧化过程又是一个连续变化过程，也就是边生成边分解的过程。因此，适当控制氧化条件，可增加某种产品的产率。

氧化剂的用量和氧化时间，对氧化产物的收率影响很大。用碱性高锰酸钾溶液氧化煤时，高锰酸钾与煤的质量比，对氧化产物的收率有很大影响，如表 8-5 所示。

表 8-5　KMnO$_4$ 与煤的质量比对于氧化生成物收率的影响　　　　单位：%

$\dfrac{m(\text{KMnO}_4)}{m(\text{煤})}$/%	0	1.0	3.0	5.0	7.0	8.1	12.8
未变化	100.0	81.9	56.1	32.4	10.9	4.4	0
腐殖酸	0	10.9	27.8	24.4	19.1	0	0
芳香族羧酸	0	6.0	23.0	35.1	51.0	46.8	41.8
草酸	0	2.0	8.0	13.2	20.0	17.0	20.8
乙酸	0	0.9	1.9	2.4	2.1	2.6	3.3

波内（Bone）等人对纤维素、木质素以及各种煤化度的煤，用碱性高锰酸钾进行了深度氧化研究。研究结果如表 8-6 所示。

表 8-6　将纤维素、木质素及各种煤用碱性高锰酸钾氧化所得各种生成物的收率　单位：%

原料物质	二氧化碳	乙酸	草酸	芳香族酸
纤维素	48	3	48	—
木质素	57～60	2.5～6.0	21～22	12～16
泥炭	49～61	3.0～5.5	15～28	10～25
泥炭和褐煤	45～47	3.0～7.5	9～23	22～34
烟煤	36～42	1.5～4.5	13～14	39～46
无烟煤	43	2	7	50

从表 8-6 可知，乙酸的收率较少，且随煤化度变化甚微；草酸的收率较多，且随煤化度增加而减少；芳香族酸收率也较多，且随煤化度增加而增加，增加的幅度也比较大；二氧化碳的收率很高，随着煤化度的增加而显示出下降的趋势。

根据有机化学规律，草酸可由脂肪族生成，也可由芳环结构氧化与苯羧酸同时生成：

乙酸也是由脂肪族或芳环结构氧化与苯羧酸同时生成：

苯羧酸是由苯环上带有侧链的化合物或稠环化合物氧化生成，而苯六羧酸只能由稠环化合物氧化而成，反应如下：

氧化产物中苯六羧酸的存在，证明了煤结构中存在着稠环芳香族的结构；芳香族酸随煤化度的增加而增加，其他低分子酸却减少，也证实了煤的结构随煤化度增加，芳香核缩合程度越大，侧链减少。

早津等人用 0.4mol/L 重铬酸钠（$Na_2Cr_2O_7$）在 250℃ 的温度下氧化各种烟煤，得到混合羧酸。将其酯化后，进行质谱分析，发现在 32 种芳香结构中，有 20 种为芳香杂环。主要芳香环和芳香杂环结构如下：

第五节　煤的其他化学反应

煤的其他化学反应有煤的卤化、磺化、水解、烷基化、酰基化、烯基化、解聚和水解等。这些反应对于研究煤的结构提供重要依据，有的也有工业意义。本节重点讨论卤化、磺化和水解。

一、煤的卤化反应

1. 煤的氯化

氯化方法有两种；一是在较高温度（约 175℃ 或更高）下，用氯气进行气相氯化；二是在 ≤100℃ 下，在水介质中氯化。由于水的强离子化作用，在后一条件下氯化反应的速度很快，煤的转化程度较深，故研究得较多。

（1）煤在水介质中氯化时发生的反应　氯的取代和加成反应——氯化反应的前期主要是芳环和脂肪侧链上的氢被氯取代，析出 HCl。

$$RH + Cl_2 \longrightarrow RCl + HCl$$

在反应后期当煤中氢含量大大降低后也有加成反应：

所以，煤在氯化过程中氯含量大幅度上升，有时可达 30% 以上。

氧化反应——氯与水产生盐酸和氧化能力很强的次氯酸：

$$Cl_2 + H_2O \Longleftrightarrow HCl + HClO$$

次氯酸可将煤氧化产生碱可溶性腐殖酸和水溶性有机酸。煤的氯化反应不断生成盐酸能抑制氧化作用，所以氧化与氯化相比，一般不是主要的。

盐酸生成反应——一部分来自取代反应，一部分来自氯与水的反应。在煤的氯化中盐酸生成量很大，故有人设想以此法生产盐酸。

脱硫和脱矿物质反应——煤的氯化可大量减少矿物质和硫含量。脱硫反应如下：

$$\begin{cases} R-S-R' + Cl_2 \longrightarrow RSCl + R'Cl \\ RSCl + 3Cl_2 + 4H_2O \longrightarrow RCl + H_2SO_4 + 6HCl \end{cases}$$

$$\begin{cases} 2FeS_2 + 5Cl_2 \longrightarrow 2FeCl_3 + 2S_2Cl_2 \\ S_2Cl_2 + 5Cl_2 + 8H_2O \longrightarrow 2H_2SO_4 + 12HCl \end{cases}$$

脱矿物质的反应主要是盐酸与矿物质中碱性成分的中和反应。

氯化煤是棕褐色固体，不溶于水。

（2）氯化反应的条件和结果　反应主要影响因素有温度、时间、氯气流量、水煤比和催化剂等。我国扎赉诺尔褐煤在水介质中的氯化反应条件和结果列于表 8-7。

表 8-7　扎赉诺尔褐煤在水介质中的氯化反应条件和结果

反应温度/℃	反应时间/h	氯化煤产率/%	氯化煤元素组成(daf)/%			
			$w(C)$	$w(H)$	$w(Cl)$	$w(O)$(差减)
10	6	119.4	54.3	3.12	16.9	25.7
30	6	125.7	51.1	2.76	22.2	23.9
60	6	132.0	48.0	3.05	26.2	21.9
80	6	126.2	49.9	3.23	23.7	23.2
95	6	116.2	54.4	3.15	18.2	24.3
95	12	134.2	44.4	2.12	32.0	21.5
95	25	142.7	40.7	2.09	36.0	21.0
		原料煤	71.1	5.01	0.0	22.0

由表 8-7 可见，当反应时间为 6h 时，在反应温度 60℃ 下氯化煤产率和氯化煤中的

$w(\mathrm{Cl})$ 均最高。在 95℃ 温度下，随时间延长，氯化煤产率和 $w(\mathrm{Cl})$ 均增加。

（3）氯化煤在有机溶剂中的溶解度　在氯化（还有氧化）过程中，由于煤的聚合物结构发生某种程度的解聚，使得氯化煤在有机溶剂中溶解度大大提高，见表 8-8。

表 8-8　氯化煤在不同有机溶剂中的抽提率[①]　　　　单位：%

溶剂	抽提率		溶剂	抽提率	
	原煤	氯化煤		原煤	氯化煤
乙醚	7.82	17.6	苯	3.86	4.11
酒精	1.27	58.0	酒精＋苯(1∶1)	2.82	85.9

① 氯化条件：80℃，6h，扎赉诺尔褐煤。

（4）煤氯化的应用前景　氯化煤的溶剂抽出物可作为涂料和塑料的原料。氯化煤可作为水泥分散剂和钻井泥浆稳定剂等。利用氯化时副产的盐酸可分解磷矿粉，生产腐殖酸-磷肥。煤在高温下气相氯化可制取四氯化碳。

2. 煤的氟化

由于氟的化学性质高于氯，所以煤的氟化反应速率更快和完全。气相氟化反应包括取代和加成反应，它可用来测定煤的芳香度。

煤在氟化后质量增加。总质量中包括氟加成的增重和氟取代的增重。

$$\Delta W_t = \Delta W_H + \Delta W_a$$

式中　ΔW_t——总增重，g；

　　　ΔW_H——氢被氟取代的增重，g；

　　　ΔW_a——氟加成的增重，g。

现以芳香环中的一个碳原子为例：

$$\mathrm{CH} + \mathrm{F_2} \longrightarrow \mathrm{CF} + \mathrm{HF}$$
13　　　　　31　　20

$$\Delta W_H = \Delta W_t - \Delta W_a = 0.9 \Delta W_{HF}$$

式中　ΔW_{HF}——氟化中析出的 HF 质量，g。

芳香碳质量　　　　　　$W_C = 12/19 (\Delta W_t - \Delta W_H)$

二、煤的磺化反应

1. 煤的磺化反应过程

煤与浓硫酸或者发烟硫酸进行磺化反应，反应结果可使煤的缩合芳香环和侧链上引入磺酸基（—$\mathrm{SO_3H}$），生成磺化煤。煤的磺化反应如下：

$$\mathrm{RH} + \mathrm{HOSO_3H} \longrightarrow \mathrm{R-SO_3H} + \mathrm{H_2O}$$

进行磺化反应时，在加热条件下浓硫酸是一种氧化剂，可把煤分子结构中的甲基（—$\mathrm{CH_3}$）、乙基（—$\mathrm{C_2H_5}$）氧化，生成羧基（—COOH），并使碳氢键（C—H）氧化成酚羟基（—OH）。故磺化煤可表示为 $\mathrm{R{-}COOH}$（带 $\mathrm{SO_3H}$ 和 OH），可简化表示为 RH。

由于煤经磺化反应后，增加了—$\mathrm{SO_3H}$，—COOH 和—OH 等基团，这些官能团上的氢离子（$\mathrm{H^+}$）能被其他金属离子（$\mathrm{Ca^{2+}}$、$\mathrm{Mg^{2+}}$ 等）所取代，当磺化煤遇到含金属离子的溶液，就以 $\mathrm{H^+}$ 和金属离子进行交换。

$$2\mathrm{RH} + \mathrm{Ca^{2+}} \longrightarrow \mathrm{R_2Ca} + 2\mathrm{H^+}$$

$$2\mathrm{RH} + \mathrm{Mg^{2+}} \longrightarrow \mathrm{R_2Mg} + 2\mathrm{H^+}$$

因此，磺化煤是一种多功能官能团的阳离子交换剂。

2. 煤磺化反应的工艺条件

（1）原料煤 采用挥发分大于 20% 的中等变质程度的烟煤。为了确保磺化煤具有较好的机械强度，最好选用暗煤较多的煤种，灰分在 6% 左右，不能过高。煤粒度 2～4mm。粒度太大磺化不完全，而过小使用时阻力大。

（2）硫酸浓度和用量 硫酸浓度应大于 90%，发烟硫酸反应效果更好。硫酸对煤的质量比一般为（3～5）:1。

（3）反应温度 在 110～160℃ 为宜。

（4）反应时间 包括升温在内的总反应时间一般在 9h 左右。反应开始时需要加热，因磺化反应为放热反应，多以反应进行后就不需供热了。

煤磺化反应后经洗涤、干燥、过筛制得多孔的黑色颗粒，称氢型磺化煤（RH）。若与 Na^+ 交换可制成钠型磺化煤（RNa）。

3. 磺化煤的用途

磺化煤是一种制备简单、价格低廉、原料广泛的阳离子交换剂。它们饱和交换能力为 1.6～2.0mmol/g。其主要用途如下。

① 锅炉水软化剂，除去 Ca^{2+} 和 Mg^{2+}。

② 有机反应催化剂，用于烯酮反应、烷基化或脱羧基化反应、酯化反应和水解反应等。

③ 钻井泥浆添加剂。

④ 处理工业废水（含酚和重金属水）。

⑤ 湿法冶金中回收金属，如 Ni、Ca、Li 等。

⑥ 制备活性炭。

磺化煤机械强度差，在运输和使用过程中破损率高，并且当水温超过 40℃ 时，磺化煤会变质。

三、煤的水解

煤的水解反应是在碱性水溶液中进行。曾有人在 325～350℃，用 5mol/dm³ NaOH 水解一种含碳 77% 的烟煤，其水解产物如表 8-9 所示。

表 8-9 煤的水解产物

水解时间/h	温度/℃	水解产物	其占原煤质量分数 w/%
24	350	气体（H_2、CH_4、C_2H_6）	2.8
		液体酚类（相对分子质量 90～180）	3.0
		固体酚类（相对分子质量 300）	5.0
		脂肪酸	13.0
		碱类	0.7
		NH_3	0.5
		烃类（相对分子质量 100～400）	15.6
		碳酸盐	22.0
		残渣	28.3

从这些水解产物中，分离出苯酚类、丙酸、丁酸、己酸、十二烷酸、二元酚类和具有氢化芳香环的物质。

酚类的形成，可能是由于煤中醚键的水解：

$$R—O—R'+H_2O \longrightarrow ROH+R'OH$$

酸或醇类的产生，是由于煤中的醛基在 NaOH 介质中进行歧化作用形成酸或醇：

$$2RCHO+NaOH \longrightarrow RCOONa+RCH_2OH$$

二元酸的生成，是由于煤中醌基在碱性介质中水解时产生氧化，形成二元酸：

通过对煤水解产物的研究，说明了煤的结构单元是缩合芳香环组成，在芳香环的周围有含氧官能团，为煤结构提供了依据。

实验证明，煤中可水解的键不多，但引起煤中有机质的变化，如煤水解后不溶残余物在苯中的溶解度增加，可达 27%，而原煤在苯中只溶解 6%~8%。

利用乙醇、异丙醇和乙二醇代替水，进行水解反应，其效果更好。但目前上述的水解反应还不能保证定量进行。

复习思考题

1. 煤中有哪些含氧官能团？它们在煤中的相对含量及随煤化度的变化有什么规律？
2. 煤中含氧官能团的含量如何测定？
3. 煤中大致有哪些含硫官能团与含氮官能团？
4. 煤的高真空热分解的目的及工作原理是什么？
5. 煤的高真空热分解得出了什么结果？
6. 为什么要进行煤的加氢研究？可达到什么目的？
7. 煤的加氢可能发生哪些主要化学反应？
8. 煤的深度加氢与轻度加氢各需要哪些条件？加氢使煤发生哪些变化？可达到什么目的？
9. 煤的氧化分为哪几个阶段？分别得到哪些主要反应产物？
10. 何为腐植酸、再生腐植酸？它可以分为哪几个主要组分？写出其分离流程。
11. 腐植酸具有哪些主要性质？腐植酸具有哪些用途？
12. 简述煤深度氧化的目的、氧化剂、主要产物及哪些产物的产率与煤化度相关？
13. 从煤的氧化可以得到哪些有关煤结构的信息？
14. 煤一般可进行哪些卤化反应？试述各种卤化反应的原理及产物用途。
15. 试述煤磺化反应的原理及产物用途。

第九章 煤的综合利用

煤炭的综合利用是指充分合理地利用各种煤炭资源（包括石煤、煤矸石等劣质煤），使其发挥最大的经济效益和社会效益。

煤炭作为一次能源的直接燃烧供热和发电是煤炭利用的传统方式，目前在世界范围内仍有一半以上的煤炭用在这个方面。然而，燃煤在给人类带来光明和温暖的同时，却给人类带来严重的环境污染与危害。因此，大力发展洁净煤技术，将煤炭转化为洁净的二次能源一直是煤炭综合利用的一个主攻方向。煤炭通过气化和液化工艺可得到煤气和人造液体燃料，这些煤气和液体燃料不但在运输与使用上非常方便，而且可大大减少污染。煤炭经过洗选除去大部分灰分和硫分，并进一步加工为型煤或水煤浆、精细水煤浆、油煤浆等都是减少大气污染的洁净煤应用技术。除此之外，煤炭的综合利用的方法是多种多样的，如制取高附加值化工产品，包括煤的干馏（焦化）、加氢、液化、气化、氧化、磺化、卤化、水解、溶剂抽提等。煤炭还可以作为直接还原剂、过滤材料、吸附材料、塑料和炭素材料等利用。

目前，世界各国正致力于煤炭转化技术的开发与利用，期望通过把煤炭转化为洁净的二次能源（流体燃料）减轻对大气环境的破坏；也需要以煤为原料为人们的生产和生活提供更多化工产品和制品。包括煤的焦化、加氢、液化、气化、氧化以及用煤制造电石以获取更多的乙炔，制造各种化工原料。煤经气化制合成气（CO 和 H_2），再由 CO（即 C_1 化学）可制造多种化学品。煤液化制取苯等芳香烃已日益引起人们的关注。

我国煤炭综合利用情况与发达国家相比，具有起步晚、规模小、发展速度快等特点。目前，在煤的综合利用方面，我国虽然做了大量的工作，取得了很大的成绩，但与世界先进水平相比，差距是很大的，且煤炭的终端消费结构也很不合理。例如，我国的煤炭利用以燃烧为主，在加工利用方面比较薄弱，原煤入洗率低，只有 1/4 左右，大部分原煤在使用前不经洗选。因而商品煤质量较差，平均灰分为 20.5%，平均硫分为 0.8%。型煤技术虽已有较长发展历史，但目前，技术与设备的改进与提高效果不尽如人意，技术推广速度缓慢，型煤产量仍较低。动力配煤与水煤浆技术的发展可以说还均处于初级发展阶段。高效固硫剂、助燃剂等尚处于开发和试用阶段。因此，作为世界上第一产煤和用煤大国，我国的煤炭洁净加工与高效利用虽然前途光明，然而却任重道远。

第一节 煤的燃烧和气化

煤的燃烧和气化在许多方面类似，关系极为密切，因此在本节一并介绍。

一、煤的燃烧

煤的燃烧是煤的传统使用方式，也是各种用能形式的基础。煤在燃烧过程中带来的环境污染问题非常严重，事关国民计生。为开发新的燃烧技术，提高煤的利用效率和消除或减轻煤在燃烧过程中造成的污染，有必要了解煤的燃烧化学。

1. 煤的燃烧过程和燃烧反应

煤的燃烧是指煤中的可燃有机质，在一定温度下与空气中的氧发生剧烈的化学反应，放出光和热，并转化为不可燃的烟气和灰渣的过程。将煤料在富氧气氛中持续加热导致燃烧的过程可分为三个阶段：

① 热解，释放出挥发物，煤粒被炭化；

② 气态烃类着火和燃烧；

③ 在足够高的温度和有足够的氧达到煤粒表面的条件下，残余固体粒子本身被点燃和燃烧。

这三个阶段的燃烧反应可假定如下。

① 挥发物烃类很快变成 CO 和氢，然后进行 H_2 的燃烧和 CO 的缓慢燃烧。CO 的缓慢燃烧决定着挥发物的燃烧速率。通常将反应式写为

$$C_nH_m + \frac{1}{2}nO_2 \longrightarrow nCO + \frac{1}{2}mH_2$$

$$H_2 + \frac{1}{2}O_2 \longrightarrow H_2O$$

$$CO + \frac{1}{2}O_2 \longrightarrow CO_2$$

② 当氧开始与固体碳接触时，氧原子便在自由吸附位处进行化学吸附、氧吸附、形成碳氧配合物、氢氧配合物、解吸，进一步在煤粒的气态层发生氧化、反应等燃烧反应，主要反应式通常可写为

完全燃烧时 $\qquad C + O_2 \longrightarrow CO_2 \qquad \Delta H = -409kJ/mol$

不完全燃烧时 $\qquad C + \frac{1}{2}O_2 \longrightarrow CO \qquad \Delta H = -123kJ/mol$

CO 的燃烧反应 $\quad CO + \frac{1}{2}O_2 \longrightarrow CO_2 \qquad \Delta H = -283kJ/mol$

③ 处于十分次要地位的并行反应还有

氢的燃烧反应 $\quad H_2 + \frac{1}{2}O_2 \longrightarrow H_2O \qquad \Delta H = -242kJ/mol$（汽）

$\qquad\qquad\qquad H_2 + \frac{1}{2}O_2 \longrightarrow H_2O \qquad \Delta H = -286kJ/mol$（液）

硫的燃烧反应 $\qquad S + O_2 \longrightarrow SO_2 \qquad \Delta H = -296kJ/mol$

对煤和焦渣来说，还非常容易发生气化反应，使固态煤、焦转化成气态，从而加速燃烧过程。这些反应有：

与二氧化碳反应 $\qquad C + CO_2 \longrightarrow 2CO \qquad\qquad \Delta H = 162kJ/mol$

与水蒸气气化反应 $\quad C + H_2O \longrightarrow CO + H_2 \qquad \Delta H = 119kJ/mol$

与水蒸气气化反应 $\quad C + 2H_2O \longrightarrow CO_2 + 2H_2 \quad \Delta H = 75kJ/mol$

水煤气变换反应 $\qquad CO + H_2O \longrightarrow CO_2 + H_2 \quad \Delta H = 42kJ/mol$

甲烷化反应 $\qquad\quad CO + 3H_2 \longrightarrow CH_4 + H_2O \quad \Delta H = 206kJ/mol$

以上这些阶段所发生的反应是串联进行的。但在锅炉燃烧室中，实际上各阶段是相互交叉，或者某些阶段是同步进行的。各阶段历时的长短与相互交叉的情况，取决于煤的性质及燃烧方式。例如，挥发分析出过程可能在水分没有完全蒸发尽就开始；残焦也可能在挥发物没有完全析出前就开始着火燃烧；残焦（焦渣）的燃烧伴随着灰渣的形成等。

2. 影响燃烧速率的因素

无论从表面现象，还是从动力学角度来看，煤燃烧三个阶段彼此之间的联系取决于粒度、加热速度和煤焦的气孔率。煤在燃烧过程中，挥发物的燃烧对火焰长度和稳定性影响很大，煤料自身的升温速度又决定了挥发物从热解煤中的逸出速度，这两者又决定了炭化煤粒的着火速度和燃烧状况。

煤的燃烧机理的中心问题是煤粒的着火，它取决于热解和表面氧化之间的竞争，因而取决于挥发分、加热速度和煤粒尺寸三者之间的关系。

如果煤粒尺寸小而加热速度很快（粉煤燃烧时的加热速度为 $10^4℃/s$），则表面氧化速率可能超过热解速率，这时气态烃与固体碳将同时燃烧。但是，如果加热速度高达 $10^6℃/s$，则多相燃烧的寿命很短，而被滞后逸出的挥发物所熄灭，这些挥发物妨碍氧接近煤粒表面，直至挥发物全部燃烧完为止。

当煤粒尺寸比较大时，升温速度较慢，如流化床的升温速度约为 $10^3℃/s$，固定床的加热速度还要低得多，这时热解速率将超过煤粒表面上碳的氧化速率，在这种情况下，不断逸出的挥发物将妨碍氧到达煤粒表面，因而要等挥发物基本上完全燃烧后煤粒才能着火。

除上述因素外，氧的内外扩散、煤粒的气孔率和碳的反应性都对煤的燃烧速率有影响。但最重要的影响因素还是燃烧温度和周围氧的浓度。在实际燃烧装置的非常典型的条件下，燃烧时间（反映总反应速率）可以直接和煤粒尺寸相关联。

3. 煤炭完全燃烧的条件

① 必须维持煤料的温度在着火温度以上；

② 煤料和适量的空气充分接触；

③ 及时而且妥善地排出燃烧产物；

④ 必须提供燃烧必需的足够空间和时间。

4. 燃料用煤对煤质的要求

（1）一般工业锅炉用煤对煤质的要求　一般情况下，燃料用煤在锅炉内有三种燃烧方式，即层状燃烧、沸腾式燃烧、悬浮式燃烧。层状燃烧就是将燃料置于固定或移动的炉排上，形成均匀的、有一定厚度的料层，空气从炉排下部通入，通过燃料层进行燃烧反应。采用层状燃烧的锅炉叫层燃炉。层燃炉根据炉排形式不同又分为：手烧炉、链条炉、振动排炉、往复推动排炉、抛煤机炉等。把固体燃料放到炉排上，从炉排下面鼓入压力较高的空气，达到某一临界速度时（吹浮力等于煤粒重量），自由放置的料层全部颗粒失去了稳定性，产生激烈的运动，好像液体沸腾那样上下翻腾进行燃烧，这种燃烧方式叫沸腾式燃烧。沸腾炉的燃烧方式属于这一种。当鼓风速度很高时，燃料颗粒与空气流一起运动，在悬浮状态下进入燃烧室，进行燃烧，这种燃烧方式就是悬浮式燃烧。火力发电厂的悬燃炉就属于这种燃烧方式。

① 层燃炉用煤对煤质的要求。层燃炉是目前用得最多的锅炉，为保证其正常运行，减少热损失，提高热效率和减轻污染，要求煤的粒度均匀适中，有条件的可以考虑使用型煤，此外，煤的硫分、水分、灰分对层燃炉也有影响。硫分含量高，则烟气中 SO_2、SO_3 等有害气体多，污染大，水分一般控制在 $6\%\sim8\%$。水分过高，排烟热损失增大；水分过低，"飞灰"损失增大。灰分增高，发热量降低，故灰分越低越好。根据炉型不同，层燃炉所用煤种也不同。

② 沸腾炉用煤对煤质的要求。沸腾炉是一种燃用各种劣质煤、煤矸石和石煤的新型锅炉，它可以燃用各种劣质燃料，其中包括灰分达 70%，发热量仅为 $4.2MJ/kg$ 的燃料，挥发分仅为 $2\%\sim3\%$ 的无烟煤以及碳含量仅为 15% 以上的炉渣。但它要求粒度最大不超过 $8\sim10mm$，平均粒度为 $2mm$ 左右为最佳。

（2）火力发电用煤对煤质的要求　火力发电厂用煤没有固定的煤质指标。但发电厂投产后，要求尽可能使用原设计选用的煤炭品种，否则就会影响锅炉的正常运行。影响电力锅炉的因素如下。

① 发热量。对于整个发电行业来说，所用煤的发热量没有确定的数值，有的高达

25.1MJ/kg，有的低至 4.2MJ/kg。但对于已选定的锅炉，发热量必须符合设计要求，一般不低于设计值 0.8MJ/kg，不高于设计值 1.0MJ/kg。

② 挥发分。挥发分是评定煤炭燃烧性能的重要指标。挥发分高的煤，燃点低，燃烧速度快；挥发分低的煤，燃点高，燃烧速度慢。

③ 水分。水分含量高，发热量降低，排烟热损失大，还容易引起煤仓、管道及给煤机内黏结堵塞。但水分的存在还有一定的好处。火焰中含有水蒸气对煤粉的悬浮燃烧是一种十分有效的催化剂；水分还可防止煤尘飞扬等。

④ 灰分。煤的灰分产率愈高，发热量愈低，燃烧温度下降，排灰量增大，热效低，受热面沾污和磨损愈严重，所以灰分愈低愈好。

⑤ 煤灰熔融性。对于固态排渣煤粉炉，要求 ST≥1350℃，低于这个温度有可能造成炉膛结渣，阻碍锅炉正常运行。液态排渣煤粉炉要求煤灰熔融性愈低愈好，而且煤灰黏度也愈低愈好。

⑥ 硫分。硫在煤的燃烧过程中产生有毒物质，不仅腐蚀锅炉设备，而且还造成环境污染。高硫煤在煤仓内储存时易自燃，所以硫分应愈低愈好，$w(S_t)_d < 1.25\%$ 为最好。

⑦ 粒度。悬燃炉均燃用煤粉。煤粉愈细，愈容易着火和燃烧完全，热损失小，但耗电量增加，飞扬损失大。一般要求粒度为 $0 \sim 300\mu m$，而且大多数为 $20 \sim 50\mu m$，粒度均匀。

我国规定，对供应火力发电厂煤粉炉用煤的粒度要求：（洗）末煤<13mm，（洗）混末煤<25mm，中煤、洗混煤<50mm，如上述煤种供应数量不足时，可暂时供原煤。

（3）蒸汽机车用煤对煤质的要求　机车锅炉要随机车一起作高速运行，所以机车锅炉具有燃烧强度大、风速大、体积小、烟囱短等特点，要求使用优质烟煤块煤。具体指标如下。

① 粒度。当坡度>10‰时，粒度为 13～50mm；当坡度<10‰时，粒度为 13～25mm；平道时，粒度为 6～50mm。

② 发热量。$Q_{net,ar} > 20.9$MJ/kg，愈高愈好。由于机车锅炉体积、重量受限制，要达到一定的牵引力，要求锅炉蒸发率高，所以要求煤的发热量高。

③ 灰分。$A_d < 24\%$，愈低愈好。

④ 煤灰熔融性。ST>1200℃，愈高愈好。

⑤ 挥发分。$V_{daf} \geq 20\%$。挥发分高，易点火，燃烧速度快，火焰长。

⑥ 硫分。隧道区，$w(S_t)_d < 1\%$；其他，$w(S_t)_d < 1.5\%$。硫分高，腐蚀设备，污染环境。

根据以上煤质指标，蒸汽机车可燃用长焰煤、弱黏煤、气煤、肥煤。具备运入多种煤配烧的铁路区段，也可将不黏煤、焦煤、瘦煤与其他类别煤配烧，在不能运入其他类别煤的区段，经实验合格可单烧。

由于优质烟煤块煤来源有限，为了满足锅炉各项用煤指标，最理想的办法是采用机车型煤。

（4）水泥熟料的煅烧窑炉用煤对煤质的要求　水泥熟料的煅烧有两种形式，即立窑和回转窑，我国一半以上的水泥由立窑煅烧而成。

① 立窑煅烧对煤质的要求。发热量大于 20.9MJ/kg，这样才能使物料达到1450℃的高温。$V_{daf} < 10\%$，由于预热阶段温度低，空气少，挥发分高会白白损失掉。粒度小于 5mm，其中小于 3mm 的要占85%。粒度过大底火过长，冷却不利；粒度小，动力消耗大。$A_d < 30\%$，愈低愈好，灰分全部掺入熟料中，灰分过高影响通风，发热量低。所以立窑煅烧要求用低挥发分无烟煤。

② 回转窑煅烧对煤质的要求。发热量大于 20.9MJ/kg（干法窑大于 23.0MJ/kg）。挥发

分 V_{daf}18％～30％，过低，着火缓慢，高温部火焰短；过高，火焰软弱无力，没有后劲，影响熟料质量。水分（M_{ar}）<3％。A_d<27％（干法<25％），尽量小。粒度为 10％～15％（4900 孔/cm^2 筛子的筛余量）。粒度大，影响反应速度，对燃烧不利，过小，动力消耗大。所以，回转窑要求使用中等煤化程度的烟煤，即焦煤、肥煤、1/3 焦煤、气肥煤、气煤、1/2 中黏煤、弱黏煤、不黏煤。对具备运入多种煤搭配使用的地区，也可搭配使用无烟煤、瘦煤、贫瘦煤、贫煤、长焰煤和褐煤等煤类。

（5）民用型煤对煤质的要求　民用型煤包括民用煤球和蜂窝煤两类。

① 民用煤球对煤质的要求。民用煤球根据用途分为普通煤球和手炉煤球两种。普通煤球要求使用 A_d25％～35％、$Q_{net,ar}$=20.9MJ/kg 的无烟煤。手炉煤球要求使用 V_{daf}7％～10％、燃点 450℃、$w(S_t)_d$<0.4％的无烟煤。

② 蜂窝煤对煤质的要求。蜂窝煤按引火方向分为上点火蜂窝煤和下点火蜂窝煤两种。下点火蜂窝煤要求使用发热量保持在 23.0MJ/kg、ST>1100℃的无烟煤。上点火蜂窝煤对于烟煤、无烟煤均可使用。若使用无烟煤，则具体质量要求如下：发热量稳定，23.0～25.0MJ/kg；V_{daf}=15％～20％（挥发分低可掺入少量褐煤、烟煤）；燃点低；$w(S_t)_d$<0.4％。

二、煤的气化

将固体煤加工成液体和气体燃料的过程为煤转化。如该过程的最终目标是从煤生产液体产品，则该过程称为煤的液化。如果最终目标是生产气体产品，则该过程称为气化。煤的气化是指气化原料（煤或焦炭）与气化剂（空气、水蒸气、氧气等）接触，在一定温度和压力下，发生一系列复杂的热化学反应，使原料最大限度地转变为气态可燃物（煤气）的工艺过程。煤气的有效成分主要是 H_2、CO 和 CH_4 等。

气化过程不同于干馏，干馏仅能将煤本身不到 10％作为副产品变为不同数量的（取决于煤化程度和温度）可燃气体混合物，气化则将煤中全部的碳都转化成气态。煤化程度和温度仅仅影响气化速率，如有必要，可使气体中除含少量杂质（如 H_2S）外几乎完全由 CO 和 H_2 组成。

1. 煤气化的主要化学反应

（1）燃烧反应

$$C+O_2 \longrightarrow CO_2 \qquad \Delta H=395.4 \text{kJ/mol}$$

（2）发生炉煤气反应

$$C+CO_2 \longrightarrow 2CO \qquad \Delta H=-167.9 \text{kJ/mol}$$

（3）碳-水蒸气反应

$$C+H_2O \longrightarrow CO+H_2 \qquad \Delta H=-135.7 \text{kJ/mol}$$

（4）变换反应

$$C+2H_2O \longrightarrow CO_2+2H_2 \qquad \Delta H=32.2 \text{kJ/mol}$$

（5）碳加氢反应（直接加氢气化）——在加压和低于 1150℃温度下发生。

$$C+2H_2 \longrightarrow CH_4 \qquad \Delta H=-39.4 \text{kJ/mol}$$

（6）热解或脱挥发分反应　煤进行气化时，通过热裂解将产生更多的甲烷，该热裂解过程因过程条件的不同可用下列两个反应式表示：

$$C_mH_n \longrightarrow \frac{n}{4}CH_4+\frac{m-n}{4}C$$

$$C_mH_n+\frac{2m-n}{2}H_2 \longrightarrow mCH_4$$

此外，同时还有一些造成环境污染的反应，有时会有引起腐蚀的次要反应发生：

$$S+O_2 \longrightarrow SO_2$$

$$SO_2+3H_2 \longrightarrow H_2S+2H_2O$$

$$SO_2+2CO \longrightarrow S+2CO_2$$

$$SO_2+2H_2S \longrightarrow 3S+2H_2O$$

$$C+2S \longrightarrow CS_2$$

$$CO+S \longrightarrow COS$$

$$N+3H_2 \longrightarrow 2NH_3$$

$$N+H_2O+2CO \longrightarrow 2HCN+1\frac{1}{2}O_2$$

$$N_2+xO_2 \longrightarrow 2NO_x$$

这些反应和它们的热化学性质与煤的气化速率有重要关系，它决定着在具体情况下产品气的组成。

2. 煤的气化方法与煤气的种类

（1）煤的气化方法　煤的气化分类方法很多，这里主要介绍几种常用的分类方法。

① 按原料在气化炉中的运动状态可分为移动床（固定床）气化、流化床（沸腾床）气化、气流床（悬浮床）气化、熔融床气化等；

② 按气化过程的操作方式可分为连续式气化、间歇式气化、循环式气化等；

③ 按压力大小不同可分为常压气化、加压气化（中压 $0.7\sim3.5$MPa，高压 >7.0MPa）。

（2）煤气的种类　根据所使用的气化剂的不同，煤气的成分与发热量也各不相同，大致可分为空气煤气、混合煤气、水煤气、半水煤气等。

① 空气煤气。空气煤气是以空气为气化剂与煤炭进行反应的产物，生成的煤气中可燃组分（CO、H_2）很少，而不可燃组分（N_2、CO_2）很多。因此，这种煤气的发热量很低，用途不广。随着气化技术的不断提高，目前已不采用生产空气煤气的气化工艺。

② 混合煤气。为了提高煤气发热量，可以采用空气和水蒸气的混合物作为气化剂，所生成的煤气称为混合煤气。通常人们所说的发生炉煤气就是指这种煤气。混合煤气适用于作燃料气使用，广泛用于冶金、机械、玻璃、建筑等工业部门的熔炉和热炉。

③ 水煤气。水煤气是以水蒸气作为气化剂生产的煤气。由于水煤气组成中含有大量的氢和一氧化碳，所以发热量较高，可以作为燃料，更适于作为基本有机合成的原料。但水煤气的生产过程复杂，生产成本较高，一般很少用作燃料，主要用于化工原料。

④ 半水煤气。半水煤气是水煤气与空气煤气的混合气，是合成氨的原料气。

3. 气化用煤对煤质的要求

（1）移动床气化法及其对煤质的要求　移动床气化法分常压气化和加压气化两种。

① 移动床常压气化法及其对煤质的要求。此法可以生产发生炉煤气、半水煤气等。煤气的种类不同，其用途及对煤质的要求亦不同。

发生炉煤气是指空气煤气和混合发生炉煤气。空气煤气因热值低，逐渐被淘汰。现在广泛使用的是混合发生炉煤气（通称发生炉煤气）。在移动床常压气化法生产发生炉煤气过程中，气化原料（煤或焦炭）从炉顶上部装入，原料层及炉渣层由下部炉栅支撑，空气和水蒸气混合物由炉底给入，经炉栅均匀分配，与料层移动方向相反。气化剂与原料不断接触发生热化学反应，生成的煤气从炉顶出口导出，灰渣由炉底排出。

为了使得原料与气化剂有足够的接触，保证气化反应顺利进行，应使用弱黏结或不黏结块煤进行气化。煤的种类有：长焰煤、不黏煤、弱黏煤、1/2 中黏煤、气煤、1/3 焦煤、贫煤、无烟煤。

半水煤气是合成氨的原料气，它是采用移动床间歇气化法生产的。在生产过程中，空气和水蒸气间歇交替进入气化炉，形成吹风（空气）-造气（水煤气）的循环。半水煤气是空气煤气和水煤气的混合气。为了保证气化反应的顺利进行，满足合成氨原料气的质量要求，可采用块状焦炭和无烟煤或其煤球进行气化。焦炭成本高，目前主要采用无烟煤。具体指标如下。

a. 水分。要求 $M_t \leqslant 6\%$。

b. 挥发分。挥发分产率高的煤生成的煤气中甲烷含量高，且气化时生产的焦油也多，易黏在设备管道上，致使清理检修次数增多，给生产带来不利。因此，要求挥发分愈低愈好，一般要求 $V_{daf} \leqslant 10\%$。

c. 灰分。灰分高的煤，相应的碳含量低，煤气炉的生产能力低，并且增加了运输费用和排灰量。另外，由于灰分的存在起到了隔绝气化剂与原料的作用，影响了气化反应速度，生产能力下降。因此，灰分愈低愈好，一般要求 $A_d \leqslant 24\%$。

d. 煤灰熔融性。煤灰熔融性低的煤易结渣。所以，对于固态排渣的炉子，要求煤灰熔融性愈高愈好，一般要求 $ST \geqslant 1250℃$。

e. 固定碳。固定碳含量愈高，煤料气化时的利用价值愈高。一般要求 $FC_d > 65\%$。

f. 粒度。原料粒度应均匀适中，一般要求粒度 $13\sim100mm$，而且应该筛分为大块（$50\sim100mm$）、中块（$25\sim50mm$）、小块（$13\sim25mm$），分挡使用。

g. 抗碎强度。抗碎强度差的煤炭，在运输、装卸和入气化炉时容易破碎成小粒和煤屑，因此，应使用机械强度好的煤炭，一般要求抗碎强度（$>25mm$）$\geqslant 65\%$。

h. 热稳定性。热稳定性差的煤炭，受热后容易破碎成粉尘和微粒，增加料层阻力，所以要求热稳定性愈高愈好。一般要求 $TS_{+6} \geqslant 70\%$。

i. 反应性。无烟煤的化学反应性较差，但通过提高反应温度可增加反应性。

j. 硫分。在气化过程中硫不仅腐蚀设备、造成污染，还容易造成催化剂中毒，所以要求 $w(S_t)_d \leqslant 1.5\%$。

总之，合成氨生产要求使用低灰、低硫、抗碎强度高、热稳定性好的优质无烟块煤。

移动床常压气化法对原料的要求严格，煤气的热值一般不超过 $12600kJ/m^3$（标准状态），煤气中 CO 含量大于 30%。

② 移动床加压气化法及其对煤质的要求。移动床加压气化典型的气化炉是德国鲁奇公司发明的鲁奇炉，它采用蒸汽和氧（高氧空气）作气化剂，气化压力为 $2\sim3MPa$，甚至更高，气化温度低于发生炉。在压力高而温度不很高的条件下，可促进甲烷的生成反应；同时由于加压气化使反应物浓度增高，反应速度加快。

移动床加压气化法可以提高气化炉的生产能力。煤气热值可提高到 $16000kJ/m^3$（标准状态），甲烷含量增加，可作为城市煤气、生成合成气（CH_4、NH_3、CH_3OH 等）、作燃料气等。

由于气化温度低，鲁奇炉加压气化法可采用灰熔性低的煤气化，对煤的抗碎强度和热稳定性要求较低，可气化褐煤，其粒度下限达 $5mm$，能采用高水分（$M_t=20\%\sim30\%$）和高灰分（$A_d=30\%$）的劣质煤，对黏结性稍强的烟煤也能气化。

（2）沸腾床气化法及其煤质的要求　沸腾床气化是由向上移动的气流使煤料在空间呈沸腾状态的气化过程，又称流化床气化。气化剂以一定速度由下而上通过煤粒（$0\sim8mm$）床层，使煤粒浮动并互相分离，当气流速度继续增加到一定程度时，出现了煤粒与流体间的摩擦力和它本身的质量相平衡，这时煤粒悬浮在向上流动的气流中作相对运动，犹如沸腾的水泡一样，所以称为沸腾床。在生产合成氨原料气时，一般以空气或氧气为气化剂，对原料煤的要求是活性愈大愈好，所以用褐煤最好，要求 $M_{ar}<12\%$，$A_d<25\%$。也可采用长焰煤或不黏煤。煤的粒度小于 8mm，0～1mm 的煤粉愈少愈好。煤灰熔融性 ST＞1250℃，硫分 $w(S_t)_d<2\%$。

（3）气流床气化法及其对煤质的要求　气流床气化过程是气体介质夹带煤粉并使其处于悬浮状态的气化过程。因气化剂的流速远远大于煤粒的终端速度，以致煤粒与气流分子呈直线状态，不像在流化床中那样维持层状而随气流一起向前或向上流动，所以又称为悬浮床气化。悬浮床气化炉是一种粉煤气化炉，气化温度高达 1400～1500℃，常压下连续运转高速气化，对煤种要求不严，可以使用各种煤，包括黏结、膨胀、易碎、高灰、高硫、低灰熔融性的各种褐煤、烟煤、无烟煤。对料度要求较严格，要求煤粉愈细愈好。小于 200 目的粉煤占 85%（褐煤可降到 80%）。水分一般在 1%～5%。据国外经验，此炉多采用褐煤和年轻烟煤进行气化。

（4）熔融床气化法及其对煤质的要求　熔融床气化是一种与前三种有不同受热方式的煤加压气流床气化技术，入炉煤与高温的熔浴相接触而气化，按熔浴情况分为熔渣床、熔盐床和熔铁床三种。它是将煤料与空气或氧气随同蒸汽与床层底部呈熔融态的铁、灰或盐相接触的气化过程。煤在高温熔融液态热载体中进行气化，在液体热载体介质的催化作用下加快气化高挥发分煤，也可生产出不含焦油的产品煤气。采用的液体热载体有熔融煤灰渣、熔融 Na_2CO_3 和熔融铁水。由于熔融的高温铁水对煤粉具有良好的熔解能力，煤中硫和铁水具有强烈的亲和性，在气化用煤方面，也可选用高硫煤，对煤种有较宽的适用范围。

第二节　煤的液化

煤液化是把固体煤炭通过化学加工过程，使其转化成为液体燃料、化工原料和产品的过程。根据不同的加工路线，煤炭液化可分为直接液化和间接液化两大类。直接液化又包括除碳和加氢两种方法。本节主要介绍煤的直接加氢液化和间接液化基本原理。

一、方法简介

1. 直接液化

（1）除碳　包括热解和溶剂萃取法，即使碳残留在热解或萃取残渣中，CODE 法、TO-SCOAL 法、LR 法、Occidental 闪急热解法、Rockwell 加氢热解法以及我国开发的固体热载体快速热解法均属于此类方法。

（2）加氢　包括直接或间接，加或不加催化剂的方法。具体方法有：伯吉乌斯法、美国矿务局 SYNTHOLL 法、氢-煤法、EDS 法、SRC 法、道氏煤液化法、CO-STEAM 法和 Conoco 氯化锌法等。

（3）煤的部分液化　煤的部分液化法即煤的低温干馏法，它属于煤直接液化的方法之一。

低温干馏是指煤在较低温度下（500～600℃）隔绝空气加热，使煤的部分大分子裂解为石油产品（轻油、焦油等）、半焦、化工产品、干馏煤气等的过程。

由于煤在热解中产生的自由基碎片只能靠自身的氢再分配，使少量的自由基碎片发生缩聚反应生成固体焦，所以低温干馏的大量产物是半焦，少量的产物才是油和气。半焦中仍含有适量的挥发分，硫含量也比原煤低，而且活性高，煤燃烧性能好，可作炼焦煤用，以扩大炼焦煤资源。干馏煤气可作燃料气或制氢的原料气。低温煤焦油经过加氢处理可制取液体燃料和化工原料。

煤的干馏若以制取液体油为目的，多采用低温干馏。为获取较大的油收率，低温干馏的原料煤应是不黏结煤或弱黏结煤、含油率高的褐煤和高挥发分烟煤。具体指标如下：$T_{ar,ad}$ $>7\%$，$A_d<10\%$，$w(S_t)_d<3\%$，抗碎强度高，热稳定性好，弱黏或不黏结。

2. 间接液化

煤的完全分解和各种原子的重新组合——先把煤进行气化，生成水煤气，再合成乙烷、乙醇等燃料，也可以进一步合成燃油。如气化和 F-T 合成以及 Mobil MTG 法等。此类方法与煤本身的性质关系较小。

二、直接加氢液化（DCL）

直接液化是指煤在高温（400℃以上）、高压（10MPa 以上），在催化剂和溶剂作用下使煤的分子进行裂解加氢，直接转化成液体燃料，再进一步加工精制成汽油、柴油等燃料油，又称氢液化。

1. 煤液化的问题和目的

煤转化的第一个化学问题就是对煤加入氢。典型烟煤的氢含量约为 5%（质量分数），而汽油的氢含量约为 14%（质量分数）。煤的加氢存在几个问题。首先，氢或发生氢的费用比较高。其次，加氢是个很困难的反应，需要高温和高压。所以，煤液化的主要问题是将 H/C 原子比调整到更合适的数值。几种煤和几种其他燃料以及纯化合物的 H/C 原子比示于表 8-2。

从表 8-2 可以看出：第一，所有煤的转化过程都要相对于原料煤大大提高 H/C 原子比。为了达到这个目的，可以有各种不同的途径，因此也产生了各种各样的方法；第二，煤液体中的含氧、硫和氯的化合物在精制过程中可使催化剂中毒，并对燃料性能有很大危害，因此，必须大大降低杂原子的含量；第三，矿物质对液化过程中泵送和处理煤-油浆造成很大的困难，合成原油中存在的矿物质必须在精制和使用前除去，因此，液化之前，原料煤中的矿物质必须预先去除掉。

2. 煤的直接加氢液化原理

煤直接液化技术是由德国伯吉乌斯（Bergius）于 1913 年发现的，现有的大多数煤液化方法都具有共同的特征，基本上都是伯吉乌斯的早期工作的延伸。目前世界上有代表性的直接液化工艺是日本的 NEDOL 工艺、德国的 IGOR 工艺和美国的 HTI 工艺。煤在一定温度、压力下的进行加氢液化的过程可以基本分为三步。

① 当温度升至 300℃以上时，煤受热分解，即煤的大分子结构中较弱的桥键开始断裂，打碎了煤的分子结构，从而产生大量的以结构单元为基体的自由基碎片，自由基的相对分子质量在数百范围。

② 在具有供氢能力的溶剂环境和较高氢气压力的条件下，自由基被加氢得到稳定，成为沥青烯及液化油分子。能与自由基结合的氢并非是分子氢（H_2），而应是氢自由基，即氢原子，或者是活化氢分子，氢原子或活化氢分子的来源有：

　　a. 煤分子中碳氢键断裂产生的氢自由基；

　　b. 供氢溶剂碳氢键断裂产生的氢自由基；

　　c. 氢气中的氢分子被催化剂活化；

　　d. 化学反应放出的氢，当外界提供的活性氢不足时，自由基碎片可发生缩聚反应和高温下的脱氢反应，最后生成固体半焦或焦炭。

③ 沥青烯及液化油分子被继续加氢裂化生成更小的分子。

3. 煤直接加氢液化的工艺过程

直接液化典型的工艺过程主要包括：煤的破碎与干燥、煤浆制备、加氢液化、固液分离、气体净化、液体产品分馏和精制，以及液化残渣、气化制取氢气等。

氢气制备是加氢液化的重要环节，而大规模制氢通常采用煤气化或天然气转化两种方法。

液化过程中，将煤、催化剂和循环油制成的煤浆，与制得的氢气混合送入反应器。在液化反应器内，煤首先发生热解反应，生成自由基"碎片"。在催化剂存在条件下，不稳定的自由基"碎片"再与氢结合，形成分子量比煤低得多的初级加氢产物。

出反应器的产物十分复杂，包括气、液、固三相。气相的主要成分是氢气，分离后循环返回反应器重新参与反应；固相为未反应的煤、矿物质及催化剂；液相则为轻油（粗汽油）、中油等各级馏分油及重油。

液相馏分油经提质加工（如加氢精制、加氢裂化和重整）得到合格的汽油、柴油和航空煤油等产品。重质的液固淤浆经进一步分离得到重油和残渣，重油作为循环溶剂配煤浆用。

4. 煤直接加氢液化的工艺特点

① 液化油收率高。例如采用 HTI 工艺，神华煤的油收率可高达 63％～68％。

② 煤消耗量小，一般情况下，1t 无水无灰煤能转化成半吨以上的液化油，加上制氢用煤，3～4t 原料产 1t 液化油。

③ 馏分油以汽、柴油为主，目标产品的选择性相对较高。

④ 油煤浆进料，设备体积小，投资低，运行费用低。

⑤ 反应条件相对较苛刻，如德国老工艺液化压力甚至高达 70MPa，现代工艺如 IGOR、HTI、NEDOL 等液化压力也达到 17～30MPa，液化温度 430～470℃。

⑥ 出液化反应器的产物组成较复杂，液、固两相混合物由于黏度较高，分离相对困难。

⑦ 氢耗量大，一般在 6％～10％，工艺过程中不仅要补充大量新氢，还需要循环油作供氢溶剂，使装置的生产能力降低。

5. 煤直接液化对煤质的要求

煤化程度低的煤，H/C 原子比高，加氢容易，但生成的气体和水也多；煤化程度高的煤，H/C 原子比低，加氢困难。从制取液体燃料的角度出发，适宜加氢液化原料煤是高挥发分烟煤和褐煤。根据研究认为，煤的加氢液化宜采用 $w(C)_{daf}=68\%～85\%$、$w(H)_{daf}\geqslant 4.5\%$、$A_d<6\%$ 的煤。C/H 的质量比不大于 16。

总之，煤直接液化过程是将煤预先粉碎到 0.15mm 以下的粒度，再与溶剂（煤液化自身产生的重质油）配成煤浆，并在一定温度（约 450℃）和高压下加氢，使大分子变成小分子的过程。

三、煤的间接液化（ICL）

1923 年，德国化学家费舍尔（Fisher）首先开发了 F-T 合成法，并于 1936 年在鲁尔化学公司实现工业化，费托（F-T）合成因此而得名。费托合成（Fisher-Tropsch sythesis）合成是指 CO 在固体催化剂作用下非均相氢化生成不同链长的烃类（$C_1～C_{25}$）和含氧化合物的反应。目前，煤炭间接液化技术主要有三种，即南非的萨索尔（Sasol）费托合成法、美国的 Mobil 甲醇汽油法和正在开发的直接合成法。

1. 间接液化的原理

煤的间接液化技术是先将煤全部气化成合成气，然后以煤基合成气（一氧化碳和氢气）为原料，在一定温度和压力下，将其催化合成为烃类燃料油及化工原料和产品的工艺过程，又称一氧化碳加氢法。包括煤炭气化制取合成气、气体净化与交换、催化合成烃类产品以及产品分离和改制加工等过程。

费托合成反应化学计量式因催化剂的不同和操作条件的差异将导致较大差别，但可用以下两个基本反应式描述。

（1）烃类生成反应

$$CO+2H_2 \longrightarrow (-CH_2-)+H_2O$$

（2）水气变换反应

$$CO+H_2O \longrightarrow H_2+CO_2$$

由以上两式可得合成反应的通用式：

$$2CO+H_2 \longrightarrow (-CH_2-)+CO_2$$

由以上两式可以推出烷烃和烯烃生成的通用计量式如下。

① 烷烃生成反应

$$3nCO+(n+1)H_2O \longrightarrow C_nH_{2n+2}+(2n+1)CO_2$$
$$nCO_2+(3n+1)H_2 \longrightarrow C_nH_{2n+2}+2nH_2O$$

② 烯烃生成反应

$$nCO+2nH_2 \longrightarrow C_nH_{2n}+nH_2O$$
$$2nCO+nH_2 \longrightarrow C_nH_{2n}+nCO_2$$
$$3nCO+nH_2O \longrightarrow C_nH_{2n}+2nCO_2$$
$$nCO_2+3nH_2 \longrightarrow C_nH_{2n}+2nH_2O$$

间接液化的主要反应就是上面的反应，由于反应条件的不同，还有甲烷生成反应、醇类生成反应（生成甲醇就需要此反应）、醛类生成反应等。

2. 煤间接液化的工艺过程

典型煤基 F-T 合成工艺包括：煤的气化及煤气净化、变换和脱碳；F-T 合成反应；油品加工等 3 个纯"串联"步骤。气化装置产出的粗煤气经除尘、冷却得到净煤气，净煤气经 CO 宽温耐硫变换和酸性气体（包括 H_2 和 CO_2 等）脱除，得到成分合格的合成气。合成气进入合成反应器，在一定温度、压力及催化剂作用下，H_2S 和 CO 转化为直链烃类、水以及少量的含氧有机化合物。生成物经三相分离，水相去提取醇、酮、醛等化学品；油相采用常规石油炼制手段（如常、减压蒸馏），根据需要切割出产品馏分，经进一步加工（如加氢精制、临氢降凝、催化重整、加氢裂化等工艺）得到合格的油品或中间产品；气相经冷冻分离及烯烃转化处理得到 LPG（液化石油气）、聚合级丙烯、聚合级乙烯及中热值燃料气。

煤间接液化可分为高温合成与低温合成两类工艺。

高温合成得到的主要产品有石脑油、丙烯、α-烯烃和 $C_{14}\sim C_{18}$ 烷烃等，这些产品可以用作生产石化替代产品的原料，如石脑油馏分制取乙烯、α-烯烃制取高级洗涤剂等，也可以加工成汽油、柴油等优质发动机燃料。

低温合成的主要产品是柴油、航空煤油、蜡和 LPG 等。煤间接液化制得的柴油十六烷值可高达 70，是优质的柴油调兑产品。

3. 煤间接液化的工艺特点

① 合成条件较温和，无论是固定床、流化床还是浆态床，反应温度均低于 350℃，反应压力 2.0～3.0MPa。

② 转化率高，如 SASOL 公司 SAS 工艺采用熔铁催化剂，合成气的一次通过转化率达到 60% 以上，循环比为 2.0 时，总转化率即达 90% 左右。Shell 公司的 SMDS 工艺采用钴基催化剂，转化率甚至更高。

③ 受合成过程链增长转化机理的限制，目标产品的选择性相对较低，合成副产物较多，正构链烃的范围可从 C_1 至 C_{100}；随合成温度的降低，重烃类（如蜡油）产量增大，轻烃类（如 CH_4、C_2H_4、C_2H_6 等）产量减少。

④ 有效产物—CH_2—的理论收率低，仅为 43.75%，工艺废水的理论产量却高达 56.25%。

⑤ 煤消耗量大，一般情况下，5～7t 原煤产 1t 成品油。

⑥ 反应物均为气相，设备体积庞大，投资高，运行费用高。

⑦ 煤基间接液化全部依赖于煤的气化，没有大规模气化便没有煤基间接液化。

4. 煤间接液化对煤质的要求

煤的间接液化法的中间产物是水煤气，水煤气中 CO 和 H_2 含量的高低直接影响合成反应的进行。一般地，（CO＋H_2）的含量愈高，合成反应速率愈快，合成油产率愈高。所以，为了得到合格的原料气，一般采用弱黏结或不黏结性煤进行气化。对煤质的具体要求同移动床加压气化法。

第三节　煤制化学品和高碳物料

煤炭不仅是重要的能源之一，而且也是非常重要的有机化工原料和高碳物料的原料。将煤这种复杂的碳氢化合物转化为洁净的二次能源及非燃料利用，是煤"高效、清洁"利用的最佳途径。利用煤的芳烃结构、高碳含量和多孔性，由煤及煤液体制取高附加值的制品和高碳材料：如由煤制取芳烃单体，合成芳香工程塑料、高温耐热塑料、液晶高聚物、功能高聚物、碳-碳复合材料、碳纤维及其他炭素材料。这些高性能、高附加值的新产品将给煤炭利用带来历史性的转折。本节主要介绍煤液体与煤制高聚物，煤制塑料，煤制洁净燃料，煤制高碳物料与活性材料等。

一、煤液体与煤制高聚物

1. 煤液体

一般来讲，煤通过不同加工工艺转化所得的液态产物都可称为煤液体。煤液体包括煤的加氢液化所得的液态产物，煤在不同温度和条件下热解所得的焦油，煤的溶剂抽提物，煤在氧化、卤化、解聚、水解、烷基化等过程所得的液态产物。本节重点讨论煤的直接加氢液化所得煤液体及其加工利用途径。

每一种煤液化过程都会产生含有几百种化合物的复杂的煤液混合物，为了便于分类研究，可按煤液在不同有机溶剂中的溶解性加以分类。一般可将煤液分为三类。

（1）溶于戊烷或己烷的油类　油类是希望得到的轻质液化产物，除少量树脂外，油类可以蒸馏，它主要同两类化合物组成：80％的烃类，由石蜡烃和芳香烃两部分构成；约 20％的富含酚类和杂环的化合物。

（2）溶于苯或甲苯、不溶于己烷的沥青烯　沥青烯类似于石油沥青质的重质煤液化产物，主要是杂原子含量较大的芳烃。它具有一些酸-碱结构，可用色谱法将其分为中性、酸性和碱性部分：酸性组分大多是酸类的衍生物；碱性组分多是杂环、醚氧和吡啶的衍生物。因为沥青烯的酸性和碱性官能团很多，极性很强，所以对煤液的黏度影响很大，一般黏度随沥青烯的含量成指数关系增大。

（3）溶于吡啶、不溶于苯或己烷的前沥青烯　前沥青烯是重质煤液化产物，杂原子含量较高，含有数量相当大的以酚羟基形式存在的氧。

大部分煤液属于油类和沥青烯类。煤液的杂原子含量很高：硫含量的范围一般为 0.3％～0.7％，硫大部分以苯并噻吩和二苯并噻吩衍生物的形态存在，可能比较均匀地分布在整个煤液中，高沸点组分中有浓度较高的倾向；氮含量范围一般在 0.2％～2.0％，杂氮原子可以以咔唑、喹啉、氮杂菲、氮杂芘和氮杂荧蒽等存在；氧含量范围一般在 1.5％～7.0％，取决于煤种与加工工艺，它的存在主要影响加氢时的氢耗量。

煤液体作为化工原料或洁净燃料均希望是低硫、低氮的油类，而不希望是沥青烯和前沥青烯。为此，作为煤液体提质的第一步就是苛刻的催化加氢。以除去大部分硫、氮等杂原子，并将重而黏稠的粗煤液转化为较轻的可蒸馏的液体，即将沥青烯基本转化为油类。

氮、硫杂等杂原子必须在转化为燃料之前将其除掉，否则高氮、硫的燃料在燃烧时造成高 NO_x 和高 SO_x 的排放。降低硫含量比降低氮含量容易得多，甚至一些不使用外加催化剂的煤转化过程，也能脱去大部分有机硫、氧及无机硫，但大部分氮则留在煤液中。加氢催化剂往往也是加氢脱硫催化剂，但并不是有效的脱氮催化剂。因为煤液体所含的碱性含氮化合物都是对催化剂毒性很强的物质，精制前必须将其除掉。

2. 煤液体制化学制品

煤液体是个富含芳烃的物料，大约含有 70％的芳烃。煤液体的基本构成是 1～4 环芳烃和酚类等混合物，这是石油与天然气所不具备的。过去，对煤的研究几乎一致的想法是生产合成液体燃料。然而，由煤液化生产液体燃料在经济上长时间以来也无法与石油匹敌。实际上由于煤衍生物的芳烃特性，由煤液体可以生产出具有竞争力的化学制品原料。问题的关键是产品的分离，如果能找到先进的分离方法，将为高值芳香单体和煤基化学制品的研究与开发做出重大贡献。从发展看，近代具有芳香结构的工程高聚物必须依靠煤的衍生物作为原料。例如，"西方"研究公司开发了一种新工艺，在乙酸钾与水存在的情况下，对烟煤进行氧化，经系列反应可得收率为 34％的对苯二酸，而对苯二酸是芳香高聚物（塑料）的重要单体，这里，煤的芳香大分子结构提供了生成芳香羧酸的起始原料。

近年研究开发的新型高温耐热高聚物的主链中都含有芳环，这必将使芳烃化合物的需求量大为增长，它们包括许多一环到四环的芳香化合物。许多芳香高聚物和工程塑料都可以从煤及煤液衍生物的单体合成而制得，它们按其不同功能与用途大体上分为：通用芳香工程高聚物、高温耐热塑料、液晶高聚物、功能高聚物等四大类型。这些高聚物的重要单体许多都可以在煤液或煤焦油中通过分离而获得。也可通过超临界萃取或先进的煤的液化方法，对其产品使用催化转化、新的预处理方法和反应过程转化生产出各种重要的合成芳香高聚物的芳香单体。另外，也可以直接对煤分子进行适当的剪裁，通过切割和分离直接获得。

目前，煤化学已经能详尽地提供煤结构中芳环的类型、取代基的特定数目和位置，氢化芳烃和脂肪族碳的特性等。这对选择解聚方法、催化裂解过程及机理很有帮助，只要选择好适当的催化剂和反应条件，完全有可能将煤直接转化成化学制剂。例如，选择低煤化程度的煤有可能直接获得苯系、萘系、酚系、邻苯二酚系等化学制剂或通过温和氧化制取大量苯羧酸；有些煤中存在较多、较长链的脂肪族单元，也可剪断这些链，回收脂肪族为原料的有用产品。

二、煤制塑料

用煤作为原料，可以通过间接或直接的方法制取塑料。本节主要介绍用煤直接制取塑料的有关原理和方法。

褐煤、残殖煤、腐泥煤和低煤化程度的烟煤（特别是稳定组分含量高的）中含有大量的易溶组分，它们可能是高塑性的腐殖酸或沥青质，也可能是低煤化程度煤镜质组中被束缚在大分子网络结构中，由较小分子组成的流动相。这些组分在一定温度范围内可塑化形成煤的黏结组分，黏结和混凝煤中或外加的不溶性惰性物质，热成型冷却后，可得到具有一定强度和技术性能的塑料制品。

煤制塑料的生产过程一般包括：将煤干燥并磨细到小于 0.1mm；在煤粉中均匀添加约 30％的聚合物和弹性材料；在一定温度下混炼、反应后再在模子中加热、加压成型而得到各种形状的制品。

黏结组分和热压成型的温度对产品的质量影响很大,为此,一般在煤中都加入某些添加剂、改良剂或改质剂。如用于增加煤中黏结组分的添加剂有多官能团多元醇、醛、芳基二烯以及杂环化合物等,这些添加剂可能对煤有某种软化作用,或者将煤分子簇连起来的作用,同时它们的官能团可能通过缩聚而脱落。如果同时添加缩聚剂,则可以促进这种缩聚作用。再如,某些聚合物和弹性材料可以作为煤制塑料的改良剂,主要有聚乙烯、聚丙烯、聚氯乙烯、聚苯乙烯、丙烯腈、天然橡胶和丁二烯聚合物等。这些改良剂在煤制塑料的加压和热处理过程中,不但本身具有黏结作用,并且它们还可以和煤颗粒发生反应而产生黏合作用。此外,也可对煤进行轻度氧化、氯化或硝化等预处理,以增加煤中所含官能团的比例,达到促进煤分子的簇连作用而有利于塑性成型。

用煤制得的塑料具有木材的一般性质,可以锯、钉、钻,用车床加工。也可用黏结剂黏结,其表面可以镶饰和涂漆,但煤制塑料本身不能着色。煤制塑料制品主要有瓦片、板石等建筑用材和农用管材、缸、桶、盆、勺等容器。

近年,北京煤化所等开发了一种煤制塑料的新工艺。该工艺用硝化褐煤为原料,部分代替苯酚,生产出在热性能及电性能等方面优于同类工业酚醛塑料的煤制酚醛塑料。这是一个降低酚醛塑料生产成本并提高褐煤附加值的、具有工业化前景的方法。

三、煤制洁净燃料

煤制洁净燃料广义上应包括:洗选脱灰、脱硫的洗精煤、型煤、水煤浆和超纯煤等。本节简单介绍型煤、水煤浆与超纯煤。

1. 型煤

型煤是用一种或数种煤粉与一定比例黏结剂或固硫剂在一定压力下加工形成的,具有一定形状和一定物理化学性能的煤炭产品。使用型煤与原煤相比,能显著提高热效率,减少燃煤污染物的排放。型煤是适合中国国情的、应该鼓励推广使用的洁净煤技术之一。而发达国家由于能源结构调整,煤炭主要用于发电、燃烧和转化,通常是以粉煤为主,对型煤的需求量日渐萎缩。

中国型煤主要包括工业型煤和民用型煤两种。

民用型煤多为圆形,直径为 102~250mm,主要为蜂窝煤。实践证明,燃烧蜂窝煤与燃烧散煤相比,可以减少一氧化碳 70%~80%、二氧化硫 40%(加固硫剂)、烟尘和苯并芘等有害物质 90%,还可以减少烟尘黑度。另外,燃烧蜂窝煤还可以提高热效率,民用炉灶烧散煤热效率极低,通常为 10% 左右,而性能良好的炉灶上点蜂窝煤热效率为 50%~60%。

我国在 20 世纪 40 年代城镇居民生活能源的主体是煤球,使用蜂窝煤也有近 60 年的历史,此外,民用型煤目前也有向多品种、多规格方面发展的趋势。

工业用型煤由于不同工艺要求,形状繁多,有扁球形、球形和圆柱形等。主要包括锅炉型煤、气化型煤、型焦,特点如下。

(1)粒度均匀　由于采用模具加工,所以形状规整、粒度均匀。

(2)有利于气固反应　对于同一种煤种来说,型煤与原煤块的孔隙率比较,前者是后者数倍。型煤由于孔隙率大,不仅加大了气固两相反应的接触面积,也为反应原料气和生成气的扩散提供了有利条件,使得反应能力提高。

(3)可以改善质量　通过配煤以及成型加工工艺过程,型煤在一些性能上可以得到改善,如黏结性下降、灰熔融性提高、热稳定性增强、脱硫性能提高等。

2. 水煤浆

水煤浆是把洗选后的低灰分精煤加工研磨成微细煤粉,按煤 65%~70%、水 29%~34% 的比例和适量(约 1.0%)的化学添加剂配制而成的一种煤水混合物,又称水煤浆

（CWS）或煤水燃料（CWF）。水煤浆既能保持煤的物理化学性能，又能像石油一样具有良好的流动性和稳定性，可以泵送，又易储运和调整，可以雾化燃烧，又属于低污染清洁燃料，而且燃烧效率高，有着代油、节能、环保、综合利用等效益。

水煤浆作为煤基清洁燃料和气化原料，在我国经历了 30 年的研发和应用，已进入全面推广阶段。据不完全统计，目前全国水煤浆生产能力已超过 8000 万吨。近年来，随着水煤浆技术推广应用领域的日益扩大，水煤浆的制浆工艺与燃烧（气化）应用技术都有了新的发展。近几年，国家出台的一系列能源结构调整及鼓励和促进节能减排的政策，将会进一步促进水煤浆产业的推广和应用。

合理的制浆工艺流程是保证煤浆产品质量的关键。煤浆的粒度分布（级配）是决定水煤浆浓度和流变性的最重要因素。依据制浆用原料煤性质及其成浆性难易程度，结合我国制浆设备的性能，近年来发展了多种制浆工艺技术。

水煤浆制浆工艺通常包括原料煤准备、破碎、磨矿、搅拌与剪切、滤浆等工序，其中磨矿级配技术是水煤浆制备的核心。制浆工艺与磨矿级配优化是关系着水煤浆产品质量的最重要因素。近年来，针对制浆用原料煤范围不断拓宽和原料性质变化，水煤浆生产的制浆工艺与制浆专用设备相结合，创新出了多种各具特色的制浆工艺类型，使得我国水煤浆厂的生产工艺呈现出多样化发展。

目前，国内水煤浆厂运行的工艺主要有湿法制浆工艺、干法制浆工艺、间歇制浆工艺、射流式（超声细磨）制浆工艺及高剪切搅拌制浆工艺等。在最常用的湿法制浆工艺中又分有高浓度制浆、中浓度制浆、高中浓度联合制浆、分级研磨优化粒度级配制浆、粗磨矿与细磨矿制浆及一段磨矿、二段磨矿和多段磨矿等。磨机又分有球磨、棒磨、振动磨、胶体磨、立式超细磨等。

水煤浆制浆工艺取决于原料煤性质、制浆设备以及用户对水煤浆产品的质量要求。高效的制浆设备与合理的制浆工艺有机结合是水煤浆制浆技术的发展方向。

3. 超纯煤

超纯煤（ultra-clean coal）是指煤炭经物理或化学方法深度脱灰后，其灰分含量为1%～0.3%的超低灰煤。

超纯煤是一种新型高附加值的煤炭产品，它在代油燃烧（油水煤浆）、制备高档活性炭、煤炭黑、精密铸造、IGCC（整体煤气化联合循环发电）等技术中都有比较好的应用，具有良好的市场前景。近年来，超纯煤的研究越来越受到各方的重视。

国内外制备超纯煤主要有化学洗煤和物理或物理化学洗煤两大类方法。

（1）化学法　主要用 HCl-HF 或 NaOH-HCl 等化学药品溶解煤中矿物质。此法具有较好的脱灰效果，但是工艺条件比较苛刻，工艺复杂，大多数有复杂的药剂回收系统，药剂、操作成本昂贵，此外，一些化学法破坏了煤的性质，给煤的质量和使用带来很大的影响，这些给它们的工业化及推广带来一定的限制。需开发温和的化学制备法，采取措施，降低成本。

（2）物理或物理化学法　主要是利用油的混合物团聚脱灰，主要有丁烷、正丁烷、正庚烷、正己烷等油团聚技术。这类方法与化学法相比工艺较简单、成本较低，对煤的性质破坏较小，此外它也具有良好的脱灰效果，但是物理法中的湿法分选，由于粒度较细，产品脱水难度较大，需要进一步研究超细煤的脱水技术。

国外的超纯煤与超纯水煤浆（又称精细水煤浆）已进入中试与工业试生产阶段。我国目前尚处于实验研究开发阶段。

超纯水煤浆比常规水煤浆具有更严格的质量指标：除灰分要求<1%外，粒度要求更细；

最大粒度要求 $15\sim20\mu m$，平均粒度为 $5\sim10\mu m$；剪切黏度小于 $10^{-1}Pa\cdot s$；此外，还有高灰熔点和低含量的要求。因此，应考虑选择某些添加剂以提高煤浆的灰熔点。

四、煤制高碳物料

煤制高碳物料一般指由煤及其衍生物经热加工制得的炭和石墨制品、活性炭和炭黑等高附加值炭素物料。煤及其衍生物可通过固相炭化、液相炭化和气相炭化等方法制取各种高碳物料。

1. 煤沥青基碳纤维

碳纤维复合材料作为世界先进复合材料的代表，应用领域正不断拓宽，尤其是近年来其应用发展的多元化，使碳纤维年需求增长率达 20%。沥青基碳纤维是一种以石油沥青或煤沥青为原料，经精制、纺丝、预氧化、碳化或石墨化而制得的碳含量大于 92% 的特种纤维，属于新型的增强材料，其不仅具有碳材料的固有特征，而且兼具纺织纤维的柔软性和加工性。广泛用于军事、航空、体育用品、赛车等领域。

沥青基碳纤维因生产成本低，市场价格低廉，再加上新用途的不断开发和扩大，需求量将会进一步增加，市场将进一步扩大，发展前景十分乐观。

煤沥青基碳纤维的制备一般包括：原料沥青的调制、熔融纺丝、不熔化处理、炭化、石墨化和碳纤维后处理等六个工序。根据原料调制方法和碳纤维性能的不同，目前煤沥青基碳纤维可分为通用级的各向同性沥青碳纤维以及高性能级的中间相沥青基碳纤维和预中间相沥青基碳纤维等三类。三类不同性能的煤沥青基碳纤维在制造工艺的区别主要在原料沥青的调制工序，而其他五个工序的基本原理与方法都是类同的。各个制备工序简述如下。

(1) 原料沥青的调制

① 各向同性沥青的调制。调制目的在于使沥青组分的相对分子质量分布均匀化并且分布范围变窄，使沥青流变性能符合纺丝的要求。调制的方法主要有三种：热处理法，即先除去沥青的低沸点组分，再加入添加剂热处理；溶剂抽提法，用溶剂将沥青的可溶成分抽提出来，现添加缩合促进剂热处理；共聚法，在沥青中添加烃类聚合物共聚，再除去低沸点组分等三种类型。

② 中间相沥青调制。调制目的在于使相对分子质量分布合适并不含低沸点组分，以达到：一次 QI（喹啉不溶物）为痕量，两次 QI 为 $50\%\sim65\%$；呈塑性流动，黏度在 $1\sim20Pa\cdot s$ 范围。中间相沥青调制包括提纯和缩聚两步。提纯可用蒸馏法或萃取法：通过蒸馏提取高纯度澄清油或用喹啉或吡啶萃取获得喹啉可溶分或吡啶可溶分。缩聚是提纯所得纯净原料通过缩聚制取中间相沥青，通常可在 $350\sim450℃$ 下进行热缩聚，并且在缩聚过程中必须进行连续的强烈搅拌。

③ 预中间相沥青的调制。调制过程分为氢化和减压热处理两个工序。先是将煤沥青在四氢喹啉等供氢溶剂存在下进行液相氢化，以制备氢化沥青。这一工序的目的是降低预中间相沥青的软化点和黏度，并且因氢化沥青中具有部分氢化的多环结构，而使可纺性与石墨化性均有较大改善。氢化沥青进一步快速升温后维温一定段时间并进行减压蒸馏，获得次生QI 为 $0\sim90\%$ 的预中间相沥青。预中间相沥青是光学各向同性的，但它在施加剪切应力（如纺丝）后，即转变为光学异性。因此，预中间相沥青基碳纤维是光学各向异性碳纤维。

(2) 原料沥青的熔融纺丝　熔融沥青的纺丝可用喷射法或离心法生产短纤维，也可用挤压法生产连续长丝。连续挤出的沥青纤维缠卷在纺丝装置的绕丝筒上，在收丝装置的张力牵伸下，纤维直径减小至 $10\sim15\mu m$。此时用热空气向纤维表面喷吹，进一步除去纤维表面上的低沸点成分，并使纤维表面轻度氧化生成不熔化表层。

(3) 沥青纤维的不熔化处理　不熔化又称预氧化，它的实质是将沥青纤维表面层由热塑性转变为热固性，从而变为不熔化的沥青纤维，防止在炭化升温过程中软化变形。一般是在一定的温度和处理时间内氧化，主要有气相氧化、液相氧化和混合氧化等方法。

（4）沥青纤维的炭化　不熔化碳纤维在 N_2 的保护下，在 $1000 \sim 2000℃$ 高温下炭化 $0.5 \sim 25min$。炭化炉有卧式、立式和二者优点相结合的 L 式，一般多用 L 式炉。

（5）沥青碳纤维的石黑化　在高纯氩气的保护下，在 $2500 \sim 3000℃$ 温度下进行，停留时间约数 $10s$ 到 $1min$。使炭化纤维转化为具有类似石墨结构的纤维。具有更高的强度与弹性模量。

（6）碳纤维的后处理　由于碳纤维主要用于生产复合材料，为提高碳纤维和基体间的黏结力，还需进行碳纤维的表面后处理。可使用清洁法、空气氧化法、液相氧化法和表面涂层法等，达到消除碳纤维的表面杂质，增加其表面能、引入具有极性的活性官能团等，以改善碳纤维的表面性质。

总之，以煤焦产业的大宗产物——煤沥青为原料合成生产碳纤维具有重要的社会与经济效益。煤基多联产技术的发展制约因素之一是生产过程中存在大量废余物——煤焦油沥青，只有解决了多联产残余物的出路，才能将煤基多联产技术向纵深发展。从煤焦油沥青制备碳纤维可大幅提高沥青的附加值，实现沥青的变废为宝，同时还可以减少能耗及污染物的排放。因此，大力发展煤沥青基碳纤维不仅有利于国家煤炭产业结构的调整，而且对节能减排具有重大贡献。

2. 中间相碳微珠

采用各种方法从中间相沥青基质中分离制备的微米级中间相球体，称为中间相碳微珠（MCMB）。它是具有极大开发潜力和应用前景的新型碳材料。1973 年 H. Honda 等首先从沥青中间相中通过溶剂选择分离出 MCMB。

MCMB 可用溶剂分离法、乳化法和离心分离法等方法制取。不同方法制取的 MCMB 其形状、颗粒大小和尺寸分布均有差异。理想的分离方法是希望能控制 MCMB 的粒度及其尺寸分布，以满足不同用途的要求。由乳化法制取的 MCMB 具有较高的碳含量和较低的杂质原子含量。

MCMB 的组成取决于原料种类和制取条件，主要由高相对分子量的缩合稠环芳烃构成，它呈层状结构，由定向的缩聚芳烃堆集而成。在 MCMB 的周边存在许多定向的边缘基团，使 MCMB 表面具有极高的活性，并且 MCMB 具有相对大的导电能力，用作电极时具有很高的放电能力。浓硫酸可以和 MCMB 发生磺化反应，磺化的 MCMB 具有离子交换能力。

MCMB 可制备密度高达 $1.9g/cm^3$、抗压强度高达 $196MPa$ 的高密高强碳材料。由 MCMB 制取的高密高强各向同性碳材料可用于机械密封、电火花加工、冶金模具、半导体制造容器和核石墨等方面，也可用做高性能液相色谱柱填料。由 MCMB 制备的比表面积高达 $3000 \sim 5000m^2/g$ 的超高表面积活性炭，是应用前景十分广泛的新型吸附材料。MCMB 也可用做锂两次电池电极、催化剂载体、阳离子交换剂和改质黏结剂沥青等。另外，MCMB 基石墨可用做锂离子电池负极的内芯材料、功能复合材料和表面修饰材料等。

五、煤制活性材料

煤主要由碳组成，由于具有孔隙率高、内表面积大、表面化学性质比较活泼等特点，使它们能够制备成活性材料，从气相或液相中优先吸附有机物质和其他非极性化合物。煤制活性材料广泛应用于工业废气和空气的净化、气体混合物的分离、溶剂回收、溶剂脱色和水的净化等方面。煤制活性材料主要包括活性炭、炭分子筛、活性煤和活性焦等。这里主要介绍煤制活性炭和炭分子筛。

1. 煤制活性炭

以特定煤种或配煤为原料，经炭化和活化可制成煤质活性炭。煤质活性炭可分为煤质成型活性炭和煤质无定形活性炭两大类。

（1）煤质成型活性炭　原料煤经粉碎、研磨后加入煤焦油等黏结剂，煤料进行混合和混捏后挤压成型，再经炭化和活化工序最后得到柱状或球状等成型活性炭。其中，球状活性炭的成型工序采用团球设备造球后，经干燥和约 300℃ 的低温处理、再炭化和活化制得。

（2）无定形活性炭　原料煤经破碎筛选，得到符合块度要求的无烟煤或硬质烟煤块，不经成型工序直接炭化、活化、筛分后得到块状或粉状（筛分和研磨所得）无定形活性炭。

在活性炭的制备过程中，炭化和活化是两个最关键的环节：炭化是在约 600℃ 下进行的干馏过程，其目的是基本除去煤中的挥发分，使炭固定下来初步形成炭的孔隙结构；活化的目的是进一步扩大炭化产物的细孔容积、调整孔径及孔隙分布。活化方法有气化法、化学药品法和两者联合活化法三类。

气化活化法是将炭化所得的物料在 800～900℃ 高温下焙烧，同时通入空气、水蒸气、氧和二氧化碳等氧化性气体进行活化，通过碳的氧化烧失而形成活性炭的内部孔隙。

化学药品活化是将未炭化的含碳原料在液体活化剂如 $ZnCl_2$、H_3PO_4、H_2SO_4、$CaCl_2$、NaOH、K_2S 和 K_2SO_4 等中浸泡混合，干燥后一般加热到 500～700℃ 进行焙烧活化。活化剂可使原料中碳氢化合物中的氢和氧以水的形式分解脱离，形成一定孔径分布和比孔容积的活性炭产品。

煤制活性炭对煤质的基本要求是：低灰（$A_d \leqslant 10\%$），低硫 [$w(S_t) < 0.5\%$]，挥发分和黏结性适当。根据需要，可选择不同煤种或配煤生产不同性能的活性炭。一般来说，高煤化程度的煤结构致密，制的活性炭微孔系统较发达，适用于气相吸附和脱附小分子物质；低煤化程度煤结构较疏松，制的活性炭中孔系统较发达，适于脱色，脱 H_2S 和水中大分子化合物。

2. 煤制炭分子筛

炭分子筛广义上是一种炭质吸附剂，狭义上是一种微孔分布均匀的活性炭，具有高度发达的孔隙结构和特殊的表面特性。煤制炭分子筛是含特别发达的细孔和亚细孔（孔径 < 0.8nm）的炭质吸附剂。它的孔隙结构与活性炭的主要区别是孔径比较均一，微孔孔径分布在 0.3～1nm 的狭窄范围内。

炭分子筛（CMS）的炭质稳定，耐热和耐化学品性能较好。CMS 是非极性吸附剂，对原料气的干燥要求不高。因原料气价格便宜，CMS 的价格也较低廉。

使用泥炭、褐煤、烟煤和无烟煤都可制备 CMS，但因煤种及其性质的不同，制备工艺各有差别。CMS 的一般制备工艺是：将煤粉碎到约 200 目，在煤的燃点附近用空气氧化（对低挥发分、黏结性煤）形成氧化煤；氧化煤加煤焦油或纸浆等黏结剂挤压成型，在 900～1000℃ 氮保护下高温炭化后，通过堵孔或开孔处理，以调整微孔结构。

制备工艺中炭化是关键。其中，炭化温度、升温速度、终温和恒温时间对 CMS 的孔径大小、吸附性能选择性影响很大。煤种不同，炭化工艺也不同。另外，堵孔或开孔是调节细孔结构的重要步骤。一般情况下，可以用 CO_2、H_2O 等气体活化开孔；也可用加热（1200～1800℃）缩孔法、碳沉积法（浸渍烃类或树脂等，热解后析出炭）或同时利用活化反应与碳沉积作用的综合法等。CMS 有如下作用。

① 作为吸附剂用于气体的吸附与分离，如可用于空气的分离制取氮；可用于在焦炉煤气和冶金燃气中回收与精制氢；

② 作为择形催化剂的载体；

③ 用于气相色谱中作为固定相；

④ 用于酿制食品、酒类的除味；

⑤ 水果的保鲜和原子反应堆稀有气体的保持。

总之，由于 CMS 在气体分离、催化等应用领域的重要作用而备受研究者关注，被认为是解决当今人类面临的能源、资源和环境等重大问题的关键技术材料之一。

第四节　石煤和煤矸石的利用

一、石煤

石煤是一种劣质腐泥无烟煤。它是由古生代大量繁殖的低等生物（藻类、菌类和浮游生物）的遗骸经过复杂的生物化学作用和物理化学作用，转变成的一种固体可燃有机岩。

我国石煤资源丰富，已探明储量达 39 亿吨。在我国江南地区，石煤埋藏较为集中。浙江已探明储量约 10 余亿吨，湖南有 2 亿多吨。目前，开发利用石煤资源已成为煤炭综合利用的重要项目。

石煤作为燃料，属于高灰、高硫、低发热量的劣质燃料，但石煤富含钒、钼、镍、铀、镓、铜、铬、硅、磷等元素。石煤根据发热量不同可分为低热值石煤（$Q_{b,ad}=3.2\sim4.8MJ/kg$）、中热值石煤（$Q_{b,ad}=4.8\sim12.0MJ/kg$）和高热值石煤（$Q_{b,ab}>12.0MJ/kg$）三种，通常所说的石煤是指中低热值石煤。

1. 石煤的性质

石煤外观像石头，颜色灰黑近灰，光泽暗淡，结构均一，断口由贝壳状、阶梯状到参差状不等；石煤的硬度大，密度大，燃点高，无烟。石煤中含有大量非金属矿物杂质，碳质碎片呈浸染状均匀分布于杂质中。这是早古生代腐泥煤的特点。其所有碳质经变质已向半石墨化过渡，石煤的变质程度均达无烟煤阶段。

石煤的灰分高达 70%～80%，硫含量在 2%～4%，碳含量在 12% 左右，发热量在 $3.2\sim32.2MJ/kg$，绝大多数热值低于 $5.0MJ/kg$。在石煤的灰分中，SiO_2 含量最高，其次是 Al_2O_3、Fe_2O_3 等。绝大多数石煤的煤灰熔融性都在 1200℃ 以上。

石煤具有较好的可选性。浮选后，其固定碳含量和发热量成倍提高，灰分大幅度下降，其精煤可制造化肥。

2. 石煤的主要利用途径

（1）石煤提钒　在我国石煤资源中，V_2O_5 品位多在 0.3%～1.0%。有关资料表明，全国 V_2O_5 总储量约 13533 万吨，而石煤中的 V_2O_5 储量为 11796 万吨，占钒总储量的 87% 以上。而国外 V_2O_5 总储量为 10008 万吨。可见，我国的钒储量遥居世界之首。钒的熔点高，可塑性好，在原子能工业上，可作为优良的结构材料、各种薄壁和内管材料及燃料包套管等。钒也是超导材料的原料。目前，钒主要用于制钒铁、有色金属合金、催化剂等方面，用途极为广泛。因此，从石煤中提取钒是一项很有意义的工作。

提钒的工艺方法有食盐焙烧用水浸出法、食盐料烧稀酸浸出法、石灰焙烧碳酸浸出法等。

（2）石煤发电　石煤是低热值燃料，可用于发电。一种是在烟煤中掺入大约 10% 的石煤，这样可以节约部分烟煤，降低发电成本；另一种是将石煤用于沸腾炉作燃料，由于沸腾炉的蓄热能力强，燃烧效果好，所以可用劣质煤。我国浙江已有电厂采用石煤发电取得一定效果。石煤燃烧要求粒度合适，分布范围窄，避免大颗粒沉底、小颗粒随气流飞出炉膛。另外，要求水分（M_{ar}）低于 6%。

由于石煤发热量低、灰分高，若利用其中的热能发电，就要考虑燃烧后灰渣的利用，否则灰渣的处理费用将抵消回收石煤热能所产生的效益。所以，必须考虑石煤灰渣的综合利用问题。

（3）应用于建筑行业　建筑行业是耗能大户。所以，建筑行业节能尤为重要。目前，人们已利用石煤和煤矸石代替部分煤炭应用于建筑行业。

在水泥的生产过程中，石煤既是燃料又是原料。石煤有一定的发热量，且其矿物组成与黏土质原料相似。燃烧后产生的灰分直接转移到水泥熟料中，可以减少水泥生料中黏土的配入量。石煤中还含有某些稀有元素，起到复合矿化剂的作用，在较低的煅烧温度下，也能烧成熟料。所以，用石煤煅烧水泥不存在灰渣的处理问题。石煤燃烧后产生的灰渣还可以作水泥的混合材料，且使用石煤渣作混合材料的水泥产品外观比用其他混合材料的水泥好。另外，石煤渣还可制砖瓦、混凝土砌块等建筑材料。

二、煤矸石

煤矸石是在成煤过程中与煤共同沉积的有机化合物和无机化合物混合在一起的岩石，以炭质灰岩为主要成分，是在煤矿建设和煤炭采掘、洗选加工过程中产生的固态排弃物。煤炭是埋藏于地下的化石燃料，由于在成煤过程中可产生或由外界混入不少无机物，加上地壳运动及岩浆的侵蚀，在煤中还夹杂有其他岩石及无机矿物。另外在煤炭开采、加工过程中，也不可避免地混入大量夹石。

1. 煤矸石的分类

按来源及最终状态，煤矸石可分为掘进矸石、选煤矸石和自然矸石三大类。煤矸石排放量根据煤层条件、开采条件和洗选工艺的不同有较大差异，一般掘进矸石占原煤产量的10%左右，选煤矸石占入选原煤量的 12%～18%（视对精煤的要求而不同）。

2. 煤矸石的组成和性质

通过对煤矸石进行化学分析可知，煤矸石的化学组成主要是一些氧化物，如 SiO_2、Al_2O_3、Fe_2O_3、CaO、MgO、K_2O、Na_2O 等，其矿物组成中主要是高岭石、石英、钾云母、长石等。

煤矸石和石煤一样，均属劣质燃料，其发热量低（4.2～12.6MJ/kg），碳含量低（20%～30%），硬度大，矿物含量高，有机质含量低。

掘进矸石一般含碳量低，热值也相应较低；选煤矸石碳含量较高，有一定的热值，常常混有中煤及煤泥，其特点是排放集中，粒度较小，可利用性较高，但硫、铁含量较多；自燃矸石为多年堆积引起自燃后的煤矸石，因已经过一定的燃烧过程，而具有一定的火山灰活性和化学活性，但其热值则不高。

3. 煤矸石的利用途径

根据每年的煤炭产量和洗精煤产量不同，中国煤矸石年排放量在 1.2 亿～1.8 亿吨之间。截止 2000 年，全国煤矸石累计堆存量 34 亿吨，占地约 1.3 万公顷，是中国工业固体废物中产量和累计存量最大的固体废物。由于一般矸石还可能自燃，因此这样既浪费了国家资源，又占用农田，污染环境，成为矿区一害。我国对矸石利用十分重视，开辟了多种利用途径，因地制宜，因矸制宜，取得了十分可喜的成绩。

目前，煤矸石的利用途径主要有以下几个方面。

（1）热值利用　煤矸石因含碳，具有一定热值，尤其是选煤矸石发热量一般在 6270kJ/kg 以上，把它加工成粒径<13mm、水分 < 10% 的煤矸石，与洗选过程中产生的热值较低的劣质煤一起配制成发热量为 10000～13000kJ/kg 的煤，可作为发电厂流化床锅炉的燃料，

也可用于小型流化床锅炉作燃料供热用。自从煤矿坑口电站使用流化床锅炉以来，均可使用这种燃料，为国家节约了大量的优质煤，并大大减少环境污染。

到 2003 年年底，全国已建成煤矸石（含煤泥）综合利用电厂 150 座，总装机容量约 250 万千瓦，占当年全国发电装机容量的 0.74%；年耗煤矸石 1500 多万吨，约占目前煤矸石综合利用量的 23%。煤矸石电厂机组单机容量小，平均装机容量为 1.5 万千瓦，最大运行单台机组容量为 5 万千瓦。

（2）矿物成分的利用　以煤矸石、矸石沸腾炉灰及高灰煤泥为原料或填料生产矸石砖、砌砖、水泥等技术已工业化，正开发煤矸石生产轻质、高强及具有特殊性能的新型建筑材料技术。从煤矸石中提取有用的化工产品及有用矿物正在得到重视。

应用于建材行业。由于煤矸石在组成上与黏土相近，因而煤矸石加土生产砖瓦可以使制砖不用土或少用土，烧砖不用煤或少用煤，节省耕地，减少污染。煤矸石可用于生产水泥，代替黏土作水泥生料的配料；还可作水泥的混合材料，生产无熟料或少熟料水泥等。煤矸石和生石灰、石膏等材料混合可制造混凝土空心砌块。由于煤矸石化学成分与一般陶瓷土相近，因而还可作为原料生产陶管、釉面砖、卫生陶瓷、日用陶瓷、包装陶瓷等。

从矸石中回收有用矿物。有些矸石中往往混入发热量较高的煤、硫铁矿。可以采用适当的加工方法回收有用矿物，提高其品位，使其作为燃料或原料使用。国外如美、英、法、日、波、匈等国都建立了从矸石中回收煤的工厂。我国硫铁矿资源比较丰富，其中一半以上是与煤共生或伴生的形式存在。因此，从矸石中回收硫铁矿，使资源得到合理利用，减少硫磺进口，具有显著的经济效益和社会效益。

从矸石中提取化工产品。煤矸石作为化工原料，主要是用于生产无机盐类的化工产品。例如，用洗矸作原料，生产氯化铝、聚合氯化铝和硫酸铝，并从氯化铝的残渣中制取氯化钛和二氧化硅。另外，还可利用煤矸石中含碳酸铁、硫酸铝和硫酸镁较高的特点制取铵明矾等。

（3）煤矸石作为充填材料及用作筑路基材　矸石作为井下充填材料。掘进和维修巷道的矸石以及选煤矸石，可作为井下充填材料，解决建筑物下的煤柱回采、巷道维护、复杂顶板管理及自燃煤层的开采问题。

煤矸石作为充填塌陷坑和添沟造地的材料。可将排矸的路轨铺向塌陷区或山沟，用小型架线电机车运往塌陷区或山沟直接倾卸，如果是山沟或没有水的塌陷区，则分层压实，并覆盖黄土使之密封。

作为筑路建材。煤矸石作为修筑公路、铁路路基或其他建筑物地基等的材料在我国不少地区已推广应用，这是大量处理矸石的一种途径。

（4）用煤矸石制造肥料　有的煤矸石有机质含量在 15%～25%，甚至 25% 以上，并含有植物生长所必需的 B、Cu、Mo、Mn 等微量元素和较大的吸收容量，这种煤矸石适宜于生产肥料。

利用煤矸石生产农用肥料，在国外已有应用。英国曾在小块土地上播种冬小麦前试施浮选矸石制成的肥料，结果增产 7%～10%。美国、前苏联施用矸石肥料，使农作物产量提高 10%～40%。

我国煤矸石肥料（煤矸石复合肥料和煤矸石微生物肥料）的研制试验和推广应用工作取得较大进展。煤科总院西安分院开发的全养分矸石肥料，是以煤矸石为主要原料，经粉碎后加入改性物质，经陈化后掺入适量氮、磷、钾和微量元素制成的一种有机-无机复合肥料，田间试验表明，西瓜、苹果等经济作物施用这种专用矸石肥料后，一般可增产 15%～20%。

煤矸石的应用途径广泛，但各地产的矸石在组成和特性方面各不相同。因此，应根据不同的矸石类型，确定煤矸石的综合加工利用方向。

复习思考题

1. 什么是煤的综合利用？煤的综合利用途径主要有哪些？
2. 影响煤燃烧的因素有哪些？煤完全燃烧的条件有哪些？
3. 什么是煤的气化？煤气化有何意义？
4. 根据气化剂的不同，煤气的种类有哪几种？
5. 什么叫煤的液化？煤的液化有何意义？液化的方法有哪几种？
6. 我国在煤制化学品和高碳物料方面，有哪些应用较为成熟？
7. 煤矸石有何用途？
8. 石煤有哪些主要用途？

附　　录

实验一　煤的工业分析测定

GB/T 212—2008 规定了煤和水煤浆的水分、灰分和挥发分的测定方法和固定碳的计算方法。本方法适用于褐煤、烟煤、无烟煤和水煤浆。

一、实验目的

1. 学习和掌握煤的工业分析各项指标的测定方法及原理。

2. 了解煤的工业分析各项指标在测定时的注意事项及煤的工业分析各项指标在煤炭深加工和利用中的主要作用。

3. 熟悉相关仪器设备的正确使用。

二、水分的测定

本实验规定了煤的三种水分的测定方法。其中方法 A 适用于所有煤种，方法 B 仅适用于烟煤和无烟煤，微波干燥法 C 适用于褐煤和烟煤水分的快速测定。

在仲裁分析中遇到有用一般分析试验煤样水分进行校正以及基的换算时，应用方法 A 测定一般分析试验煤样的水分。

1. 方法 A（通氮干燥法）

（1）实验原理　称取一定量的一般分析试验煤样，置于 105～110℃ 干燥箱中，在干燥氮气流中干燥到质量恒定。然后根据煤样的质量损失计算出水分的质量分数。

（2）实验试剂、仪器、设备

① 氮气：纯度 99.9%，含氧量小于 0.01%。

② 无水氯化钙（HGB 3208）：化学纯，粒状。

③ 变色硅胶：工业用品。

④ 小空间干燥箱：箱体严密，具有较小的自由空间，有气体进、出口，并带有自动控温装置，能保持温度在 105～110℃ 范围内。例如鹤壁天龙仪表厂生产的水分测定仪。

⑤ 玻璃称量瓶：直径 40mm，高 25mm，并带有严密的磨口盖（见图 1）。

⑥ 干燥器：内装变色硅胶或粒状无水氯化钙。

⑦ 干燥塔：容量 250mL，内装干燥剂。

⑧ 流量计：量程为 100～1000mL/min。

⑨ 分析天平：感量 0.1mg。

（3）实验步骤

① 在预先干燥并已称量过的称量瓶内称取粒度小于 0.2mm 的一般分析试验煤样（1±0.1）g（称准至 0.0002g），平摊在称量瓶中。

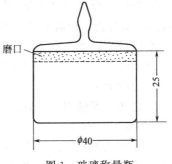

图 1　玻璃称量瓶

② 打开称量瓶盖，放入预先通入干燥氮气并已加热到 105～110℃ 的干燥箱中。烟煤干燥 1.5h，褐煤和无烟煤干燥 2h。在称量瓶放入干燥箱前 10min 开始通氮气，氮气流量以每小时换气 15 次为准。

③ 从干燥箱中取出称量瓶，立即盖上盖，放入干燥器中冷却至室温（约 20min）后称量。

④ 进行检查性干燥，每次 30min，直到连续两次干燥煤样质量的减少不超过 0.0010g 或质量增加时为止。在后一种情况下，采用质量增加前一次的质量为计算依据。水分在 2.00% 以下时，不必进行检查性干燥。

2. 方法 B（空气干燥法）

（1）实验原理　称取一定量的一般分析试验煤样，置于 105～110℃ 鼓风干燥箱中，于空气流中干燥到质量恒定。然后根据煤样的质量损失计算出水分的质量分数。

（2）实验试剂、仪器、设备

① 无水氯化钙（HGB 3208）：化学纯，粒状。

② 变色硅胶：工业用品。

③ 鼓风干燥箱：带有自动控温装置，能保持温度在 105～110℃ 范围内。

④ 玻璃称量瓶：直径 40mm，高 25mm，并带有严密的磨口盖（见图 1）。

⑤ 干燥器：内装变色硅胶或粒状无水氯化钙。

⑥ 分析天平：感量 0.1mg。

（3）实验步骤

① 在预先干燥并已称量过的称量瓶内称取粒度小于 0.2mm 的一般分析试验煤样（1±0.1）g（称准至 0.0002g），平摊在称量瓶中。

② 打开称量瓶盖，放入预先鼓风并已加热到 105～110℃ 的干燥箱中。在一直鼓风的条件下，烟煤干燥 1h，无烟煤干燥 1.5h。

　　注：预先鼓风是为了使温度均匀。可将装有煤样的称量瓶放入干燥箱前 3～5min 就开始鼓风。

③ 从干燥箱中取出称量瓶，立即盖上盖，放入干燥器中冷却至室温（约 20min）后称量。

④ 进行检查性干燥，每次 30min，直到连续两次干燥煤样质量的减少不超过 0.0010g 或质量增加时为止。在后一种情况下，采用质量增加前一次的质量为计算依据。水分在 2.00% 以下时，不必进行检查性干燥。

3. 方法 C（微波干燥法）

（1）实验原理　称取一定量的一般分析试验煤样，置于微波水分测定仪内，炉内磁控管发射非电离微波，使水分子超高速振动，产生摩擦热，使煤中水分迅速蒸发，根据煤样的质量损失计算出水分的质量分数。

（2）实验仪器、设备

① 微波水分测定仪（以下简称测水仪）：带程序控制器，输入功率约 1000W。仪器内配有微晶玻璃转盘，转盘上置有带标志圈、厚约 2mm 的石棉垫。

② 玻璃称量瓶：直径 40mm，高 25mm，并带有严密的磨口盖（见图 1）。

③ 干燥器：内装变色硅胶或粒状无水氯化钙。

④ 分析天平：感量 0.1mg。

⑤ 烧杯：容量约 250mL。

（3）实验步骤

① 在预先干燥并已称量过的称量瓶内称取粒度小于 0.2mm 的一般分析试验煤样（1±0.1）g（称准至 0.0002g），平摊在称量瓶中。

② 将一个盛有约 80mL 蒸馏水、容量约 250mL 的烧杯置于测水仪内的转盘上，用预加热程序加热 10min 后，取出烧杯。如连续进行数次测定，只需在第一次测定前进行预热。

③ 打开称量瓶，将带煤样的称量瓶放在测水仪的转盘上，并使称量瓶与石棉垫上的标记圈相内切。放满一圈后，多余的称量瓶可紧挨第一圈称量瓶内侧放置。在转盘中放一盛有蒸馏水的带表面皿盖的 250mL 烧杯（盛水量与测水仪说明书规定一致），并关上测水仪门。

注：1. 水分蒸发效果与微波电磁场分布有关，称量瓶需位于均匀场强区域内。

2. 烧杯中的盛水量与微波炉磁控管功率大小有关，以加热完毕后烧杯内仅余少量水为宜。

3. 微波测水仪生产厂家在设计测水仪时，应通过试验确定微波电磁场分布适合水分测定的区域并加以标记（即标记圈），并确定适宜的盛水量。

④ 按测水仪说明书规定的程序加热煤样。

⑤ 加热程序结束后，从测水仪中取出称量瓶，立即盖上盖，放入干燥器中冷却至室温（约 20min）后称量。

注：其他类型的微波水分测定仪也可使用，但在使用前应按照 GB/T 18510 进行精密度和准确度测定，以确定设备是否符合要求。

4. 实验记录和结果计算

（1）实验记录表（供参考）

空气干燥煤样水分的测定		年 月 日	
煤样名称			
重复测定		第一次	第二次
称量瓶编号			
称量瓶质量/g			
煤样＋称量瓶质量/g			
煤样质量/g			
干燥后煤样＋称量瓶质量/g			
检查干燥性	干燥后煤样＋称量瓶质量/g　第一次		
	第二次		
	第三次		
M_{ad}/%			
M_{ad}（平均值）/%			

测定人　　　审定人

（2）结果计算　按下式（1）计算一般分析试验煤样的水分：

$$M_{ad} = \frac{m_1}{m} \times 100 \tag{1}$$

式中　M_{ad}——一般分析试验煤样的水分质量分数，%；

m——称取的一般分析试验煤样的质量，g；

m_1——煤样干燥后减少的质量，g。

5. 水分测定的精密度

水分测定的精密度见下表之规定。

水分（M_{ad}）/%	重复性限/%
<5.00	0.20
5.00～10.00	0.30
>10.00	0.40

6. 测定水分的注意事项

① 称取试样前，应将煤样充分混合。

② 样品务必处于空气干燥状态后方可进行水分的测定。国家标准 GB/T 474—2008《煤样的制备方法》规定，制备煤样时，若在室温下连续干燥 1h 后煤样质量变化≤0.1%，即达到空气干燥状态。

③ 试样粒度应小于 0.2mm，干燥温度必须按要求加以控制在 105～110℃；干燥时间应为煤样达到干燥完全的最短时间。不同煤源即使同一煤种，其干燥时间也不一定相同。

④ 预先鼓风的目的在于促使干燥箱内空气流动，一方面使箱内温度均匀，另一方面使煤中水分尽快蒸发，缩短试验周期。应将装有煤样的称量瓶放入干燥箱前 3～5min，就开始鼓风。

⑤ 进行检查性干燥中，遇到质量增加时，采用质量增加前一次的质量为计算依据。

7. 煤中全水分的测定方法

见 GB/211—2007。

【思考题】

1. 干燥箱为什么要预先鼓风？

2. 为什么要进行检查性干燥？

三、灰分的测定

本实验包括两种测定煤中灰分的方法：缓慢灰化法和快速灰化法。缓慢灰化法为仲裁法。

（一）缓慢灰化法

1. 实验原理

称取一定量的一般分析试验煤样，放入马弗炉中，以一定的速度加热到 (815±10)℃，灰化并灼烧到质量恒定。以残留物的质量占煤样质量的百分数作为煤样的灰分。

2. 实验仪器、设备

(1) 马弗炉　炉膛具有足够的恒温区，能保持温度为 (815±10)℃。炉后边的上部带有直径为 25～30mm 的烟筒，下部离炉膛底 20～30mm 处有一个插热电偶的小孔。炉门上有一个直径为 20mm 的通气孔。

马弗炉的恒温区应在关闭炉门下测定，并至少每年测定一次。高温计（包括毫伏计和热电偶）至少每年校准一次。

(2) 灰皿　瓷质，长方形，底长 45mm，底宽 22mm，高 14mm（见图 2）。

(3) 干燥器　内装变色硅胶或粒状无水氯化钙。

(4) 分析天平　感量 0.0001g。

(5) 耐热瓷板或石棉板。

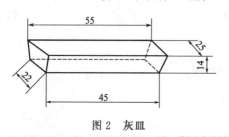

图 2　灰皿

3. 实验步骤

(1) 在预先灼烧至质量恒定的灰皿中，称取粒度小于 0.2mm 的一般分析试验煤样 (1±0.1) g（称准至 0.0002g），均匀摊平在灰皿中，使其每平方厘米的质量不超过 0.15g。

(2) 将盛有煤样的灰皿送入炉温不超过 100℃ 的马弗炉的恒温区中，关上炉门并使炉门留有 15mm 左右的缝隙。在不少于 30min 的时间内将炉温缓慢升至 500℃，并在此温度下保持 30min。继续升温到 (815±10)℃，并在此温度下灼烧 1h（使碳酸钙分解完全及二氧化碳完全驱出）。

（3）从炉中取出灰皿，放在耐热瓷板或石棉板上，在空气中冷却 5min 左右，移入干燥器中冷却至室温（约 20min）后称量。

（4）进行检查性灼烧，温度为（815±10)℃，每次 20min，直到连续两次灼烧后的质量变化不超过 0.0010g 为止（灰分低于 15.00％时，不必进行检查性灼烧）。以最后一次灼烧的质量为计算依据。

（二）快速灰化法

快速灰化法包括两种方法：方法 A 和方法 B。

1. 方法 A

（1）实验原理　将装有煤样的灰皿放在预先加热至（815±10)℃的灰分快速测定仪的传送带上，煤样自动送入仪器内完全灰化，然后送出。以残留物的质量占煤样质量的百分数作为煤样的灰分。

（2）实验仪器、设备

① 快速灰分测定仪：图 3 是一种比较适宜的快速灰分测定仪。它是由马蹄形管式电炉、传送带和控制仪三部分组成。

a. 马蹄形管式电炉：炉膛长约 700mm，底宽约 75mm，高约 45mm，两端敞口，轴向倾斜度为 5°左右。其恒温带要求：（815±10)℃ 部分长约 140mm，750～825℃ 部分长约 270mm，出口端温度不高于 100℃。

b. 链式自动传送装置（简称传送带）：用耐高温金属制成，传送速度可调。在 1000℃下不变形，不掉皮。

c. 控制仪：主要包括温度控制装置和传送带传送速度控制装置。温度控制装置能将炉温自动控制在（815±10)℃；传送带传送速度控制装置能将传送速度控制在 15～50mm/min 之间。

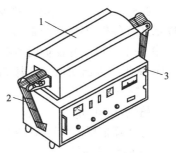

图 3　快速灰分测定仪
1—管式电炉；2—传送带；3—控制仪

② 灰皿：瓷质，长方形，底长 45mm，底宽 22mm，高 14mm（见图 2）。

③ 干燥器：内装变色硅胶或粒状无水氯化钙。

④ 分析天平：感量 0.0001g。

⑤ 耐热瓷板或石棉板。

（3）实验步骤

① 将快速灰分测定仪预先加热至（815±10)℃，开动传送带并将其传送速度调节至 17mm/min 左右或其他合适的速度。

注：对于新的快速灰分测定仪，需对不同煤种与缓慢灰化法进行对比试验，根据对比试验结果及煤的灰化情况，调节传送带的传送速度。

② 在预先灼烧至质量恒定的灰皿中，称取粒度小于 0.2mm 的空气干燥煤样（0.5±0.01）g（称准至 0.0002g），均匀摊平在灰皿中，使其每平方厘米的质量不超过 0.08g。

③ 将盛有煤样的灰皿放在快速灰分测定仪的传送带上，灰皿即自动送入炉中。

④ 当灰皿从炉内送出时，取下，放在耐热瓷板或石棉板上，在空气中冷却 5min 左右，移入干燥器中冷却至室温（约 20min）后称量。

2. 方法 B

（1）实验原理　将装有煤样的灰皿由炉外逐渐送入预先加热至（815±10)℃的马弗炉中灰化并灼烧至质量恒定。以残留物的质量占煤样质量的百分数作为煤样的灰分。

（2）实验仪器、设备

①马弗炉：炉膛具有足够的恒温区，能保持温度为（815±10）℃。炉后边的上部带有直径为 25～30mm 的烟筒，下部离炉膛底 20～30mm 处有一个插热电偶的小孔。炉门上有一个直径为 20mm 的通气孔。

马弗炉的恒温区应在关闭炉门下测定，并至少每年测定一次。高温计（包括毫伏计和热电偶）至少每年校准一次。

② 灰皿：瓷质，长方形，底长 45mm，底宽 22mm，高 14mm（见图 2）。

③ 干燥器：内装变色硅胶或粒状无水氯化钙。

④ 分析天平：感量 0.0001g。

⑤ 耐热瓷板或石棉板。

（3）实验步骤

① 在预先灼烧至质量恒定的灰皿中，称取粒度小于 0.2mm 的一般分析试验煤样（1±0.1）g（称准至 0.0002g），均匀摊平在灰皿中，使其每平方厘米的质量不超过 0.15g。将盛有煤样的灰皿预先分排放在耐热瓷板或石棉板上。

② 将马弗炉加热到 850℃，打开炉门，将放有灰皿的耐热瓷板或石棉板缓慢地推入 850℃的马弗炉中，先使第一排灰皿中的煤样灰化。5～10min 后，以每分钟不大于 2cm 的速度把其余各排灰皿顺序推入炉内炽热部分（若煤样着火发生爆燃，试验应作废）。

③ 关上炉门，并使炉门留有 15mm 左右的缝隙，在（815±10）℃温度下灼烧 40min。

④ 从炉中取出灰皿，冷却 5min 左右，移入干燥器中冷却至室温（约 20min）后称量。

⑤ 进行检查性灼烧，温度为（815±10）℃，每次 20min，直到连续两次灼烧后的质量变化不超过 0.0010g 为止（灰分低于 15.00％时，不必进行检查性灼烧）。以最后一次灼烧的质量为计算依据。如遇检查性灼烧时结果不稳定，应改用缓慢灰化法重新测定。

3. 实验记录和结果计算

（1）实验记录表（供参考）

煤中灰分测定	年　月　日	
煤样名称		
重复测定	第一次	第二次
灰皿编号		
灰皿质量/g		
煤样＋灰皿质量/g		
煤样质量/g		
灼烧后残渣＋灰皿质量/g		
残渣质量/g		
A_{ad}/%		
平均值/%		

测定人　　　　　　审定人

（2）结果的计算　按下式（2）计算一般分析试验煤样的灰分，报告值修约至小数点后两位。

$$A_{ad} = \frac{m_1}{m} \times 100 \tag{2}$$

式中　A_{ad}——一般分析试验煤样的灰分，%；

m——称取的一般分析试验煤样的质量，g；

m_1——灼烧后残留物的质量，g。

4. 灰分测定的精密度

灰分测定的重复性和再现性如下表规定。

灰分测定的精密度要求

灰分/%	重复性限 $A_{ad}/\%$	再现性临界差 $A_{d}/\%$
<15.00	0.20	0.30
15.00～30.00	0.30	0.50
>30.00	0.50	0.70

5. 灰分测定的注意事项

① 凡能达到以下要求的其他形式的快速灰分测定仪均可使用：

a. 高温炉能加热至 (815±10)℃并具有足够长的恒温带；

b. 炉内有足够的空气供煤样燃烧；

c. 煤样在炉内有足够长的停留时间，以保证灰化完全；

d. 能避免或最大限度地减少煤中硫氧化生成的硫氧化物与碳酸盐分解生成的氧化钙接触。

② 煤样在灰皿中要铺平，以避免局部过厚，使燃烧不完全。

③ 灰化过程中始终保持良好的通风状态，使硫氧化物一经生成就及时排出。因此马蹄形管式电炉两端敞口，保证炉内空气自然流通。

④ 管式炉快速灰化法可有效避免煤中硫固定在煤灰中。因使用轴向倾斜度为 5°的马蹄形管式炉，炉中央段温度为 (815±10)℃，两端有 500℃温度区，煤样从高的一端进入至 500℃温度区时，煤中硫氧化的生成物由高端（入口端）逸出，不会与到达 (815±10)℃区的煤样中的碳酸钙分解生成的氧化钙接触，从而可有效避免煤中硫被固定在灰中。

⑤ 对于新的快速灰分测定仪，应对不同煤种进行与缓慢灰化法的对比试验，根据对比试验的结果及煤的灰化情况，调节传送带的传送速度。

【思考题】

1. 采用马蹄形管式炉快速灰化法为什么能有效避免煤中硫固定在煤灰中？

2. 快速灰化法中的高温炉有哪些要求？

四、挥发分的测定

1. 实验原理

称取一定量的一般分析试验煤样，放入带盖的瓷坩埚中，在 (900±10)℃下，隔绝空气加热 7min。以减少的质量占煤样质量的百分数，减去该煤样的水分含量作为煤样的挥发分。

2. 实验仪器、设备

(1) 挥发分坩埚　带有配合严密盖的瓷坩埚，形状和尺寸如图 4 所示。坩埚总质量为 15～20g。

(2) 马弗炉　带有高温计和调温装置，例如鹤壁天龙仪表厂生产的 XL-1 型箱式高温炉和 WK-500 型微电脑时温控制仪。能保持温度在 (900±10)℃，并有足够的 (900±5)℃的恒温区。炉子的热容量为当起始温度为 920℃时，放入室温下的坩埚架和若干坩埚，关闭炉门，在 3min 内恢复到 (900±10)℃。炉后壁有一个排气孔和一个插热电偶的小孔。小孔位置应使热电偶插入炉内后其热接点在坩埚底和炉底之间，距炉底 20～30mm 处。

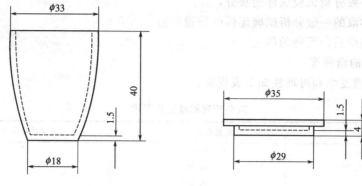

图 4　挥发分坩埚

马弗炉的恒温区应在关闭炉门下测定，并至少每年测定一次，高温计（包括毫伏计和热电偶）至少每年校准一次。

（3）坩埚架　用镍铬丝或其他耐热金属丝制成。其规格尺寸以能使所有的坩埚都在马弗炉恒温区内，并且坩埚底部紧邻热电偶接点上方。

（4）坩埚架夹

（5）干燥器　内装变色硅胶或粒状无水氯化钙。

（6）分析天平　感量 0.0001g。

（7）压饼机　螺旋式或杠杆式压饼机，能压制直径约 10mm 的煤饼。

（8）秒表

3. 实验步骤

（1）在预先于 900℃温度下灼烧至质量恒定的带盖瓷坩埚中，称取粒度小于 0.2mm 的一般分析试验煤样（1±0.01）g（称准至 0.0002g），然后轻轻振动坩埚，使煤样摊平，盖上盖，放在坩埚架上。

注：褐煤和长焰煤应预先压饼，并切成约 3mm 的小块。

（2）将马弗炉预先加热至 920℃左右。打开炉门，迅速将放有坩埚的架子送入恒温区，立即关上炉门并计时，准确加热 7min。坩埚及架子放入后，要求炉温在 3min 内恢复至（900±10）℃，此后保持在（900±10）℃，否则此次试验作废。加热时间包括温度恢复时间在内。

注：马弗炉预先加热温度可视马弗炉具体情况调节，以保证在放入坩埚及坩埚架后，炉温在 3min 内恢复至（900±10）℃为准。

（3）从炉中取出坩埚，放在空气中冷却 5min 左右，移入干燥器中冷却至室温（约20min）后称量。

4. 焦渣特征分类

测定挥发分所得焦渣的特征按下列规定加以区分，可分为以下八类。

不黏结煤

（1）粉状（1型）——全部是粉末，没有相互黏着的颗粒。

（2）黏着（2型）——用手指轻碰即有粉末或基本上是粉末，其中较大的团块轻轻一碰即成粉末。

弱黏结煤

（3）弱黏结（3型）——用手指轻压即成小块。

（4）不熔融黏结（4型）——以手指用力压才裂成小块，焦渣上表面无光泽，下表面稍有银白色光泽。

较好黏结煤

（5）不膨胀熔融黏结（5型）—焦渣形成扁平的块，煤粒的界线不易分清，焦渣表面上有明显银白色金属光泽，下表面银白色光泽更明显。

（6）微膨胀熔融黏结（6型）—用手指压不碎，焦渣的上、下表面均有银白色金属光泽，但焦渣表面具有较小的膨胀泡（或小气泡）。

（7）膨胀熔融黏结（7型）—焦渣上、下表面有银白色金属光泽，明显膨胀，但高度不超过15mm。

（8）强膨胀熔融黏结（8型）—焦渣上、下表面有银白色金属光泽，焦渣高度大于15mm。

为简便起见，通常用上列序号作为各种焦渣特征的代号。

5. 实验记录和结果计算

（1）实验记录表（供参考）

<table>
<tr><td colspan="3" style="text-align:center">煤的挥发分产率测定　　　　　年　月　日</td></tr>
<tr><td>煤样名称</td><td></td><td></td></tr>
<tr><td>重复测定</td><td>第一次</td><td>第二次</td></tr>
<tr><td>坩埚编号</td><td></td><td></td></tr>
<tr><td>坩埚质量/g</td><td></td><td></td></tr>
<tr><td>煤样＋坩埚质量/g</td><td></td><td></td></tr>
<tr><td>煤样质量/g</td><td></td><td></td></tr>
<tr><td>焦渣＋坩埚质量/g</td><td></td><td></td></tr>
<tr><td>煤样加热后减轻的质量/g</td><td></td><td></td></tr>
<tr><td>煤样水分 M_{ad}/%</td><td></td><td></td></tr>
<tr><td>V_{ad}/%</td><td></td><td></td></tr>
<tr><td>平均值/%</td><td></td><td></td></tr>
</table>

测定人　　　　审定人

（2）结果的计算　　按下式（3）计算一般分析试验煤样的挥发分：

$$V_{ad} = \frac{m_1}{m} \times 100 - M_{ad} \tag{3}$$

式中　V_{ad}——一般分析试验煤样的挥发分，%；

　　　m——一般分析试验煤样的质量，g；

　　　m_1——煤样加热后减少的质量，g；

　　　M_{ad}——一般分析试验煤样水分的质量分数，%。

6. 挥发分测定的精密度

挥发分测定精密度见下表之规定。

挥发分/%	重复性限 V_{daf}/%	再现性临界差 V_d/%
<20.00	0.30	0.50
20.00~40.00	0.50	1.00
>40.00	0.80	1.50

7. 挥发分测定的注意事项

① 测定低煤化程度煤的挥发分（如褐煤、长焰煤）时必须压饼。这是由于它们的水分和挥发分很高，如以松散状态测定，挥发分大量释出，易把坩埚盖顶开带走碳粒，使结果偏高，且重复性较差。压饼后试样紧密，可减缓挥发分的释放速度，有效防止煤样爆燃、喷溅，使测定结果稳定可靠。

② 挥发分产率的测定是一项规范性很强的试验，其测定结果受测定条件的影响很大，须严格掌握以下操作。

a. 定期对热电偶及毫伏计进行校正。校正和使用热电偶时，其冷端应放入冰水或将零点调到室温，或采用冷端补偿器。

b. 定期测量马弗炉的恒温区，装有煤样的坩埚必须放在马弗炉的恒温区内。

c. 马弗炉应经常验证其温度恢复速度能否符合要求，或应手动控制以保证符合要求。

d. 每次试验最好放同样数目的坩埚，以保证坩埚及支架的热容量基本一致。

e. 要使用符合规定的坩埚，坩埚盖子必须配合严密。

f. 要用耐热金属做的坩埚架，它受热时不能掉皮，若沾在坩埚上影响测定结果。

g. 坩埚从马弗炉中取出后，在空气中冷却时间不宜过长，以防焦渣吸水。

【思考题】

1. 煤的挥发分指标为什么不能称为挥发分含量？

2. 测定低煤化程度煤的挥发分产率时，为什么要压饼？

五、固定碳的计算

煤的固定碳含量不直接测定，一般是根据测定的灰分、水分、挥发分，用差减法求得。按式（4）计算一般分析试验煤样的固定碳：

$$FC_{ad} = 100 - (M_{ad} + A_{ad} + V_{ad}) \tag{4}$$

式中　FC_{ad}——一般分析试验煤样的固定碳含量，%；

$\quad\quad M_{ad}$——一般分析试验煤样的水分含量，%；

$\quad\quad A_{ad}$——一般分析试验煤样的灰分产率，%；

$\quad\quad V_{ad}$——一般分析试验煤样的挥发分产率，%。

【思考题】

1. 固定碳与煤中碳元素含量有何区别？

2. 固定碳与焦渣和灰分有什么关系？

3. 干燥无灰基固定碳（FC_{daf}）与干燥无灰基挥发分（V_{daf}）有什么关系？

实验二　煤的元素分析

GB/T 476—2001 规定了煤中碳、氢元素分析的三节炉法、二节炉法以及煤中氮元素测定的半微量开氏法的方法原理、试剂和材料、装置、试验步骤、结果计算及精密度等，另外还规定了煤中氧元素含量的计算方法。本方法适用于褐煤、烟煤、无烟煤。

一、实验目的

1. 学习和掌握煤的元素分析各项指标的测定方法及原理。

2. 了解煤的元素分析各项指标在测定时的注意事项及煤的元素分析各项指标与煤化程度的关系。

3. 熟悉相关仪器设备的正确使用。

二、碳、氢元素的测定

1. 实验原理

一定量的煤样在氧气流中燃烧，生成的水和二氧化碳分别用吸水剂和二氧化碳吸收剂吸收，即用碱石棉或碱石灰吸收水，用无水氯化钙或无水高氯酸镁吸收二氧化碳，由吸收剂的增量计算煤中碳和氢的含量。煤样中硫和氯对碳测定的干扰在三节炉中用铬酸铅和银丝卷消除，在二节炉中用高锰酸银热解产物消除。氮对碳测定的干扰用粒状二氧化锰消除。

2. 实验试剂和材料

(1) 碱石棉 化学纯，粒度 $1\sim2mm$；或碱石灰（HG 3-213）：化学纯，粒度 $0.5\sim2mm$。

(2) 无水氯化钙（HG 3-208） 分析纯，粒度 $2\sim5mm$；或无水高氯酸镁：分析纯，粒度 $1\sim3mm$。

(3) 氧化铜（HG 3-1288） 化学纯，线状（长约 5mm）。

(4) 铬酸铅（HG 3-1071） 分析纯，粒度 $1\sim4mm$。

(5) 银丝卷 丝直径约 0.25mm。

(6) 铜丝卷 丝直径约 0.5mm。

(7) 氧气（GB/T 3863） 99.9%，不含氢。氧气钢瓶须配有可调节流量的带减压阀的压力表（可使用医用氧气吸入器）。

(8) 三氧化钨（HG 10-1129） 分析纯。

(9) 粒状二氧化锰 化学纯，市售或用硫酸锰（HG 3-1081）和高锰酸钾（GB/T 643）制备。

制法：称取 25g 硫酸锰，溶于 500mL 蒸馏水中，另称取 16.4g 高锰酸钾，溶于 300mL 蒸馏水中。两溶液分别加热到 $50\sim60℃$。在不断搅拌下将高锰酸钾溶液慢慢注入硫酸锰溶液中，并加以剧烈搅拌。然后加入 10mL（1+1）硫酸（GB/T 625）。将溶液加热到 $70\sim80℃$并继续搅拌 5min，停止加热，静置 $2\sim3h$。用热蒸馏水以倾泻法洗至中性。将沉淀移至漏斗过滤，除去水分，然后放入干燥箱中，在 150℃左右干燥 $2\sim3h$，得到褐色、疏松状的二氧化锰，小心破碎和过筛，取粒度 $0.5\sim2mm$ 的备用。

(10) 高锰酸银热解产物 当使用二节炉时，需制备高锰酸银热解产物。制备方法如下：将 100g 化学纯高锰酸钾（GB/T 643），溶于 2L 蒸馏水中，煮沸。另取 107.5g 化学纯硝酸银（GB/T 670）溶于约 50mL 蒸馏水中，在不断搅拌下，缓缓注入沸腾的高锰酸钾溶液中，搅拌均匀后逐渐冷却并静置过夜。将生成的深紫色晶体用蒸馏水洗涤数次，在 $60\sim80℃$下干燥 1h，然后将晶体一小部分一小部分地放在瓷皿中，在电炉上缓缓加热至骤然分解成银灰色疏松状产物，装入磨口瓶中备用。

(11) 真空硅脂

(12) 硫酸（GB/T 625） 化学纯。

(13) 带磨口塞的玻璃管或小型干燥器（不放干燥剂）

3. 实验装置

(1) 碳、氢测定仪 例如鹤壁天龙煤质仪器有限公司生产的天龙-CH400 自动碳、氢测定仪。碳、氢测定仪包括净化系统、燃烧装置和吸收系统三个主要部分，装置图见图 1 所示。

① 净化系统 净化系统是用来脱除氧气中的二氧化碳和水。包括以下部件。

a. 气体干燥塔：容量 500mL，2 个，一个（A）上部（约 2/3）装无水氯化钙（或无水高氯酸镁），下部（约 1/3）装碱石棉（或碱石灰）；另一个（B）装无水氯化钙（或无水高氯酸镁）。

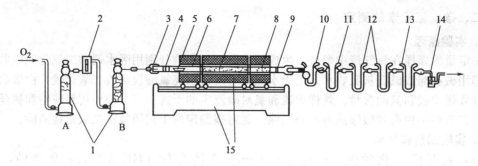

图 1 碳、氢测定仪

1—气体干燥塔；2—流量计；3—橡皮塞；4—铜丝卷；5—燃烧舟；6—燃烧管；
7—氧化铜；8—铬酸铅；9—银丝卷；10—吸水 U 形管；11—除氮氧化物 U 形管；
12—吸收二氧化碳 U 形管；13—空 U 形管；14—气泡计；15—三节电炉及控温装置

b. 流量计：测量范围 0～150mL/min。

② 燃烧装置 包括三节（或二节）管式炉及其控温系统，用以将煤样完全燃烧使其中的碳和氢分别生成二氧化碳和水，同时脱除测定干扰的硫氧化物和氯。主要有以下部件。

a. 三节炉（双管炉或单管炉）：炉膛直径约 35mm，每节炉装有热电偶、测温和控温装置。第一节长约 230mm，可加热到（850±10）℃，并可沿水平方向移动；第二节长 330～350mm，可加热到（800±10）℃；第三节长 130～150mm，可加热到（600±10）℃。

b. 二节炉：炉膛直径约 35mm，第一节长约 230mm，可加热到（850±10）℃，并可沿水平方向移动；第二节长 130～150mm，可加热到（500±10）℃。

c. 燃烧管：素瓷、石英、刚玉或不锈钢制成，长 1100～1200mm（使用二节炉时，长约 800mm），内径 20～22mm，壁厚约 2mm。

d. 燃烧舟：素瓷或石英制成，长约 80mm。

e. 橡皮塞或橡皮帽（最好用耐热硅橡胶）或铜接头。

③ 吸收系统 用来吸收燃烧生成的二氧化碳和水，并在二氧化碳吸收管前将氮氧化物脱除。包括以下部件。

a. 吸水 U 形管：装药部分高 100～120mm，直径约 15m，入口端有一球形扩大部分，内装无水氯化钙或无水高氯酸镁。

b. 吸收二氧化碳 U 形管 2 个：装药部分高 100～120mm，直径约 15mm，前 2/3 装碱石棉或碱石灰，后 1/3 装无水氯化钙或无水高氯酸镁。

c. 除氮 U 形管：装药部分高 100～120mm，直径约 15mm，前 2/3 装粒状二氧化锰，后 1/3 装无水氯化钙或无水高氯酸镁。

d. 气泡计：容量约 10mL，内装浓硫酸。

(2) 分析天平：感量 0.1mg。

4. 实验准备

(1) 燃烧管的填充 使用三节炉时，按图 2 所示填充。

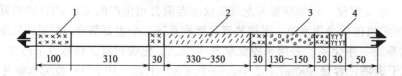

图 2 三节炉燃烧管填充示意图

1—铜丝卷；2—氧化铜；3—铬酸铅；4—银丝卷

用直径约 0.5mm 的铜丝制作三个长约 30mm 和一个长约 100mm，直径稍小于燃烧管，使之能自由插入管内又与管壁密接的铜丝卷。

从燃烧管出口端起，留 50mm 空间，依次充填 30mm 直径约 0.25mm 银丝卷，30mm 铜丝卷，130~150mm（与第三节电炉长度相等）铬酸铅（使用石英管时，应用铜片把铬酸铅与石英管隔开），30mm 铜丝卷，330~350mm（与第二节电炉长度相等）线状氧化铜，30mm 铜丝卷，310mm 空间和 100mm 铜丝卷。燃烧管两端通过橡皮塞或铜接头分别同净化系统和吸收系统连接。橡皮塞使用前应在 105~110℃下干燥 8h 左右。

燃烧管中的填充物（氧化铜、铬酸铅和银丝卷）经 70~100 次测定后应检查或更换。

（2）炉温的校正　将工作热电偶插入三节炉（或二节炉）的热电偶孔内，使热端插入炉膛并与高温计连接。将炉温升至规定温度，保温 1h。然后沿燃烧管轴向将标准热电偶依次插到空燃烧管中对应于第一、第二、第三节炉（或第一、第二节炉）的中心处，勿使热电偶和燃烧管管壁接触。根据标准热电偶指示，将管式电炉调节到规定温度并恒温 5min。记下相应工作热电偶的读数，以后即以此为准控制炉温。

（3）空白试验　将仪器各部分按图 1 所示，连接、通电升温。将吸收系统各 U 形管磨口塞旋至开启状态，接通氧气，调节氧气流量为 120mL/min，并检查系统气密性。在升温过程中，将第一节电炉往返移动几次，通气约 20min 后，取下吸收系统，将各 U 形管磨口塞关闭（负压供氧时，应先关闭靠近硫酸气泡计的 U 形管磨口塞，再依次关闭其他 U 形管磨口塞，然后取下吸收系统），用绒布擦净，在天平旁放置 10min 左右，称量。当第一节炉达到并保持在（850±10）℃，第二节炉达到并保持在（800±10）℃，第三节炉达到并保持在（600±10）℃后开始作空白试验。此时将第一节炉移至紧靠第二节炉，接上已经通气并称量过的吸收系统。在一个燃烧舟内加入三氧化钨（质量和煤样分析时相当）。打开橡皮塞，取出铜丝卷，将装有三氧化钨的燃烧舟用镍铬丝推棒推至第一节炉入口处，将铜丝卷放在燃烧舟后面，塞紧橡皮塞，接通氧气并调节氧气流量为 120mL/min。移动第一节炉，使燃烧舟位于炉子中心，通气 23min，将第一节炉移回原位。

2min 后取下吸收系统 U 形管，将磨口塞关闭（负压供氧操作同上），用绒布擦净，在天平旁放置 10min 后称量。吸水 U 形管增加的质量即为空白值。重复上述试验，直到连续两次空白测定值相差不超过 0.0010g，除氮管、二氧化碳吸收管最后一次质量变化不超过 0.0005g 为止。取两次空白值的平均值作为当天氢的空白值。在做空白试验前，应先确定燃烧管的位置，使出口端温度尽可能高又不会使橡皮塞受热分解。如空白值不易达到稳定，可适当调节燃烧管的位置。

5. 实验步骤

（1）三节炉法实验步骤

① 将第一节炉炉温控制在（850±10）℃，第二节炉炉温控制在（800±10）℃，第三节炉炉温控制在（600±10）℃，并使第一节炉紧靠第二节炉。

② 在预先灼烧过的燃烧舟中称取粒度小于 0.2mm 的空气干燥煤样 0.2g（称准至0.0002g），并均匀铺平。在煤样上铺一层三氧化钨。可将燃烧舟暂存入专用的磨口玻璃管或不加干燥剂的干燥器中。

③ 接上已称量的吸收系统，并以 120mL/min 的流量通入氧气，打开橡皮塞，取出铜丝卷，迅速将燃烧舟放入燃烧管中，使其前端刚好在第一节炉炉口，再放入铜丝卷，塞上橡皮塞。保持氧气流量为 120mL/min。1min 后向净化系统方向移动第一节炉，使燃烧舟的一半进入炉子；2min 后移炉，使燃烧舟全部进入炉子；再 2min 后，使燃烧舟位于炉子中央。保温 18min 后，把第一节炉移回原位。2min 后，取下吸收系统，将磨口塞关闭（负压供氧时，

应先关闭靠近硫酸气泡计的 U 形管磨口塞，再依次关闭其他 U 形管磨口塞，然后取下吸收系统），用绒布擦净，在天平旁放置 10min 后称量（除氮管不必称量）。如果第二个吸收二氧化碳 U 形管变化小于 0.0005g，计算时忽略。

（2）二节炉法实验步骤　二节炉法仅需两节电炉，第一节为燃烧炉，第二节为催化转化炉。二节炉法测定速度较快，但高锰酸银热分解产物不易回收，试剂消耗量大。

用二节炉测定时，第一节炉控温在 (850±10)℃，第二节炉控温在 (500±10)℃，并使第一节炉紧靠第二节炉。每次空白试验时间 20min。燃烧舟移至炉子中心后保温 13min（其他操作按三节炉法实验步骤②和③的规定进行）。即将第一节炉移回原位，2min 后取下吸收系统，关闭磨口塞，放置 10min 后称量。

（3）实验装置可靠性检验　为了检验测定装置是否可靠，可用标准煤样，按规定的试验步骤进行测定。如实测的碳、氢值与标准煤样的碳、氢标准值在标准煤样规定的不确定度范围内，表明测定装置可靠。否则，须查明原因并纠正后才能进行正式测定。

6. 实验记录和结果计算

（1）实验记录表（供参考）

煤中碳和氢含量的测定　　　　年　月　日

煤产名称			煤样来源		
瓷舟编号	瓷舟质量/g	瓷舟＋煤样质量/g	煤样质量/g	空白值(m_3)/g	
				空气干燥煤样水分/%	
U形管质量	U 形管	吸收前质量/g	吸收后质量/g	增量值/g	重复测值/%	平均值/%
	水分吸收管				$w(H)_{ad}=$	$w(\overline{H})_{ad}=$
					$w(H)_{ad}=$	
	二氧化碳吸收管				$w(C)_{ad}=$	$w(\overline{C})_{ad}=$
					$w(C)_{ad}=$	

测定人　　　　审定人

（2）分析结果的计算　空气干燥煤样的碳和氢的质量分数（％）分别按式下（1）、下式（2）计算：

$$w(C)_{ad} = \frac{0.2729m_1}{m} \times 100 \tag{1}$$

$$w(H)_{ad} = \frac{0.1119(m_2 - m_3)}{m} \times 100 - 0.1119M_{ad} \tag{2}$$

式中　$w(C)_{ad}$——空气干燥煤样的碳含量，％；

$\quad\quad w(H)_{ad}$——空气干燥煤样的氢含量，％；

$\quad\quad m$——分析煤样质量，g；

$\quad\quad m_1$——吸收二氧化碳 U 形管的增量，g；

$\quad\quad m_2$——吸水 U 形管的增量，g；

$\quad\quad m_3$——水分空白值，g；

$\quad\quad M_{ad}$——空气干燥煤样的水分（按 GB/T 212 测定），％；

$\quad\quad 0.2729$——将二氧化碳折算为碳的化学因数；

$\quad\quad 0.1119$——将水折算成氢的化学因数。

若煤样碳酸盐二氧化碳的含量大于 2％，则需要校正：

$$w(\mathrm{C})_{\mathrm{ad}} = \frac{0.2729m_1}{m} \times 100 - 0.2729w(\mathrm{CO_2})_{\mathrm{ad}} \qquad (3)$$

式中　$w(\mathrm{CO_2})_{\mathrm{ad}}$——空气干燥煤样中碳酸盐二氧化碳的质量分数（按 GB/T 218 测定），%。

其余符号意义同前。

7. 碳、氢测定的精密度

碳、氢测定的精密度见下表之规定。

分析项目	重复性限/%	分析项目	再现性临界差/%
$w(\mathrm{C})_{\mathrm{ad}}$	0.50	$w(\mathrm{C})_{\mathrm{d}}$	1.00
$w(\mathrm{H})_{\mathrm{ad}}$	0.15	$w(\mathrm{H})_{\mathrm{d}}$	0.25

8. 注意事项

（1）整个测定过程中，各节炉温不能超过规定温度，特别是第三节炉温不能超过（600±10）℃，否则铬酸铅颗粒可能熔化粘连，降低脱硫效果，干扰碳的测定。遇此情况，应立即停止试验，切断电源，待炉温降低后，更换燃烧管内的试剂。

（2）燃烧管出口端的橡皮帽或橡皮塞使用前应于 105～110℃下烘烤 8h 以上至恒重。因为新的橡皮帽或橡皮塞受热要分解，既干扰碳、氢的测定，又使空白值不恒定。

（3）瓷质燃烧管导热性能差，燃烧管出口端露出部分的温度较低，煤样燃烧生成的水蒸气会在燃烧管出口端凝结，冬天或测定水分含量较高的褐煤和长焰煤此现象更为明显，造成氢测值偏低。因此要在燃烧管出口端露出部分加金属制保温套管，使此处温度维持在既不使水蒸气凝结，不又烧坏橡皮帽。若不用保温套管，也可通过调节燃烧管出口端露出部分的长度来调节该段的温度。

（4）燃烧管内填充物经 70～100 次测定后应更换。填充剂的氧化铜、铬酸铅、银丝卷经处理后可重复使用。

氧化铜：用 1mm 孔径筛筛去粉末；

铬酸铅：用热的稀碱液（约 50g/L 氢氧化钠溶液）浸渍，用水洗净、干燥，并在 500～600℃下灼烧 0.5h；

银丝卷：用浓氨水浸泡 5min，在蒸馏水中煮沸 5min，用蒸馏水冲洗干净并干燥。

（5）碳、氢测定中，国家标准允许使用的供氧方式有两种：负压供氧和正压供氧。它们在碳、氢测定中有不同的操作顺序。

负压供氧是用调节连在仪器最末端下口瓶的水流速度来调节氧气的流量。采用此方式供氧，吸收系统与燃烧管相连后，应由靠近硫酸气泡计一端向燃烧管方向逐一旋开 U 形管旋塞，使其旋通（硫酸气泡计冒 1～2 个气泡表示旋通）。试验完毕，应先将靠近硫酸气泡计的 U 形管旋塞旋闭，使系统内部压力达到平衡，再将其他 U 形管旋塞旋闭，取下吸收系统。

正压供氧是用氧气压力表的减压装置来调节氧气流量。采用此方式供氧，应先将吸收系统所有的 U 形管旋塞全部旋通，再与燃烧管相连，以免气路不通，系统内压力过大而使 U 形管旋塞弹开，甚至损坏。试验完毕，先将吸水管与燃烧管断开，再旋闭所有 U 形管旋塞，取下吸收系统。

（6）吸收系统取下后，需在天平旁放置 10min 后再称量，这是因为氯化钙吸水、碱石棉吸收二氧化碳都是放热反应，放置一定时间，使其温度降到室温后再称量，可保证称量的准确性。

（7）吸水管和二氧化碳吸收管在测定过程中发生下述现象应及时更换。

① 吸水管中靠近燃烧管端的氯化钙开始熔化粘连并阻碍气流畅通时，应及时更换，否则，部分吸出的水被气流带走，会使氢的测定结果偏低。

② 两个串联的二氧化碳吸收管中，第二个 U 形管增量超过 50mg，应更换第一个 U 形管，并将第二个 U 形管放在第一个 U 形管的位置；在第二个 U 形管处换上一个已通氧气达到恒重的二氧化碳吸收管。如不及时更换，会使碳的测定值偏低。

（8）除氮管应在 50 次测定后检查或更换。否则，一旦二氧化锰试剂失效，氮的氧化物将被碱石棉吸收，使碳的测定结果偏高。

检查方法：将氧化氮指示胶装在一玻璃管内，两端塞上棉花，接在除氮管后面。燃烧煤样，若指示胶由绿色变为红色，表明试剂失效，应予更换。用上述方法检查时，不接二氧化碳吸收管，否则会使碳的测值偏高。

【思考题】

1. 测定碳、氢元素的原理是什么？

2. 怎样进行气密性检查？

三、氮元素的测定

1. 实验原理

称取一定量的空气干燥煤样，加入混合催化剂和硫酸，加热分解，氮转化为硫酸氢铵。加入过量的氢氧化钠溶液，把氨蒸出并吸收在硼酸溶液中，用硫酸标准溶液滴定。根据硫酸的用量计算煤中氮的含量。

2. 实验试剂

（1）混合催化剂：将分析纯无水硫酸钠（GB/T 9853）32g、分析纯硫酸汞 5g 和硒粉（HG 3-926）0.5g 研细，混合均匀备用。

（2）硫酸（GB/T 625）：分析纯。

（3）高锰酸钾（GB/T 643）或铬酸酐（HG 3-934）：化学纯。

（4）硼酸（GB/T 628）：30g/L 水溶液，配制时加热溶解并滤去不溶物。

（5）混合碱溶液：将化学纯氢氧化钠（GB/T 629）37g 和化学纯硫化钠（HG 3-905）3g，溶解于蒸馏水中，配制成 100mL 溶液。

（6）甲基红和亚甲基蓝混合指示剂

① 溶液 A：称取 0.175g 甲基红（HG 3-958），研细，溶于 50mL95％乙醇（GB/T 679）中。

② 溶液 B：称取 0.083g 亚甲基蓝（HGB 3364），溶于 50mL95％乙醇（GB/T 679）中。

将溶液 A 和 B 分别存于棕色瓶中，用时按（1＋1）混合。混合指示剂使用期不应超过 1 周。

（7）蔗糖（HG 3-1001）。

（8）碳酸钠纯度标准物质（GBW06101a，使用方法见标准物质证书）。

（9）硫酸标准溶液：$c(\frac{1}{2}H_2SO_4)=0.025mol/L$。

① 硫酸标准溶液的配制：于 1000mL 容量瓶中，加入约 40mL 蒸馏水，用移液管吸取 0.7mL 分析纯硫酸［符合 2（2）的规定］，缓缓加入容量瓶中，加水稀释至刻度，充分振荡均匀。

② 硫酸标准溶液的标定：于锥形瓶中称取 0.05g 碳酸钠纯度标准物质［符合 2（8）］，称准至 0.0002g，加入 50～60mL 蒸馏水使之溶解，然后加入 2～3 滴甲基橙，用硫酸标准溶液滴定到由黄色变为橙色。煮沸，赶出二氧化碳，冷却后，继续滴定到橙色。

硫酸浓度按下式计算：

$$c = \frac{m}{0.053V} \tag{4}$$

式中　c——硫酸（$\frac{1}{2}H_2SO_4$）标准溶液的浓度，mol/L；

　　　V——硫酸标准溶液用量，mL；

　　　m——碳酸钠的质量，g；

0.053——碳酸钠（$\frac{1}{2}Na_2CO_3$）的毫摩尔质量，g/mmol。

3. 实验仪器、设备

(1) 开氏瓶　容量 50mL 和 250mL。

(2) 直形玻璃冷凝管　冷却部分长约 300mm。

(3) 短颈玻璃漏斗　直径约 30mm。

(4) 铝加热体　使用时四周以绝热材料缠绕，如石棉绳等。

(5) 开氏球。

(6) 圆盘电炉　带有控温装置。

(7) 锥形瓶　容量 250mL。

(8) 圆底烧瓶　容量 1000mL。

(9) 万能电炉。

(10) 微量滴定管　10mL，分度值为 0.05mL。

4. 实验步骤

① 在薄纸上称取粒度小于 0.2mm 的空气干燥煤样 0.2g，称准至 0.0002g。把煤样包好，放入 50mL 开氏瓶中，加入混合催化剂 2g 和浓硫酸 5mL。然后将开氏瓶放入铝加热体的孔中，并用石棉板盖住开氏瓶的球形部分。在瓶口插入一短颈玻璃漏斗，防止硒粉飞溅。在铝加热体的中心小孔中放热电偶。接通电源，缓缓加热到 350℃ 左右，保持此温度，直到溶液清澈透明，漂浮的黑色颗粒完全消失为止。

遇到分解不完全的煤样时，可将煤样磨细至 0.1mm 以下，再按上述方法消化，但必须加入高锰酸钾或铬酸酐 0.2～0.5g。分解后如无黑色粒状物，表示消化完全。

② 将溶液冷却，用少量蒸馏水稀释后，移至 250mL 开氏瓶中。用蒸馏水充分洗净原开氏瓶中的剩余物，洗液并入 250mL 开氏瓶，使溶液体积约为 100mL，然后将盛有溶液的开氏瓶放在蒸馏装置上。蒸馏装置见图 3。

③ 将直形玻璃冷凝管的上端与开氏球连接，下端用橡皮管与玻璃管连接，直接插入一个盛有 20mL 硼酸溶液和 1～2 滴混合指示剂的锥形瓶中，管端插入溶液并距瓶底约 2mm。

④ 往开氏瓶中加入 25mL 混合碱溶液，然后通入蒸汽进行蒸馏。蒸馏至锥形瓶中溶

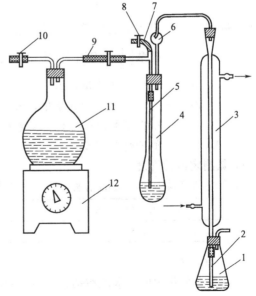

图 3　蒸馏装置图

1—锥形瓶；2—玻璃管；3—直形玻璃冷凝管；4—开氏瓶；
5—玻璃管；6—开氏球；7—橡皮管；8—夹子；
9,10—橡皮管和夹子；11—圆底烧瓶；12—万能电炉

液体积达到 80mL 左右为止，此时硼酸溶液由紫色变成绿色。

⑤ 拆下开氏瓶并停止供给蒸汽，取下锥形瓶，用水冲洗插入硼酸溶液中的玻璃管，洗液收入锥形瓶中。用硫酸标准溶液［符合 2（9）的规定］滴定吸收溶液至溶液由绿色变为钢灰色。由硫酸用量计算煤中氮的含量。

⑥ 用 0.2g 蔗糖代替煤样进行空白试验，试验步骤与煤样分析相同。

注：每日在煤样分析前冷凝管须用蒸汽进行冲洗，待馏出物体积达 100～200mL 后，再正式放入煤样进行蒸馏。

5. 实验记录和结果计算

（1）实验记录表（供参考）

煤中氮含量的测定   年   月   日

煤样名称		
重复测定	第一次	第二次
硫酸标准溶液浓度 $c\left(\frac{1}{2}H_2SO_4\right)/(mol/L)$		
煤样质量/g		
硫酸标准溶液消耗量/mL		
空白试液硫酸标准溶液消耗量/mL		
氮元素含量 $w(N)_{ad}/\%$		
平均值 $w(\overline{N})_{ad}/\%$		

测定人   审定人

（2）分析结果的计算 空气干燥煤样的氮的质量分数按下式（5）计算：

$$w(N)_{ad} = \frac{c(V_1 - V_2) \times 0.014}{m} \times 100 \tag{5}$$

式中 $w(N)_{ad}$——空气干燥煤样的氮的质量分数，%；

c——硫酸 $\left(\frac{1}{2}H_2SO_4\right)$ 标准溶液的浓度，mol/L；

m——分析煤样质量，g；

V_1——硫酸标准溶液的用量，mL；

V_2——空白试验时硫酸标准溶液的用量，mL；

0.014——氮的毫摩尔质量，g/mmol。

6. 氮测定的精密度

开氏法测定煤中氮含量的精密度见下表之规定。

重复性限 $w(N)_{ad}/\%$	再现性临界差 $w(N)_d/\%$
0.08	0.15

7. 注意事项

（1）混合催化剂由无水硫酸钠、硫酸汞和硒粉混合制成。在用硫酸煮沸消化煤样时，硫酸钠可提高浓硫酸的沸点（336.5℃），使消化温度增高，从而缩短煤样消化时间；硒粉溶于浓酸中，生成亚硒酸（H_2SeO_3），在有汞盐存在的情况下，能氧化成硒酸（H_2SeO_4），硒酸能加速有机物的分解，当汞和硒的量为（4+1）时，催化分解效果最显著，可有效缩短消化时间。

（2）煤样的消化时间不宜过长，否则因硫酸大量消耗，易使硫酸氢铵分解，从而导致测定结果偏低。

（3）对难消化的煤样，如年老无烟煤，先将煤样磨细至 0.1mm 以下，并加入高锰酸钾或铬酸酐（CrO_3）$0.2\sim0.5g$，再进行消化处理，以缩短消化时间。

（4）每日在煤样分析前，冷凝管须用蒸汽进行冲洗，待馏出物体积达 $100\sim200mL$ 后，再正式放入煤样进行蒸馏，这是由于蒸馏装置放置过夜后，冷凝管等玻璃管道内壁会游离出一些碱性物质，使第一个测氨结果偏高。

（5）蒸馏前，应一次加足蒸馏水，使溶液体积约为 100mL，不得中途补加。

（6）蒸馏前需加入一定量的由氢氧化钠和硫化钠组成的混合碱溶液。这是由于汞盐（催化剂）能与氨生成稳定的非挥发性的汞氨配合物：

$$Hg^{2+}+2NH_3+SO_4^{2-}\longrightarrow Hg(NH_3)_2SO_4$$

从而造成测定结果偏低，重复性不好。加入硫化钠，使汞离子生成黑色的硫化汞沉淀，破坏了汞氨配合物：

$$H_2SO_4+Hg(NH_3)_2SO_4+Na_2S =\!=\!= HgS\downarrow+(NH_4)_2SO_4+Na_2SO_4$$

氢氧化钠主要用来中和消化煤样时加入的硫酸，使溶液呈碱性，能使硫酸氢铵转变为氨而被蒸出，同时避免硫化钠与酸作用生成硫化氢：

$$Na_2S+H_2SO_4 =\!=\!= H_2S+Na_2SO_4$$

使蒸出液浑浊变黄（析出元素硫），影响溶液的酸度。

（7）每换一批试剂，应重新测定空白值。蔗糖是纯碳氢化合物，本身并不含有机氮化物，用蔗糖作空白试验主要用来模拟煤中碳、氢组分，使空白测定的消化过程在与煤样消化相近的条件下进行，保证空白值的正确性。

【思考题】

1. 混合催化剂、混合碱液中各成分分别起什么作用？
2. 正式测定前，为什么需进行空蒸处理？

四、煤中氧的计算

氧的质量分数（％）按式（6）计算：

$$w(O)_{ad}=100-M_{ad}-A_{ad}-w(C)_{ad}-w(H)_{ad}-w(N)_{ad}-w(S_t)_{ad}-w(CO_2)_{ad} \qquad (6)$$

式中　M_{ad}——空气干燥煤样的水分的质量分数（按 GB/T 212 测定），％；

　　　A_{ad}——空气干燥煤样的灰分的质量分数（按 GB/T 212 测定），％；

　　$w(S_t)_{ad}$——空气干燥煤样的全硫的质量分数（按 GB/T 214 测定），％；

　$w(CO_2)_{ad}$——空气干燥煤样中碳酸盐二氧化碳的质量分数（按 GB/T 218 测定），％；

实验三　煤中全硫含量的测定

硫是煤中的有害元素之一，它给煤炭加工利用和环境带来极大危害。燃烧后产生的二氧化硫，严重腐蚀锅炉，污染环境；炼焦时，煤中的硫大部分转入焦炭，使钢铁产生热脆性。因此，为了更好地利用煤炭资源，必须了解煤中全硫含量。

国家标准 GB/T 214—2007 规定煤中全硫的测定方法有艾氏法、库仑滴定法和高温燃烧中和法。在仲裁分析时，应采用艾氏法。本实验采用库仑滴定法测定。

一、实验目的

1. 掌握库仑滴定法测定煤中全硫的基本原理、方法和步骤。

2. 进一步训练和加强化学分析、仪器分析等基础理论和操作技能。

二、实验原理

煤样在催化剂作用下，于空气流中燃烧分解，煤中硫生成二氧化硫并被碘化钾溶液吸收，以电解碘化钾溶液所产生的碘进行滴定，根据电解所消耗的电量计算煤中全硫的含量。

三、仪器试剂、仪器、设备

（1）三氧化钨（HG 10-1129）

（2）变色硅胶（HG/T 2765.4）工业品。

（3）氢氧化钠（GB/T 629）化学纯。

（4）电解液 称取碘化钾（GB/T 1272）、溴化钾（GB/T 649）各 5.0g，溶于 250～300mL 蒸馏水中并在溶液中加入冰醋酸（GB/T 676）10mL。

（5）燃烧舟 装样部分长约 60mm，素瓷或刚玉制品，耐温 1200℃以上。

（6）库仑测硫仪 例如鹤壁仪表厂生产的 FXDL-4 快速测硫仪。由以下各部分组成。

① 管式高温炉：能加热到 1200℃以上，并有至少 70mm 以上长的高温燃烧恒温带（1150±10）℃，附有铂铑-铂热电偶测温及控温装置，炉内装有耐温 1300℃以上的异径燃烧管。

② 电解池和电磁搅拌器：电解池高 120～180mm，容量不少于 400mL，内有面积约 150mm² 的铂电解电极对和面积约 15mm² 的铂指示电极对。指示电极响应时间应小于 1s，电磁搅拌器转速约 500r/min 且连续可调。

③ 库仑积分器：电解电流 0～350mA 范围内积分线性误差应小于±0.1%，配有 4～6 位数字显示器和打印机。

④ 送样程序控制器：可按指定的程序前进、后退。

⑤ 空气供应及净化装置：由电磁泵和净化管组成。供气量约 1500mL/min，抽气量约 1000mL/min，净化管内装氢氧化钠及变色硅胶。

（7）分析天平感量 0.0001g。

四、实验准备

（1）将管式高温炉升温至 1150℃，用另一组铂铑-铂热电偶高温计测定燃烧管中高温带的位置、长度及 500℃的位置。

（2）调节送样程序控制器，使煤样预分解及高温分解的位置分别处于 500℃ 和 1150℃处。

（3）在燃烧管出口处充填洗净、干燥的玻璃纤维棉，在距出口端 80～100mm 处，充填厚度约 3mm 的硅酸铝棉。

（4）将程序控制器、管式高温炉、库仑积分器、电解池、电磁搅拌器和空气供应及净化装置组装在一起。燃烧管、活塞及电解池之间连接时应口对口紧接并用硅橡胶管封住。

（5）开动抽气泵和供气泵，将抽气流量调节到 1000mL/min，然后关闭电解池与燃烧管之间的活塞，如抽气量降到 300mL/min 以下，证明仪器各部件及各接口气密性良好，否则需检查各部件及其接口。

五、仪器标定

1. 标定方法

使用有证煤标准物质，按以下方法之一进行测硫仪标定。

（1）多点标定法：用硫含量能覆盖被测样品硫含量范围的至少三个有证煤标准物质进行

标定。

（2）单点标定法：用与被测样品硫含量相近的标准物质进行标定。

2. 标定程序

按标准测定煤标准物质的空气干燥基水分，计算其空气干燥基全硫 $w(S_t)_{ad}$ 标准值。

按后述库仑测定步骤，用被标定仪器测定煤标准物质的硫含量。每一标准物质至少重复测定 3 次，以 3 次测定值的平均值作为煤标准物质的硫测定值。

将煤标准物质的硫测定值和空气干燥基标准值输入测硫仪（或仪器自动读取），生产校正系数。有些仪器可能需要人工计算校正系数，然后再输入仪器。

3. 标定有效性核验

另外选取 1～2 个煤标准物质或者其他控制样品，用被标定的测硫仪按照测定步骤测定其全硫含量。若测定值与标准值（控制值）之差在标准值的（控制值）的不确定度范围（控制限）内，说明标定有效，否则应查明原因，重新标定。

六、实验步骤

（1）将管式高温炉升温并控制在 $(1150\pm10)℃$。

（2）开动供气泵和抽气泵并将抽气流量调节到 1000mL/min。在抽气条件下，将 250～300mL 电解液加入电解池内，开动电磁搅拌器。

（3）在瓷舟中放入少量非测定用的煤样，按实际测定煤样的方法、步骤进行终点电位调整试验，如试验结束后库仑积分器的显示值为 0，应再次测定直至显示值不为 0。

（4）于瓷舟中称取粒度小于 0.2mm 的空气干燥煤样 $(0.05\pm0.005)g$（称准至 0.0002g），并在煤样上盖一薄层三氧化钨。将瓷舟置于送样的石英托盘上，开启送样程序控制器，煤样即自动送进炉内，库仑滴定随即开始。试验结束后，库仑积分器显示出硫的质量（mg）或百分含量并由打印机打出。

七、标定检查

仪器测定期间应使用煤标准物质或者其他控制样品定期（建议每 10～15 次测定后）对测硫仪的稳定性和标定的有效性进行核查，如果煤标准物质或者其他控制样品的测定值超出标准值的不确定度范围（控制限），应按上述步骤重新标定仪器，并重新测定从上次检查以来的样品。

八、结果计算

当库仑积分器最终显示数为硫的质量（mg）时，全硫含量按下式计算：

$$w(S_t)_{ad}=\frac{m_1}{m}\times100$$

式中　　$w(S_t)_{ad}$——空气干燥煤样中全硫含量，%；

m_1——库仑积分器显示值，mg；

m——煤样质量，mg。

九、测定精密度要求

库仑法测定全硫的精密度见下表之规定。

全硫质量分数 $w(S_t)_{ad}/\%$	重复性限 $w(S_t)_{ad}/\%$	再现性临界差 $w(S_t)_{ad}/\%$
≤1.50	0.05	0.15
1.50(不含)～4.00	0.10	0.25
>4.00	0.20	0.35

十、注意事项

（1）实验结束前，首先应关闭电解池与燃烧管间的旋塞，以防电解液流入燃烧管而使燃烧管炸裂。

（2）必须在抽气泵开启，并且燃烧管和电解池的旋塞关闭时，方可将电解液加入电解池。

（3）试样称量前，应尽可能将试样混合均匀。

（4）电解液可以重复使用，但当电解液 pH＜1 时需更换，否则测定结果偏低。

（5）三氧化钨是一种非常好的促进硫酸盐硫分解的催化剂。考虑二氧化硫和三氧化硫的可逆平衡可知要提高二氧化硫的生成率，需保持较高的燃烧温度，但温度过高又会缩短燃烧管的寿命。在煤样上覆盖一层三氧化钨，可使煤中硫酸盐硫在较低温度（1150～1200℃）下完全分解。

（6）从二氧化硫和三氧化硫的可逆平衡来考虑，必须保持较低的氧气分压，才能提高二氧化硫的生成率。因此，库仑滴定法选用空气而不是氧气做载气。用未经干燥的空气做载气会使二氧化硫（或三氧化硫）在进入电解池前就形成亚硫酸（或硫酸），吸附在管路中，使测定结果偏低，因此空气流应预先干燥。

（7）煤灰中的硫均以硫酸盐硫的形式存在，在高温下，硫酸盐硫分解为金属氧化物和三氧化硫，由于存在二氧化硫和三氧化硫的可逆平衡，分解生成的三氧化硫将有 97％转化为可被库仑滴定法测定的二氧化硫。所以库仑滴定法也可测定煤灰中的硫酸盐硫。

【思考题】

1. 库仑滴定法为什么必须使用干燥的空气做载气？
2. 在煤样上覆盖一层三氧化钨的作用是什么？
3. 煤灰中的硫可以用库仑滴定法测定吗？

实验四　烟煤胶质层指数的测定

此法是在模拟工业炼焦的条件下进行的（GB/T 479—2000）。

一、实验目的

1. 掌握胶质层指数测定的原理、方法及具体操作步骤。
2. 了解胶质层指数测定仪的构造以及在加热过程中煤杯内煤样的变化特征。
3. 能够准确、完整地报出实验结果。

二、实验仪器、设备

（1）双杯胶质层指数测定仪　有带平衡砣（图1）和不带平衡砣的（除无平衡砣外，其余构造同图1）两种类型。

（2）程序温控仪　温度低于250℃时，升温速度约为8℃/min；250℃以上，升温速度为3℃/min；在300～600℃期间，显示温度与应达到的温度差值不超过5℃，其余时间内不应超过10℃。也可用电位差计（0.5级）和调压器来控温。

（3）煤杯　由45# 钢制成。其规格如下：外径70mm；杯底内径59mm；从距杯底50mm处至杯口的内径60mm；从杯底到杯口的高度110mm。

煤杯使用部分的杯壁应当光滑，不应有条痕和缺凹，每使用50次后应检查一次使用部分的直径。检查时，沿其高度每隔10mm测量一点，共测6点，测得结果的平均数与平均直径（59.5mm）相差不得超过0.5mm，杯底与杯体之间的间隙也不应超过0.5mm。

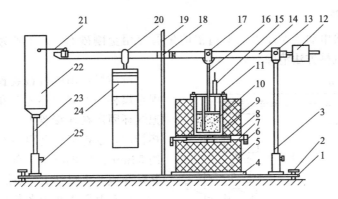

图1　胶质层指数测定仪示意图

1—底座；2—水平螺丝；3—立柱；4—石棉板；5—下部砖垛；6—接线夹；7—硅碳棒；8—上部砖垛；9—煤杯；
10—热电偶铁管；11—压板；12—平衡砣；13,17—活轴；14—杠杆；15—探针；16—压力盘；18—方向控制板；
19—方向柱；20—砝码挂钩；21—记录笔；22—记录转筒；23—记录转筒支柱；24—砝码；25—固定螺钉

杯底和压力盘的规格及其上的析气孔的布置方式如图2。

（4）探针　由钢针和铝制刻度尺组成（如图3）。钢针直径为1mm，下端是钝头。刻度尺上刻度的最小单位为1mm。刻度线应平直清晰，线粗0.1～0.2mm。对于已装好煤样而尚未进行试验的煤杯，用探针测量其纸管底部位置时，指针应指在刻度尺的零点上。

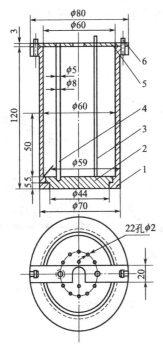

图2　煤杯及其他构造

1—杯体；2—杯底；3—细钢棍；
4—热电偶铁管；5—压板；6—螺丝

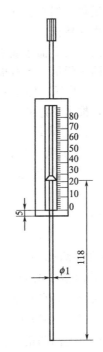

图3　探针（测胶质层层面专用）

（5）记录转筒　其转速应以记录笔每160min能绘出长度为（160±2）mm的线段为准。每个月应检查一次记录转筒转速，检查时应至少测量80min所绘出的线段的长度，并调整到合乎标准。

三、实验准备

（1）煤杯、热电偶管及压力盘上遗留的焦屑等用金刚砂布（3/2 号为宜）人工清除干净，也可用下列机械方法清除。

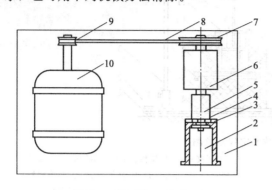

图 4　清洁煤杯机械装置

1—底座；2,9—煤杯；3—固定煤杯螺钉；
4—固定煤杯的杯底；5—连接盘；6—轴承；
7,9—胶带轮；8—胶带；10—电动机

清洁煤杯用的机械装置如图 4 所示。用固定煤杯的特制"杯底"和固定煤杯的螺钉把煤杯固定在连接盘上。启动电动机带动煤杯转动，手持裹着金刚砂布的圆木棍（直径约 56mm、长 240mm）伸入煤杯中，并使之紧贴杯壁，将煤杯上的焦屑除去。

杯底及压力盘上各析气孔应通畅，热电偶管内不应有异物。

（2）纸管制作　在一根细钢棍上用香烟纸黏制成直径为 2.5～3mm、高度约为 60mm 的纸管。装煤杯时将钢棍插入纸管，纸管下端折约 2mm，纸管上端与钢棍贴紧，防止煤样进入纸管。

（3）滤纸条　宽约 60mm，长 190～220mm。

（4）石棉圆垫　用厚度为 0.5～1.0mm 的石棉纸做 2 个直径为 59mm 的石棉圆垫。在上部圆垫上有供热电偶铁管穿过的圆孔和上述纸管穿过的小孔；在下部圆垫上，对应压力盘上的探测孔处作一标记。

用下列方法切制石棉垫或手工制成。

切垫机如图 5 所示。将石棉纸裁成宽度为 63～65mm 的窄条，从长缝中放入机内，用力压手柄，使切刀压下，切割石棉纸，然后松开手柄，推出切好的石棉圆垫。

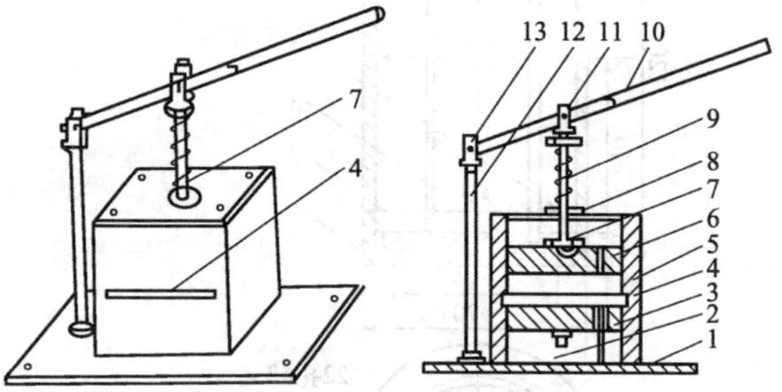

（5）体积曲线记录纸　用毫米方格纸作体积曲线记录纸，其高度与记录转筒的高度相同，长度略大于转筒圆周。

（6）装煤杯

① 将杯底放入煤杯使其下部凸出部分进入煤杯底部圆孔中，杯底上放置热电偶铁管的凹槽中心点与压力盘上放热电偶的孔洞中心点对准。

② 将石棉垫铺在杯底上，石棉垫

图 5　切垫机示意图

1—底座；2,9—弹簧；3—下部切刀；4—石棉纸嵌入缝；
5—切刀外壳；6—上部切刀；7—压杆；8—垫板；
10—手柄；11,13—轴心；12—立柱

上圆孔应对准杯底上的凹槽，在杯内下部沿壁围一条滤纸条。

将热电偶铁管插入煤杯底凹槽，把带有香烟纸管的钢棍放在下部石棉圆垫的探测孔标志处，用压板把热电偶铁管和钢棍固定，并使它们都保持垂直状态。

③ 将全部试样倒在缩分板上，掺合均匀，摊成厚约 10mm 的方块。用直尺将方块划分为许多 30mm×30mm 左右的小块，用长方形小铲按棋盘式取样法隔块分别取出 2 份试样，每份试样质量为（100±0.5）g。

④ 将每份试样用堆锥四分法分为 4 部分，分 4 次装入杯中。每装 25g 之后，用金属针

将煤样摊平，但不得捣固。

⑤ 试样装完后，将压板暂时取下，把上部石棉圆垫小心地平铺在煤样上，并将露出的滤纸边缘折复于石棉垫之上，放入压力盘，再用压板固定热电偶铁管。将煤杯放入上部砖垛的炉孔中。把压力盘与杠杆连接起来，挂上砝码，调节杠杆到水平。

⑥ 如试样在试验中生成流动性很大的胶质体溢出压力盘，则应按 (6) ①重新装样试验。重新装样的过程中，须在折复滤纸后用压力盘压平，并用直径 2~3mm 的石棉绳在滤纸和石棉垫上方沿杯壁和热电偶铁管外壁围一圈，再放上压力盘，使石棉绳把压力盘与煤杯、压力盘与热电偶铁管之间的缝隙严密地堵起来。

⑦ 在整个装样过程中香烟纸管应保持垂直状态。当压力盘与杠杆连接好后，在杠杆上挂上砝码，把细钢棍小心地由纸管中抽出来（可轻轻旋转），务使纸管留在原有位置。如纸管被拔出，或煤粒进入了纸管（可用探针试出），须重新装样。

(7) 用探针测量纸管底部时，将刻度尺放在压板上，检查指针是否指在刻度尺的零点。如不在零点，则有煤粒进入纸管内，应重新装样。

(8) 将热电偶置于热电偶铁管中，检查前杯和后杯热电偶连接是否正确。

(9) 把毫米方格纸装在记录转筒上，并使纸上的水平线始、末端彼此衔接起来。调节记录转筒的高低，使其能同时记录前、后杯 2 个体积曲线。

(10) 检查活轴轴心到记录笔尖的距离，并将其调整为 600mm，将记录笔充好黑水。

(11) 加热以前按式(1) 求出煤样的装填高度：

$$h = H - (a - b) \tag{1}$$

式中　h——煤样的装填高度，mm；

　　　H——由杯底上表面到杯口的高度，mm；

　　　a——由压力盘上表面到杯口的距离，mm；

　　　b——压力盘和两个石棉圆垫的总厚度，mm。

a 值测量时，顺煤杯周围在 4 个不同地方共量 4 次，取平均值。H 值应每次装煤前实测，b 值可用卡尺实测。

(12) 同一煤样重复测定时装煤高度的允许差为 1mm，超过允许差时应重新装样。报告结果时，应将煤样的装填高度的平均值附注于 X 值之后。

四、实验步骤

(1) 当上述准备工作就绪后，打开程序控温仪开关，通电加热，并控制两煤杯杯底升温速度如下：250℃ 以前为 8℃/min，并要求 30min 内升到 250℃；250℃ 以后为 3℃/min。每10min 记录一次温度。在 350~600℃ 期间，实际温度与应达到的温度的差不应超过 5℃，在其余时间表内不应超过 10℃，否则，试验作废。

在试验中应按时记录时间和温度。时间从 250℃ 起开始计算，以分为单位。

(2) 温度到达 250℃ 时，调节记录笔尖使之接触到记录转筒上，固定其位置，并旋转记录转筒一周，划出一条"零点线"，再将笔尖对准起点，开始记录体积曲线。

(3) 对一般煤样，测量胶质层层面在体积曲线开始下降后几分钟开始❶，到温度升至约650℃ 时停止。当试样的体积曲线呈"山"型或生成流动性很大的胶质体时，其胶质层层面的测定可适当地提前停止，一般可在胶质层最大厚度出现后再对上下部层面各测 2~3 次即可停止，并立即用石棉绳或石棉绒把压力盘上探测孔严密地堵起来，以免胶质体溢出。

---

❶　一般可在体积曲线下降约 5mm 时开始测量胶质层上部层面；上部层面测值达 10mm 左右时开始测量下部层面。

（4）测量胶质层上部层面时，将探针刻度尺放在压板上，使探针通过压板和压力盘上的专用小孔小心地插入纸管中，轻轻往下探测，直到探针下端接触到胶质层层面（手感有了阻力为上部层面）。读取探针刻度毫米数（为层面到杯底的距离），将读数填入记录表中"胶质层上部层面"栏内，并同时记录测量层面的时间。

（5）测量胶质层下部层面时，用探针首先测出上部层面，然后轻轻穿透胶质体到半焦面（手感阻力明显加大为下部层面），将读数填入记录表中"胶质层下部层面"栏内，同时记录测量层面的时间。探针穿透胶质层及从胶质层中抽出时，均应小心缓慢从事。在抽出时还应轻轻转动，防止带出胶质体或使胶质层内积存的煤气突然逸出，以免破坏体积曲线形状和影响层面位置。

（6）根据转筒所记录的体积曲线的形状及胶质体的特性，来确定测量胶质层上、下部层面的频率。

① 当体积曲线呈"之"字型或波型时，在体积曲线上升到最高点时测量上部层面，在体积曲线下降到最低点时测量上部层面和下部层面（但下部层面的测量不应太频繁，每8～10min 测量一次）。如果曲线起伏非常频繁，可间隔一次或两次起伏，在体积曲线的最高点和最低点测量上部层面，并每隔8～10min 在体积曲线的最低点测量一次下部层面。

② 当体积曲线呈山型、平滑下降型或微波型时，上部层面每5min 测量一次，下部层面每10min 测量一次。

③ 当体积曲线分阶段符合上述典型情况时，上、下部层面测量应分阶段按其特点依上述规定进行。

④ 当体积曲线呈平滑斜降型时（属结焦性不好的煤，Y 值一般在7mm 以下），胶质层上、下部层面往往不明显，总是一穿即达杯底。遇此种情况时，可暂停20～25min，使层面恢复，然后以每15min 不多于一次的频数测量上部和下部层面，并力求准确地探测出下部层面的位置。

⑤ 如果煤在试验时形成流动性很大的胶质体，下部层面的测定可稍晚开始，然后每隔7～8min 测量一次，到620℃也应堵孔。在测量这种煤的上、下部胶质层层面时应特别注意，以免探针带出胶质体或胶质体溢出。

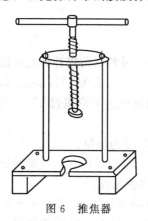

图6　推焦器

（7）当温度到达730℃时，试验结束。此时调节记录笔离开转筒，关闭电源，卸下砝码，使仪器冷却。

（8）当胶质层测定结束后，必须等上部砖垛完全冷却或更换上部砖垛，方可进行下一次试验。

（9）在试验过程中，当煤气大量从杯底析出时，应不时地向电热元件吹风，使从杯底析出的煤气和炭黑烧掉，以免发生短路、烧坏硅碳棒、镍铬线，或影响热电偶正常工作。

（10）如试验时煤的胶质体溢出到压力盘上，或在香烟纸管中的胶质层层面骤然高起，则试验应作废。

（11）推焦：推焦器如图6所示。仪器全部冷却至室温后，将煤杯倒置在底座上的圆孔上，并把煤杯底对准丝杆中心，然后旋转丝杆，直至焦块被推出煤杯为止，尽可能保持焦块的完整。

五、注意事项

（1）装煤样前，煤杯、热电偶管内等相关部件要清除干净，杯底及压力盘上各析气孔应通畅。

（2）装煤样时，热电偶、纸管都必须保持垂直并与杯底标志对准，而且要防止煤样进入纸管。

（3）装好煤样后，用探针测量纸管底部时，指针必须指在刻度尺的零点。

（4）升温速度必须严格按照实验步骤（1）规定进行，否则实验作废。

（5）使用探针测量时，一定要小心缓慢从事，严防带出胶质体或使胶质层内积存的煤气突然逸出而影响体积曲线形状和层面位置。

六、实验记录及结果的报出

1. 实验记录表（供参考）见下表

胶质层指数试验记录表

煤样编号								装煤高度 h /mm	前							
煤样来源			收样日期		年 月 日				后							
仪器号码			煤杯号码		前　后											

时间/min		0	10	20	30	40	50	60	70	80	90	100	110	120	130	140	150	160
温度（前）/℃	应到																	
	实到																	
温度（后）/℃	应到																	
	实到																	

时间（前）/min	胶质层层面距杯底的距离/mm		时间（后）/min	胶质层层面距杯底的距离/mm	
	上部	下部		上部	下部

2. 曲线的加工及胶质层测定结果的确定

（1）取下记录转筒上的毫米方格纸，在体积曲线上方水平方向标出温度，在下方水平方向标出"时间"作为横坐标。在体积曲线下方、温度和时间坐标之间留一适当位置，在其左侧标出层面距杯底的距离作为纵坐标。根据记录表上所记录的各个上、下部层面位置和相应的"时间"数据，按坐标在图纸上标出"上部层面"和"下部层面"的各点，分别以平滑的线加以连接，得出上、下部层面曲线。如按上法连成的层面曲线呈"之"字型，则应通过"之"字型部分各线段的中部连成平曲线作为最终的层面曲线，如图7。

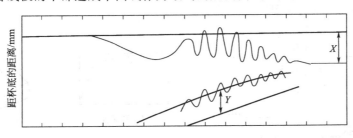

图 7　胶质层曲线加工示意图

（2）取胶质层上、下部层面曲线之间沿纵坐标方向的最大距离（读准到0.5mm）作为胶质层最大厚度 Y（如图7）。（结果的报出取前杯和后杯重复测定的算术平均值，计算到小数点后一位）。

（3）取730℃时体积曲线与零点线间的距离（读准到0.5mm）作为最终收缩度 X（如图7）。（结果的报出取前杯和后杯重复测定的算术平均值，计算到小数点后一位，并注明试样装填高度）。

（4）在整理完毕的曲线图上，标明试样的编号，贴在记录表上一并保存。

（5）体积曲线的类型用下列名称表示（见图5-12）。

3. 焦块技术特征的鉴定

焦块技术特征的鉴别方法如下。

（1）缝隙：缝隙的鉴定以焦块底面（加热侧）为准，一般以无缝隙、少缝隙和多缝隙三种特征表示，并附以底部缝隙示意图（如图8）。

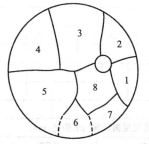

图8　单体焦块和缝隙示意图
——缝隙；----不完全缝隙

无缝隙、少缝隙和多缝隙按单体焦块数的多少区分如下（单体焦块数是指裂缝把焦块底面划分成的区域数。当一条裂缝的一小部分不完全时，允许沿其走向延长，以清楚地划出区域。如图8所示焦块的单体数为8块，虚线为裂缝沿走向的延长线）：

单体焦块数为1块——无缝隙；

单体焦块数为2~6块——少缝隙；

单体焦块数为6块以上——多缝隙。

（2）孔隙：指焦块剖面的孔隙情况，以小孔隙、小孔隙带大孔隙和大孔隙很多来表示。

（3）海绵体：指焦块上部的蜂焦部分，分为无海绵体、小泡状海绵体和敞开的海绵体。

（4）绽边：指有些煤的焦块由于收缩应力而裂成的裙状周边（如图9），依其高度分为无绽边、低绽边（约占焦块全高1/3以下）、高绽边（约占焦块全高2/3以上）和中等绽边（介于高绽边和低绽边之间）（见图9）。

海绵体和焦块绽边的情况应记录在表上，以剖面图表示。

（5）色泽：以焦块断面接近杯底部分的颜色和光泽为准。焦色分黑色（不结焦或凝结的焦块）、深灰色、银灰色等。

（6）熔合情况：分为粉状（不结焦）、凝结、部分熔合、完全熔合等。

4. 焦块技术特征描述

（1）焦块缝隙（平面图）

（2）海绵体绽边（剖面图）

缝隙＿＿＿＿＿＿　色泽＿＿＿＿＿＿＿＿

孔隙＿＿＿＿＿＿　海绵体＿＿＿＿＿＿＿

绽边＿＿＿＿＿＿　熔合状况＿＿＿＿＿＿

成焦率　前＿＿＿％　后＿＿＿％

胶质层厚度 Y ＿＿＿＿＿＿＿＿mm

体积曲线形状＿＿＿＿＿＿＿

附注＿＿＿＿＿＿＿＿＿＿＿

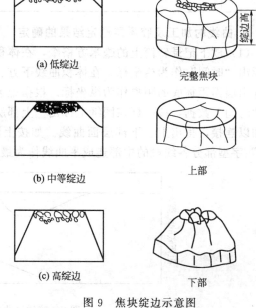

(a) 低绽边　　　完整焦块

(b) 中等绽边　　上部

(c) 高绽边　　　下部

图9　焦块绽边示意图

【思考题】

1. 杯底及压力盘上各析气孔若有堵塞时，对本实验有何影响？

2. 为什么不同的煤样可以得到不同类型的体积曲线？

3. 胶质层最大厚度 Y 值与煤质有何关系？

4. 实验时如果探针带出胶质体或使胶质层内积存的煤气突然逸出，对测定结果有何影响？

实验五　烟煤黏结指数的测定

此法是通过测定焦块的耐磨强度来评定烟煤的黏结性（GB/T 5447—1997）。

一、实验目的

1. 掌握测定烟煤黏结指数的原理、方法和具体操作步骤。

2. 了解烟煤黏结指数在我国煤炭分类中的应用。

二、实验仪器设备

（1）分析天平　感量 1mg。

（2）马弗炉　具有均匀加热带，其恒温区（850±10）℃，长度不小于 120mm，并附有调压器或定温控制器。

（3）转鼓试验装置　包括 2 个转鼓、1 台变速器和 1 台电动机，转鼓转速必须保证（50±2）r/min。转鼓内径 200mm、深 70mm，壁上铆有 2 块相距 180°、厚为 3mm 的挡板（如图 1）。

（4）压力器　以 6kg 质量压紧试验煤样与专用无烟煤混合物。

（5）坩埚　瓷质。

（6）搅拌丝　由直径 1～1.5mm 的硬质金属丝制成。

（7）压块　镍铬钢制成，质量为 110～115g。

（8）圆孔筛　筛孔直径 1mm。

（9）坩埚架　由直径 3～4mm 镍铬丝制成。

（10）秒表。

（11）干燥器。

（12）镊子。

（13）刷子。

（14）带手柄平铲或夹子　送取盛样坩埚架出入马弗炉用。手柄长 600～700mm，平铲外形尺寸（长×宽×厚）约为 200mm×20mm×1.5mm。

三、实验步骤

① 先称取 5g 专用无烟煤，再称取 1g 试验煤样放入坩埚，质量应称准到 0.001g。

② 用搅拌丝将坩埚内的混合物搅拌 2min。搅拌方法是：坩埚作 45°左右倾斜，逆时针方向转动，每分钟约 15 转，搅拌丝按同样倾角作顺时针方向转动，每分钟约 150 转，搅拌时，搅拌丝的圆环接触坩埚壁与底相连接的圆弧部分。约经 1min45s 后，一边继续搅拌，一边将坩埚与搅拌丝逐渐转到垂直位置，约 2min 时，搅拌结束，亦可用达到同样搅拌效果的机械装置进行搅拌，一边将坩埚与搅拌丝逐渐转到垂直位置，约 2min 时，搅拌结束，亦可用达到同样搅拌效果的机械装置进行搅拌。在搅拌时，应防止煤样外溅。

③ 搅拌后，将坩埚壁上煤粉用刷子轻轻扫下，用搅拌丝将混合物小心地拨平，并使沿

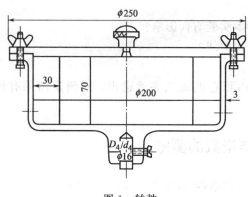

图1　转鼓

坩埚壁的层面略低 1～2mm，以便压块将混合物压紧后，使煤样表面处于同一平面。

④ 用镊子夹压块于坩埚中央，然后将其置于压力器下，将压杆轻轻放下，静压 30s。

⑤ 加压结束后，压块仍留在混合物上，加上坩埚盖。注意从搅拌时开始，带有混合物的坩埚，应轻拿轻放，避免受到撞击与振动。

⑥ 将带盖的坩埚放置在坩埚架中，用带手柄的平铲或夹子托起坩埚架，放入预先升温到 850℃的马弗炉内的恒温区。要求 6min 内，炉温应恢复到 850℃，以后炉温应保持在 （850±10)℃。从放入坩埚开始计时，焦化 15min 之后，将坩埚从马弗炉中取出，放置冷却到室温。若不立即进行转鼓试验，则将坩埚放入干燥器中。马弗炉温度测量点，应在两行坩埚中央。炉温应定期校正。

⑦ 从冷却后的坩埚中取出压块。当压块上附有焦屑时，应刷入坩埚内。称量焦渣总质量，然后将其放入转鼓内，进行第一次转鼓试验，转鼓试验后的焦块用 1mm 圆孔筛进行筛分，再称量筛上物质量，然后，将其放入转鼓进行第二次转鼓试验，重复筛分、称量操作。每次转鼓试验 5min 即 250 转。质量均称准到 0.01g。

四、注意事项

(1) 焦化前，一定要按要求将坩埚内的煤样搅拌均匀，并防止搅拌过程煤样的外溅。

(2) 从搅拌开始，带有混合物的坩埚一定要轻拿轻放，避免受到撞击与振动。

(3) 严格按照实验步骤(6)规定控制焦化温度。

五、结果计算

1. 黏结指数（G）

按式(1) 计算：

$$G=10+\frac{30m_1+70m_2}{m} \tag{1}$$

式中　m_1——第一次转鼓试验后，筛上物的质量，g；

$\quad\quad m_2$——第二次转鼓试验后，筛上物的质量，g；

$\quad\quad m$——焦化处理后焦渣总质量，g。

计算结果取到小数点后第一位。

2. 补充试验

当测得的 G 小于 18 时，需重做试验。此时，试验煤样和专用无烟煤的比例改为 3：3。即 3g 试验煤样和 3g 专用无烟煤。其余步骤均和上述步骤相同。结果按式(2) 计算：

$$G=\frac{30m_1+70m_2}{5m} \tag{2}$$

式中符号意义均与式（1）相同。

【思考题】

1. 当测得的 G 小于 18 时，为什么要补充试验？

2. 补充试验时，为什么要将烟煤与专用无烟煤的比例由 1：5 改为 3：3？

3. 带有混合物的坩埚为什么要避免撞击与振动？

实验六　煤的发热量测定

采用氧弹量热法进行测量（GB 213—87）。

一、实验目的

1. 掌握煤的发热量测定原理及恒温式热量计测定煤发热量的步骤和方法。

2. 学会热量计的安装与使用方法。

3. 了解热容量及仪器常数的标定方法。

二、实验原理

见煤的发热量一节。

三、实验仪器设备

1. 恒温式热量计

（1）氧弹　由耐热、耐腐蚀的镍铬或镍铬钼合金钢制成，需要具备三个主要性能：

① 不受燃烧过程中出现的高温和腐蚀性产物的影响而产生热效应；

② 能承受充氧压力和燃烧过程中产生的瞬时高压；

③ 试验过程中能保持完全气密。

（2）内筒　用紫铜、黄铜或不锈钢制成。筒内装水 2000～3000mL，以能浸没氧弹（进、出气阀和电极除外）为准。内筒外面应电镀抛光，以减少与外筒间的辐射作用。

（3）外筒　为金属制成的双壁容器，并有上盖。外筒底部设有绝缘支架，以便放置内筒。恒温式热量计配置恒温式外筒。盛满水的外筒的热容量应不小于热量计热容量的 5 倍，以保持试验过程中外筒温度基本恒定。外筒外面可加绝缘保护层，以减少室温波动对试验的影响。用于外筒的温度计应有 0.1K 的最小分度值。绝热式热量计配置绝热式外筒，通过自动控温装置，外筒水温能紧密跟踪内筒的温度，外筒水还应在特制的双层盖中循环。

（4）搅拌器　为螺旋桨式，转速 400～600r/min 为宜。搅拌效率应能使热容量标定中由点火到终点的时间不超过 10min，同时又要避免产生过多的搅拌热（当内、外筒温度和室温一致时，连续搅拌 10min 所产生的热量不应超过 120J）。

（5）量热温度计

① 玻璃水银温度计　常用的玻璃水银温度计有两种：一是固定测温范围的精密温度计，一是可变测温范围的贝克曼温度计。两者的最小分度值应为 0.01K，使用时应根据计量机关检定证书中的修正值做必要的校正。两种温度计应每隔 0.5K 检定一点，以得出刻度修正值（贝克曼温度计则称为毛细孔径修正值）。另外，贝克曼温度计还要进行"平均分度值"的修正。

② 数字显示温度计　数字显示温度计可代替传统的玻璃水银温度计，数字显示温度计是由诸如铂电阻、热敏电阻以及石英晶体共振器等配备合适的电桥、零点控制器、频率计数器或其他电子设备构成，它们应能提供符合要求的分辨率。需经过计量机关定期检定，证明其分辨率为 0.001K，测温准确度至少达到 0.002K（经过校正后），以保证测温的准确性，6个月内的长期漂移不应超过 0.05K。

2. 附属设备

（1）温度计读数放大镜和照明灯　为了使温度计读数能估计到 0.001℃，需要一个大约5 倍的放大镜，通常放大镜装在一个镜筒中，筒的后部装有照明灯，用以照明温度计的刻度。镜筒借适当装置可沿垂直方向上、下移动，以便跟踪观察温度计中水银柱的位置。

（2）振荡器　电动振荡器用以在读取温度前振动温度计，以克服水银柱和毛细管之间的附着力。如无此装置，可用套有橡皮管的细玻璃棒等敲击温度计。

（3）燃烧皿　以铂制品最理想，一般可用镍铬钢制品。规格可采用高 17～18mm，底部直径 19～20mm，上部直径 25～26mm，厚 0.5mm。其他合金钢或石英制的燃烧皿也可使用。但以能保证试样燃烧完全而本身又不受腐蚀和产生热效应为原则。

（4）压力表和氧气导管　压力表应由两个表头组成，一个指示氧气瓶中的压力，另一个指示充氧时氧弹内的压力。表头上应装有减压阀和保险阀。压力表每年应经计量机关至少检定一次，以保证指示正确和操作安全。

压力表通过内径 1～2mm 的无缝钢管与氧弹连接，以便导入氧气。

压力表和各连接部分禁止与油脂接触或使用润滑油。如不慎沾污，必须依次用苯和酒精清洗，并待风干后再用。

（5）点火装置　点火采用 12～24V 的电源，可由 220V 交流电源经变压器供给。线路中应串接一个调节电压的变阻器和一个指示点火情况的指示灯或电流计。

点火电压应预先试验确定。方法如下。

接好点火丝，在空气中通电试验。在熔断式点火的情况下，调节电压使点火丝在 1～2s 内达到亮红；在棉线点火的情况下，调节电压使点火丝在 4～5s 内达到暗红。电压和时间确定后，应准确测出电压、电流和通电时间，以便据以计算电能产生的热量。如采用棉线点火，则在遮火罩以上的两电极柱间连接一段直径约 0.3mm 的镍铬丝，丝的中部预先绕成螺旋数圈，以便发热集中。再把棉线一端夹紧在螺旋中，另一端通过遮火罩中心的小孔（直径 1～2mm）搭接在试样上。通电，准确测出电压、电流和通电时间，以便计算电能产生的热量。另外，根据试样点火的难易，调节棉线搭接的多少。

（6）压饼机　螺旋式或杠杆式压饼机。能压制直径 10mm 的煤饼或苯甲酸饼。模具及压杆应用硬质钢制成，表面光洁，易于擦拭。

（7）秒表或其他能指示 10s 的计时器。

3. 天平

（1）分析天平　感量 0.1mg。

（2）工业天平　载量 4～5kg，感量 1g。

四、试剂和材料

（1）氧气　99.5% 纯度，不含可燃成分，因此不允许使用电解氧。

（2）氢氧化钠标准溶液　浓度为 0.1mol/L。

（3）甲基红指示计：2g/L

（4）苯甲酸　经计量机关检定并标明热值的苯甲酸。

（5）点火丝　直径 0.1mm 左右的铂、铜、镍丝或其他已知热值的金属丝，如使用棉线，则应选用粗细均匀、不涂蜡的白棉绒。各种点火丝放出的热量如下。

铁丝：6700J/g；镍铬丝：6000J/g；钢丝：2500J/g；棉线：17500J/g。

（6）酸洗石棉绒　使用前在 800℃ 下灼烧 30min。

（7）擦镜纸　使用前先测出燃烧热。方法：抽取 3～4 张纸，用手团紧，称准质量，放入燃烧皿中，然后按常规方法测定发热量。取两次结果的平均值作为标定值。

（8）点火导线　直径 0.3mm 左右的镍铬丝。

五、实验步骤

1. 恒温式热量计法

① 按使用说明书安装调节热量计。

② 在燃烧皿中精确称取粒度小于 0.2mm 的空气干燥煤样 0.9～1.1g（称准到 0.0002g）。

对于燃烧时易飞溅的试样，可先用已知质量和热值的擦镜纸包紧再进行测试，或先在压饼机上压饼并切成 2～4mm 的小块使用。对于不易完全燃烧的试样，可先在燃烧皿底部铺一个石棉垫，或用石棉绒做衬垫（先在燃烧皿底部铺一层石棉绒，并用手压实以防煤样掺入）。如加衬垫后仍燃烧不完全，可提高充氧压力至 3.2MPa，或用已知质量和热值的擦镜纸包裹称好的试样并用手压紧，然后放入燃烧皿中。

③ 取一段已知质量的点火丝，把两端分别接在氧弹的两个电极柱上，点火丝和电极柱必须接触良好。再把盛有试样的燃烧皿放在支架上，调节点火丝使之下垂至刚好与试样接触，对于易飞溅或易燃的煤，点火丝应与试样保持微小的距离。特别要注意，不能使点火丝接触燃烧皿，以免发生短路导致点火失败，甚至烧毁燃烧皿。同时还应防止两电极之间以及燃烧皿与另一电极之间的短路。当用棉线点火时，把棉线的一端固定在已连接到两电极柱上的点火丝上（最好夹紧在点火丝的螺旋中），另一端搭接在试样上，根据试样点火的难易，调节搭接的程度。对于易飞溅的煤样，应保持微小的距离。

往氧弹中加入 10mL 蒸馏水，小心拧紧氧弹，注意避免因震动而改变燃烧皿和点火丝的位置。接通氧气导管，往氧弹中缓缓充入氧气（速度太快，容易使煤样溅出燃烧皿），直到压力达到 2.8～3.0MPa，且充氧时间不得小于 15s；如果充氧压力超过 3.3MPa，应停止试验，放掉氧气后，重新充氧至 3.2MPa 以下。当钢瓶中氧气的压力降到 5.0MPa 以下时，充氧时间应酌量延长，当钢瓶中氧气压力低于 4.0MPa 时，应更换新的钢瓶氧气。

④ 往内筒中加入足够的蒸馏水，使氧弹盖的顶面（不包括突出的氧气阀和电极）淹没在水面以下 10～20mm。每次试验时水量应与标定热容量时一致（相差不超过 1g）。水量最好用称量法测定。如用容量法测定，需对温度变化进行补正。还要恰当调节内筒水温，使到达终点时内筒比外筒高 1K 左右，使到达终点时内筒温度明显下降。外筒温度应尽量接近室温，相差不得超过 1.5K。

⑤ 把氧弹放入装好水的内筒中，如果氧弹内无气泡冒出，表明气密性良好，即可把内筒放在外筒的绝缘架上；如果氧弹内有气泡冒出，则表明有漏气处，此时应找出原因，加以纠正并重新充氧。然后接上点火电极插头，装上搅拌器和量热温度计，并盖上外筒筒盖。温度计的水银球对准氧弹主体的中部，温度计和搅拌器不能接触氧弹和内筒。靠近量热温度计的露出水银柱的部位，应另悬一支普通温度计，用来测定露出柱的温度。

⑥ 开动搅拌器，5min 后开始计时和读取内筒温度（t_0）并立即通电点火。随后记下外筒温度（t_j）和露出柱温度（t_e）。外筒温度至少读到 0.05K，内筒温度借助放大镜读到 0.001K。读取温度时，视线、放大镜中线和水银柱顶端应位于同一水平上，以避免视差对读数的影响。每次读数前，应开动振荡器振动 3～5s。

⑦ 观察内筒温度（注意：点火后 20s 内不要把身体的任何部位伸到热量计上方）。如在 30s 内温度急剧上升，则表明点火成功。点火后 1min40s 时读取一次内筒温度（$t_{1'40''}$），读到 0.01K 即可。

⑧ 一般点火后 7～8min 测热过程就将接近终点，接近终点时，开始按 1min 间隔读取内筒温度。读温度前开动振荡器，读准到 0.001K。以第一个下降温度作为终点温度（t_n）。若终点时不能观察到温度下降（内筒温度低于或略高于外筒温度时），可以随后连续 5min 内温度增量（以 1min 间隔）的平均变化不超过 0.001K/min 时的温度 t_n。实验主要阶段至此结束。

⑨ 停止搅拌，取出内筒和氧弹，开启放气阀，放出燃烧废气，打开氧弹仔细观察弹筒

和燃烧皿内部，如果有试样燃烧不完全的迹象（如：试样有飞溅）或有炭黑存在，实验作废。

量出未烧完的点火丝长度，以便计算点火丝的实际消耗量。

用蒸馏水充分冲洗氧弹内各部分、放气阀、燃烧皿内外和燃烧残渣。把全部洗液（共约100mL）收集在一个烧杯中供测硫使用。

2. 绝热式热量计法

① 按使用说明书安装和调节热量计。

② 按照与恒温式热量计法相同的步骤准备试样。

③ 按照与恒温式热量计法相同的步骤准备氧弹。

④ 按照与恒温式热量计法相同的步骤称取内筒所需的水量。调节内筒水温时使其尽量接近室温，相差不要超过5K，稍低于室温最理想。内筒温度太低，易使水蒸气凝结在内筒的外壁；温度过高，易造成内筒水蒸发过多。这都将给测值带来误差。

⑤ 按照与恒温式热量计相同的步骤安放内筒和氧弹及装置搅拌器和温度计。

⑥ 开动搅拌器和外筒循环水泵，打开外筒冷却水和加热器开关。当内筒温度趋于稳定后，调节冷却水流速，使外筒加热器每分钟自动接通3～5次（由电流计或指示灯观察）。如果自动控温电路采用可控硅代替继电器，则冷却水的调节应以加热器中有微弱电流为准。

调好冷却水后，开始读取内筒温度，借助放大镜读到0.001K，每次读数前，开动振荡器3～5s。当以1min为间隔连续3次温度读数极差不超过0.001K时，即可通电点火，此时的温度即为点火温度 t_0。如果点不着火，可调节电桥平衡钮，直到内筒温度达到平衡后再行点火。

点火后6～7min，再以1min间隔读取内筒温度，直到三次读数相差不超过0.001K为止。取最高的一次读数作为终点温度 t_n。

注：将铂电阻用于内、外筒测温元件的自动控制系统中，在内筒初始温度下调定电桥的平衡位置后，到达终点温度（一般比初始温度高2～3K）后，内筒温度也能自动保持稳定。但在用半导体热敏元件的仪器中，可能出现在初始温度下调定的平衡位置，不能保持终点温度的稳定。凡遇此种情况时，平衡钮的调定位置应服从终点温度的需要。具体做法是：先按常规步骤安放氧弹和内筒，但不必装试样和充氧。把内筒水温调到可能出现的最高终点温度。然后开动仪器，搅拌5～10min。精确观察内筒温度。根据温度变化方向（上升或下降）调节平衡钮位置，以达到内筒温度最稳定为止，至少应能达到每5min内变化不超过0.002K。平衡钮的位置一经调定后，就不要再动，只有在又出现终点温度不稳定的情况下，才需重新调定。按照上述方式调定的仪器，在使用步骤上应做如下修正：装好内筒和氧弹后，开动搅拌器、加热器、循环水泵和冷却水，搅拌5min后（此时内筒温度可能缓慢持续上升），准确读取内筒温度并立即通电点火，而无需等内筒温度稳定。

⑦ 关闭搅拌器和加热器（循环水泵继续开动），然后按照恒温式热量计法的步骤结束实验。

3. 自动氧弹热量计法

① 按照仪器说明书安装、调节热量计。

② 按照与恒温式热量计法相同的步骤准备试样。

③ 按照与恒温式热量计法相同的步骤准备氧弹。

④ 按仪器操作说明书进行其余步骤的试样，然后按恒温式热量计法相同的步骤结束试验。

⑤ 试验结果被打印或显示后，校对输入的参数，确定无误后报出结果。

六、实验记录和结果计算

1. 实验记录

见下表。

煤炭发热量测定　　　　　　　　　　　年　月　日

煤样编号		热容量 E		$t_0/℃$		$M_{ad}/\%$	
煤样质量/g		常数 K		$t_{1'40''}/℃$		$A_{ad}/\%$	
露出柱温度/℃		常数 A		$t_n/℃$		$Q_{b,ad}/(J/g)$	
基点温度/℃		N		$w(S_b)_{ad}/\%$		$Q_{gr,ad}/(J/g)$	
点火时外筒温度/℃		NaOH 标准溶液/mL		NaOH 溶液消耗量/mL			
时间/min	内筒温度/℃	时间/min	内筒温度/℃	时间/min	内筒温度/℃	时间/min	内筒温度/℃
0		3		6		9	
1'40''		4		7		10	
2		5		8		11	

测定人＿＿＿＿＿审定人＿＿＿＿＿

2. 结果计算

（1）校正

① 温度计刻度校正　根据检定证书中所给的修正值（在贝克曼温度计的情况称为毛细孔径修正值）校正点火温度 t_0 和终点温度 t_n，再由校正后的温度 (t_0+h_0) 和 (t_n+h_n) 求出温升，其中 h_0 和 h_n 分别代表 t_0 和 t_n 的刻度修正值。

② 若使用贝克曼温度计，需进行平均分度值的校正。

调定基点温度后，应根据检定证书中所给的平均分度值计算该基点温度下的对应于标准露出柱温度（根据检定证书所给的露出柱温度计算而得）的平均分度值 H^0。

在实验中，当试验时的露出柱温度 t_e 与标准露出柱温度相差3℃以上时，按式下式计算平均分度值 H^0：

$$H=H^0+0.00016(t_s-t_e)$$

式中　H^0——该基点温度下对应于标准露出柱温度时的平均分度值；

　　　t_s——该基点温度所对应的标准露出柱温度，℃；

　　　t_e——实验中的实际露出柱温度，℃；

　0.00016——水银对玻璃的相对膨胀系数。

③ 冷却校正　绝热式热量计的热量损失可以忽略不计，因而无需冷却校正。恒温式热量计的内筒在试验过程中与外筒间始终发生热交换，对此散失的热量应予校正，办法是在温升中加以一个校正值 c，这个校正值称为冷却校正值，计算方法如下。

首先根据点火时和终点时的内外筒温差 (t_0-t_j) 和 (t_n-t_j) 从 $v(t-t_j)$ 关系曲线中查出相应的 v_0 和 v_n。或根据预先标定出的公式计算出 v_0 和 v_n：

$$v_0=K(t_0-t_j)+A$$
$$v_n=K(t_n-t_j)+A$$

式中　v_0——对应于点火时内外筒温差的内筒降温速度，K/min；

　　　v_n——对应于终点时内外筒温差的内筒降温速度，K/min；

　　　K——热量计的冷却常数，min^{-1}；

　　　A——热量计的综合常数，K/min；

$t_0 - t_j$——点火时的内外筒温度差，K；

$t_n - t_j$——终点时的内外筒温度差，K。

然后按下式计算冷却校正值

$$c = (n-a)v_n + av_0$$

式中　c——冷却校正值，K；

n——由点火到终点的时间，min；

a——当 $\Delta/\Delta_{1'40''} \leqslant 1.20$ 时，$a = \Delta/\Delta_{1'40''} - 0.10$；当 $\Delta/\Delta_{1'40''} > 1.20$ 时，$a = \Delta/\Delta_{1'40''}$；其中，$\Delta$ 为主期内总温升（$\Delta = t_n - t_0$），$\Delta_{1'40''}$ 为点火后 $1'40''$ 时的温升（$\Delta_{1'40''} = t_{1'40''} - t_0$）。

④ 点火丝热量校正　在熔断式点火法中，应由点火丝的实际消耗量（原用量减掉残余量）和点火丝的燃烧热计算试验中点火丝放出的热量。

在棉线点火法中，首先算出所用的一根棉线的燃烧热（剪下一定数量适当长度的棉线，称出它们的质量，然后算出一根棉线的质量，再乘以棉线的单位热值），然后确定每次消耗的电能热。

注：电能产生的热量＝电压(V)×电流(A)×时间(s)。

二者放出的总热量即为点火热。

(2) 弹筒发热量的计算

① 恒温式热量计法

$$Q_{b,ad} = \frac{EH[(t_n+h_n) - (t_0+h_0) + c - (q_1-q_2)]}{m}$$

② 绝热式热量计法

$$Q_{b,ad} = \frac{EH[(t_n+h_n) - (t_0+h_0) - (q_1-q_2)]}{m}$$

式中　$Q_{b,ad}$——空气干燥煤样（或水煤浆干燥试样）的弹筒发热量，J/g；

E——热量计的热容量，J/K；

q_1——点火热，J；

q_2——添加物（如包纸等）产生的总热量，J；

m——试样质量，g；

H——贝克曼温度计的平均分度值，使用数字显示温度计时，$H=1$；

h_0——t_0 时的温度计修正值，使用数字显示温度计时，$h_0=1$；

h_n——t_n 时的温度计修正值，使用数字显示温度计时，$h_n=1$。

③ 如果称取的是水煤浆试样，计算的弹筒发热量为水煤浆试样的弹筒发热量，用 $Q_{b,CWM}$ 表示。

七、精密度

发热量测定的精密度要求如下表所示。

发热量测定的精密度要求

项目	重复性限 $Q_{gr,ad}$	再现性临界差 $Q_{gr,d}$
高位发热量(折算到同一水分基)	120J/g	300J/g

八、注意事项

(1) 实验室应设在一单独房间，不得在同一房间内同时进行其他实验项目。室温尽量保持恒定，每次测定室温变化不应超过 1℃，室温以 15～35℃范围为宜。试验过程中应避免开启门窗。

（2）发热量测定中所用的氧弹必须经过耐压（≥20MPa）试验，并且充氧后保持完全气密。

（3）氧气瓶口不得沾有油污及其他易燃物，氧气瓶附近不得有明火。

【思考题】

1. 为什么要在氧弹内加 10mL 蒸馏水？

2. 为什么要检验氧弹的气密性？

3. 为什么要标定仪器的热容量？

4. 为什么要限定搅拌器的转速？

参 考 文 献

[1] 朱银惠. 煤化学. 北京：化学工业出版社，2011.
[2] 赵新法，贾风军. 煤化学. 北京：煤炭工业出版社，2011.
[3] 贺永德. 现代煤化工技术手册. 北京：化学工艺出版社，2011.
[4] 刘峻琳，杜海庆，徐国铺. 煤质化验工. 北京：煤炭工业出版社，2011.
[5] 李英毕. 煤质分析应用技术指南. 北京：中国标准出版社，2011.
[6] 何选明. 煤化学. 北京：冶金工业出版社，2010.
[7] 陈鹏. 中国煤炭性质、分类和利用. 北京：化学工业出版社，2009.
[8] 虞继舜. 煤化学. 北京：冶金工业出版社，2009.
[9] GB/T 214—2008 煤的工艺分析方法. 北京：中国标准出版社，2009.
[10] 惠世恩，庄正宁，周屈兰，谭厚章. 煤的清洁利用与污染防治，北京：中国电力出版社，2008.
[11] GB/T 214—2007 煤中全硫的测定法. 北京：中国标准出版社，2008.
[12] 吴占松，马润田，赵满成. 煤炭清洁有效利用技术. 北京：化学工业出版社，2007.
[13] 罗陨飞，陈亚飞，姜英. 煤炭分类国际标准与中国标准异同之比较. 煤质技术，2007，1：22-24.
[14] 郭树才. 煤化工工艺学. 北京：化学工业出版社，2006.
[15] 张双全. 煤化学. 徐州：中国矿业大学出版社，2004.
[16] 俞珠峰. 洁净煤技术发展及应用. 北京：化学工业出版社，2003.
[17] 杨金和，陈文敏，段云龙. 煤炭化验手册. 北京：煤炭工业出版社，2003.
[18] 程庆辉. 煤炭产运销质量检测验收与选煤技术标准实用手册. 北京：科海电子出版社，2003.
[19] GB/T 476—2001 煤的元素分析方法. 北京：中国标准出版社，2002.
[20] 余达平，徐锁平. 煤化学. 北京：煤炭工业出版社，1994.
[21] 陈文敏，张自勋. 煤化学基础. 北京：煤炭工业出版社，1993.
[22] 郭崇涛. 煤化学. 北京：化学工业出版社，1992.
[23] 钟蕴英，关梦嫔，崔开仁，王蕙中. 煤化学. 徐州：中国矿业大学出版社，1989.
[24] 陶著. 煤化学. 北京：冶金工业出版社，1984.
[25] 朱之培，高晋生编著. 煤化学. 上海：上海科学技术出版社，1984.
[26] 蔺华林，张德祥，高晋生. 煤加氢液化制取芳烃研究进展. 煤炭转化，2006，29 (2)：93-97.
[27] 秦志宏，巩涛，李兴顺. 煤萃取过程的 TEM 分析与煤嵌布结构模型. 中国矿业大学学报，2008，37 (4)：443-449.
[28] 汪高强，水恒福. 煤的缔合分子结构研究进展. 安徽工业大学学报，2004，21 (4)：288-290.
[29] 张代钧，鲜学福. 红外光谱法研究煤大分子结构. 光谱学与光谱分析，1989，9 (3)：17-19.
[30] 张代钧，鲜学福. 煤大分子结构研究的进展. 重庆大学学报，1993，16 (2)：58-63.
[31] 张代钧，鲜学福. 用 X 射线研究煤中大分子的结构. 高等学校化学学报，1990，11 (8)：912-914.
[32] 张代钧，鲜学福. 煤的大分子结构与超细物理结构研究（Ⅰ）煤的大分子结构. 煤炭转化，1992，15 (3)：46-50.
[33] 张代钧，鲜学福. 煤的大分子结构与超细物理结构研究（Ⅱ）煤的超细物理结构. 煤炭转化，1992，15 (4)：28-33.
[34] 张蓬洲，李丽云，叶朝辉. 用固体高分辨核磁共振研究煤结构. 燃料化学学报，1993，21 (3)：310-316.
[35] 刘旭光，李保庆. 煤大分子结构的计算机模拟. 煤炭转化，1999，22 (3)：1-5.
[36] 谢克昌. 煤结构和反应性的多方位认识和研究. 煤炭转化，1992，15 (1)：24-29.
[37] 陈德仁，秦志宏，陈娟，华宗琪，陈冬梅. 煤结构模型研究及展望. 煤化工，2011，4 (155)：28-31.
[38] 冯杰，王宝俊，叶翠平，李文英，谢克昌. 溶剂抽提法研究煤中小分子相结构. 燃料化学学报，2004，32 (2)，160-164.
[39] 王飞，张代钧，杨明莉，鲜学福. 煤的溶剂抽提规律及其产物性能的研究进展. 煤炭转化，2003，26 (1)：8-11.